U0204478

WANWU JIANSHI XIUDING BEN

万物简史

（修订本）

[美] 比尔·布莱森 著 严维明 陈 邕 译

桂图登字：20-2004-135

图书在版编目（CIP）数据

万物简史 /（美）比尔·布莱森著；严维明，陈邕译.—2版（修订本）.—南宁：接力出版社，2017.9
书名原文：A Short History of Nearly Everything
ISBN 978-7-5448-4957-9

Ⅰ.①万… Ⅱ.①比… ②严… ③陈… Ⅲ.①自然科学–普及读物 Ⅳ.①N49

中国版本图书馆CIP数据核字（2017）第151454号

责任编辑：陈　邕　　装帧设计：林奕薇　　美术编辑：严　冬
责任校对：刘会乔　　责任监印：刘　冬　　版权联络：董秋香
社长：黄　俭　　总编辑：白　冰
出版发行：接力出版社　　社址：广西南宁市园湖南路9号　　邮编：530022
电话：010-65546561（发行部）　　传真：010-65545210（发行部）
http：//www.jielibj.com　　E-mail：jieli@jielibook.com
经销：新华书店　　印制：天津市国源印务有限责任公司
开本：710毫米×1000毫米　1/16　　印张：24.25　　字数：415千字
版次：2005年2月第1版　2017年9月第2版　　印次：2022年7月第52次印刷
印数：860 001—880 000册　　定价：49.00元

《万物简史》中译本科学顾问

◎ **许智宏**

北京大学前校长
中国科学院院士
发展中国家科学院院士

◎ **甘子钊**

中国科学院院士
国家超导技术专家委员会第一首席科学家

◎ **何祚庥**

中国科学院院士
著名理论物理学家

《万物简史》中译本译文审订专家

◎ **刘　兵**

清华大学社会科学学院科学技术与社会研究所教授、博士生导师
中国科协－清华大学科技传播与普及研究中心主任

◎ **江晓原**

上海交通大学科学史与科学文化研究院首任院长、博士生导师

◎ **刘华杰**

北京大学哲学系教授、博士生导师
北京大学科学传播中心教授
北京大学科学史与科学哲学研究中心教授

◎ **田　松**

北京师范大学哲学与社会学学院教授、博士生导师
中国自然辩证法研究会科学传播与科学教育专业委员会副主任

◎ **张卜天**

清华大学人文学院科学史系长聘教授、博士生导师

万物简史中译本序一

本书作者、英国皇家学会荣誉院士 比尔·布莱森

学生时代的我一直不擅长科学课，虽然大多数时候我都努力想学好它，但是我似乎不具备那种头脑。在我的绝大多数科学课上，除了一位老师用龙飞凤舞般的板书嘎吱嘎吱飞快地将黑板写得满满的，几乎没留下任何别的印象。每当老师一转身将一个公式或方程写在黑板上，我已是一头雾水了。

我还记得，各式各样的神秘符号包含着一连串令人眼花缭乱的信息，可是那些人竟然能弄明白它们。每当想到这一点时，我总是觉得不可思议，真的太不可思议了。遗憾的是，我不是那些人当中的一个。

不过我依然对科学着迷——它能告诉我们我们是谁，我们来自何方，我们去往何处；作为一个物种，如果我们想继续生存，我们必须做些什么。我坚信在某种程度上，我一定可以和科学结缘，欣赏它的成就，而不至于陷入公式和方程以及其他令人犯难的技术性东西的泥沼。

这本书就是这样一种信念的结果。它是我为探究我们的世界及环绕着它的宇宙从创立之初一直到今天的发展历程所做的尝试。有大约 4 年时间，除了设法理解科学及其成就，我几乎没做别的任何事情。我游历了五大洲十一个国家，阅读了许许多多的书籍、杂志、手稿和专著，向许多世界领先的研究机构不同学科的极为友善而又耐心的专家请教了无数问题。

我心里没有任何特别的结论，没有别的什么企图或任何类似的东西，我只是尽可能地让更多的有趣的信息塞满我那空空如也的心。让我尤其感兴趣的事情之一是科学家们是怎样解决问题的。他们怎么知道 3 亿年前大陆在哪儿，或者太阳表面有多热，或者基因核心的情况，或者宇宙在最初 3 分钟发生了什么？他们怎么能知道宇宙起始于最初 3 分钟的大爆炸，而不是一直以来就在那里？是哪个人把这些事情弄清楚的？因此这本书在某种程度上就变成了一次探寻之旅，不仅要探寻我们知道些什么，并且要探寻我们是怎么知道的。

你可以想象得到，我学到了许多，同时，令我羞愧难当的是，我也在几乎一开始的时候就忘掉了许多。但是，有一个基本却又非常深刻的事实自始至终与我相随，那就是：宇宙里的每件事物都是令人惊叹的——万物皆然。

我希望读完本书之后，你也会产生同样的感觉。

万物简史中译本序二

北京大学前校长、中国科学院院士　许智宏

我在到北大当校长之前长期从事科学研究工作，教育与科研工作者有一个共同的义不容辞的责任，那就是探索科学奥妙、传播科学知识、弘扬科学精神、倡导科学方法、宣传科学思想，提高人类的科学文化素质、劳动技能和运用现代科学技术的本领。一部好的科普作品（比方说40年前出版的《十万个为什么》），或者一本引人入胜的科学幻想小说，往往能产生十分广泛而深远的影响，这种影响往往是专业的学术著作所难以达到的。一个民族的整体科学素养要提高，必须从青少年抓起，而要把青少年吸引到科学殿堂之中，就需要有大量既严肃认真又生动有趣的科普作品。

2003年5月，《万物简史》（*A Short History of Nearly Everything*）在美国出版，旋即在欧美各国引起极大轰动。不仅连续数十周高居《纽约时报》《泰晤士报》

畅销书排行榜最前列，而且还进入了2003年底由亚马逊网站评出的年度十大畅销书之列，在年度科学类图书畅销书排行榜中，本书更是勇夺桂冠。当然，市场的反应并不能完全证明一本科普读物的价值，更让我感兴趣的是学术界和新闻界的评价。牛津大学教授、国际理论和应用化学联合会会长彼特·阿金斯称，《万物简史》"可以跻身于最引人入胜的图书之列"；国际知名科学家、澳大利亚南澳大利亚州科学委员会主席提姆·弗兰纳里认为本书是"一部具有里程碑意义的作品"；《出版商周刊》评价说"科学从未如此引人入胜，我们所居住的世界也从未如此充满了惊奇和美妙"；《纽约时报》则认为《万物简史》"似乎注定要成为一部现代科普著作的经典"。2004年初，本书又被权威的美国《科学》杂志评选为2003年度最佳科学著作之一。同年6月，本书夺得了世界最著名的科普图书大奖安万特（Aventis）奖。据我所知，该奖项由英国皇家学会创立于1988年，每年颁发一次，自2000年开始才由赞助商安万特公司冠名。此前的获奖者包括著名的理论物理学家斯蒂芬·霍金和进化论学者史蒂芬·杰·古尔德。本届安万特评委会主席罗伯特·温斯顿在《万物简史》获奖祝词中说："这部雄心勃勃的著作，通过一种富于智慧和极易理解的方式，将科学与最广大的潜在读者联系在了一起。"

《万物简史》用清晰明了、风趣幽默的笔法，讲述了从宇宙大爆炸到人类文明发展进程中发生的故事。作者比尔·布莱森是一位尽职尽责的作者，为了更好地完成此书的写作，这位"目前活在世上的最有趣的旅游文学作家"（《泰晤士报》）前后花了3年时间，广泛查阅各种资料，并且向数十种学科的几百位专家请教了当今科学研究的最新成果，其态度是相当认真的。作者似乎天生具有将枯燥的东西讲得引人入胜的本领，他用漫谈的方式，通过讲述各种历史逸事把难懂的科学概念写得生动可读。宇宙是如何诞生的？地球是如何形成的？生命是如何出现在地球上的？世间万物是怎样演进的？人类是怎样一步步成为地球的主宰的？——作者妙笔生花，将一大堆的枯燥学问用"十万个为什么"似的活泼的方式端到了读者面前。通过对这一系列问题的回答，作者对宇宙哲学、古生物学、物理学、化学、气候学、生命科学、地质学、人类学的许多基本常识，都异常清晰和熟练地进行了解释。《纽约时报》说："布莱森绝对是旅行的好伴侣，而且也是一位用诙谐之眼观察入微的作家！每个阅读他作品的人都会不断地遇上乐趣，而且惊觉自己在他的发现之旅中有着高度的参与感。"这句话用来评价《万物简史》是再准确不过了。

我十分乐意向中国的广大读者推荐这本既妙趣横生而又令人大开眼界的书，希望它能唤起广大青少年对科学的兴趣，在他们的心里播下热爱科学的种子。其实这本书对于成年人来说同样也是一本十分具有可读性的作品，它可以使人们了解到科学其实并不如人们想象的那样神秘和高深，它每天都发生在我们的周围。通过阅读本书，正如作者所说的那样，读者可以“在不大专门或不需要很多知识的，而又不完全是很肤浅的层面上，理解和领会——甚至是赞叹和欣赏——科学的奇迹和成就”。浸润在书中的强烈的人文关怀，使每一个人在阅读此书之后都会对生命、对人生、对我们所生活的世界产生全新的感悟。我真诚地企盼能够有更多高水准的科普作品出自我们中国的科学家、科普作家之手，为“科教兴国”的伟大事业多做一点打基础的工作。

目 录

第四部　处境危险的行星

第五部　生命本身

第六部　通向我们的路

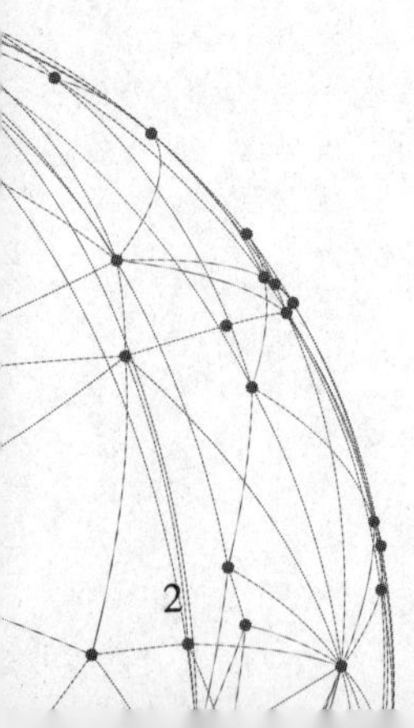

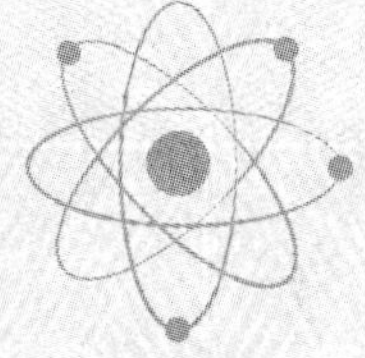

物理学家利奥·西拉德有一次对他的朋友汉斯·贝特说，他准备写日记：“我不打算发表。我只是想记下事实，供上帝参考。”

“难道上帝不知道那些事实吗？”贝特问。

“知道，”西拉德说，“他知道那些事实，可他不知道这样描述的事实。”

——汉斯·克里斯琴·冯·拜耳《征服原子》

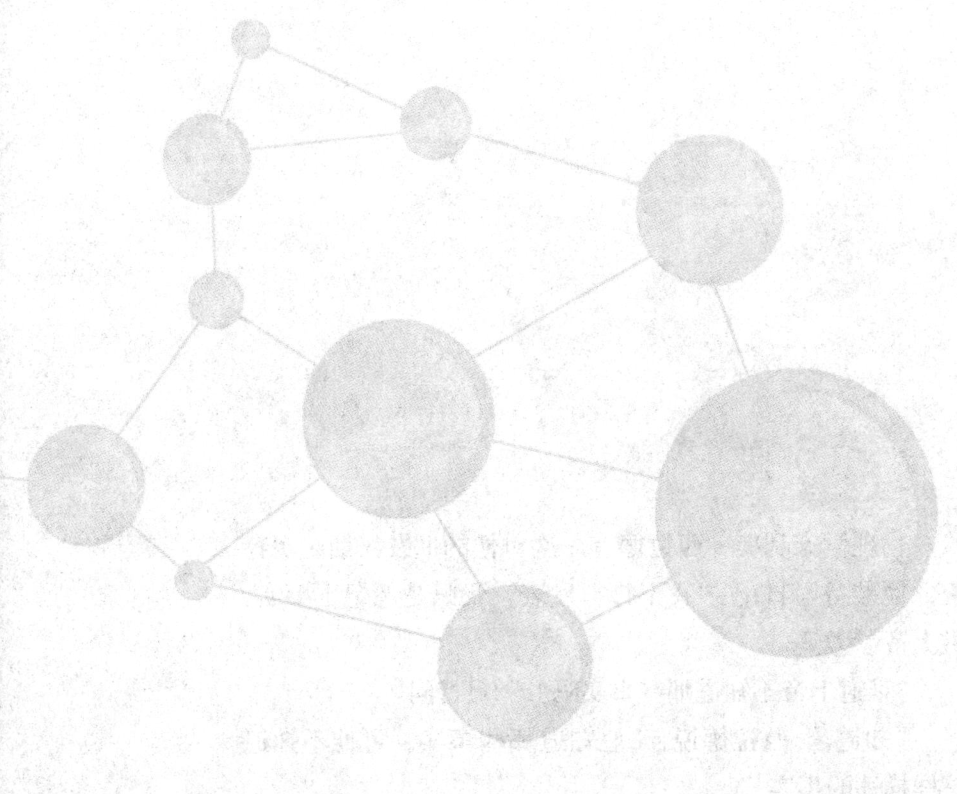

引言

欢迎，欢迎。恭喜，恭喜。我很高兴，你居然成功了。我知道，来到这个世界很不容易。事实上，我认为比你知道的还要难一些。

首先，你现在来到这个世界，几万亿个游离的原子不得不以某种方式聚集在一起，以复杂而又奇特的方式创造了你。这种安排非常专门，非常特别，过去从未有过，存在仅此一回。在此后的许多年里，（我们希望）这些小粒子将任劳任怨地进行几十亿次的巧妙合作，把你保持完好，让你经历极其惬意而又通常未被充分赏识的状态，那就是生存。

为什么原子这样自找麻烦，这还搞不大清楚。形成你，对原子来说并不是一件心旷神怡的事情。尽管组成你的原子如此全神贯注，它们其实对你并不在乎——实际上，它们甚至不知道你的存在。它们甚至也不知道自己的存在。它们毕竟是没有头脑的粒子，连自己也没有生命。（要是你拿起一把镊子，把原子一个一个从你的身上夹下来，你就会变成一大堆细微的原子尘土，其中哪个原子也从未有过生命，而它们又都曾是你的组成部分，这是个挺有意思的想法。）然而，在你的生存期间，它们都担负着同一个任务：使你成为你。

原子的心思很活。它们的献身时刻倏忽而过——简直是倏忽而过，这是个坏消息。连寿命很长的人也总共只活大约65万个小时。而当那个不太遥远的终结点或沿途某个别的终点飞快地出现在你眼前的时候，由于未知的原因，你的原子们将宣告你生命的结束，然后散伙，悄然离去成为别的东西。你也就到此为止。

不过，这事还是发生了，你可以感到高兴。总的来说，据我们所知，这类事情在宇宙别的地方是没有的。这的确很怪，原子们如此大方、如此协调地聚集在一起，构成地球上的生物，而同一批原子在别处是不肯这么做的。不说别的，从化学的角度来说，生命真是太普通了：碳、氢、氧、氮、一点儿钙、一点儿硫，再加上一点儿很普通的别的元素——在任何普通药房里都找得着的东西，这些就是你的全部需要。原子们唯一特别的地方就是：它们形成了你。当然，这正是生命的奇迹。

不管原子在宇宙的别的角落是不是形成生命，它们形成许多其他东西；实际上，除了生命以外，它们还形成别的任何东西。没有原子，就没有水，就没有空气，就没有岩石，就没有恒星和行星，就没有远方的云团，就没有旋转的星云，就没有使宇宙如此至关重要的任何别的东西。原子如此之多，如此必不可少，我们很容易忽视一点——它们实际上根本没有存在的必要。没有法则要求宇宙间充满物质微粒，产生我们所赖以生存的光、引力和其他物理性质。实际上也根本不需要宇宙。在很长时间里就没有宇宙。那时候没有原子，没有供原子到处飘浮的宇宙。什么也没有——任何地方都什么也没有。

所以，谢天谢地，有了原子。不过，有了原子，它们心甘情愿地聚集在一起，这只是你来到这个世界的部分条件。你现在在这个地方，生活在21世纪，聪明地知道有这回事，你还必须是生物方面一连串极不寻常的好运气的受益者。在地球上幸存下来，这是一件极不容易的事。自开天辟地以来，存在过上百上千亿物种，其中大多数——据认为是99.9%——已经不复存在。你看，地球上的生命不仅是短暂的，而且是令人沮丧的脆弱的。我们产生于一颗行星，这颗行星善于创造生命，但又更善于毁灭生命，这是我们的存在的一个很有意思的特点。

地球上的普通物种只能延续大约400万年，因此，若要在这里待上几十亿年，你不得不像制造你的原子那样变个不停。你要准备自己身上的一切都发生变化——形状、大小、颜色、物种属性等等——反复地发生变化。这说起来容易做起来难，因为变化的过程是无定规的。从"细胞质的原始原子颗粒"（用吉尔伯特和沙利文的话来说），到有知觉、能直立的现代人，要求你在特别长的时间里，以特别精确的方式，不断产生新的特点。因此，在过去38亿年的不同时期里，你先是讨厌氧气，后又酷爱氧气，长过鳍、肢和漂亮的翅膀，生过蛋，分叉的舌头嗞嗞作响，曾经长得油光光、毛茸茸，住过地下，住过树上，曾经大得像麋鹿，小得像老鼠，以及超过100万种别的东西。这些都是必不可少的演变步骤，只要发生哪怕最细微的一点偏差，你现在也许就会在舔食长在洞壁上的藻类，或者像海象那样懒洋洋地躺在哪个卵石海滩上，或者用你头顶的鼻孔吐出空气，然后钻到18米的深处去吃一口美味的沙虫。

你不光自古以来一直非常走运，属于一个受到优待的进化过程，而且在自己的祖宗方面，你还极其——可以说是奇迹般的——好运气。想一想啊，在38亿年的时间里，在这段比地球上的山脉、河流和海洋还要久远的时间里，你父母双方的每个祖先都很有魅力，都能找到配偶，都健康得能生儿育女，都运气好得能活到生儿育女的年龄。这些跟你有关的祖先，一个都没有被压死，被吃掉，被淹死，被饿死，被卡住，早年受伤，或者无法在其生命过程中在恰当的时刻把一小泡遗传物质释放给恰当的伴侣，以使这唯一可能的遗传组合过程持续下去，最终在极其短暂的时间里令人吃惊地——产生了你。

本书要说一说这事是怎样发生的——尤其是我们怎样从根本不存在变成某种存在，然后那种存在的一小点儿又怎样变成了我们。我还要说一说在此期间和在此以前的事。这当然要涉及好多事情，所以这本书就叫作《万物简史》，虽然实际上并非包罗万物，也不可能如此。但是，要是运气好的话，等你读完本书的时候，你也许会在一定程度上有那种感觉。

不管怎么说，我写本书的最初灵感，来自我在念小学四、五年级时有过的一本科普读物。那是20世纪50年代学校发的一本教科书——乍一看去，皱皱巴巴，招人生厌，又笨又重，但书的前几页有一幅插图，一下子把我迷住了：一幅剖面图，显示地球的内部，样子就像你拿起一把大刀，切到行星里面，然后小心翼翼地取出一块楔形物，代表这庞然大物的大约四分之一。

很难相信，我以前怎么从没有见过这类插图，我记得完全给迷住了。我的确认为，起初，我的兴趣只是基于一种个人的想象，美国平原上各州川流不息的车流毫无提防地向东驶去，突然越过边缘，从中美洲和北极之间一个6 000多公里高的悬崖上一头栽下，但我的注意力渐渐地转向这幅插图的科学含义，意识到地球由明确的层次组成，中心是一个铁和镍的发热球体。根据上面的说明，这个球体与太阳表面一样灼热。我记得当时我无限惊讶地想：他们是怎么知道的？

我对这个信息坚信不疑——我至今仍然容易像相信医生、管道工和别的神秘信息的拥有者那样相信科学家的说法——但是，我无论如何也无法想象，人的脑子怎么能确定在离我们几千公里下面的地方是个什么样子，是由什么构成的，而那可是肉眼根本看不见、X射线也穿不透的呀。在我看来，那简直是个奇迹。自那以后，这一直是我对待科学的态度。

那天晚上，我很兴奋，把这本书抱回了家，晚饭之前就把书打开——我想，正是由于这个举动，我的母亲摸了摸我的额头，看看我是不是病了——翻到第一页，读了起来。

结果发现，这本书毫不激动人心。实际上，它根本晦涩难懂。首先，它没有回答那幅插图在正常人好奇的脑子里产生的任何问题：在我们这颗行星中心怎么会冒出来一个“太阳”？他们怎么知道它的温度？要是它在下面熊熊燃烧，我们脚下的地面怎么摸上去不是烫的？为什么内部的其余部分没有熔化，或者正在熔化？要是地心最终烧尽以后，地球的某个部分是不是会塌陷，在地面上留下一个大坑？而你是怎么知道这个的？你是怎么测算出来的？

但是，说来也怪，作者对这些具体疑问只字不提——实际上对任何疑问都只字不提，只是说些什么背斜呀，向斜呀，地轴偏差呀，等等。他似乎有意把一切都弄得深不可测，以便守住好东西的秘密。随着岁月流逝，我开始认为这不完全是出于个人动机。教科书的作者似乎有个普遍的阴谋，他们要极力确保他们写的材料绝不过于接近稍有意思的东西，起码总是远远回避明显有意思的东西。

现在，我知道有好多好多科普作家，他们写出了通俗易懂而又激动人心的散文——我一下子就可以点出蒂莫西·费瑞斯、理查德·福泰和提姆·弗兰纳里三位（且不说已故的“神”一样的理查德·费曼）——但是，令人伤心的是，他们没有一个人写过我用过的教科书。我用过的教科书全都是“人”（始终都是“人”）写的，他们怀有一种有趣的想法，觉得什么只要用公式一表达，就变得一清二楚，他们还抱有一种奇特而自欺的信念，认为美国的孩子们会喜欢各个章节的结尾部分都带有问题，供其在自己的空闲时间里冥思苦想。所以在我的成长过程中，我确信科学是极其枯燥的，但我又怀疑情况不一定是这样的，只是我一直不想思考这个问题。在很长的时间里，我的态度就是这样的。

接着，很久以后——我想大约是在四五年之前——我正做一次飞越太平洋的长途旅行，我漫不经心地朝飞机的舷窗外望去，只见一轮皓月挂在天空，下面是洒满银色月光的一望无际的海洋，突然，一种强烈的不安感涌上我的心头，足迹遍及世界各地的我，对于自己长期以来置身其间，而且这辈子也只能生活于其间的地球，竟然是那样缺乏了解。比如，我不知道为什么海水是咸的，而五大湖的湖水却是淡的。我一点儿也不知道。我不知道随着时间的过去，海水会变得越来越咸，还是越来越淡，不知道海水的咸度是不是我该关心的问题。（我很乐意告诉你，直到20世纪70年代，科学家们也不知道这些问题的答案。他们只是悄悄地议论这些事。）

当然，海水的咸度只是我不知道的事情中的极小部分。我不知道什么是质子，什么是蛋白质，不知道类星体的夸克，不理解地质学家怎么只要看一眼峡谷壁上的一层岩石，就能说出它的年龄——我确实什么也不知道。我心里迫切想要知道一点儿这些问题，尤其想懂得人家是怎样测算出来的。科学家们是怎样解决这些问题的——这对我来说始终是最大的奇事。他们怎么知道地球的重量，怎么知道岩石的年龄，怎么知道地心深处实际上是什么东西？他们怎么知道宇宙是怎样开始的，什么时候开始的，它开始的时候又是什么样子的？他们怎么知道原子内部的情况？科学家怎么往往好像差不多什么都知道，而又仍不能预测地震，甚至不能准确地告诉我们下星期三看比赛时该不该带雨伞？

于是，我决定今生要拿出一部分时间——结果是花了 3 年时间——来读书看报，寻访很有耐心、德高望重、愿意回答许多无人吭声的特别问题的专家。我倒想要看看，是不是有可能在不大专门或不需要很多知识的，而又不完全是很肤浅的层面上，理解和领会——甚至是赞叹和欣赏——科学的奇迹和成就。

这曾经是我的想法，我的希望，本书就是按照这个意图来写的。反正，我们要涉及的范围很广，而办这件事又远远用不着 65 万个小时，因此我们就开始吧。

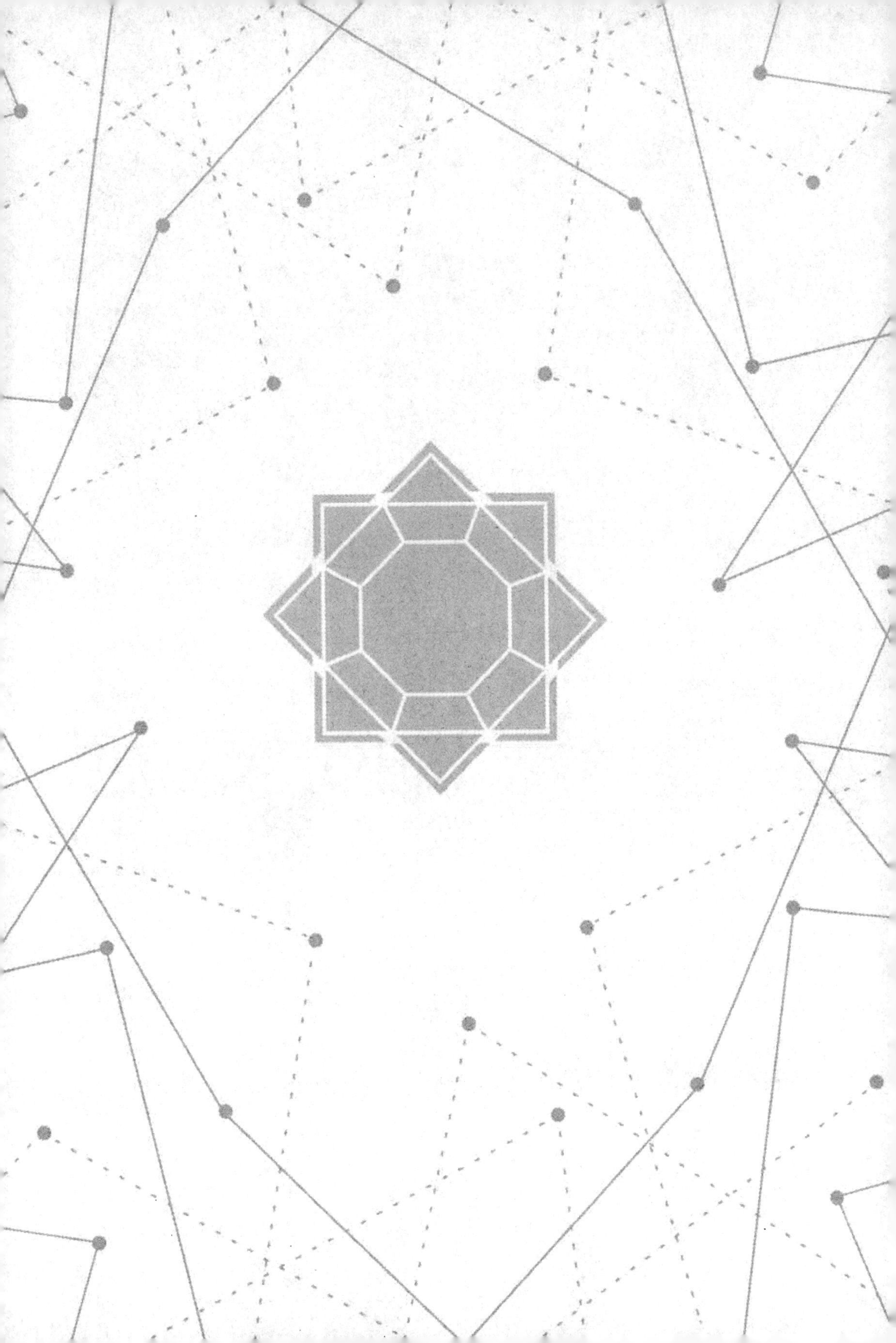

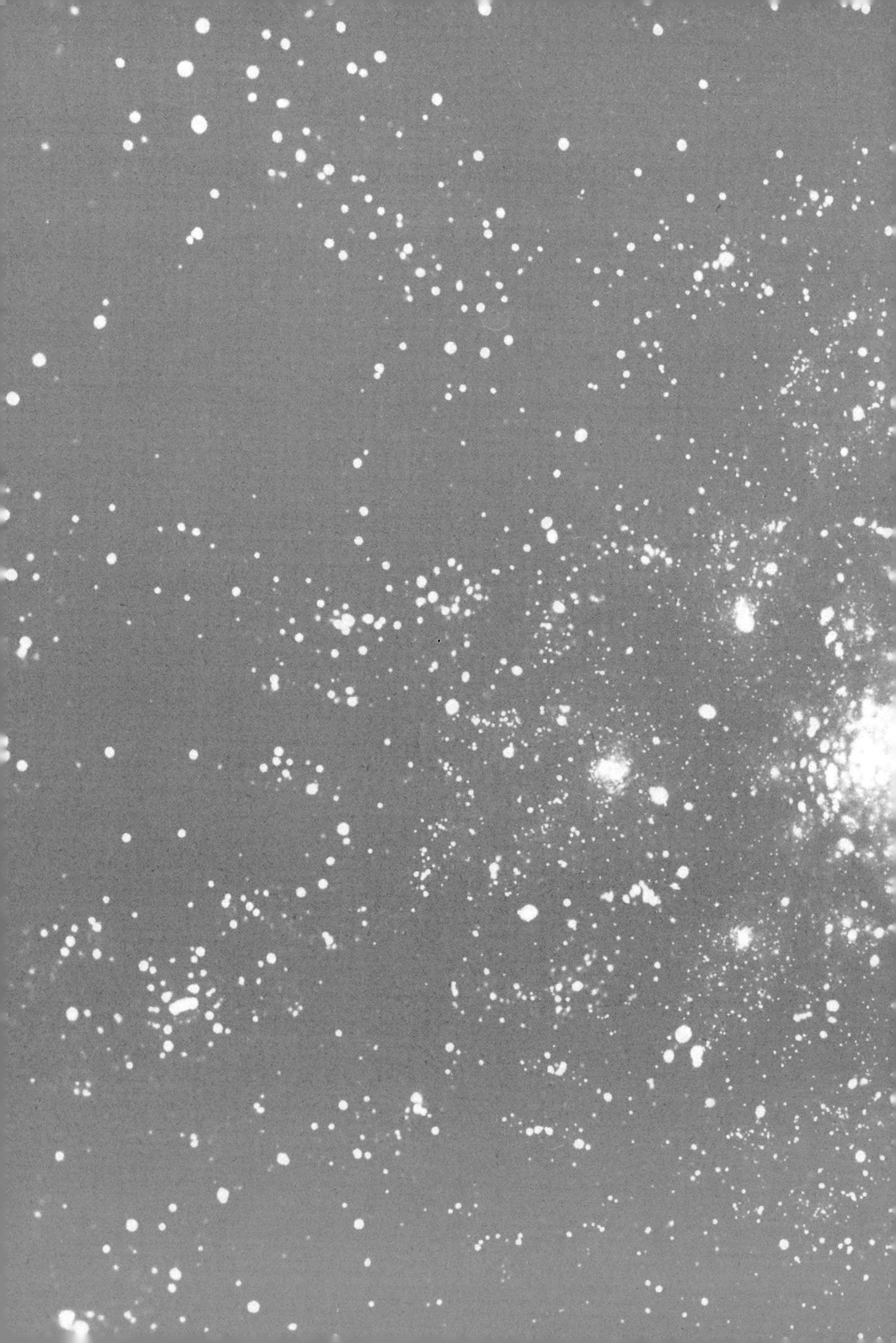

第一部 寥廓的空宇

它们都处于同一平面。它们都在沿同一方向转动……你要知道，这真是完美无缺的，这真是不可思议的，这几乎是很神奇的。

——天文学家杰弗里·马西对太阳系的描述

第一章
如何营造一个宇宙

无论怎么努力，你都永远也想象不出质子有多么微小，占有多么小的空间。它实在太小了。

质子是原子极其微小的组成部分，而原子本身当然也小不可言。质子小到什么程度？像字母“i”上的点这样大小的一滴墨水，就可以拥有约莫5 000亿个质子，说得更确切一点，要比组成50万年的秒数还多。因此，起码可以说，质子是极其微小的。

现在，请你想象一下，假如你能（你当然不能）把一个质子缩小到它正常大小的十亿分之一，放进一个极小的空间，使它显得很大，然后，你把大约30克物质装进那个极小极小的空间。很好，你已做好创建一个宇宙的准备。

我当然估计到，你希望创建一个会膨胀的宇宙。不过，要是你愿意创建一个比较老式而又标准的大爆炸型宇宙，你还需要别的材料。事实上，你需要收集现有的一切东西——从现在到宇宙创建之时的每个粒子——把它塞进一个根本谈不上大小的极小地方。这就是所谓的奇点。

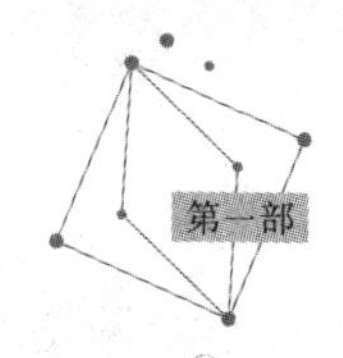

无论哪种情况，准备好来一次真正的大爆炸。很自然，你希望退避到一个安全的地方来观察这个奇观。不幸的是，你无处可以退避，因为奇点之外没有任何地方。当宇宙开始膨胀的时候，它不会向外扩展，充满一个更大的空间。仅有的空间是它一面扩展一面创造的空间。

把奇点看成是一个悬在漆黑无边的虚空中的孕点，这是很自然的，然而是错误的。没有空间，没有黑暗。奇点四周没有四周。那里没有空间供它去占有，没有地方供它去存在。我们甚至无法问一声它在那里已经多久——它是刚刚产生的，就像个好主意那样，还是一直在那里，默默地等待着合适的时刻的到来。时间并不存在。它没有产生于过去这一说。

于是，我们的宇宙就从无到有了。

刹那间，一个光辉的时刻来到了，其速度之快，范围之广，无法用言语来形容，奇点有了天地之大，有了无法想象的空间。这充满活力的第一秒钟（许多宇宙学家将花费毕生的精力来将其分割成越来越小部分的 1 秒钟）产生了引力和支配物理学的其他力。不到 1 分钟，宇宙的直径已经有 1 600 万亿公里，而且还在迅速扩大。这时候产生了大量热量，温度高达 100 亿摄氏度，足以引发核反应，其结果是创造出较轻的元素——主要是氢和氦，还有少量锂（大约是 1 000 万个原子中有 1 个锂原子）。3 分钟以后，98% 的目前存在的或将会存在的物质都产生了。我们有了一个宇宙。这是个美妙无比的地方，而且还很漂亮。这一切都是在大约做完一块三明治的时间里形成的。

这个重大时刻的确切时间还是个有点争议的问题。宇宙到底是在 100 亿年以前形成的，还是在 200 亿年以前形成的，还是在 100 亿年到 200 亿年之间形成的，这个问题宇宙学家已经争论很长时间。大家似乎越来越赞成大约 137 亿年这个数字。但是，我们在后面将会进一步看到，这种事情是极难计算的。其实，我们只能说，在那十分遥远的过去，在某个无法确定的时刻，由于不知道的原因，科学上称之为 $t=0$ 的时刻来到了。我们于是踏上了旅程。

当然，有大量的事情我们不知道，还有大量的事情我们现在或在过去很长时间里以为自己知道而其实并不知道。连大爆炸理论也是不久以前才提出来的。这个概念自 20 世纪 20 年代以来一直很流行，是一位名叫乔治·勒梅特的比利时教士兼学者首先提出了这种假设。但是，直到 20 世纪 60 年代中，这种理论才在宇宙学界活跃起来。当时，两位年轻的射电天文学家无意中发现了一种非同寻常的现象。

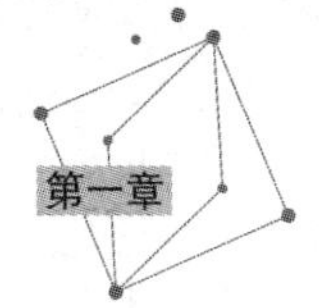

他们的名字分别叫作阿诺·彭齐亚斯和罗伯特·威尔逊。1965年，他们在美国新泽西州霍尔姆德尔的贝尔实验室，想要使用一根大型通信天线，可是不断受到一个本底噪声——一种连续不断的蒸汽般的咝咝声的干扰，使得实验无法进行下去。那个噪声是一刻不停的，很不集中的。它来自天空的各个方位，日日夜夜，一年四季。有一年时间，两位年轻的天文学家想尽了办法，想要跟踪和除去这个噪声。他们测试了每个电器系统。他们重新组装了仪器，检查了线路，查看了电线，掸掉了插座上的灰尘。他们爬进抛物面天线，用管道胶布盖住每一条接缝、每一颗铆钉。他们拿起扫帚和抹布再次爬进抛物面天线，小心翼翼地把他们后来在一篇论文中称之为"白色电介质"的、用更通常的说法是鸟粪的东西扫得干干净净。可是他们的努力丝毫不起作用。

他们不知道，就在50公里以外的普林斯顿大学，一组以罗伯特·迪克为首的科学家正在设法寻找的，就是这两位天文学家想要除去的东西。普林斯顿大学的研究人员正在研究生于苏联的天文物理学家乔治·伽莫夫在20世纪40年代提出的假设：要是你观察空间深处，你就会发现大爆炸残留下来的某种宇宙背景辐射。伽莫夫估计，那种辐射穿过茫茫的宇宙以后，便会以微波的形式抵达地球。在新近发表的一篇论文中，他甚至提出可以用一种仪器达到这个目的，这种仪器就是霍尔姆德尔的贝尔天线。不幸的是，无论是彭齐亚斯和威尔逊，还是普林斯顿大学研究小组的任何专家，都没有看过伽莫夫的论文。

彭齐亚斯和威尔逊听到的噪声，正是伽莫夫所假设的。他们已经找到了宇宙的边缘，或者说至少是它的可见部分，远在大约1 400万亿亿公里外。他们在"观望"第一批光子——宇宙中最古老的光，果然不出伽莫夫所料，时间和距离已经将其转变成了微波。艾伦·古思在他的《不断膨胀的宇宙》一书中提出一种类比，有利于大家理解这一发现的意义。要是你把观望宇宙深处比作是在从美国纽约帝国大厦的100层上往下看（假设100层代表现在，街面代表大爆炸的时刻），那么在彭齐亚斯和威尔逊发现那个现象的时候，已经发现的最远的星系是在大约60层，最远的东西——类星体——是在大约20层。彭齐亚斯和威尔逊的发现，把我们对宇宙可见部分的认识推进到了离大厅的地面不到1厘米的地方。

彭齐亚斯和威尔逊仍然找不到产生噪声的原因，便打电话给普林斯顿大学的迪克，向他描述了他们遇到的问题，希望他能做出一种解释。迪克马上意识

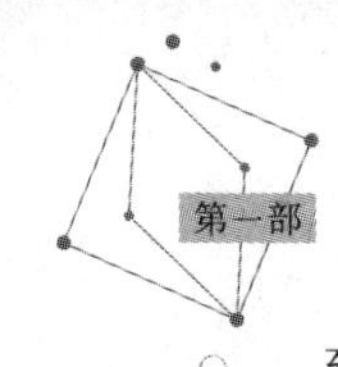

到两位年轻人发现了什么。“哎呀，好家伙，人家抢在我们前面了。”他一面挂电话，一面对他的同事们说。

此后不久，《天体物理学》杂志刊登了两篇文章：一篇为彭齐亚斯和威尔逊所作，描述了听到咝咝声的经历；另一篇为迪克小组所作，解释了它的性质。尽管彭齐亚斯和威尔逊并不是在寻找宇宙的本底辐射，发现的时候也不知道是什么东西，也没有发表任何论文来描述或解释它的性质，但他们获得了1978年诺贝尔物理学奖。普林斯顿大学的研究人员只获得了同情。据丹尼斯·奥弗比在《宇宙孤心》一文中说，彭齐亚斯和威尔逊都不清楚自己这一发现的重要意义，直到看到《纽约时报》上的一篇报道。

顺便说一句，来自宇宙本底辐射的干扰，我们大家都经历过。把你的电视机调到任何接收不着信号的频道，你所看到的锯齿形静电中，大约有1%是由这种古老的大爆炸残留物造成的。记住，下次你抱怨接收不到图像的时候，你总能观看到宇宙的诞生。

虽然人人都称其为大爆炸，但许多书上都提醒我们，不要把它看作是普通意义上的爆炸，这是一次范围和规模都极其大的突然爆炸。那么，它的原因是什么?

有人认为，那个奇点也许是早年业已毁灭的宇宙的残余——我们的宇宙只是一系列宇宙中的一个。这些宇宙周而复始，不停地扩大和毁灭，就像一台制氧机上的气囊。有的人把大爆炸归因于所谓的“伪真空”，或“标量场”，或“真空能”——反正是某种物质或东西，将一定量的不稳定性带进了当时的不存在。从不存在获得某种存在，这似乎不大可能，但过去什么也不存在，现在有了个宇宙，事实证明这显然是可能的。情况也许是，我们的宇宙只是众多更大的、大小不等的宇宙的一部分，大爆炸到处不停地发生。要不然也许是，在那次大爆炸之前，时间和空间具有某种完全不同的形式——那些形式我们非常不熟悉，因此无法想象——大爆炸代表某个过渡阶段，宇宙从一种我们无法理解的形式过渡到一种我们几乎可以理解的形式。“这与宗教问题很相似。”斯坦福大学的宇宙学家安德烈·林德博士2001年对《纽约时报》的记者说。

大爆炸理论并不是关于爆炸本身，而是关于爆炸以后发生的事。注意，是爆炸以后不久。科学家们做了大量计算，仔细观察粒子加速器里的情况，然后认为，他们可以回顾爆炸发生10^{-43}秒之后的情况，当时宇宙仍然很小，要用显微镜才看得见。对于每个出现在我们面前的非同寻常的数字，我们无须把自己

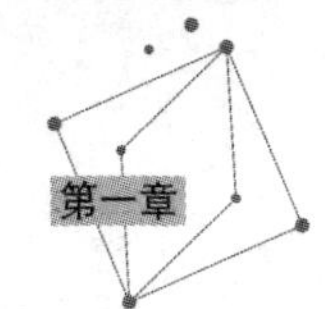

搞得头昏脑涨，但有时候也许不妨理解一个，只是为了不忘其难以掌握、令人惊奇的程度。于是，10^{-43} 秒就是 0.000 000 000 000 000 000 000 000 000 000 000 000 000 000 000 1 秒，或者是一千亿亿亿亿亿分之一秒。[①]

我们知道的或认为知道的有关宇宙初期的大部分情况，都要归功于一位年轻的粒子物理学家于 1979 年首先提出的膨胀理论。他的名字叫艾伦 · 古思，他当时在斯坦福大学工作，现在任职于麻省理工学院。他当时 32 岁，自己承认以前从没有做出过很大的成绩。要是他没有恰好去听那个关于大爆炸的讲座的话，很可能永远也提不出那个伟大的理论。开那个讲座的不是别人，正是罗伯特·迪克。讲座使古思对宇宙学，尤其是对宇宙的形成产生了兴趣。

最后，他提出了膨胀理论。该理论认为，在爆炸后的刹那间，宇宙突然经历了戏剧性的扩大。它不停地膨胀——实际上是带着自身逃跑，每 10^{-34} 秒它的大小就翻一番。整个过程也许只持续了不到 10^{-30} 秒——也就是一百万亿亿亿分之一秒——但是，宇宙从手都拿得住的东西变成了至少 10 亿亿亿倍大的东西。膨胀理论解释了使我们的宇宙成为可能的脉动和旋转。要是没有这种脉动和旋转的话，就不会有物质团块，因此也就没有星星，而只有飘浮的气体和永恒的黑暗。

根据古思的理论，在一千亿亿亿亿亿分之一秒之内产生了引力。又过了极其短暂的时刻，又产生了电磁以及强核力和弱核力——物理学的材料。之后，又很快出现了大批基本粒子——材料的材料。从无到有，突然有了大批光子、质子、电子、中子和许多别的东西——根据标准的大爆炸理论，每种达 10^{79}—10^{89} 个之多。

---

① 提一下科学符号。由于大的数字写起来很累赘，读起来也几乎不可能，科学家们借助 10 来加以缩写。比如把 10 000 000 000 写作 10^{10}，6 500 000 成了 6.5×10^{6}。原则很简单，就是 10 的自乘次数：10×10（或 100）就是 10^{2}，$10\times10\times10$（或 1 000）成了 10^{3}，如此等等。上标的小数字表示大的主要数字后面有多少个 0。负号基本上提供一个对称的镜像，上标的数字表示小数点后面有几位（于是，10^{-4} 就是 0.000 1）。我很赞赏这个原则，但要有人看到 $1.4\times10^{9}km^{3}$，马上会知道是 14 亿立方公里的话，我仍然会感到很惊奇。要是在印刷品中选择前者，而不是后者（尤其在一本面向普通读者的书里，本例子就是从这样的书里找来的），也会让人觉得不可思议。我假定许多读者也像我自己那样对数学不大在行，因此在本书中尽量少用符号，虽然偶尔是不可避免的，尤其是在谈论宇宙尺度的事物的那一章里。

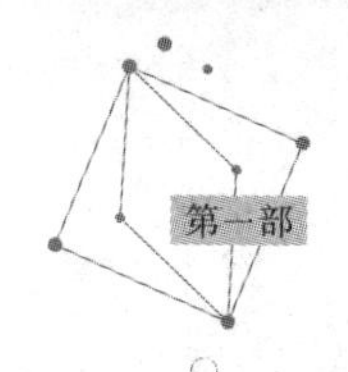

这么大的数量当然是难以理解的。我们只要知道，刹那间，我们有了一个巨大的宇宙，这就够了——根据该理论，这个宇宙是如此之大，直径至少有1 000亿光年，但有可能是从任何大小直至无穷大——而且安排得非常完美，为恒星、星系和其他复杂体系的创建准备了条件。

从我们的角度来看，令人不可思议的是，这个结果对我们来说是那么完美。只要宇宙的形式稍稍不同——只要引力稍稍强一点或弱一点，只要膨胀稍稍慢一点或快一点——那么，也许就永远不会有稳定的元素来制造你和我，制造我们脚底下的地面。只要引力稍稍强一点，宇宙本身会像个没有支好的帐篷那样塌下来，也就没有恰到好处的值来赋予自己必要的大小、密度和组成部分。然而，要是弱了一点，什么东西也不会聚集在一起。宇宙会永远是单调、分散、虚空的。

有的专家之所以认为也许有好多别的大爆炸，也许有几万亿次大爆炸，分布在无穷无尽的永恒里，这就是原因之一；我们之所以存在于这个特定的宇宙，是因为这个宇宙适合于我们的存在。正如哥伦比亚大学的爱德华·P.特赖恩所说："要回答它为什么产生了，我的浅见是，我们的宇宙只是那些不时产生的东西之一。"对此，古思补充说："虽然创建一个宇宙不大可能，但特赖恩强调说，谁也没有统计过失败的次数。"

英国皇家天文学家马丁·里斯认为，有许多个宇宙，很可能是无数个，每个都有不同的特性，不同的组合，我们只是生活在一个其组合的方式恰好适于我们存在的宇宙里。他以一家大服装店作为例子来进行类比："要是服装品种很多，你就不难挑到一件合身的衣服。要是有许多宇宙，而每个宇宙都由一套不同的数据控制，那么就会有一个宇宙，它的一套特定的数据适合于生命。我们恰好在这样的一个宇宙里。"

里斯认为，我们的宇宙受到6个数据的支配，要是哪个值发生哪怕是非常细微的变化，事物就不可能是现在的这个模样。比如，现在的宇宙若要存在，就要求氢以准确而较为稳定的方式——说得具体一点，要以将千分之七的质量转化为能量的方式——转化为氦。要是那个值稍稍低一点——比如从千分之七降至千分之六——那么就不可能发生转化：宇宙只会由氢组成。要是那个值稍稍高一点——高到千分之八——结合就会不间断地发生，氢早已消耗殆尽。无论是哪种情况，只要这个数据稍有变动，我们所知的而又需要的宇宙就不会存在。

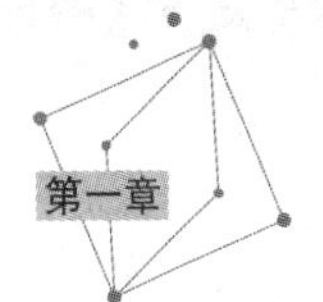

我要说，到目前为止，一切都恰到好处。从长远来说，引力也许会变得稍强一点；有朝一日，它可能阻止宇宙膨胀，让自己将自己压瘪，最后坍缩成又一个奇点，整个过程很可能重新开始。另一方面，引力也许会变得过弱，那样的话，宇宙会永远地膨胀，直到一切都互相远离，不再可能发生实质性的相互作用，于是宇宙就成为一个非常空旷呆滞而又没有生命的地方。第三种可能是，引力恰如其分——就是宇宙学家们所谓的“临界密度”——它把宇宙控制在一个恰当的范围，使事物永远继续下去。宇宙学家有时轻浮地把这称为“金发姑娘效应”——一切都处于恰如其分的状态。（需要说明的是，这三种可能出现的宇宙分别叫作封闭式宇宙、开放式宇宙和扁平式宇宙。）

大家迟早会想到一个问题，那就是，假设你来到宇宙边缘，把头伸出帘幕，那会发生什么？你的头会在什么地方，要是它不再处于宇宙中的话？你会看到对面是什么？回答是令人失望的：你永远也到不了宇宙的边缘。倒不是因为去那里要花很长时间——虽然没错，的确要花很长时间——而是因为，即使你沿着一条直线往外走，不停地坚持往外走，你也永远到不了宇宙的边缘。恰恰相反，你会回到起始的地方（到了这种地步，你很可能会灰心丧气，放弃这种努力）。其原因是，按照爱因斯坦的相对论（我们届时将会讲到），宇宙是弯曲的。至于怎么弯曲，我们也不大能想象出来。眼下，你只要知道，我们并不是在一个不断膨胀的大气泡里飘浮，这就足够了。确切点说，空间是弯曲的，恰好使其无限而又有限。恰当地说，甚至不能说空间在不断膨胀，这是因为，正如诺贝尔奖获得者、物理学家史蒂文·温伯格指出的：“太阳系和星系并没有在膨胀，空间本身也没有在膨胀。”倒是星系在飞速彼此远离。这对直觉都是一种挑战。生物学家 J.B.S. 霍尔丹有一句名言：“宇宙不仅比我们想象的要古怪，而且比我们可能想象的还要古怪。”

为了解释空间是弯曲的，人们经常提出一个类比，他们试图想象，有个来自平面宇宙、从来没有见过球体的人来到了地球。不管他在这颗行星的表面上走得多远，他永远也走不到边。他很可能最终回到始发地点。他当然会稀里糊涂，说不清这是怎么一回事。哎呀，我们在空间的处境，跟那位先生的处境完全相同。我们只是糊涂得更厉害罢了。

如同你找不着宇宙的边缘一样，你也不可能站在宇宙的中心，说：“宇宙就是从这儿开始。这是一切的最中央。”我们大家都在一切的最中央。实际上，我

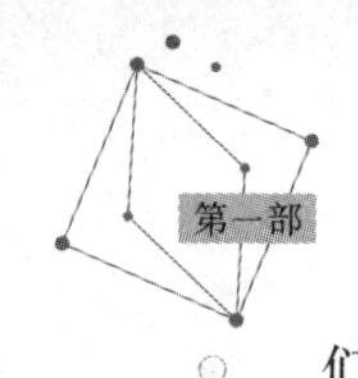

们对此缺少把握。我们无法用数学来加以证实。科学家们只是推测，我们实际上不可能在宇宙的中央——想一想，这会意味着什么——但是，这种现象对所有地方的所有观察者来说都是一样的。不过，我们真的没有把握。

据我们所知，自形成以来，宇宙只发展到光走了几十亿年那么远的距离。这个可见的宇宙——这个我们知道而且在谈论的宇宙——的直径是 1.5 亿亿亿（即 1 500 000 000 000 000 000 000 000）公里。但是，根据大多数理论，整个宇宙——有时候称之为超宇宙——还要宽敞得多。根据里斯的说法，到这个更大的、看不见的宇宙边缘的光年数，不是“用 10 个 0，也不是用 100 个 0，而是用几百万个 0”来表示。简而言之，现有的空间比你想象的还要大，你不必再去想象空间外面还有空间。

很长时间以来，大爆炸理论有个巨大的漏洞，许多人对此感到不解——那就是，它根本无法解释我们是怎么来到这个世界上的。虽然存在的全部物质中有 98% 是大爆炸创造的，但那个物质完全由轻的气体组成：我们上面提到过的氦、氢和锂。对于我们的存在至关重要的重物质——碳、氮、氧以及其他一切，没有一个粒子是宇宙创建过程中产生的气体。但是——难点就在这里——若要打造这些重元素，你却非要有大爆炸释放出来的那种热量和能量不可。可是，大爆炸只发生过一次，而那次大爆炸没有产生重元素。那么，它们是从哪儿来的？有意思的是，找到这个问题答案的人却是一位压根儿瞧不起大爆炸理论的宇宙学家，他还创造了大爆炸这个词来加以讽刺挖苦。

我们很快就会讲到他。不过，在讨论我们怎么来到这里之前，我们先花几分钟时间来考虑一下到底什么是“这里”，这也许是很值得的。

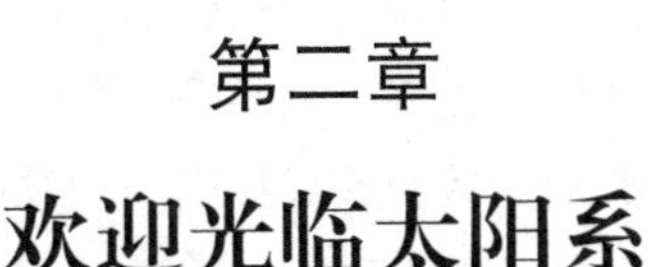

第二章
欢迎光临太阳系

如今，天文学家可以办到最令人瞠目的事。要是有人在月球上划一根火柴，他们能看到那簇火焰。根据远处星星最细微的搏动和抖动，他们能推算出行星的大小和性质，甚至潜在的适于栖居的可能性，而这些行星可是远得根本看不见的啊——它们如此遥远，我们乘宇宙飞船去那里也要花 50 万年。他们能用射电望远镜捕捉到一丝一毫的辐射，而这种辐射是如此微弱，自开始采集（1951 年）以来，所采集到的来自太阳系之外的全部能量，用卡尔·萨根的话来说："还不到一片雪花落地时所产生的能量。"

总之，宇宙里没有多少东西是天文学家发现不了的，只要他们愿意。因此，想起为什么在 1978 年之前还没有人注意到冥王星有一颗卫星，这就更不可思议了。那年夏天，亚利桑那州弗拉格斯塔夫的美国海军天文台有一位名叫詹姆斯·克里斯蒂的年轻天文学家，正在对冥王星的照片做例行审查，突然发现那里有什么东西——模模糊糊、不大确定的东西，反正肯定不是冥王星。他跟一位名叫罗伯特·哈灵顿的同事讨论片刻以后下了结论：他观察到的是颗卫星。它

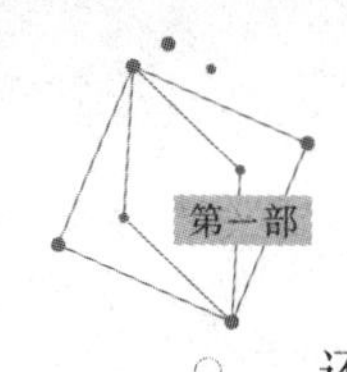

还不是一般的卫星。相对于那颗行星而言，它是太阳系里最大的卫星。

这对冥王星的行星地位实际上是个打击，而这个地位又从来没有牢固过。原先认为，那颗卫星占有的和冥王星占有的是同一个空间。这意味着，冥王星比任何人想象的要小得多——比水星还要小。实际上，太阳系里的七颗卫星，包括我们地球的卫星，都要比它大。

此刻，你自然会问，为什么发现我们自己太阳系里的一颗卫星要花那么长的时间。回答是：这跟天文学家把仪器对准什么地方、他们的仪器旨在探测什么东西有关系，也跟冥王星本身有关系。最重要的是他们把仪器对准什么地方。用天文学家克拉克·查普曼的话来说："大多数人认为，天文学家在夜间去天文台扫视天空。这是不真实的。世界上差不多所有的望远镜都旨在观察遥远天空中的极小东西，观察一颗类星体，或寻找黑洞，或观察一个遥远的星系。唯一真正用来扫视天空的望远镜网络是由军方设计和制造的。"

我们受了艺术家艺术表达的不良影响，以为图像的清晰度很高，这在天文学里其实是不存在的。在克里斯蒂的照片上，冥王星暗淡无光，非常模糊——只是一片宇宙绒花。它的卫星并不像你会在《美国国家地理》杂志上看到的那种球体——背景很亮，非常浪漫，线条清晰，陪伴着冥王星，而只是小小的、极其模糊的一团。事实上，正是由于这种模糊，人们过了 7 年时间才再次见到那颗卫星，从而确认它的独立存在。

克里斯蒂的发现有一点妙处：它发生在弗拉格斯塔夫，冥王星就是 1930 年在那里首次发现的。这个天文学上的重大发现，很大程度上要归功于天文学家珀西瓦尔·洛威尔。洛威尔出生于波士顿一个最古老、最富裕的家族（就是那首关于波士顿是豆子和鳕鱼故乡的著名歌谣中提到的家族。歌词中说，洛威尔家族只跟卡伯特家族说话，卡伯特家族只跟上帝说话）。他捐赠了以他的名字冠名的著名天文台，但人们最不会忘记的是他这样的看法：火星上到处是由勤劳的火星人修建的运河，用来积储来自极地的水，以灌溉赤道附近那干旱而又丰产的土地。

洛威尔另一个令人难忘的看法是：在海王星以远的某个地方，存在着未被发现的第九颗行星，他给它起名为行星 X。洛威尔的这种看法是基于他在天王星和海王星的轨道上发现的不规律的现象。于是，他在生命的最后几年致力于找到那颗气态巨星。他断定它就在那里。不幸的是，他于 1916 年突然去世。至少在一定程度上，这是他做探索工作过于疲劳所致。洛威尔的继承人为了遗产争

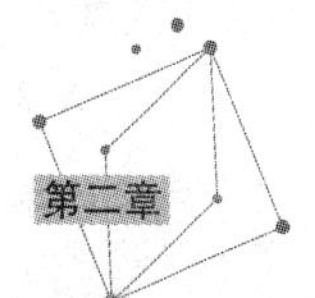

吵不休，探索工作暂时搁置下来。然而，1929年，某种程度上是为了转移对火星运河传说的注意力（到那个时候，它已经成为一件非常令人难堪的事），洛威尔天文台的负责人决定恢复探索，并为此从堪萨斯州请来了一位名叫克莱德·汤博的年轻人。

汤博没有受过成为天文学家的专门训练，但他既勤奋又聪明。经过一年的搜索以后，他在明亮的天空里终于看到了一个暗淡的光点：冥王星。这是个奇迹般的发现。这个发现更引人注目的是，它证明洛威尔的观测结果是错误的，虽然是可以理解的，洛威尔曾根据这些观测结果来预言海王星以远的地方存在一颗行星。汤博马上意识到，这颗新的行星根本不是像洛威尔所认定的那样是个巨大的气球——但是，他或别人有关这颗新行星的性质所持的任何保留，在极其兴奋之中很快就一扫而光。在那个容易激动的时代，差不多任何重大的新闻故事都会激起这种情绪。这是第一颗由美国人发现的行星。有人认为它其实只不过是远方的一颗冰粒，但谁也不会被这种看法转移视线。它被命名为冥王星，至少一定程度上是因为它的头两个字母是洛威尔姓名的首字母。已经不在人世的洛威尔到处被颂扬为一流的天才人物，而汤博在很大程度上已被人们忘得一干二净，除了在研究行星的天文学家当中，他们往往对他怀有崇敬之情。

现在，有的天文学家继续认为，冥王星之外也许还有行星X——一颗真正的庞然大物，也许有木星的10倍之大，只是它太遥远，我们看不见。（它被照到的阳光太少，几乎没有反射的光。）他们认为，它不会是像木星或土星这样的普通行星——它太远，不可能是那个样子；我们推测也许有7.2万亿公里之远——而更会像一个没有形成的太阳。宇宙中的大多数恒星体系都是成双的（双星体），这就使我们孤零零的太阳显得有点儿怪。

至于冥王星本身，谁也不大清楚它有多大，是什么组成的，有什么样的大气，甚至它到底是个什么东西。许多天文学家认为，它其实算不上是颗行星，

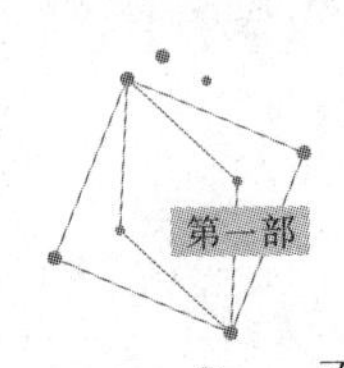

而只是我们在银河的废墟带（称之为柯伊伯带）发现的最大的物体。[①]柯伊伯带理论实际上是1930年由一位名叫F.G.伦纳德的天文学家提出来的，他用这个名字来纪念一位在美国工作的荷兰人杰勒德·柯伊伯。柯伊伯发展了这个理论。柯伊伯带是所谓短周期彗星的源泉——短周期彗星就是那种经常一闪而过的星星，其中最著名的就是哈雷彗星。而长周期彗星（其中有最近光顾的海尔-博普彗星和百武彗星）产生于遥远得多的奥尔特云，我们过一会儿就会谈到这个问题。

冥王星的表现与别的行星很不一样，这种看法肯定没错。它不但又小又模糊，而且运行方式变化不定，一个世纪以后谁也说不准冥王星到底会在哪里。别的行星基本在同一平面上转动，而冥王星的运行轨道（似乎）是倾斜的，不和别的行星处于同一平面，而是形成一个17度的角，犹如有人头上潇洒地歪戴着帽子。它的轨道很不规则，在它寂寞地绕太阳转动的过程中，每一圈都在相当长的时间里比海王星距离我们更近。事实上，在20世纪80年代和90年代的大部分时间里，海王星实际上是太阳系里离我们最远的行星。只是到了1999年2月11日，冥王星才回到外侧的轨道，此后它将在那里停留228年的时间。

因此，如果冥王星真是一颗行星，那肯定是一颗很怪的行星。它很小，只有地球的四百分之一大。假如你把它盖在美国上面，它还盖不住美国本土48个州的一半面积。光这一点就使它显得极其反常，这说明，我们的行星系统是由4颗岩质的内行星、4颗气态的外行星和1颗孤独的小冰球组成的。而且，完全有理由认为，我们很快会在同一空间发现别的更大的冰球。接着，问题又来了。克里斯蒂发现冥王星的卫星以后，天文学家开始更加仔细地观察宇宙的这一部分，截至2002年12月初，又在天王星以外发现了600多个这类物体，其中一

① 2006年8月24日，在布拉格举行的国际天文学联合会大会上，这个世界天文学界争论多年的问题终于尘埃落定。出席大会的来自世界各国的2 500多位天文学家通过了关于太阳系行星的新定义，决定不再将冥王星定义为行星。这样，冥王星被逐出了行星家族。太阳系的行星家族只剩下8名成员，即水星、金星、地球、火星、木星、土星、天王星和海王星。行星的定义是："围绕太阳运转，自身引力足以克服其刚体力而使天体呈圆球状，并且能够清除其轨道附近其他物体的天体。"冥王星被归入矮行星行列，齐娜和谷神星也被归入矮行星。矮行星的定义是："与行星同样具有足够的质量，呈圆球状，但不能清除其轨道附近其他物体的天体。"围绕太阳运转但不符合行星和矮行星条件的其他小天体被归入太阳系小天体行列。——译者注

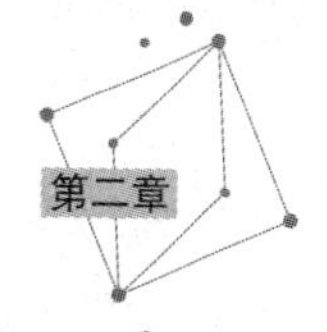

颗被命名为伐楼拿星，差不多和冥王星的卫星一般大小。天文学家现在认为，也许存在几十亿个这类物体。困难在于，它们当中有许多暗淡无光。一般来说，它们的反射度只有4%，大约相当于一块木炭的反射度——当然，这些“木炭”是在60多亿公里以外。

这到底有多远？几乎难以想象。你看，空间大得不得了——简直大得不得了。出于了解和娱乐的目的，我们来想象一下，我们就要乘火箭飞行器进行旅行。我们不会走得太远——只到我们自己太阳系的边缘——不过，我们先要明白：空间是个多么大的地方，我们占据的是个多么小的部分。

哎呀，恐怕是坏消息，我们回不了家吃晚饭了。即使以光的速度（每秒30万公里）前进，也要花7个小时才能到达冥王星。而且，我们当然无法以这种速度进行旅行。我们不得不以宇宙飞船的速度前进。这个速度就很慢了。人造物体所能达到的最高速度是“旅行者1号”和“旅行者2号”宇宙飞船的速度，它们现在正以每小时5.6万公里的速度飞离我们。

当时（1977年8月和9月）之所以发射“旅行者号”飞船，是因为木星、土星、天王星和海王星排成了一条直线，这种现象每隔175年才发生一次。这就使得两艘“旅行者号”飞船能够利用“引力帮助”技术，以一种宇宙甩鞭的形式，被从一颗气态巨星连续甩到下一颗气态巨星。即使这样，它们也要花9年时间才能到达天王星，要花12年时间才能越过冥王星的轨道。好的消息是，要是我们等到2006年1月（这是美国国家航空航天局暂定向冥王星发射“新地平线号”宇宙飞船的时间），我们就可以利用有利的木星定位法，加上一些先进的技术，只用10年左右的时间便能抵达那里——虽然再次回到家里恐怕要花上相当长的时间。无论如何，这是一次漫长的旅行。

你可能首先意识到，空间这个名字起得极其恰当，空间是个平淡无奇的地方。在几万亿公里范围内，最充满生气的要算我们的太阳系，而所有可看得见的东西——太阳、行星及其卫星、小行星带的上亿块翻滚的岩石、彗星和别的各种飘浮的碎石——仅仅充满现有空间的不到万亿分之一。你还会很快意识到，你所见到的太阳系图是根本不按比例制作的。在教室里的大多数图上，行星们一颗挨着一颗，相距很近——在许多插图里，外侧巨星的影子实际上落在彼此身上——但是，为了把所有的行星画在同一张纸上，这种骗术也是必不可少的。海王星其实不是在木星以外一点儿，而是在木星以外很远的地方——它离木星

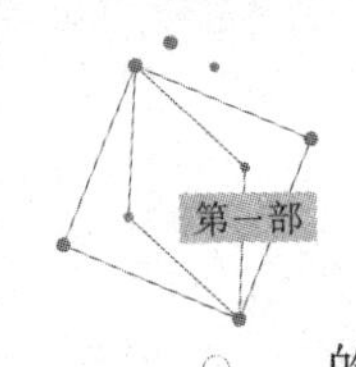

的距离比木星离我们的距离还要远 5 倍。它在外面那么遥远的地方，接受的阳光只有木星的 3%。

实际上，距离是那么遥远，无论如何不可能按比例来画太阳系图。即使你在教科书里增加许许多多折页，或者使用长得不得了的标语纸，你也无法接近这个比例。在一张成比例的太阳系图上，如果将地球的直径缩小到大约一粒豆子的直径，土星便会在 300 多米以外，冥王星会在 2.5 公里外的远处（约为一个细菌的大小，因此你怎么也看不见它）。按照同样的比例，离我们最近的恒星比邻星会在 1.6 万公里以外。即使你把一切都加以缩小，使土星像英文的句点那么小，冥王星不超过分子的个儿，那么冥王星依然在 10 多米以外。

所以，太阳系确实是巨大的。当我们抵达冥王星的时候，我们已经走得那么遥远，太阳——我们那暖暖和和、晒黑我们皮肤、赋予我们生命的亲爱的太阳——已经缩小到了针尖大小。它比一颗明亮的恒星大不了多少。在这样冷冷清清的空间里，你会开始理解，为什么即使是很重要的物体——比如冥王星的卫星——也逃过了人们的注意力。在这方面，绝不只是冥王星。在“旅行者号”探险之前，人们以为海王星只有 2 颗卫星，“旅行者号”又发现了 6 颗。在我小时候，人们以为太阳系只有 30 颗卫星。现在的卫星总数至少已经达到 90 颗，其中起码三分之一是在刚刚过去的 10 年里发现的。在考虑整个宇宙的时候，你当然需要记住，我们其实还不知道我们太阳系的家底。

现在，当我们飞越冥王星的时候，你会注意到另一件事：我们在飞越冥王星，要是你查一查旅行计划，你会明白这次旅行的目的地是我们太阳系的边缘，我们恐怕还没有到达。冥王星也许是标在教室挂图上的最后一个物体，但太阳系并不到此为止。实际上，离终点还远着呢。要到达太阳系的边缘，我们非得穿过奥尔特云，那是个彗星飘游的茫茫天国。而我们——我为此感到很遗憾——还要再花 1 万年时间才能抵达奥尔特云。冥王星远不是太阳系外缘的标志，就像教室里的挂图上随便暗示的那样，它仅仅是在五万分之一路程的地方。

当然，我们没有打算去做这样一次旅行。做一次 38.6 万公里远的月球旅行，对我们来说依然是一件了不起的大事。老布什总统曾一时头脑发昏，提出要执行一次去火星的载人任务，但后来不了了之。有人估计，这要花费 4 500 亿美元，最后很可能落个全体乘员命归黄泉的结局（他们无法遮挡高能的太阳粒子，DNA 会被撕得粉碎）。

根据我们目前掌握的知识和理智的想象，任何人都绝对不会前往我们自己

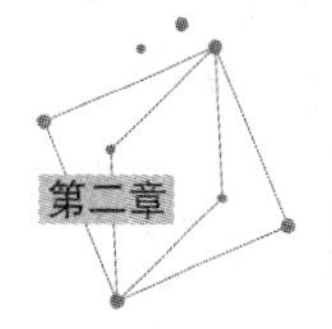

的太阳系的边缘——永远不会。实在太遥远了。事实上，即便使用哈勃望远镜，我们也看不到奥尔特云[①]，因此我们实际上不知道它在哪里。它的存在是可能的，但完全是假设的。

关于奥尔特云，有把握的只能说到这种程度：它始于冥王星以外，向宇宙里伸展大约两光年。太阳系里的基本计量单位是天文单位（AU），代表太阳和地球之间的平均距离。冥王星距离我们大约 40 个天文单位，奥尔特云的中心离我们大约 5 万个天文单位。一句话，它非常遥远。

但是，我们再做一次假设：我们已经到达奥尔特云。你首先注意到的是，这里非常宁静。现在，我们离哪个地方都非常遥远——离我们自己的太阳那么遥远，它甚至算不上是天空里最明亮的星星。想一想啊，远处那个不停闪烁的亮点是那么微小，却有足够的引力拖住所有这些彗星，这真是不可思议。这种引力并不很强，因此这些彗星只是很壮观地慢慢移动，速度大约仅为每小时 354 公里。由于引力的细微摄动——也许是由于一颗路过的恒星，在这些孤独的彗星中，不时会有一颗被推出正常轨道。有时候，它们被弹进空荡荡的空间，再也没有踪影。但是，有时候它们会进入围绕太阳的漫长轨道。每年大约有三四颗这类彗星，即所谓的长周期彗星，从太阳系里侧行通过。这些迷途的访客只是偶然会撞上坚硬的东西，比如地球。这就是我们现在到这里来的道理——因为我们见到的那颗彗星刚刚开始朝着太阳系的中央经历漫长的坠落过程。在这么多的地方中，它的方向偏偏是艾奥瓦州的曼森。它要花很长时间才能抵达那里——至少三四百万年——因此我们先把它搁置一下，到本书快要结束时再来讨论它。

这就是你所在的太阳系。太阳系之外还有别的什么？哎呀，也许什么也没有，也许有很多东西，这取决于你怎么看这个问题。

从短期来说，什么也没有。人类创造的最完美的真空，都不如星际空间那样空空荡荡。那里有大量的这种“空空荡荡”，直到你抵达下一个“有点东西”。宇宙里我们最近的邻居是比邻星，它是那个三星云团的组成部分，名叫 α 星，

① 全称奥皮克－奥尔特云，以爱沙尼亚天文学家恩斯特·奥皮克和荷兰天文学家简·奥尔特的名字命名。前者于 1932 年假设了它的存在，后者在 18 年后完善了计算结果。

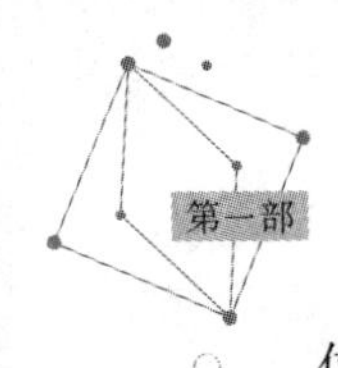

位于4.3光年以外，这在星系用语中只是微不足道的一点时间，但仍然要比去月球旅行远1亿倍。乘宇宙飞船去那里，至少要花25 000年①；即使你真的做这次旅行，你仍然到不了任何地方，只会看到茫茫空间的中央悬着一簇寂寞的星星。若要抵达下一个有意义的陆标天狼星，还有4.6光年的行程。因此，如果你想要以“越星”的方式穿越宇宙的话，情况就会是这样。即使抵达我们自己银河系的中心，也要花上比我们作为人的存在长得多的时间。

我再来重复一遍，空间是巨大的。恒星之间的平均距离超过30万亿公里。即使以接近于光的速度去那里，这对任何想去旅行的个人来说都是极富挑战性的距离。当然，为了逗乐，外星人有可能旅行几十亿公里来到威尔特郡种植庄稼，或者来到亚利桑那州哪一条人迹稀少的路上，把行驶中的小卡车上的哪个可怜虫吓得魂飞魄散，但这种事似乎永远不会发生。

不过，从统计角度来看，外层空间存在有思想的生物的可能性还是很大的。谁也不清楚银河系里有多少颗恒星——估计有1 000亿颗到4 000亿颗——而银河系只是大约1 400亿个星系之一，其中许多比我们的银河系还要大。20世纪60年代，康奈尔大学的一位名叫弗兰克·德雷克的教授为这么巨大的数字所振奋，根据一系列不断缩小的概率，想出了一个著名的方程式，旨在计算宇宙中存在高级生命的可能性。

按照德雷克的方程式，你把宇宙某个部分的恒星数量除以可能拥有行星系的恒星数量；再用那个商除以理论上能够存在生命的行星系数量；再用那个商除以已经出现生命，而且生命提高到了有智力的状态的行星系数量；如此等等。每这样除一次，那个数字就大大缩小——然而，即使以最保守的输入，仅在银河系里，得出的高等文明社会的数字也总是在几百万个。

这种看法多么有意思，多么激动人心。我们也许只是几百万个高等文明社会中的一个。不幸的是，空间浩瀚，据测算，任何两个文明社会之间的平均距离至少在200光年。为了让你有个清楚的概念，光这么说还不行，还要做更多的解释。首先，这意味着，即使那些生物知道我们在这里，而且能从望远镜里看到我们，他们所看到的也只是200年以前离开地球的光。因此，他们看到的

① 此处数据有误，按照本书第16页上的说法，人类最快的宇宙飞船的速度约为每小时5.6万公里，亦即每秒15.555 56公里，大约相当于光速的两万分之一，因此我们到达离我们最近的恒星（位于4.3光年以外）需要86 000年。——编者注

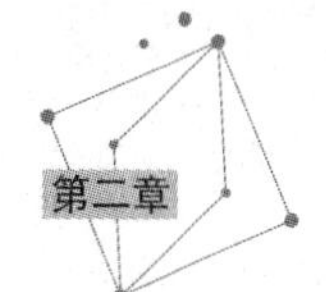

不是你和我。他们看到的是法国大革命、托马斯·杰斐逊以及穿长丝袜、戴假发套的人——是不懂得什么是原子或什么是基因的人，是用一块毛皮摩擦琥珀棒生电，认为这挺好玩的人。我们收到这些观察者发来的电文，很可能以“亲爱的大人”开头，祝贺我们牵着骏马，能够熟练地使用鲸油。200光年是如此遥远的距离，我们简直无法想象。

因此，即使我们其实并不孤单，实际上我们还是很孤单。卡尔·萨根推算，宇宙里的行星可能多达100万亿亿颗——这个数字远远超出我们的想象力。但是，同样超出我们想象力的，是它们所散落的宇宙的范围。“要是我们被随意塞进宇宙，”萨根写道，“你在一颗行星上或靠近一颗行星的可能性不足十亿亿亿分之一（即10^{-33}）。世界是很宝贵的。”

宇宙是个又大又寂寞的地方。我们能有多少个邻居就要多少个邻居。

第三章

埃文斯牧师的宇宙

罗伯特·埃文斯牧师是个说话不多、性格开朗的人，家住澳大利亚的蓝山山脉，在悉尼以西大约80公里的地方。当天空晴朗，月亮不太明亮的时候，他带着一台又笨又大的望远镜来到自家的后阳台，干一件非同寻常的事。他观察遥远的过去，寻找即将消亡的恒星。

观察过去当然是其中容易的部分。朝夜空瞥上一眼，你就看到了历史，大量历史——你看到的恒星不是它们现在的状态，而是它们的光射出时的状态。据我们所知，我们忠实的伙伴北极星，实际上也许在去年1月，或1854年，或14世纪初以后的任何时候就已经熄灭，因为这信息到现在还无法传到这里。我们至多只能说——永远只能说——它在680年以前的今天还在发光。恒星在不断死亡。罗伯特·埃文斯干得比别人更出色的地方是，他发现了天体举行告别仪式的时刻。

白天，埃文斯是澳大利亚统一教会一位和蔼可亲、快要退休的牧师，干点临时工作，研究19世纪的宗教运动史。到了夜间，他悄悄地成为一位天空之

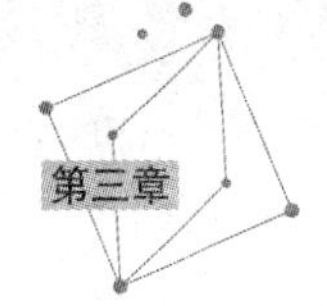

神，寻找超新星。

当一颗巨大的恒星—— 一颗比我们的太阳还大的恒星——坍缩的时候，它接着会壮观地爆炸，刹那间释放出 1 000 亿颗太阳的能量，一时之间比自己星系里所有的恒星的亮度加起来还要明亮。于是，一颗超新星诞生了。“这景象犹如突然之间引爆了 1 万亿枚氢弹。”埃文斯说。他还说，要是超新星爆炸发生在离我们只有 500 光年远的地方，我们就会完蛋——“彻底把锅砸了。”他乐呵呵地说。但是，宇宙是浩瀚的，超新星通常离我们很远很远，不会对我们造成伤害。事实上，大多数远得难以想象，它们的光传到我们这里时不过是淡淡的一闪。有一个月左右的时间，它们可以看得见。它们与天空里别的恒星的唯一不同之处是，它们占领了一点儿以前空无一物的空间。埃文斯在夜间满天星斗的苍穹里寻找的，就是这种很不寻常、非常偶然发生的闪光。

为了理解这是一种多么高超的本事，我们来想象一下，在一张标准的餐桌上铺一块黑桌布，然后撒上一把盐。我们把撒开的盐粒比作一个星系。现在，我们来想象一下，再增加 1 500 张这样的餐桌——足以形成 3 公里长的一条直线——每一张餐桌上都随意撒上一把盐。现在，在任意一张餐桌上再加一粒盐，让罗伯特·埃文斯在中间行走。他一眼就看到了那粒盐。那粒盐就是超新星。

埃文斯是个杰出的天才人物，奥利弗·萨克斯在《一位火星上的人类学家》中有一章谈到孤僻的学者，专门用一段文字来描述埃文斯——但他马上补充说：“绝没有说他孤僻的意思。”埃文斯从来没有见过萨克斯，对说他性格孤僻也罢，一位学者也罢，都报以哈哈大笑，但他不太说得清自己怎么会有这种天才。

埃文斯的家在黑兹尔布鲁克村边缘的一栋平房里，环境幽静，景色如画，悉尼就到这里为止，再往前便是无边无际的澳大利亚丛林。有一次，我去拜访了他和他的夫人伊莱恩。“我好像恰好有记住星场的本事。”他对我说，还表露出不好意思的样子，“别的事我都不特别擅长，”他接着说，“我连名字都不太记得住。”

“也记不住东西搁在哪儿。”伊莱恩从厨房里喊着说。

他又坦率地点了点头，咧嘴一笑，接着问我是不是愿意去看一眼他的望远镜。我原来以为，埃文斯在后院有个不错的天文台—— 一个小型的威尔逊山天文台或帕洛马天文台，配有滑动的穹形屋顶和一把移动方便的机械椅子。实际上，他没有把我带出屋外，而是领着我走进离厨房不远的一个拥挤不堪的贮藏室，里面堆满了书和文件。他的望远镜—— 一个白色的圆筒，大小和形状像个

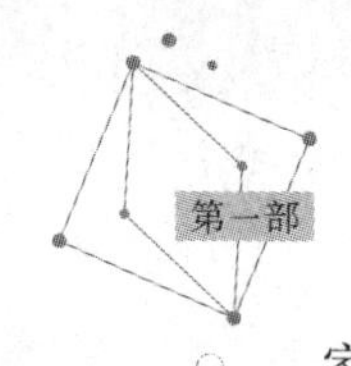

家用热水器——就放在一个他自己做的、能够转动的胶合板架子上面。要进行观测的时候，他分两次把它们搬上离厨房不远处的阳台。斜坡下面长满了桉树，只看得见屋檐和树梢之间一片信箱大小的天空，但他说这对于他的观测工作来说已经绰绰有余。就是在那里，当天空晴朗、月亮不太明亮的时候，他寻找超新星。

超新星这个名字，是一位脾气极其古怪的天文物理学家在20世纪30年代创造的，他的名字叫弗里茨·兹威基。他出生在保加利亚，在瑞士长大，20世纪20年代来到加州理工学院，很快以粗暴的性格和卓越的才华闻名遐迩。他似乎并不特别聪明，他的许多同事认为他只不过是个“恼人的小丑”。他是个健身狂，经常会扑倒在加州理工学院饭厅或别的公共场所的地板上做单臂俯卧撑，向任何表示怀疑的人显示他的男子气概。他咄咄逼人，最后变得如此气势汹汹，连他最亲密的合作者——性格温和的沃尔特·巴德——也不愿意跟他单独在一起。兹威基还指责巴德是个纳粹分子，因为他是德国人。其实，他不是。巴德在山上的威尔逊山天文台工作。兹威基不止一次扬言，要是他们在加州理工学院校园里碰上，他要把巴德杀了。

然而，兹威基聪明过人，具有敏锐的洞察力。20世纪30年代初，他把注意力转向一个长期困扰天文学家的问题：天空中偶尔出现而又无法解释的光点——新的恒星。令人难以置信的是，他怀疑问题的核心是否在于中子——英国的詹姆斯·查德威克刚刚发现的，因而是新奇而时髦的亚原子粒子。他突然想到，要是恒星坍缩到原子的核心那种密度，便会变成一个极其坚实的核。原子实际上已经被压成一团，它们的电子不得不变成核子，形成了中子。这样就形成了一颗中子星。想象一下，把100万枚很重的炮弹挤压成一粒弹子的大小——哎呀，这还差得远呢。一颗中子星核的密度如此之大，里面的一调羹物质会重达900亿千克。只是一调羹啊！然而，不仅如此。兹威基意识到，这样的一颗恒星坍缩以后会释放出大量的能量——足以产生宇宙里最大的爆炸。他把这种由此产生的爆炸叫作超新星。它们会是——实际上也是——创建宇宙过程中最大的事件。

1934年1月15日，《物理学评论》杂志刊登了一篇论文的简短摘要。论文是由兹威基和巴德前一个月在斯坦福大学发表的。尽管摘要极其短小——只有24行字——但它包含了大量新的科学知识：它首次提到超新星和中子星；它令人信服地解释了它们的形成方法；它准确地计算出它们爆炸的等级；作为一种结论，

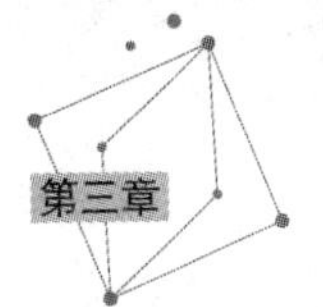

它把超新星爆炸与所谓的宇宙射线这一神秘的新现象的产生联系起来。宇宙射线大批穿过宇宙，是新近才被发现的。这些理念至少可以说是革命性的。中子星的存在要再过 34 年才得以确认。宇宙射线的理念虽然被认为很有道理，但还没有得到证实。总而言之，用加州理工学院天文物理学家基普 · S. 索恩的话来说，这篇摘要是“物理学和天文学史上最有先见之明的文献之一”。

有意思的是，兹威基几乎不知道这一切发生的原因。据索恩说，“他不大懂物理学定律，因此不能证明他的思想。兹威基的才华是用来考虑大问题的，而收集数据是别人——主要是巴德——的事”。

兹威基也是第一个认识到，宇宙里的可见物质远远不足以把宇宙连成一片，肯定有某种别的引力影响——就是我们现在所谓的暗物质。有一点他没有注意到，即中子星坍缩得很紧，密度很大，连光也无法摆脱它的巨大引力。这就形成了一个黑洞。不幸的是，他的大多数同事都瞧不起他，因此他的思想几乎没有引起注意。5 年以后，当伟大的罗伯特 · 奥本海默在一篇有划时代意义的论文中把注意力转向中子星的时候，他没有一次提到兹威基的成就，虽然兹威基多年来一直在致力于同一个问题，而且就在走廊那头的办公室里。在差不多 40 年的时间里，兹威基有关暗物质的推论没有引起认真的注意。我们只能认为，他在此期间做了许多俯卧撑。

令人吃惊的是，当我们把脑袋探向天空的时候，我们只能看见宇宙的极小部分。从地球上，肉眼只能见到大约 6 000 颗恒星，从一个角度只能见到大约 2 000 颗。如果用了望远镜，我们从一处看见的星星就可以增加到大约 5 万颗；要是用一台 5 厘米的小型天文望远镜，这个数字便猛增到 30 万颗。假如使用像埃文斯使用的那种 40 厘米天文望远镜，我们就不仅可以数恒星，而且可以数星系。埃文斯估计，他从阳台上可以看到的星系可达 5 万—10 万个，每个星系都由几百亿颗恒星组成。这当然是个可观的数字，但即使能看到这么多，超新星也是极其少见的。一颗恒星可以燃烧几十亿年，而死亡却是一下子的事。只有少量的临终恒星发生爆炸，大多数默默地熄灭，就像黎明时的篝火那样。在一个由 1 000 亿颗恒星组成的典型星系里，平均每二三百年会出现一颗超新星。因此，寻找一颗超新星，有点像立在纽约帝国大厦的观景台上，用望远镜搜索曼哈顿四周的窗户希望发现——比如说——有人在点着 21 岁生日蛋糕上的蜡烛。

因此，要是有一位满怀希望、说话细声细气的牧师前来联系，问一声他们有没有可用的星场地图，以便寻找超新星，天文学界一定会认为他的脑子出了

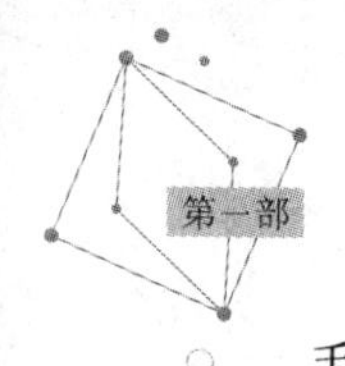

毛病。当时，埃文斯只有一台 25 厘米的天文望远镜——这供业余观星之用倒差不多，但用那玩意儿来搞严肃的宇宙研究还远远不够——他却提出要寻找宇宙里比较稀罕的现象。埃文斯于 1980 年开始观察，在此之前，整个天文学史上发现的超新星还不到 60 颗。（到我 2001 年 8 月拜访他的时候，他已经记录了他的第 34 次目视发现；3 个月以后，他有了第 35 次发现；2003 年初，第 36 次。）

然而，埃文斯有着某些优势。大部分观察者像大部分人口一样身处北半球，因此身处南半球的他在很大程度上独自拥有一大片天空，尤其是在最初的时候。他还拥有敏捷的动作和超人的记忆力。大型天文望远镜是很笨重的东西，移动到位要花掉好多操作时间。埃文斯可以像近距离空战中的机尾射手那样把 40 厘米小型望远镜转来转去，用几秒钟时间就可以瞄准天空中任何一个特定的点。因此，他一个晚上也许可以观测 400 个星系，而一台大型专业天文望远镜能观测五六十个就很不错了。

寻找超新星的工作大多一无所获。从 1980 年到 1996 年，他平均每年有两次发现——那要花几百个夜晚来观测呀观测呀，真不划算。有一回他 15 天里有 3 次发现，但另一回 3 年里也没有发现 1 次。

“实际上，一无所获也有一定价值，”他说，“它有利于宇宙学家计算出星系演变的速度。在那种极少有所发现的区域，没有迹象就是迹象。”

在望远镜旁边的一张桌子上，堆放着跟他的研究有关的照片和文献。现在，他把其中一些拿给我看。要是你翻阅过天文学的通俗出版物，而你肯定在某个时候翻阅过，你就会知道，上面大多是远处星云之类的色彩鲜艳的照片——那是由天光形成的彩色云团，华美动人，异常壮观。埃文斯拍下的形象根本无法与之相比。它们只是模模糊糊的黑白照片，上面有带有光环的小亮点。他让我看一幅照片，它显示了一大群恒星，上面有一点儿光焰，我不得不凑近了才看得清楚。埃文斯对我说，这是天炉星座的一颗恒星，天文学上称之为 NGC1365。（NGC 代表《星云星团新总表》，上面记录着这些材料。过去是都柏林某人书桌上的一本笨重的书；不用说，如今是一个数据库。）在 6 000 万年时间里，这颗恒星壮丽死亡时所发出的光，不停地越过太空，最后在 2001 年 8 月的一天夜里以一点微光的形式抵达了地球。当然是身处桉树芬芳的山坡上的罗伯特 · 埃文斯发现了它。

“我想，这还是挺令人满意的啊，”埃文斯说，“想一想，那道光在太空里走了几百万年，抵达地球的时候恰好有个人在不偏不倚地望着那片天空，结果

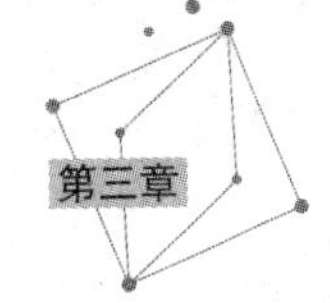

看到了它。能亲眼目睹这样一个重大事件，这似乎是挺不错的。”

超新星远远不止于让你产生一种惊奇感。它们分为几种类型（有一种是埃文斯发现的），其中之一名叫 Ia 超新星，它对天文学来说尤其重要，因为这类超新星总是以同样的方式爆炸，拥有同样关键的质量。因此，它们可以被用作“标准烛光”——用来衡量其他恒星的亮度（因此也是衡量相对距离）的标准，从而衡量宇宙的膨胀率。

1987 年，由于需要比目测所能提供的更多的 Ia 超新星数目，美国加利福尼亚州劳伦斯·伯克利实验室的索尔·珀尔马特开始寻找一种更加系统的搜寻方法。珀尔马特利用先进的计算机和电荷耦合器件设计了一个绝妙的系统——实质上是一流的数码相机。它使寻找超新星的工作自动化了。现在，天文望远镜可以拍下几千幅照片，然后利用计算机来发现能够说明发生了超新星爆炸的亮点。在 5 年时间里，珀尔马特和他的同事们在伯克利利用这种新技术发现了 42 颗超新星。如今，连业余爱好者也在用电荷耦合器件发现超新星。“使用电荷耦合器件，你可以把天文望远镜瞄准天空，然后走开去看电视，”埃文斯不大高兴地说，“那种神奇的味道已经不复存在了。”

我问埃文斯，他是不是想采取这种新技术。“哦，不，”他说，“我很喜欢自己的办法，而且，”他朝新近拍摄的一幅超新星照片点了点头，微微一笑，“有时候我仍能超过他们。”

很自然产生了这样的问题：要是一颗恒星在近处爆炸，情况会怎么样？我们已经知道，离我们最近的恒星是半人马座 α 星，在 4.3 光年以外。我曾经想象，要是那里发生一次爆炸，我们在 4.3 年时间里都看得到大爆炸的光洒向整个天空，仿佛是从一个大罐子里泼出来的那样。要是我们有 4 年零 4 个月的时间来观看一次无法逃脱的末日渐渐向我们逼近，知道它最后到达之时会把我们的皮肉从骨头上刮得一干二净，情况会怎么样？人们还会上班吗？农民还会种庄稼吗？还有人把农产品运到商店去吗？

几个星期以后，我回到了我居住的那个新罕布什尔州小镇，向达特茅斯学院的天文学家约翰·索尔斯坦森提出了这几个问题。“哦，不会的，”他笑着说，“这么一件大事的消息会以光的速度传开，其破坏性也同样是以光的速度传播的，你知道有这么一件事的时候，你也同时死掉了。不过，别担心，这种事情不会发生。”

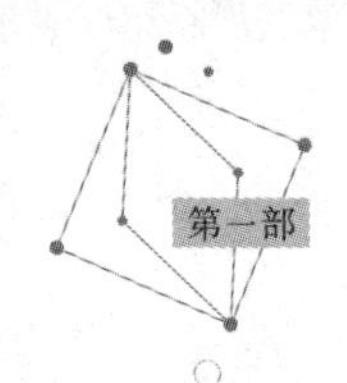

至于超新星爆炸的冲击波会要你的命的问题，他解释说，你非得“离得近到荒唐可笑的程度”——很可能是大约 10 光年之内。“危险来自各种辐射——宇宙射线等等。”辐射会产生惊人的极光，像闪闪发亮的怪异光幕，布满整个天空。这不会是一件好事情。任何有本事上演这么一幕的事会把磁层——地球高空通常使我们不受紫外线和其他宇宙射线袭击的磁场——一扫而光。没有了磁层，任何倒霉蛋只要踏进阳光，很快就会看上去——比如说——像个烤焦的比萨饼。

索尔斯坦森说，有理由相信，这种事情在星系的我们这个角落里不会发生，这是因为，首先，形成一颗超新星要有一种特别的恒星。恒星非得要有我们的太阳 10—20 倍那么大才有资格，而“我们附近没有任何符合这个条件的星球”。非常幸运，宇宙是个大地方。他接着说，离我们最近的、很可能有资格的，是猎户座的参宿四。多年来，它一直在喷出各种东西，表明那里不大稳定，引起了大家的注意。但是，参宿四离我们有 500 光年之远。

在有记载的历史上，只有五六次超新星是近到肉眼看得见的。一次是 1054 年的爆炸，形成了蟹状星云。另一次是在 1604 年，创造了一颗亮得在 3 个多星期里连在白天都看得见的恒星。最近一次是在 1987 年，有一颗超新星在宇宙一个名叫大麦哲伦云的区域闪了一下，然而仅仅勉强看得见，而且仅仅在南半球看得见——它在 16.9 万光年以外，对我们毫无危险。

超新星还有一方面对我们来说是绝对重要的。要是没有了超新星，我们就不会来到这个世界上。你会想得起来，第一章快结束的时候，我们谈到宇宙之谜——大爆炸产生了许多轻的气体，但没有创造重元素。重元素是后来才有的，但在很长时间里，谁也搞不清它们后来是怎么产生的。问题是，你需要有某种温度确实很高的东西——比温度最高的恒星中央的温度还要高——来锻造碳、铁和其他元素；要是没有这些元素，我们就令人苦恼地不会存在。超新星提供了解释。这个解释是一位几乎像弗里茨·兹威基一样行为古怪的英国宇宙学家做出的。

他是约克郡人，名叫弗雷德·霍伊尔。霍伊尔死于 2001 年，在《自然》杂志的悼文里被描写成一位“宇宙学家和好辩论的人”，二者他都受之无愧。《自然》杂志的悼文说，他“在一生的大部分时间里都卷入了争论”，并“使自己名声扫地”。比如，他声称，而且是毫无根据地声称，伦敦自然博物馆里珍藏的那件始祖鸟化石是假的，与皮尔当人头盖骨的骗局如出一辙，这使得博物馆的古生物学家们非常恼火。他们不得不花了几天工夫来回答记者们从世界各地打来的电话。他还认为，地球不仅从空间接受了生命的种子，而且接受了它的许多疾病，比如流感和腺鼠疫。他有一次还提出，人类在进化过程中有了突出的鼻子和朝下的鼻孔，就是为了阻止宇宙病原菌掉进去。

是他 1952 年在一篇广播稿中开玩笑地创造了大爆炸这个名字。他指出，我们在理解物理学的时候，怎么也解释不了为什么一切会聚合成一点，然后又突然戏剧性地开始膨胀。霍伊尔赞成恒稳态学说，该学说认为宇宙在不断膨胀，在此过程中不断创造新的物质。霍伊尔还意识到，要是恒星发生聚爆，便会释放出大量热量——温度在 1 亿摄氏度以上，足以在被称为核聚变的过程中产生较重的元素。1957 年，霍伊尔和别人一起，展示重元素是如何在超新星的爆炸中形成的。由于这项工作，他的合作者 W.A. 福勒获得了诺贝尔奖。霍伊尔则没有，很难为情。

根据霍伊尔的理论，一颗爆炸中的恒星会释放出足够的热量来产生所有的新元素，并把它们洒在宇宙里。这些元素会形成气云——就是所谓的星际介质——最终聚合成新的太阳系。有了这些理论，我们终于可以为我们怎么会来到这个世界的问题构筑一个貌似有理的设想。我们现在认为自己知道的情况如下：

大约 46 亿年之前，一股直径约为 240 亿公里、由气体和尘埃组成的巨大涡流，积储在我们现在所在的空间，并开始聚积。实际上，太阳系里的几乎全部物质——99.9%的物质——都被用来形成了太阳。在剩下的飘浮物质当中，两颗微粒飘到很近的地方，被静电吸到一起。这是我们的行星孕育的时刻。在整个初生的太阳系里，同样的情况正在发生。尘粒互相碰撞，构成越来越大的团块。最后，这些团块大到了一定程度，可以被称作微行星。随着这些微行星无休止地碰撞，它们或破裂，或分解，或在无休止而又随意的置换中重新合并，但每次碰撞都有一个赢家，有的赢家越来越大，最后主宰了它们运行的轨道。

这一切都发生得相当快。据认为，从小小的一簇尘粒变成一颗直径为几百公里的幼星，只要花几万年的时间。在不过 2 亿年的时间里，很可能还不到，地球就基本形成了，虽然仍是灼热的，还经常受到仍在到处飘浮的碎片的撞击。

在这个时刻，大约在 44 亿年以前，一个火星大小的物体撞上了地球，炸飞了足够的材料来形成一颗伴星——月球。据认为，不出几个星期，被炸飞的材料已经重新聚成一团；不出一年，它变成了那个现在还陪伴着我们的岩石球体。据

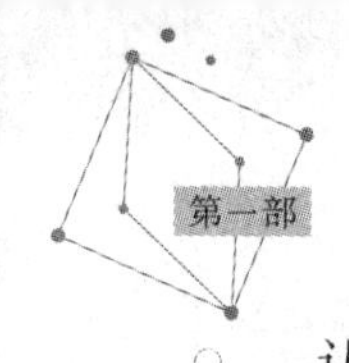

认为，构成月球的大部分材料来自地壳，而不是地核，这就是月球上极少有铁的原因，而地球上铁却很多。顺便说一句，这个理论几乎总是被说成是最近提出的，而事实上，它最初由哈佛大学的雷金纳德·戴利于20世纪40年代提出。关于这个理论，唯一最近的事就是人们已经不大重视它了。

当地球还是它最终大小的大约三分之一的时候，它很可能已经开始形成大气，主要由二氧化碳、氮、甲烷和硫组成。我们几乎不会把这些东西与生命联系起来；然而，在这有毒的混杂物中，生命形成了。二氧化碳是一种强有力的温室气体。它是一样好东西，因为当时太阳已经弱多了。要是我们没有受益于温室效应，地球很可能已经永久被冰雪覆盖。生命也许永远找不到一块立足之地。但是，生命以某种方式出现了。

在之后的5亿年里，年轻的地球继续受到彗星、陨石和银河系里其他碎块的无情撞击。这个过程产生了蓄满海洋的水，产生了成功形成生命所必不可少的成分。这是个极不友好的环境，然而生命还是以某种方式开始了。有一小团化学物质抽动一下，变成了活的。我们快要来到这个世界上了。

40亿年以后，人们开始想，这一切到底是怎么发生的？下面，我们就来讲讲这个故事。

第二部　地球的大小

大自然和大自然的法则藏匿于黑夜之中；上帝说，让牛顿出世吧！于是世界一片光明。

——亚历山大·蒲柏

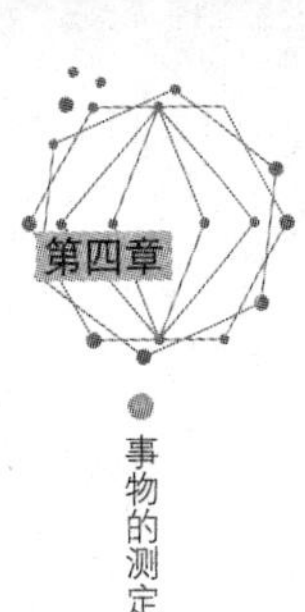

第四章

事物的测定

要是让你挑出有史以来最不愉快的实地科学考察，你肯定很难挑得出比1735年法国皇家科学院的秘鲁远征更加倒霉的。在一位名叫皮埃尔·布格的水文工作者和一位名叫查理·玛丽·孔达米纳的军人数学家的率领下，一个由科学家和冒险家组成的小组前往秘鲁，旨在用三角测量法测定穿越安第斯山脉的

距离。[①]

那个时候，人们感染上了一种了解地球的强烈欲望——想要确定地球有多大年龄，多大体积，悬在宇宙的哪个部分，是怎样形成的。法国小组的任务是要沿着一条直线，从基多附近的雅罗基开始，到如今位于厄瓜多尔的昆卡过去一点，测量 1 度经线（即地球圆周的三百六十分之一）的长度，全长约为 320 公里，从而帮助解决这颗行星的周长问题。

事情几乎从一开始就出了问题，有时候还是令人瞠目的大问题。在基多，访客们不知怎的激怒了当地人，被手拿石头的暴民撵出了城；过不多久，由于跟某个女人产生误解，测量小组的一名医生被谋杀；组里的植物学家精神错乱；其他人或发热死去，或坠落丧命；考察队的第三号人物——一个名叫让·戈丁的男人——跟一位 13 岁的姑娘私奔，怎么也劝不回来。

测量小组有一次不得不停止工作 8 个月；同时，孔达米纳骑马去利马，解决一个许可证问题。他最后和布格互不说话，拒绝合作。这个人数越来越少的测量小组每到一处都让当地官员们心存狐疑。他们很难相信，这批法国科学家为了测量世界而会绕过半个地球。这根本说不通。两个半世纪以后，这似乎仍是个很有道理的问题。法国人犯不着吃那么多苦头跑到安第斯山脉，干吗不就在法国搞测量？

一方面，这是因为 18 世纪的科学家，尤其是法国科学家，办事很少用简单的办法，老爱瞎折腾。另一方面，这与一个实际问题有关。这个问题起源于多

---

① 这是一种以几何为基础的常用方法。要是知道三角形一边的长度和两个角的角度，就可以马上计算出所有其他的值。比如，假定你我二人希望知道到月球的距离。如果采用三角测量法的话，我们两人之间首先要拉开一定距离。比如，你留在巴黎，我去莫斯科，我们俩同时望着月球。现在，要是你想象有一条线把三点——你、我和月球——连起来，形成一个三角形，测量一下你和我之间的那条底线的长度以及我们两个角的角度，其他的就很容易计算出来了。（由于三角形里面的三个角加起来总是 180 度，你知道了两个角的角度之和，马上可以算出第三个角的角度；知道了这个三角形的确切形状和一条边的长度，你就可以知道另外两条边的长度。）这实际上是一位古希腊天文学家用过的办法。那是在公元前 150 年，他的名字叫尼卡伊亚的喜帕恰斯，为的是计算地球到月球的距离。在地面上，三角测量法的基本原理是一样的，不同的是，三角形没有伸展到空间，而是边对边放在地图上。为了测量 1 度经线，测量员要建立一连串的三角形，贯穿整个地形。

年以前——早在布格和孔达米纳梦想去南美洲之前，更不用说实际动身——与英国天文学家埃德蒙·哈雷有关。

哈雷是个不同凡响的人物。在漫长而又多彩的生涯中，他当过船长、地图绘制员、牛津大学几何学教授、皇家制币厂副厂长、皇家天文学家，是深海潜水钟的发明人。他写过有关磁力、潮汐和行星运动方面的权威文章，还天真地写过关于鸦片的效果的文章。他发明了气象图和运算表，提出了测算地球的年龄和地球到太阳的距离的方法，甚至发明了一种把鱼类保鲜到淡季的实用方法。他唯一没有干过的就是发现那颗冠以他名字的彗星。他只是承认，他在 1682 年见到的那颗彗星，就是别人分别在 1456 年、1531 年和 1607 年见到的同一颗彗星。这颗彗星直到 1758 年才被命名为哈雷彗星，那是在他去世大约 16 年之后。

然而，尽管他取得了这么多的成就，但他对人类知识的最大贡献也许只在于他参加了一次科学上的打赌。赌注不大，对方是那个时代的另外两位杰出人物。一位是罗伯特·胡克，人们现在记得最清楚的兴许是他描述了细胞；另一位是伟大而又威严的克里斯托弗·雷恩爵士，他起先其实是一位天文学家，后来还当过建筑师，虽然这一点人们现在往往不大记得。1683 年，哈雷、胡克和雷恩在伦敦吃饭，突然间谈话内容转向天体运动。据认为，行星往往倾向于以一种特殊的卵形线即以椭圆形在轨道上运行——用理查德·费曼的话来说，“一条特殊而精确的曲线”——但不知道什么原因。雷恩慷慨地提出，要是他们中间谁能找到个答案，他愿意发给他价值 40 先令（相当于两个星期的工资）的奖品。

胡克以好大喜功闻名，尽管有的见解不一定是他自己的。他声称他已经解决这个问题，但现在不愿意告诉大家，他的理由有趣而巧妙，说是这么做会使别人失去自己找出答案的机会。因此，他要“把答案保密一段时间，别人因此会知道怎么珍视它”。没有迹象表明，他后来有没有再想过这件事。可是，哈雷着了迷，一定要找到这个答案，还于次年前往剑桥大学，冒昧拜访该大学的数学教授艾萨克·牛顿，希望得到他的帮助。

牛顿绝对是个怪人——他聪明过人，而又离群索居，沉闷无趣，敏感多疑，注意力很不集中（据说，早晨他把脚伸出被窝以后，有时候突然之间思潮汹涌，会一动不动地坐上几个小时），干得出非常有趣的怪事。他建立了自己的实验室，也是剑桥大学的第一个实验室，但接着就从事异乎寻常的实验。有一次，他把一根大针眼缝针——一种用来缝皮革的长针——插进眼窝，然后在“眼睛和尽可能接近眼睛后部的骨头之间”揉来揉去，只是为了看看会有什么事发生。

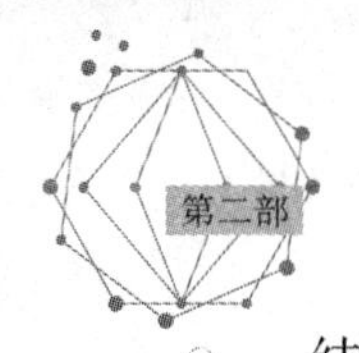

结果，说来也奇怪，什么事也没有——至少没有产生持久的后果。另一次，他瞪大眼睛望着太阳，能望多久就望多久，以便发现对他的视力有什么影响。他这一次也没有受到严重的伤害，虽然他不得不在暗室里待了几天，等着眼睛恢复过来。

与他的非凡天才相比，这些奇异的信念和古怪的特点算不了什么——即使在以常规方法工作的时候，他也往往显得很特别。在学生时代，他觉得普通数学局限性很大，十分失望，便发明了一种崭新的形式——微积分，但有 27 年时间对谁也没有说起过这件事。他以同样的方式在光学领域工作，改变了我们对光的理解，为光谱学奠定了基础，但还是过了 30 年才把成果与别人分享。

尽管他那么聪明，真正的科学却只占他兴趣的一部分。他至少有一半工作时间花在炼金术和反复无常的宗教活动方面。他对这些活动不是简单涉猎，而是全身心地扑了进去。他偷偷信仰一种很危险的名叫阿里乌斯教的异教。该教的主要教义是认为根本没有三位一体（这有点儿讽刺意味，因为牛顿的工作单位就是剑桥大学的三一学院）。他花了无数个小时来研究耶路撒冷不复存在的所罗门王神殿的平面图（在此过程中自学了希伯来语，以便阅读原文作品），认为该平面图隐藏着数学方面的线索，有助于知道基督第二次降临和世界末日的日期。他对炼金术同样无比热心。1936 年，经济学家约翰 · 梅纳德 · 凯恩斯在拍卖会上购得一箱子牛顿的文件，吃惊地发现那些材料绝大部分与光学或行星运动没有任何关系，而是些有关他潜心探索把普通金属变成贵金属的资料。20 世纪 70 年代，人们通过分析牛顿的一绺头发发现，里面含有汞——这种元素，除了炼金术士、制帽商和温度计制造商以外，别人几乎不会感兴趣——其浓度大约是常人的 40 倍。他早晨有想不到起床的毛病，这也许是不足为怪的。

1684 年 8 月，哈雷不请自来，登门拜访牛顿。他指望从牛顿那里得到什么帮助，我们只能猜测。但是，多亏一位牛顿的密友——亚伯拉罕 · 棣莫佛后来写的一篇叙述，我们才有了一篇有关科学界一次最有历史意义的会见的记录：

> 1684 年，哈雷博士来剑桥拜访。他们在一起待了一会儿以后，博士问他，要是太阳的引力与行星离太阳距离的平方成反比，他认为行星运行的曲线会是什么样的。

这里提到的是一个数学问题，名叫平方反比律。哈雷坚信，这是解释问题

的关键，虽然他对其中的奥妙没有把握。

> 艾萨克·牛顿马上回答说，会是一个椭圆。博士又高兴又惊讶，问他是怎么知道的。“哎呀，”他说，“我已经计算过。”接着，哈雷博士马上要他的计算材料。艾萨克爵士在材料堆里翻了一会儿，但是找不着。

这是很令人吃惊的——犹如有人说他已经找到了治愈癌症的方法，但又记不清处方放在哪里了。在哈雷的敦促之下，牛顿答应再算一遍，写出一篇论文。他按诺言做了，但做得要多得多。有两年时间，他闭门不出，精心思考，涂涂画画，最后拿出了他的杰作：《自然哲学的数学原理》，通常被称为《原理》。

极其偶然，历史上也只有过几次吧，有人做出如此敏锐而又出人意料的观察，人们无法确定究竟哪个更加惊人——是那个事实还是他的思想。《原理》的问世就是这样的一个时刻。它顿时使牛顿闻名遐迩。在他的余生里，他将生活在赞扬声和荣誉堆里，尤其成了英国因科学成就而被封为爵士的第一人。连伟大的德国数学家戈特弗里德·莱布尼兹也认为，牛顿对数学的贡献比得上在他之前的所有成就的总和，尽管在谁先发明微积分的问题上，牛顿曾跟莱布尼兹进行过长期而又激烈的斗争。“没有任何凡人比牛顿更接近神。”哈雷深有感触地写道。他的同时代人以及此后的许多人对此一直怀有同感。

《原理》一直被称为“最难看懂的书之一”（牛顿故意把书写得很难，那样就不会被他所谓的数学“门外汉”纠缠不休），但对看得懂的人来说，它是一盏明灯。它不仅从数学的角度解释了天体的轨道，而且指出了使天体运行的引力——万有引力。突然之间，宇宙里的每种运动都说得通了。

《原理》的核心是牛顿的三大运动定律（定律非常明确地指出，物体朝着推力的方向运动；它始终做直线运动，直到某种别的力起了作用，使它慢下来或改变它的方向；每个作用力都有大小相等的反作用力）以及他的万有引力定律。这说明，宇宙里的每个物体都吸引每个别的物体。这似乎不大可能，但当你在这里坐着的时候，你在用你自己小小的（的确很小）引力场吸引你周围的一切事物——墙壁、天花板、灯、宠物猫。而这些东西也在吸引你。是牛顿认识到，任何两个物体的引力，再用费曼的话来说，“与每个物体的质量成正比，以两者之间距离的平方反比来变化”。换一种说法，要是你将两个物体之间的距离翻

一番，两者之间的引力就弱 4 倍。这可以用下面的公式来表示：

$$F=G\frac{Mm}{r^2}$$

这个公式对我们大多数人来说当然是根本没有实际用途的，但至少我们欣赏它的优美，它的简洁。无论你走到哪里，只要做两个快速的乘法，一个简单的除法，嘿，你就知道你的引力状况。这是人类提出的第一个真正有普遍意义的自然定律，也是牛顿到处深受人们尊敬的原因。

《原理》的产生不能不说是戏剧性的。令哈雷感到震惊的是，当这项工作快要完成的时候，牛顿和胡克为谁先发明了平方反比定律吵了起来，牛顿拒绝公开关键的第三卷，而没有这一卷，前面两卷就意义不大。在紧张地来回斡旋，说了许多好话以后，哈雷才最后设法从那位脾气怪僻的教授那里索得了最后一卷。

哈雷的烦恼并没有完全结束。英国皇家学会本来答应出版这部作品，但现在打了退堂鼓，说是财政有困难。前一年，该学会曾经为《鱼类志》下了赌注，该书成本很高，结果赔了老本；他们担心一本关于数学原理的书不会有多大销路。哈雷尽管不很富裕，还是自己掏钱支付了这本书的出版费用。和以往一样，牛顿分文不出。更糟糕的是，哈雷这时候刚刚接受学会的书记员的职位，他被告知，学会已经无力给他答应过的 50 英镑年薪，只能用几本《鱼类志》来支付。

牛顿定律解释了许许多多事情——海洋里潮水的飞溅和翻腾；行星的运动；为什么炮弹着地前沿着一条特定的弹道飞行；虽然我们脚下的行星在以每小时几百公里的速度旋转，为什么我们没有被甩进太空①——这些定律的全部意义要费好大工夫才能领会。但是，它们揭示的其中一个事实几乎马上引发了争议。

那就是，该定律认为，地球不是滴溜滚圆的。根据牛顿的学说，地球自转产生的离心力，造成两极有点扁平，赤道有点鼓起。因此，这颗行星稍稍呈扁圆形。这意味着，1 度经线的长度，在意大利和苏格兰是不相等的。说得确切一点，离两极越远，长度越短。这对那些认为地球是个滴溜滚圆的球体，并以此来测量这颗行星的人来说不是个好消息。那些人就是大家。

---

① 旋转的速度取决于你的位置。地球的自转速度不等，从赤道的每小时大约 1 600 公里，到两极的每小时零公里。在伦敦，这个速度是每小时 998 公里。

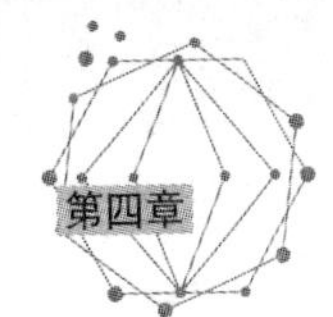

在半个世纪的时间里，人们想要测算出地球的大小，大多使用很严格的测量方法。最先做这种尝试的人当中有一位英国数学家，名叫理查德·诺伍德。诺伍德在年轻时代曾带着个按照哈雷的式样制作的潜水钟去过百慕大，想要从海底捞点珍珠发大财。这个计划没有成功，因为那里没有珍珠，而且诺伍德的潜水钟也不灵，但诺伍德是个不愿意浪费一次经历的人。17 世纪初，百慕大在船长中间以难以确定位置著称。问题是海洋太大，百慕大太小，用来解决这个差异的航海仪器严重不足。连 1 海里的长度还都说法不一。关于海洋的宽度，最细小的计算错误也会变得很大，因此船只往往以极大的误差找不到百慕大这样大小的目标。诺伍德爱好三角学，因此也爱好三角形，他想在航海方面用上一点数学，于是决定测算 1 度经线的长度。

诺伍德背靠着伦敦塔踏上了征途，历时两年向北走了 330 多公里来到约克，一边走一边不停地拉直和测量一根链子。在此过程中，他考虑到土地的起伏、道路的弯曲，始终一丝不苟地对数据进行校正。最后一道工序，是在一年的同一天，一天的同一时间，在约克测量太阳的角度。他已经在伦敦做完第一次测量。根据这次测量，他推断，他可以得出地球 1 度经线的长度，从而计算出地球的整个周长。这几乎是一项雄心勃勃的工作——1 度的长度只要算错一点儿，整个长度就会相差许多公里——但实际上，就像诺伍德自豪地竭力声称的那样，他的计算非常精确，误差“微乎其微”——说得更确切一点，误差不到 550 米。以米制来表达，他得出的数字是每度经线的长度为 110.72 公里。

1637 年，诺伍德一部在航海方面的杰作《水手的实践》出版，立即赢得一批读者。它再版了 17 次，他去世 25 年以后仍在印刷。诺伍德携家人回到了百慕大，成为一名成功的种植园主，空闲时间便以他心爱的三角学来消遣。他在那里活了 38 年。要是对大家说，他这 38 年过得很幸福，受到了人们的敬仰，大家一定会很高兴。但是，实际上并非如此。在离开英格兰以后的航行途中，诺伍德的两个年幼的儿子跟纳撒尼尔·怀特牧师同住一个船舱，不知怎的让这位年轻的牧师深受精神创伤，在他余生的许多时间里会想方设法来找诺伍德的麻烦。

诺伍德的两个女儿的婚姻都不尽如人意，给她们的父亲平添了不少痛苦。有个女婿可能受那位牧师的唆使，不断为了小事去法院控告诺伍德，惹得他非常气愤，还不得不经常去百慕大的那一头为自己辩护。最后，在 17 世纪 50 年代，百慕大开始流行审讯巫师，诺伍德提心吊胆地度过了最后的岁月，担心自

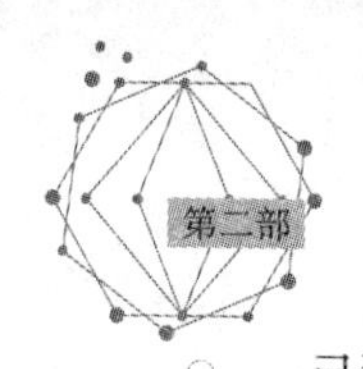

己那些带有神秘符号的三角学论文会被看作是跟魔鬼的交流，自己会被可怕地判处死刑。我们对诺伍德的情况知之甚少，反正他在不愉快的环境中度过了晚年，实际上也许是活该。肯定没错的是，他的晚年确实是这样度过的。

与此同时，测定地球周长的风潮已经到达法国。在那里，天文学家让·皮卡尔发明了一种极其复杂的三角测绘法，用上了扇形板、摆钟、天顶象限仪和天文望远镜（用来观察土星卫星的运动）。他花了两年时间穿越法国，用三角测绘法进行测量；之后，他宣布了一个更加精确的测量结果：1 度经线长度为 110.46 公里。法国人为此感到非常自豪，但这个结果是建立在地球是个圆球这个假设上的——而现在牛顿说地球不是这种形状的。

更为复杂的是，皮卡尔死后，乔瓦尼和雅克·卡西尼父子在更大的区域内重复了皮卡尔的实验。他们得出的结果显示，地球鼓起的地方不是在赤道，而是在两极——换句话说，牛顿完全错了。正因为如此，科学院才派遣布格和孔达米纳去南美洲重新测量。

他们选择了安第斯山脉，因为他们需要在靠近赤道的地方进行测量，以确定那里的圆度是否真有差异，还因为他们认为山区的视野比较开阔。实际上，秘鲁的大山经常云雾笼罩，这个小组常常不得不等上几个星期，才等得上一个小时的晴天来进行测量。不仅如此，他们选了个地球上几乎最难对付的地形。秘鲁人称这种地形是“非常少见”的——这话绝对没错。两个法国人不仅不得不翻越几座世界上最具挑战性的大山——连他们的骡子也过不去的大山——而且，若要抵达那些大山，他们不得不涉过几条湍急的河流，钻过密密的丛林，穿越几公里高高的、岩石遍布的荒漠，这些地方在地图上几乎都没有标记，远离供给来源。但是，布格和孔达米纳是坚忍不拔的人。他们不屈不挠，不怕风吹日晒，坚持执行任务，度过了漫长的 9 年半时间。在这个项目快要完成的时候，他们突然得到消息，说另一个法国考察队在斯堪的纳维亚半岛北部进行测量（面对自己的艰难困苦，从寸步难行的沼泽地，到危机四伏的浮冰），发现 1 度经线在两极附近果真要长，正如牛顿断言的那样。地球在赤道地区的测量结果，要比环绕两极从上到下测量的结果多出 43 公里。

因此，布格和孔达米纳花了将近 10 年时间，得出了一个他们不希望得出的结果，而且发现这个结果还不是他们第一个得出的。他们没精打采地结束了测量工作，只是证明第一个法国小组是正确的。然后，他们依然默不作声地回到海边，分别乘船踏上了归途。

牛顿在《原理》中做的另一个推测是：一根挂在大山附近的铅垂线，会受到大山质量和地球引力的影响，稍稍向着大山倾斜。这个推测很有意思。要是你精确测量那个偏差，计算大山的质量，你可以算出万有引力的常数（引力的基本值，叫作G），同时还可以算出地球的质量。

布格和孔达米纳在秘鲁的钦博拉索山做过这种实验，但是没有成功，一方面是因为技术难度很大，一方面是因为他们内部吵得不可开交。因此，这件事被暂时搁置下来，30年后才在英国由皇家天文学家内维尔·马斯基林重新启动。达娃·索贝尔在她的畅销书《经线》中，把马斯基林说成是个傻瓜和坏蛋，不会欣赏钟匠约翰·哈里森的卓越才华，这话也许没错。但是，我们要在她书里没有提到的其他方面感激马斯基林，尤其要感激他制定了称地球重量的成功方案。

马斯基林意识到，问题的关键在于找到一座形状规则的山，能够估测它的质量。在他的敦促之下，英国皇家学会同意聘请一位可靠的人去考察英伦三岛，看看能否找到这样的一座山。马斯基林恰好认识这样的一个人——天文学家和测量学家查尔斯·梅森。马斯基林和梅森11年前已经成为朋友，他们曾一块儿承担测量一起重大天文事件的项目：金星凌日。不知疲倦的埃德蒙·哈雷几年前已经建议，要是在地球上选定几个位置测量一次这种现象，你就可用三角测绘法来计算地球到太阳的距离，并由此计算出到太阳系其他所有天体的距离。

不幸的是，所谓的金星凌日是一件不规律的事。这一现象结对而来，相隔8年，然后一个世纪甚至更长时间都不发生一次。在哈雷的生命期里不会发生这种现象。①但是，这个想法一直存在。1761年，在哈雷去世将近20年以后，当下一次凌日准时来到的时候，科学界已经做好准备工作——准备得比观测以往任何一次天文现象都要充分。

凭着吃苦的本能——这是那个时代的特点——科学家们奔赴全球100多个地方，其中有俄罗斯西伯利亚、中国、南非、印度尼西亚以及美国威斯康星州的丛林。法国派出了32名观测人员，英国18名，还有来自瑞典、俄罗斯、意大利、德国、冰岛等国的观测人员。

这是历史上第一次国际合作的科学活动，但它几乎到处困难重重。许多观

① 最近一次金星凌日在2012年6月6日，预测的下一次金星凌日在2117年12月11日。20世纪没有金星凌日现象。

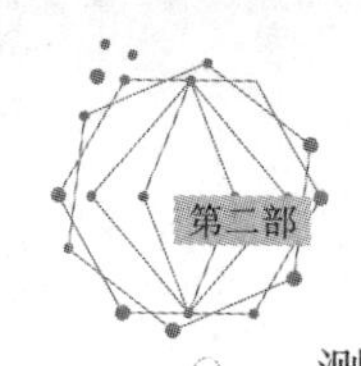

测人员遇上了战争、疾病或海难。有的抵达了目的地，但打开箱子一看，只见仪器已经破碎或被热带灼人的阳光烤弯。法国人似乎命中注定要再一次遭遇厄运。让·沙佩乘马车呀，乘船呀，乘雪橇呀，花了几个月才到达西伯利亚，每一次颠簸都得小心护着容易损坏的仪器。最后只剩下关键的一段行程，却被一条涨水的河流挡住了去路。原来，就在他到达前不久，当地下了一场罕见的春雨。当地人马上归罪于他，因为他们看到他把古怪的仪器对准天空。沙佩设法逃得性命，但没有进行任何有意义的测量工作。

更倒霉的是纪晓姆·让蒂，他的经历蒂莫西·费瑞斯在《银河系简史》一书里做了精彩而简要的描述。让蒂提前一年从法国出发，打算在印度观测这次凌日现象，但遇到了种种挫折，发生凌日的那一天还在海上——这几乎是最糟糕的地方，因为测量需要保持平稳状态，而这在颠簸的船上根本无法做到。

让蒂并不气馁，继续前往印度，等待 1769 年的下一次凌日现象。他有 8 年的准备时间，因此建立了一个一流的观察站，他一次又一次测试他的仪器，把准备工作做得完美无缺。1769 年 6 月 4 日是发生第二次凌日现象的日子。早晨醒来，他看到是个艳阳天；但是，正当金星从太阳表面通过的时候，一朵乌云挡住了太阳，在那里停留了 3 小时 14 分 7 秒的时间，几乎恰好是这次金星凌日的时间。

让蒂大失所望地收拾仪器，前往最近的港口，而途中又患了痢疾，有将近一年时间卧床不起。他不顾身体依然虚弱，最后登上了一条船。这条船在非洲近海的一次飓风中几乎失事。出门 11 年半以后，他终于回到家里。他一无所获，却发现他的亲戚已经宣布他死亡，争先恐后地夺走了他的财产。

比较而言，英国派到各地的 18 名观测人员所经历的失望就不算一回事。梅森与一位名叫杰里迈亚·狄克逊的年轻测量员搭档，相处得显然不错，两人还结成了持久的伙伴关系。他们奉命去苏门答腊，在那里绘制凌日图。但他们的船出海的第二天晚上就受到了一条法国护卫舰的攻击。（尽管科学家们处于一种国际合作的心态之中，但国家之间并非如此。）梅森和狄克逊给皇家学会发了一封短信，说看来公海上非常危险，不知道整个计划是不是应该取消。他们很快收到一封令人寒心的回信，信中先是对他们一顿臭骂，然后又说他们已经拿了钱，国家和科学界都对他们寄予希望，他们不把计划进行下去就会颜面扫地。他们改变了想法，继续往前驶去，但途中传来消息说，苏门答腊已经落入法国人之手。因此，他们最终是在好望角观测这次凌日现象的，效果很不好。回国

途中，他们来到大西洋一个孤零零的小岛——圣赫勒拿岛上，做了短暂停留，在那里遇上了马斯基林。由于乌云覆盖，马斯基林的观测工作无法进行。梅森和马斯基林建立起了牢固的友谊，一起绘制潮流图，度过了几周快活的，甚至是比较有意义的日子。

此后不久，马斯基林回到英国，成为皇家天文学家，而梅森和狄克逊——这时候显然更加成熟——起程前往美洲，度过漫长而时常是险象环生的4年。他们穿越390多公里危险的荒原，一路上搞测量工作，以解决威廉·佩恩和巴尔的摩勋爵两人地产之间的以及他们各自殖民地——宾夕法尼亚和马里兰——之间的边界纠纷。结果就是那条著名的梅森－狄克逊线。后来，这条线象征性地被看作是美国奴隶州和自由州之间的分界线。（这条线是他们的主要任务，但他们还进行了几次天文观测。其中有一次，他们对1度经线的长度做了当时那个世纪最精确的测量。由于这项成就，他们在英国赢得了比解决两位骄横的贵族之间的边界纠纷高得多的赞扬。）

回到欧洲以后，马斯基林与他的德国和法国同行不得不下结论，1761年的凌日观测工作基本失败。具有讽刺意味的是，问题之一在于观测的次数太多。把观测结果放在一起，往往证明互相矛盾，无法统一。成功绘制金星凌日图的却是一位不知名的约克郡出生的船长，名叫詹姆斯·库克。他在塔希提岛一个阳光普照的山顶上观看了1769年的凌日现象，接着又绘制了澳大利亚的地图，宣布它为英国皇家殖民地。他一回到国内，就听说法国天文学家约瑟夫·拉朗德已经计算出，地球到太阳的平均距离略略超过1.5亿公里。（19世纪又发生两次凌日现象，天文学由此得出的距离是1.495 9亿公里，这个数字一直保持到现在。我们现在知道，确切的距离应该是1.495 978 706 91亿公里。）地球在太空中终于有了个方位。

梅森和狄克逊回到英国，成了科学上的英雄；但是，不知什么原因，他们的伙伴关系却破裂了。考虑到他们经常出现在18世纪的重大科学活动中，对这两个人的情况知道得如此之少，这是很引人注目的。没有照片，文字资料也极少。关于狄克逊，《英国人名词典》巧妙地提到，他“据说生在煤矿里”，然后让读者去发挥自己的想象力，提供合理的解释。《词典》接着说，他1777年死于达勒姆。除了他的名字和他与梅森的长期伙伴关系以外，别的一无所知。

关于梅森的情况，资料稍多一点。我们知道，1772年，他应马斯基林的请

求，寻找一座山，供测量引力偏差之用；最后，他发回报告，他们需要的山位于苏格兰高地中部，就在泰湖那里，名叫斯希哈林山。然而，他怎么也不肯花一个夏天来对它进行测量。他再也没有回到现场。人们知道，他的下一个活动是在 1786 年。他突然神秘地带着他的妻子和 8 个孩子出现在费城，显然穷困潦倒。他 18 年前在那里完成测量工作以后没有回过美洲，这次回来没有明显的理由，也没有朋友或资助人迎接他。几个星期以后，他死了。

由于梅森不愿意测量那座山，这个工作落在了马斯基林身上。1774 年夏天，有 4 个月时间，马斯基林在一个遥远的苏格兰峡谷的帐篷里指挥一组测量员。他们从每个可能的位置做了数百次测量。要从这么一大堆的数据中得出那座大山的质量，需要进行大量而又枯燥的计算。承担这项工作的是一位名叫查尔斯·赫顿的数学家。测量员们在地图上写了几十个数据，每一个都表示山上或山边某个位置的高度。这些数字真是又多又乱。但是，赫顿注意到，只要用铅笔把高度相等的点连起来，一切就显得很有次序了。实际上，你马上可以知道这座山的整体形状和坡度。于是，他发明了等高线。

根据斯希哈林山的测量结果，赫顿计算出地球的质量为 5 000 万亿吨。在此基础上，可以推算出太阳系里包括太阳在内的所有主要天体的质量。因此，我们从这一次实验知道了地球、太阳、月球和其他行星及其卫星的质量，另外还发明了等高线——这一个夏天的收获真是不小。

然而，不是人人都对结果感到很满意。斯希哈林山实验的不足之处在于，你不知道该山的真正密度，因此不可能得出一个真正确切的数字。为了方便起见，赫顿假设这座山的密度与普通石头相等，即大约是水的密度的 2.5 倍，但这不过是根据经验所做的估计。

有一个似乎是不可能的人把注意力转向这个问题。他是个乡下人，名叫约翰·米歇尔，家住约克郡人口稀少的桑希尔村。尽管环境偏僻而简陋，米歇尔却是 18 世纪一位伟大的科学思想家，深受人们的尊敬。

尤其是，他认识到地震的波动性质，对磁场和引力进行了大量创造性的研究，比任何人都早 200 年设想过黑洞的存在，这是相当了不起的——连牛顿都跨不出这么一大步。当德国出生的音乐家威廉·赫歇尔认为自己生活中的真正兴趣是天文学的时候，他就是向米歇尔讨教了天文望远镜的制作方法。

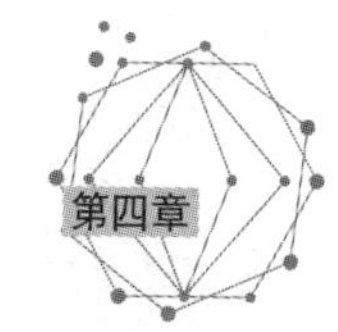

自那以来，行星科学界一直为此对他怀有感激之情。[①]

然而，在米歇尔的成就当中，最精巧或最有影响的莫过于他自己设计、自己制作的一台用于测量地球质量的仪器。不幸的是，他生前没能完成这项实验。这项实验以及必要的设备都传给了一位杰出而又离群索居的伦敦科学家，他的名字叫亨利·卡文迪许。

卡文迪许本身就是一部书。他生于一个生活奢华的权贵家庭——祖父和外祖父分别是德文郡公爵和肯特公爵——是那个年代最有才华而又极其古怪的英国科学家。几位作家为他写过传记。用其中一位的话来说，他特别腼腆，“几乎到了病态的程度”。他跟任何人接触都会感到局促不安，连他的管家都要以书信的方式跟他交流。

有一回，他打开房门，只见前门台阶上立着一位刚从维也纳来的奥地利仰慕者。那奥地利人非常激动，对他赞不绝口。一时之间，卡文迪许听着这些赞扬，仿佛挨了一记闷棍；接着，他再也无法忍受，顺着小路飞奔而去，出了大门，连前门也顾不得关上。几个小时以后，他才被劝说回家。

有时候，他也大胆涉足社交界，尤其热心于每周一次的由伟大的博物学家约瑟夫·班克斯举办的科学界聚会，但班克斯总是对别的客人讲清楚，大家决不能靠近卡文迪许，甚至不能看他一眼。那些想要听取他的意见的人被建议晃悠到他的附近，仿佛不是有意的，然后“只当那里没有人那样说话”。如果他们的话算得上是在谈论科学，他们也许会得到一个含糊的回答，但更经常的情形是听到一声怒气冲冲的尖叫（他好像一直是尖声尖气的），转过身来却发现没有人，只见卡文迪许飞也似的逃向一个比较安静的角落。

卡文迪许钱又多，性格又孤僻，正好有条件把他在克拉彭的房子变成个大实验室，以便不受干扰地探索物理学的每个角落——电、热、引力、气体以及任何跟物质的性质有关的问题。18世纪末叶，是爱好科学的人们对基本物质——尤其是气体和电——的性质产生浓厚兴趣的时代，又是开始知道怎么对付它们的时代，但往往是热情有余，理智不足。在美国，本杰明·富兰克林不顾生命危险在大雷雨里放风筝，这是很有名的。在法国，一位名叫皮拉特尔·罗齐耶的化学家含了一口氢喷在明火上，以测试氢的可燃性，其结果是证明了氢确实

① 1781年，赫歇尔成为近代发现行星的第一人。他想把这颗行星冠以英国君主乔治的名字，但没有被通过。它后来被叫作天王星。

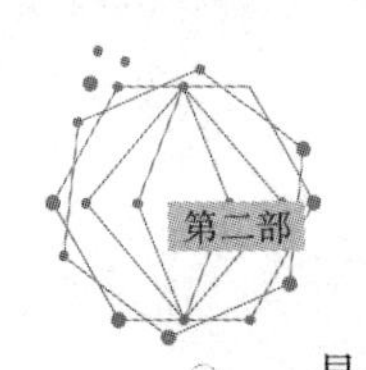

是易爆物质，眉毛也不一定是人的脸上一个永久的特征。卡文迪许也做了许多实验，他曾经逐步加大在自己身上的电击强度，仔细体会逐渐加剧的痛苦，直到拿不住手里的羽毛管，有时候甚至失去知觉。

在卡文迪许漫长的一生中，他取得了一系列重大发现——其中，他是分离出氢的第一人，把氢和氧化合成水的第一人——但是，他所做的一切都脱离不了“古怪”两个字。他经常在出版的作品中提到从没有告诉过任何人的实验结果，这使他的科学家同行们老是很气恼。但是，尽管遮遮掩掩，他不光模仿牛顿，而且想要努力超过他。他对导电性能的实验超前了时代一个世纪，但不幸的是，直到那个世纪过去才被人发现。直到 19 世纪末，剑桥大学物理学家詹姆斯・克拉克・麦克斯韦承担了编辑卡文迪许文献的任务，他的大部分成就才为人所知。而到那个时候，发现虽然是他的，但功劳几乎总是已经归属别人。

其中，卡文迪许发现或预见到了能量守恒定律、欧姆定律、道尔顿的分压定律、里克特的反比定律、查理的气体定律以及电传导定律，但都没有告诉别人。这只是其中的一部分。据科学史家 J.G. 克劳瑟说，他还预见了“开尔文和 G.H. 达尔文关于潮汐摩擦对减慢地球自转速度的作用的成果、拉摩尔关于局部大气变冷的作用的发现（发表于 1915 年）……皮克林关于冷冻混合物的成就以及罗斯布姆关于异质平衡的某些成果”。最后，他还留下线索，直接导致一组名叫惰性气体的元素的发现。其中有几种是极难获得的，最后一种直到 1962 年才被发现。不过，我们现在的兴趣在于卡文迪许所做的最后一次著名的实验。1797 年夏末，67 岁高龄的他把注意力转向约翰・米歇尔显然只是出于科学上的敬意留给他的几箱子设备。

装配完毕以后，米歇尔的仪器看上去很像是一台 18 世纪的鹦鹉螺牌举重练习机。它由重物、砝码、摆锤、轴和扭转钢丝组成。仪器的核心是两个 150 多千克重的铅球，悬在两个较小球体的两侧。装配这台设备的目的是要测量两个大球给小球造成的引力偏差。这将使首次测量一种难以捉摸的力——所谓的引力常数——成为可能，并由此推测地球的重量（严格来说是质量）[1]。

引力使行星保持在轨道上，使物体砰然坠落，因此很容易被认为是一种强

① 对物理学家来说，质量和重量是两个不同的东西。你的质量永远不变，无论你去哪里；你的重量却不断变化，而这取决于你距离某个庞然大物的中心有多远，比如一个行星。要是你去月球，你的重量会变轻，但质量保持不变。在地球上，质量和重量实际上一样，因此这两个词被视作同义词，至少在课堂外面是这样。

大的力，其实不然。它只是在整体意义上强大：一个巨大的物体，比如太阳，牵住另一个巨大的物体，比如地球。在一般情况下，引力极小。每次你从桌子上拿起一本书，或从地板上拾起一枚硬币，你毫不费劲就克服了整个行星施加的引力。卡文迪许想要做的，就是在极轻的层面上测量引力。

精密是个关键词。设备所在的屋子里，容不得半点儿干扰。因此卡文迪许就待在旁边的一间屋里，用望远镜瞄准一个窥孔来观察。这项工作极其费劲，要做 17 次精密而又互不关联的测量，他总共花了将近一年时间才完成。卡文迪许终于计算完毕，宣布地球的重量略略超过 1 300 000 000 000 000 000 000 000 磅[①]，用现代的计量单位来说就是 6 000 000 000 000 000 000 000 吨（1 吨等于 1 000 千克或约等于 2 205 磅）。

今天科学家手里的仪器，其精确度之高，可以测定一个细菌的重量；其灵敏度之高，有人在 25 米以外打个哈欠都会干扰读数。但是，他们对卡文迪许 1797 年的测量结果没有重大改动。目前对地球重量的最准确估计数是 597 250 亿亿吨，与卡文迪许的结果只相差 1%左右。有意思的是，这一切都只是证实了在卡文迪许 110 年之前牛顿的估计，而且没有迹象表明牛顿做过任何实验。

无论如何，到 18 世纪末，科学家们已经知道地球的确切形状和大小，以及地球到太阳和各个行星的距离。连足不出户的卡文迪许都已算出了它们的重量。于是，你或许会认为，确定地球的年龄是一件相对容易的事。毕竟，他们实际上已经掌握一切必要的资料。然而，实际情形并非如此。人类要等到能够分裂原子，发明电视、尼龙和速溶咖啡以后，才算得出我们自己这颗行星的年龄。

若要知道其中的原因，我们必须北上去一趟苏格兰，先去拜访一位杰出而又可亲的人。这个人很少有人听说过，他刚刚创立了一门新学科：地质学。

① 此处数据有误，根据后面的换算，应是 13 000 000 000 000 000 000 000 000 磅。——编者注

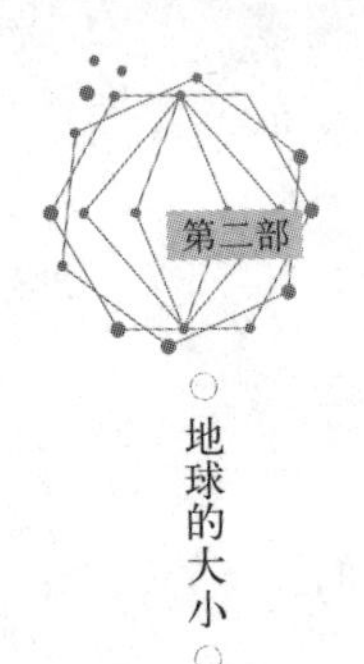

第五章

敲石头的人们

正当亨利·卡文迪许在伦敦完成实验的时候，在650公里之外的爱丁堡，另一个重大时刻随着詹姆斯·赫顿的去世而即将到来。这对赫顿来说当然是坏消息，但对科学界来说却是个好消息，因为它为一个名叫约翰·普莱费尔的人无愧地改写赫顿的作品铺平了道路。

赫顿毫无疑问是个目光敏锐、非常健谈的人，一个令人愉快的伙伴。他在了解地球那神秘而又缓慢的形成过程方面是无与伦比的。不幸的是，他不会以人人都能基本理解的形式写下他的见解。有一位传记作家长叹一声，说他“几乎完全不懂得怎么使用语言”。人们看他写的每一行字差不多都会想要睡觉。在他1795年的杰作《地球论以及证据与说明》中，他是这样讨论……呃，某个问题的：

> 我们居住的世界不是由组成当时地球的直接前身的物质所构成的，而是从当今往前追溯，由我们认为是第三代的地球的物质所构成

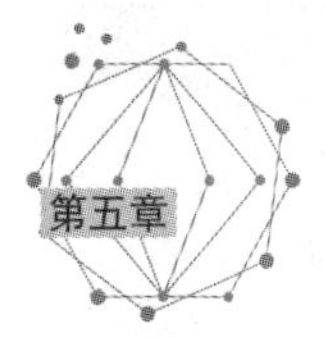

的，那个地球出现在陆地露出海面之前，而我们现今的陆地还在海水底下。

不过，他几乎独自一人，而且非常英明地开创了地质学，改变了我们对地球的认识。赫顿 1726 年生于一个富裕的苏格兰家庭，享受着舒适的物质条件，所以能以工作轻松、全面提高学识的方式度过大半辈子。他学的是医学，但发现自己不喜欢医学，于是改学农学。他一直在贝里克郡的自家农场里以从容而又科学的方式务农。1768 年，他对土地和羊群感到厌倦，迁到了爱丁堡。他建立了一家很成功的企业，用煤烟生产氯化铵，同时忙于各种科学研究。那个时候，爱丁堡是知识分子活跃的中心，赫顿在这种充满希望的环境里如鱼得水。他成为一个名叫牡蛎俱乐部的学会的主要成员。他在那里和其他人一起度过了许多夜晚，其中有经济学家亚当·斯密、化学家约瑟夫·布莱克和哲学家戴维·休谟，还有偶尔光临的本杰明 · 富兰克林和詹姆斯 · 瓦特。

按照那个年代的传统，赫顿差不多对什么都有兴趣，从矿物学到玄学。其中，他用化学品搞实验，调查开采煤矿和修筑运河的方法，考察盐矿，推测遗传机制，收集化石，提出关于雨、空气的组成和运动定律方面的理论等等。但是，他最感兴趣的还是地质学。

在那个爱好钻研的时代，在许多令人感兴趣的问题当中，有个问题长期以来困扰着人们——山顶上为什么经常发现古代的贝壳和别的海洋生物化石。它们到底是怎么到那里的？许多人认为自己已经找到答案。他们分为两个对立的阵营。水成论者认为，地球上的一切，包括在高处的海洋贝壳，可以用海平面的升高和降低来解释。他们认为，山脉、丘陵和其他地貌与地球本身一样古老，只是在全球洪水时期被水冲刷的过程中发生了一些变化。

对立面是火成论者。他们认为有许多充满活力的动因，其中，火山和地震不断改变这颗行星的表面，但显然跟遥远的大海毫无关系。火成论者还提出难以回答的问题：不发洪水的时候，这水都流到哪里去了？要是有时候存在足以淹没阿尔卑斯山的水，那么请问，在平静下来以后，比如现在，这水都流到哪里去了？他们认为，地球受到内部深处的力和表面的力的作用。然而，他们无法令人信服地解释，贝壳是怎么跑到山顶上去的。

就是在考虑这些问题的过程中，赫顿提出了一系列不同凡响的见解。他朝自己的农田一看，只见岩石经过腐蚀变成了土壤，土壤颗粒被溪水和河水冲刷，带到别处沉积下来。他意识到，要是这个过程持续到地球的自然灭亡之时，那么地球最终会被磨得非常光滑。然而，他身边到处是丘陵。显而易见，肯定还有某种别的过程，某种形式的更新和隆起，创造了新的丘陵和新的大山，不停地如此循环。他认为，山顶上的海洋生物化石不是发洪水期间沉积的，而是跟大山本身一起隆起来的。他还推测，是地球内部的地热创造了新的岩石和大陆，顶起了新的山脉。说得客气一点，地质学家不愿意理解这种见解的全部含义，直到200年之后。这时候，他们终于采纳了板块构造论。赫顿的理论特别提出，形成地球的过程需要很长时间，比任何人想象的还要长得多。这里面有好多深刻的见解，足以彻底改变我们对这颗行星的认识。

1785年，赫顿把他的看法写成一篇很长的论文，并在爱丁堡皇家学会的几次会议上宣读。它几乎没有引起大家的注意。原因不难找到。一定程度上，他就是这样向听众宣读论文的：

> 在一种情况下，形成的原因在独立存在的物体内部。这是因为，这个物体被热激活以后，是通过物体的特有物质的反应，形成了构成脉络的裂口。在另一种情况下，还是一样，相对于在其内部形成裂口的物体来说，原因是外在的。已经发生了最猛烈的断裂和扯裂；但是那个原因还在努力；它不是出现在脉络里，因为它不是在我们地球坚实的物体内部——那里找得到矿物或矿脉的特定物质——的每条缝隙和每个断层里。

不用说，听众里几乎谁也不懂他在说些什么。朋友们鼓励他把他的理论展开一下，殷切希望他能以更清晰的方式阐述出来。赫顿花了此后的10年时间准备他的巨著，并且于1795年以两卷本出版。

这两卷本加起来有将近1 000页，写得比他最悲观的朋友担心的还要糟糕，真是不可思议。此外，这部作品的内容将近一半引自法国的资料，仍然以法文的形式出现。第三卷非常缺少吸引力，直到1899年才出版，那是在赫顿去世一个多世纪以后。第四卷即最后一卷根本没有出版。赫顿的《地球论》很有资格当选为读者最少的重要科学著作（要是没有大量别的这样的书的话，那就可以这样说）。连19世纪最伟大的地质学家、什么书都看过的查尔斯·莱尔也承认，这本书他实在读不下去。

还算幸运，赫顿有他自己的鲍斯韦尔[①]，那就是约翰·普莱费尔。普莱费尔是爱丁堡大学的数学教授，赫顿的一位密友。他不但写得出漂亮的散文，而且——幸亏多年在赫顿身边——在大多数情况下知道赫顿其实想要说些什么。1802年，在赫顿去世5年以后，普莱费尔推出了赫顿原理的简写本，书名叫作《关于赫顿地球论的说明》。这本书受到了对地质学感兴趣的人的欢迎，这种人在1802年还为数不多。然而，情况就要发生变化了。没错。

1807年冬，伦敦13个志同道合的人在科芬园朗埃克街的共济会酒店聚会，成立了一个餐饮俱乐部，后来取名为地质学会。学会每月碰一次头，一边喝一两杯马德拉葡萄酒，吃一顿交际饭，一边交换对地质学的看法。这顿饭的价钱故意定在昂贵的15先令，以便使那些不靠谱的人望而却步。然而，事情很快就变得一清二楚，需要有个设有永久性总部的合适机构，人们可以在那里分享和讨论新的发现。不到10年，成员就发展到400名——当然仍都是绅士，地质学会看来要使皇家学会相形见绌，成为该国的首要科学社团。

从11月到次年6月，会员每月碰头两次，因为到这个时候，实际上所有的人都已出门，整个夏天在做野外工作。你要知道，这些人出去找矿石不是为了挣钱，在大多数情况下他们甚至也不是学者。这种活动不过是既有钱又有时间的绅士在比较专业的层面上从事的一种爱好。到1830年，地质学会已经发展到745名会员，可谓盛极一时。

这种情形在现在是难以想象的，但地质学激励了19世纪的人——完全抓住了他们的注意力——这是科学史上以前没有过，或许将来也不会有的情况。1839年，罗德里克·默奇森出版了《志留系》，一本又厚又重的书，研究一种名叫杂砂岩的岩石。它顿时成为一本畅销书，很快出了4版，虽然一册要卖到8个基尼，而且具有真正的赫顿风格，即很难读得懂。（连默奇森的支持者也承认，它“毫无文学作品的魅力”。）而当伟大的查尔斯·莱尔于1841年去美国，在波士顿开设一系列讲座的时候，每次都有3 000名听众挤进洛韦尔学院，静静地听他描述海洋沸石和地震在坎帕尼亚引起的震动。

在整个近代思想界，尤其在英国，有学问的人都会下乡去干一点他们所谓

① 詹姆斯·鲍斯韦尔：现代传记的开创者，被誉为“传记之父”，著有《约翰生传》。——编者注

的“敲石头”的活儿。这项工作干得还一本正经。他们往往打扮得很有吸引力：头戴高顶大礼帽，身穿黑色套装。只有牛津大学的威廉·巴克兰牧师是个例外，他习惯于穿博士服做野外工作。

野外吸引了许多杰出人士，尤其是上面提到的默奇森，他大约花了前半生近 30 年时间来骑着马追赶狐狸，用猎枪把空中飞行的鸟儿变成一簇簇飘扬的羽毛。除了阅读《泰晤士报》和打一手好牌以外，他没有显示出任何会动脑子的迹象。接着，他对岩石发生了兴趣，以惊人的速度一跃成为地质学思想界的巨人。

再就是詹姆斯·帕金森博士，他还是早期的社会主义者，写过许多富有鼓动性的小册子，比如《不流血的革命》。1794 年，发生了一次听上去有点儿疯狂的阴谋事件，叫作“玩具气枪计划”，有人打算趁国王乔治三世在剧院包厢里看戏的机会用带毒的飞镖射中他的脖子。帕金森跟这件事有牵连，被带到枢密院进行盘问，差一点给戴上镣铐发配到澳大利亚。但是，对他的指控后来不了了之。他渐渐对生活采取比较保守的态度，并开始对地质学产生了兴趣，最终成为地质学会的创始人之一和一部重要的地质学作品《先前世界的有机遗骸》的作者。有半个世纪时间，这本书不停地印刷。他再也没有制造过麻烦。然而，今天我们之所以记得他，是因为他对一种疾病的具有划时代意义的研究。这种疾病在当时被称为“震颤性麻痹”，但之后一直被叫作帕金森综合征。（帕金森在另一个方面也小有名气。1785 年，他很可能成了历史上独一无二的人，在一次摸彩活动中赢得一个自然博物馆。这家博物馆位于伦敦的莱斯特广场，原本是阿什顿·利弗建立的，但利弗无节制地搜集自然宝物，最后搞得倾家荡产。帕金森将这个博物馆保留到 1805 年，再也维持不下去，便把收藏品拆掉卖了。）

有个人在性格上不如帕金森那样引人注目，但影响比当时所有地质界的人的影响加起来还要大，这个人就是查尔斯·莱尔。莱尔生于赫顿去世的那一年，出生地是离赫顿家只有 113 公里的金诺迪村。他的父母是苏格兰人，但他在遥远的南方——英格兰汉普郡的新福里斯特长大，因为他的母亲认为苏格兰人又懒又爱喝酒。总的来说，他和 19 世纪的绅士科学家一模一样，也来自生活优裕、思想活跃的家庭。他的父亲也叫查尔斯，是个大名鼎鼎的人，是研究诗人但丁和藓沼（即莱尔藓，大多数去过英国乡村的人都在上面坐过，就是以他的姓氏命名的）方面的权威。莱尔受他父亲的感染，对博物学产生了兴趣，然而，是在牛津大学，在威廉·巴克兰——身穿飘逸长袍的巴克兰——的影响之下，莱尔才开始把毕生的精力献给了地质学。

巴克兰多少是个有魅力的怪人。他做出过一些真正的成就，但人们很大程度上也是因为他的怪僻性格才记得他。他尤其以养了一群野兽出名，其中有的很大，有的很危险。那些野兽可以在他的屋子里和花园里自由走动。他还以吃遍开天辟地以来有过的每一种动物闻名。他会以烘豚鼠、面糊耗子、烤刺猬或煮东南亚海参来招待家里的客人，这取决于他的一时冲动和是否有货。巴克兰觉得它们的味道都不错，但菜园里的普通鼹鼠除外，他宣称这种动物的味道令人恶心。他差点成为粪便化石的权威，家里有一张桌子几乎完全用收集来的这类标本制成。

即使在从事严肃的科学活动的时候，他的方式一般来说也是怪怪的。有一次，巴克兰半夜里于兴奋之中把他的太太推醒，大叫一声："天哪，我认为，化石上的脚印肯定是乌龟的脚印！"夫妻俩穿着睡衣急匆匆地来到厨房。巴克兰太太和了面团，铺在那张桌上，巴克兰牧师拿来家里养的乌龟。他们把乌龟往面团上一扔，赶着它往前走。他们高兴地发现，它的脚印果然和巴克兰一直在研究的化石上的脚印完全一致。查尔斯·达尔文认为巴克兰是个小丑——这是他的原话——而莱尔却似乎觉得他对自己很有启发，还很喜欢他，1824 年和他一块儿去了苏格兰。就是在那次苏格兰之行以后，莱尔决定放弃律师职业，把全部时间投入了地质学。

莱尔近视得厉害，在一生的大部分时间里痛苦地眯着眼睛，因此露出一副愁眉苦脸的样子。（最后，他完全丧失了视力。）他还有一个有点古怪的地方，当他想得出神的时候，他会在家具上摆出难以想象的姿势——要么横在两张椅子上，要么（用他的朋友达尔文的话来说）"头枕着椅子面，身体站得笔直"。一旦陷入沉思，他往往会慢慢地从椅子上滑下来，臀部几乎贴着地板。莱尔一生中的唯一工作是在 1831—1833 年期间当过伦敦大学国王学院的地质学教授。就是在这段时间里，他写出了《地质学原理》，并在 1830—1833 年期间分 3 卷出版。这部书在许多方面巩固和阐述了一代人之前由赫顿首先提出的见解。（虽然莱尔从来没有读过赫顿作品的原文，但他怀着浓厚的兴趣研究过普莱费尔的改写本。）

在赫顿时代和莱尔时代之间，地质学界发生了一场新的争论。它在很大程度上取代了过去的水成论与火成论之争，而又往往交混在一起。新的战斗成为灾变论和均变论之争。给一场重要而又旷日持久的争论起这样的名字，似乎有点儿不够味儿。顾名思义，灾变论者认为，地球是由突发的灾难性事件形成

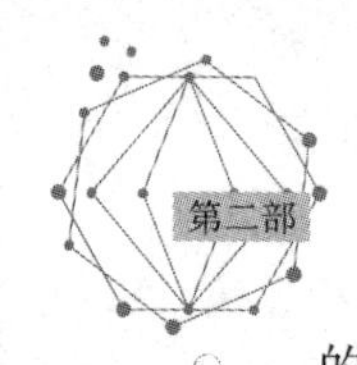

的——主要是洪水。这就是人们常常把灾变论和水成论互相混淆的原因。灾变论尤其迎合巴克兰这样的教士的心理，这样他们可以把《圣经》里诺亚时代的洪水纳入严肃的科学讨论。均变论者恰恰相反，认为地球上的变化是逐渐形成的，几乎所有的地质变化过程都是缓慢的，都要经历漫长的时间。最先提出这种见解的与其说是莱尔，不如说是赫顿，但大多数人读的是莱尔的作品，因此在大多数人的脑海里，无论是当时还是现在，他成了近代地质学之父。

莱尔认为，地球的变迁是一贯的，缓慢的——过去已经发生过的一切都可以用今天仍在发生的事情来解释。莱尔和他的信徒们不但瞧不起灾变论，而且对它深恶痛绝。灾变论者认为，绝种是一系列过程的组成部分，此过程中，动物不断灭亡，被新的动物取而代之——博物学家 T.H. 赫胥黎把这种看法挖苦地比作是“惠斯特牌戏里的一连串胜局，到了最后，打牌的人推翻桌子，要求换一副新牌”。以这种方法来解释未知的事物未免过于省劲。“从来没有见过比这样的一种教条更蓄意助长懒汉精神，更削弱人们的好奇心的了。”莱尔嗤之以鼻地说。

莱尔的失误并不算少。他没有令人信服地解释山脉是怎么形成的，没有认识到冰川是变化的一个动因。他不愿意接受阿加西斯关于冰期的观点——他轻描淡写地将其称为“地球制冷”——坚信“在最古老的化石床里会发现”哺乳动物。他拒绝接受关于动物和植物突然死亡的看法，认为所有主要的动物群体——哺乳动物、爬行动物、鱼类等等——自古以来一直同时存在。在这些问题上，最后证明他是完全错误的。

然而，莱尔的影响你几乎怎么说也不会过分。《地质学原理》在他生前出了 12 版；直到 20 世纪，书里包含的一些观点依然被地质学界奉为圭臬。达尔文乘“猎犬号”环球航行途中还随身带着一本《地质学原理》，而且是该书的第一版。他后来写道：“《原理》的最大优点在于它改变了一个人的整个思想状态；因此，当见到一样莱尔从没有见到过的东西的时候，你在一定程度上是以他的眼光来看的。”总之，他差不多把莱尔看作是个神，就像他那一代的许多人一样。20 世纪 80 年代，当地质学家不得不摈弃他的一部分理论，以适应关于物种灭绝的撞击理论的时候，他们简直痛苦得要命。这充分说明了莱尔的影响之大。不过，那是后话了。

与此同时，地质学有大量的分类工作要做，这项工作不是什么都一帆风顺的。从一开始，地质学家就想把岩石按其形成的时期来进行分类，但在怎么划

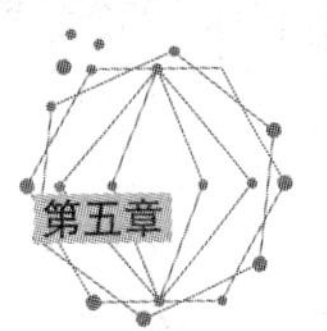

分时期的问题上经常发生激烈的争论——而且是一场旷日持久的争论，后来被称为“泥盆纪大争论”。剑桥大学的亚当·塞奇威克牧师断言有一层岩石是寒武纪的，而罗德里克·默奇森认为它完全属于志留纪，争论于是就发生了。争论持续了好多年，而且越来越激烈。“贝施是个下流痞子。”默奇森在给一位朋友的信中这样气呼呼地骂他的同行。

在《泥盆纪大争论》一书里，马丁·J.S. 鲁迪克极精彩而又有些沮丧地描述了这场争论。只要瞥一眼该书各章的标题，就可以知道一点上述情绪的强烈程度。开头几章的标题的语气倒还温和，比如《绅士们的辩论舞台》和《破译杂砂岩之谜》，但接着就是《捍卫杂砂岩与攻击杂砂岩》、《指摘与反驳》、《散布恶毒的谣言》、《韦弗撤回邪说》、《杀杀乡下人的气焰》（唯恐你还怀疑这不是一场战争）、《默奇森发起莱茵兰战役》等等。争论于 1879 年得以解决，办法很简单，在寒武纪和志留纪中间加一个时期：奥陶纪。

在这门学科的早期，英国人是最活跃的，因此在地质词语中英国的名称占了绝大部分。泥盆纪（即德文纪）当然源自英格兰的德文郡。寒武纪来自罗马人对威尔士的叫法，而奥陶纪和志留纪使人想起了古代的威尔士人部落：奥陶人和志留人。但是，随着地质学后来在其他地方的崛起，世界各地的名称渐渐出现。侏罗纪跟法国和瑞士交界处的侏罗山有关。二叠纪使人想起俄罗斯乌拉尔山脉里的彼尔姆，而白垩纪（源自拉丁文白垩）是由一位比利时地质学家命名的，他自己也有个漂亮的名字，叫作 J.J. 德奥马利马斯·德霍洛伊。

原先，地质史分为 4 个时期：第一纪、第二纪、第三纪和第四纪。这个体系过于简单，因此寿命不太长。地质学家很快就用新的划分方法来替代这种划分方法。第一纪和第二纪已经完全不用，第四纪有的人已经不用，但有的人仍然在用。今天，只有第三纪还在广泛使用，虽然已经不代表第三纪任何东西。

莱尔在《原理》中使用了新的单位，叫作“世”或“段”，来涵盖恐龙以后的时代，其中有更新世（“最近”）、上新世（“较近”）、中新世（“颇近”）和意思很含糊的渐新世（“有点儿近”）。

如今，一般来说，地质时代划分为四大块，叫作“代”：前寒武纪、古生代（源自希腊文，意为“古代生命”）、中生代（“中期生命”）和新生代（“新的生命”）。这 4 个代又分为 12—20 个部分，通常叫作“纪”，有时候也称“系”。其

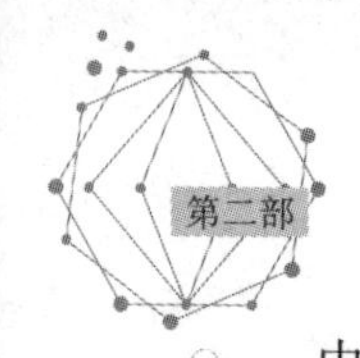

中大多数是大家比较熟悉的：白垩纪、侏罗纪、三叠纪、志留纪等等。①

接着就是莱尔所谓的“世”——更新世、中新世等——这些名称仅仅用来指最近的（但又是古生物学研究很活跃的）6 500万年；最后，便是一大堆更细的分类，名叫“期”或“代”。其中大多数以地名命名，读起来几乎总是很拗口：伊利诺期、得梅因期、克罗伊期、金默里奇期等等，都具有同一特色。据约翰·麦克菲说，这类名称总共多达“几百个”。幸运的是，除非把地质学作为你的专业，你从此以后再也不大可能听到这些名称了。

更加混乱的是，北美的“期”或“代”跟欧洲的说法不一，在时间上往往只是大体交叉。因此，北美的辛辛那提期在很大程度上相当于欧洲的阿什吉利期，再加上一点儿稍早的喀拉多克期。

而且，这一切，不同的教科书、不同的人都有不同的叫法，因此有的权威提出7个代，而有的权威满足于4个代。在有的书里，你还会发现不用第三纪和第四纪，而是用不同长度的系来取而代之，称作下第三系和上第三系。有的人还把前寒武纪分成两个代，即非常古老的太古代和较近的元古代。有时候，你还可看到“显生宙”这个词，用来涵盖新生代、中生代和古生代。

而且，这一切都只用作时间的单位。岩石的单位还另有一套，叫作系、段和期。而且，还有早、晚（指时间）之分和上、下（指岩层）之别。对于不是专家的人来说，这简直是一锅粥；但对于地质学家来说，这都可能是会动感情的东西。“我看到大人们为了生命史上一毫秒的问题争得脸红脖子粗。”英国的理查德·福蒂在谈到20世纪为寒武纪和奥陶纪的分界线而展开的旷日持久的辩论时这样写道。

今天，我们至少可以使用某些先进的技术来确定年代。在19世纪的大部分时间里，地质学家们只能依赖于推测。他们可以按照时代来排列各种岩石和化石，但根本不知道这些年代的长短，这是很令人泄气的。当巴克兰推测一副鱼龙骨骼的古老程度的时候，他只能认为，它生活在大约“10 000或10 000以上乘以10 000”年以前。

虽然没有可靠的方法来确定年代，却不乏愿意试一试的人。1650年，爱尔

① 我们不会考试，但要是你想记住这些年代，你不妨按照约翰·威尔福特的建议，把“代”（前寒武纪、古生代、中生代和新生代）看作是一年的4个季节，把“纪”（二叠纪、三叠纪、侏罗纪等）看作是一年的12个月。

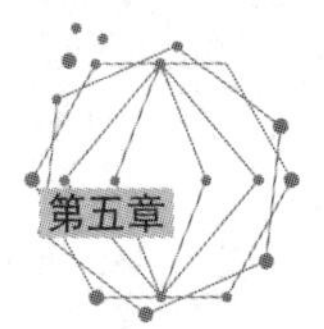

兰教会的詹姆斯·厄舍大主教进行了早年最著名的尝试。他对《圣经》和其他历史资料进行了仔细的研究，最后在一部名叫《旧约编年史》的巨著中下结论说，地球创造于公元前4004年10月23日中午。后来，历史学家和教科书作者一直把这个日期当作笑料。①

顺便提一句，有个很久不灭的神话——它在许多严肃的书里都提到过——厄舍的观点主宰了科学界，直到19世纪的很长时间里。是莱尔把这一切纠正了过来。作为一个典型例子，史蒂芬·杰·古尔德在《时代之箭》中引用了20世纪80年代一本很热门的书里的一句话："在莱尔出版他的书以前，大多数思想家都接受了这种看法，即地球还很年轻。"实际并非如此。正如马丁·J.S.鲁迪克说的，"哪个国家的地质学家也不会主张把时标限死在《创世记》拘泥于字面意义的诠注的范围之内，要是他的作品被别的地质学家认真对待的话"。连巴克兰牧师这样一位19世纪很虔诚的人也认为，《圣经》里哪个地方也没有提到上帝是在第一天创造天地的，只是提到"起初"。他认为，那个开始也许持续了"几百万几千万年"。大家都认为地球已经很古老。问题只在于：古老到什么程度？

在确定这颗行星的年龄的问题上，早期有个比较合理的看法。它是由始终可靠的埃德蒙·哈雷提出来的。1715年，他提出，要是你把全世界海洋里的盐的总量，除以每年增加的量，你就会得出海洋存在的年数，从而可以大致知道地球的年龄。这个道理很吸引人，但不幸的是，谁也不知道海洋里究竟有多少盐，也不知道每年到底增加多少，这就使得这项实验无法付诸实施。

第一次称得上比较符合科学的尝试是由法国的布丰伯爵乔治-路易·勒克莱尔进行的，那是在18世纪70年代。很长时间以来，大家都知道，地球释放出相当可观的热量——下过煤矿的人都清楚——但是，没有办法来估计散逸率。布丰在实验过程中先把球体加热到白炽的程度，然后在其冷却的过程中用触摸的办法（可能开头是轻轻的）来估计热的损耗率。根据这项实验，他推测地球的年龄是75 000—168 000年。这当然是大大地低估了；但是，这是一种很激进的见解。布丰发现，要是把这见解加以发表，他有被开除教籍的危险。他是个讲究实际的人，连忙为自己缺乏考虑的邪说表示歉意，然后轻松愉快地在随后

① 尽管几乎所有的书都提到他，但有关厄舍的细节有明显的不同。有的说他是在1650年宣布的，有的说是1654年，还有的说是1664年。许多书把地球的开始之日列为10月26日。史蒂芬·杰·古尔德在他的《八只小猪》里对这个问题做了有意思的调查。

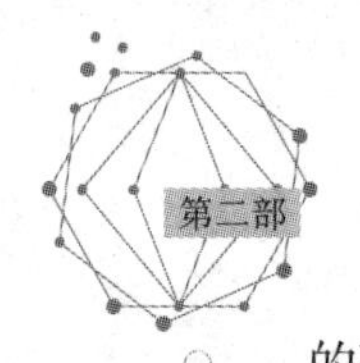

的著作中不断重复他的看法。

到 19 世纪中叶，大多数学者认为地球的年龄起码有几百万年，甚至也许几千万年，但也很可能没有那么大。因此，当 1859 年查尔斯·达尔文在《物种起源》一书中宣称，根据他的计算，创造威尔德地区——英格兰南部的一个地区，包括肯特、萨里和苏塞克斯——的地质进程花了 306 662 400 年①时间才完成时，人们不由得大吃一惊。这个结论是很了不起的，部分原因是他说得那么确切，主要原因是他公然不顾公认的有关地球年龄的看法。结果引起了激烈的争议，达尔文在该书的第三版中收回了他的看法。然而，问题实际上依然存在。达尔文和他的地质界朋友希望地球很古老，但谁也想不出办法。

这个问题引起了开尔文勋爵大人（他肯定是一位了不起的人物，但直到 1892 年他才被提升为贵族，而当时他已经 68 岁，接近他生命的尽头，但我在这里还是按照惯例，溯及既往地使用这个名称）的注意，这对达尔文以及进化论来说是很不幸的。开尔文是 19 世纪——也是任何世纪——最杰出的人物之一。德国科学家赫尔曼·冯·亥姆霍茨——他本人也非等闲之辈——写道，开尔文是他遇到过的最“聪明智慧、洞明事理、思想活跃”的人。“在他的面前，我有时候觉得自己木头木脑的。”他不无沮丧地说。

这种心态是可以理解的，因为开尔文确实是维多利亚时代的超人。他 1824 年生于贝尔法斯特，父亲是皇家学院的数学教授，过不多久就调到格拉斯哥。开尔文证明自己是个神童，小小年纪（10 岁）就考上了格拉斯哥大学。20 岁出头，他已经在伦敦和巴黎的学府学习过，毕业于剑桥大学（他赢得该大学在赛艇和数学两个方面的最高奖，还抽空创建了一个音乐俱乐部），当选为彼得学院的研究员，（以英文和法文）写了 10 多篇关于纯粹数学和应用数学的论文。这些作品都很有创见，他不得不匿名发表，免得使他的长辈们感到难堪。他 22 岁回到格拉斯哥，担任自然哲学教授。在此后的 53 年里，他一直保有这个职位。

在漫长的生涯里（他活到 1907 年，享年 83 岁），他写了 661 篇论文，总共获得 69 项专利（因此变得很富裕），在物理学的差不多每个学科都享有盛誉。其中，他提出一个方法，后来直接导致制冷技术的发明；设计了绝对温标，至

---

① 达尔文喜欢确切的数字。在后来的一篇作品里，他宣布英国农村的每英亩（约 4 046.86 平方米）土地里有 53 767 条蚯蚓。

今仍冠以他的名字；发明了增压装置，使越洋发送电报成为可能；还对海运和航海做了无数改进，从发明一个深受欢迎的航海罗盘，到创造第一个深度探测器。这些只是他有实用价值的成果。

开尔文在电磁学、热力学①和光的波动等理论方面的成果同样是革命性的。他实际上只有一个瑕疵，那就是没能计算出地球的年龄。这个问题占去了他后半生的许多时间，但他从来没有得出个比较正确的数字。1862 年，在为一本名叫《麦克米伦》的通俗杂志写的一篇文章里，他第一次提出地球的年龄是 9 800 万年，但谨慎地认为这个数字最小可为 2 000 万年，最大可达 4 亿年。他还小心翼翼地承认，他的计算可能是错的，要是“造物主的大仓库里备有我们目前没有掌握的资料”的话——但是，他显然认为那是不可能的。

随着时间的过去，开尔文的结论变得越来越明确，也越来越不正确。他不停地把自己的估计数字往下降，从最大的 4 亿年降到 1 亿年，然后又降到 5 000 万年，最后在 1897 年降到了仅仅 2 400 万年。开尔文并不是在随心所欲，只是因为物理学无法解释为什么像太阳这么个庞然大物可以连续燃烧几千万年以上，而又耗不尽其燃料。因此，他就想当然地认为，太阳及其行星必然相对年轻。

问题在于，几乎所有的化石都证明和这个结论相矛盾。而突然之间，19 世纪发现了大量的化石。

---

① 他特别阐述了热力学的第二定律。讨论这些定律可以写一本书，但我在这里提供化学家 P.W. 阿特金斯的下列扼要归纳，只是使大家对这些定律有个概念：“共有 4 条定律，其中的第三条，即第二定律，最先确认；第一条，即第零定律，最后形成；第二条是第一定律；第三定律还不像其他几条那样算得上是一条定律。”简而言之，第二定律说，总是要浪费一点儿能量。你不可能有一台永动机，无论它的效率有多高，它总是要损失能量，最后停下来。第一定律说，你不可能创造能量。第三定律说，你不可能把温度降到绝对零度，总是存在某些残留的热量。正如丹尼斯·奥弗比指出的，那三条主要的定律有时候可以以诙谐的方式来表达：（1）你赢不了；（2）你不可能打平手；（3）你不能退赛。

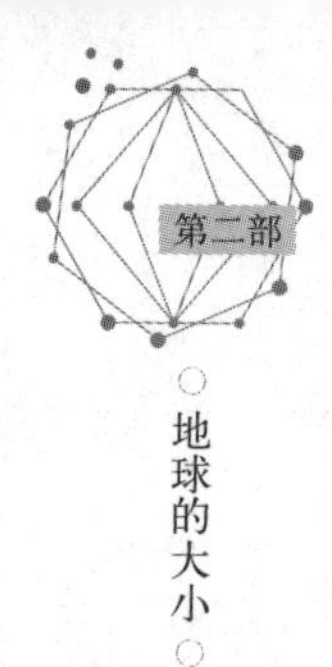

第六章

势不两立的科学

1787年，新泽西州有个人——到底是谁，如今似乎已被忘却——在伍德伯里溪一处岸边发现一根巨大的大腿骨戳出来。那根骨头显然不属于尚存的任何物种，也肯定不是新泽西州的。根据现在掌握的一点情况，人们认为它属于一只鸭嘴龙，那是一种长着鸭嘴的大恐龙。当时，人们还没有听说过恐龙。

骨头被送交给当时美国最杰出的解剖学家卡斯帕·威斯塔博士。同年秋天，他在费城召开的美国哲学学会的一次会议上做了描述。威斯塔完全没有认识到这根骨头的重要意义，只是小心翼翼地讲了几句不痛不痒的话，大意是，它真是个庞然大物。他就这样错过了先于别人半个世纪发现恐龙的机会。实际上，这根骨头没有引起人们多大兴趣，后来被放在贮藏室里，最后彻底不见了。因此，历史上第一根被发现的恐龙骨头，也是第一根被弄丢的恐龙骨头。

骨头没有引起很大的兴趣，这实在令人费解，因为发现这根骨头恰好是在美国人对古代大动物的遗骸着迷的时候。这事的原因是伟大的法国博物学家布丰伯爵——就是前一章里提到的做加热球体实验的人——做出的奇怪断言：新

大陆的生物几乎在无论哪一方面都要比旧大陆的生物低一等。布丰在那部评价很高的巨著《博物学》里写道，在美洲这块土地上，水源发臭，土地不长五谷，动物个儿很小，缺乏活力，肌体被从腐烂的沼泽和晒不着太阳的森林里逸出的“毒气”弄得十分虚弱。在这样的环境里，连土著印第安人也缺乏生殖力。“他们不长胡子，身上也没有毛，”布丰煞有介事地在私下说，“对女人没有激情。”他们的生殖器“又小又没有劲儿”。

布丰的观察结果在别的作家中间——尤其在那些其实对这个国家不大熟悉，因而自己的结论也是缺乏根据的人中间——获得了出人意料的热烈支持。有个名叫科梅耶·波夫的荷兰人在一本名叫《关于美洲人的哲学研究》的通俗作品中宣称，美洲的土著男人不但在繁殖方面给人印象不深，而且“如此缺乏男子气概，以至于他们的乳房都流出奶汁来了”。这种观点奇怪地流行了很长时间，在欧洲的文献中反复出现或得到反响，直到19世纪快要结束的时候。

这类诽谤在美国受到了愤怒的谴责，这是不足为怪的。托马斯·杰斐逊在他的《弗吉尼亚州纪事》中气愤地（而又令人费解地，除非你知道来龙去脉）进行反驳，还劝他在新罕布什尔州的朋友约翰·沙利文派20名士兵去北部丛林，找一头大角麋送给布丰，以证明美洲四足动物的高大和威武。士兵们花了两个星期才找到合适的目标。不幸的是，大角麋被击毙以后，他们发现它没有杰斐逊专门提到的一对威风凛凛的角，但沙利文周到地加上了一副驼鹿角或是牡鹿角，意思是，这是本来有的。毕竟，在法国，谁会知道呢？

与此同时，在威斯塔的家乡费城，博物学家着手装配一头大象似的大动物的骨头。起初它被称作“不知名的美洲大动物”，后来又不大正确地被确定为一头猛犸。第一批这种骨头是在肯塔基州一个名叫大骨地的地方发现的，但很快在各地都发现了。看来美洲一度生活着某种大动物——那种动物肯定能证明法国人布丰的可笑论点不能成立。

在热心展示那头不知名动物如何庞大和如何凶猛的过程中，博物学家们似乎有点儿得意忘形。他们把它的个儿拔高了6倍，还给它加上了可怕的爪子。实际上，那不过是在附近发现的一只大树懒的爪子。很有意思的是，他们认为那种动物“灵活和凶猛得像老虎”，在插图里把它描绘成躲在巨石后面，以猫科动物的优美姿态准备扑向猎物的样子。长牙发现以后，他们又挖空心思地以各种方式把它们安在它的头上。有一位用螺丝把长牙倒着拧在上面，就像剑齿虎的犬牙那样，使其看上去特别气势逼人。另一位把长牙向后弯曲，其动听的道

理是，那个家伙原本是水生动物，打盹时用牙齿将自己泊在树上。然而，最贴近事实的看法是，这种不知名的动物已经灭绝——布丰连忙抓住了这一点，把它作为那种动物已经无可争议地退化的证据。

布丰死于 1788 年，但争论没有停止。1795 年，一批精心挑选的骨头运到了巴黎，接受古生物学界的新秀、年少气盛的贵族乔治·居维叶的审查。居维叶不费多少工夫就能把一堆堆支离破碎的骨头安放成形，人们已经对他的才华赞叹不已。据说，只要看一颗牙齿或一块下颌骨，他就可以描述出那个动物的样子和性情，而且往往还说得出它是哪个种，哪个属。居维叶发现美国还没有人想到要写一本正式描述那类大动物的书，便自己动手写了，于是成了发现那种动物的第一人。他把它叫作“乳齿象”（意思是“长有乳头般隆起的牙齿的象”。出人意料的是，这还真有点儿像）。

在那场争论的启发之下，居维叶于 1796 年写了一篇具有划时代意义的论文《关于活着的象和变成化石的象的说明》。在这篇论文里，他第一次正式提出了物种灭绝的理论。他认为，地球不时经历全球性的灾难；在此过程中，一批批的生物彻底灭绝。对于宗教人士来说，包括居维叶本人，这种看法具有令人不快的含义，因为这意味着上帝是捉摸不定的，莫名其妙的。上帝创造了物种，然后又消灭这些物种，他究竟要干什么？这种看法跟“存在巨链”的信念绝对相反。那种信念认为，世界是精心安排的，世界上的每种生物都有一定位置，都有一个目的，过去从来就有，将来也总是会有。杰斐逊无法接受这种看法：整个物种有朝一日会消亡（或者会到那种地步，会演变）。因此，当有人问他，派个考察队去密西西比河以外的美国内地进行考察有没有科学和政治价值的时候，他马上肯定了这个建议，希望勇敢的探险家们会发现一群群健康的乳齿象和别的超大动物在富饶的平原上吃草。杰斐逊的私人秘书和知心朋友梅里韦瑟·刘易斯被选定和威廉·克拉克一起担任领队，而且还是这次远征的首席博物学家。被选定来指导他该找什么活的动物和死的动物的不是别人，正是卡斯帕·威斯塔。

同年——实际上是同月，在英吉利海峡对岸，一个不大知名的英国人在发表对化石价值的见解。他的见解也将具有持久的影响。威廉·史密斯是萨默塞特的科尔运河建筑工地上的年轻监督员。1796 年 1 月 5 日，他坐在萨默塞特一家马车旅店里，记下了那个最终会使他名扬天下的观点。若要解释岩石，你非得有某种并置对比的东西。在这个基础上，你可以知道德文郡的那些石炭纪岩

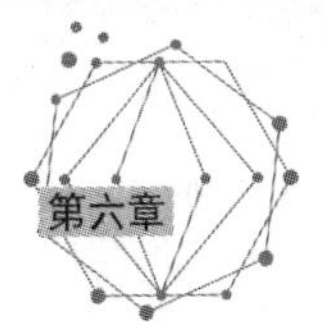

石要比威尔士的这些寒武纪岩石年轻。随着岩层的每一变化，有的物种的化石消失了，而有的化石一直延伸到随后的岩层。通过发现哪种物种在哪个岩层出现，你就可以计算出岩石的年龄，无论这些岩石是在哪里。凭着他作为测量员所拥有的知识，史密斯马上动手绘制英国的岩层图。经过多次试用以后，这些图于 1815 年出版，成为近代地质学的奠基石。（西蒙·温切斯特在他深受欢迎的《改变世界的地图》一书里对这件事做了全面的记述。）

不幸的是，尽管史密斯具有敏锐的见解，但说来也怪，他没有兴趣搞清为什么岩石偏偏以那种方式埋在地下。“我没有再研究岩层的起源，满足于知道情况就是那样，”他写道，“什么原因，什么缘故，那不属于一名矿藏测量员的研究范围。”

史密斯对岩层内情的披露，更增加了物种灭绝理论引起的在道德上的难堪程度。首先，它证实了上帝消灭生灵不是偶然的，而是经常的。这么看来，上帝与其说是粗心大意，不如说是极不友好。而且，还有必要花点力气来进行解释，为什么有的物种彻底灭绝，而有的物种却顺利地存活到随后的年代。显而易见，物种灭绝不是诺亚时代的一场“大激流”——大家知道的《圣经》里的那场洪水——能解释清楚的。居维叶做出了令自己满意的解释，认为《创世记》只是指最近的那场洪水。上帝似乎不希望用先前不相干的物种灭绝来分散摩西的注意力或引起他的惊慌。

因此，到 19 世纪初，化石势必具有了某种重要性。威斯塔就显得更不幸了，竟然没有看到恐龙骨的意义。无论如何，这类骨头在世界各地突然发现。又有了几个机会让美国人来宣布发现了恐龙，但这些机会都没有被抓住。1806 年，刘易斯和克拉克的考察队穿越蒙大拿的黑尔沟岩组。在这个地方，实际上他们脚底下恐龙骨比比皆是，他们还发现一样东西嵌在岩石里，显然是恐龙骨，但没有把它当一回事。在新英格兰，有个名叫普利纳斯·穆迪的男孩子在马萨诸塞州南哈德利的一处岩架上发现了古老的足迹；之后，又有人在康涅狄格河谷发现了骨头和足迹的化石。至少其中有一些留存至今——令人注目的是一头安琪龙的骨头——现在由耶鲁大学的皮博迪博物馆收藏。这批恐龙骨发现于 1818 年，是第一批经过检验保存下来的恐龙骨，不幸的是，1855 年之前无人识货。那一年，卡斯帕·威斯塔去世。不过，威斯塔没有想到的是，植物学家托马斯·纳特尔以他的名字命名了一种可爱的攀附灌木，这倒使威斯塔在一定意义上获得了永生。植物界有些纯粹主义者迄今仍然坚持把这类植物的名字写成

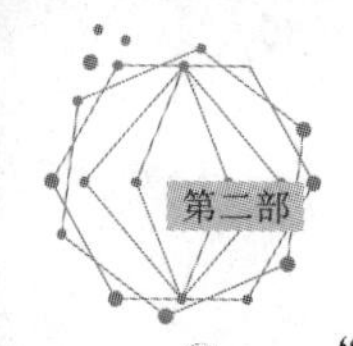

"威斯塔里亚"。

然而，到这个时候，古生物研究的热潮已经移到英国。1812年，在多塞特郡的莱姆里吉斯，有个名叫玛丽·安宁的杰出小女孩——当时只有11岁、12岁或13岁，取决于你看的是谁写的故事——发现一块5米长、样子古怪的海生动物化石，嵌在英吉利海峡岸边一处陡峭而又危险的悬崖上。这类动物现在叫作鱼龙。

安宁就这样开始了她不同凡响的一生。在之后的35年里，安宁采集化石，并把它们卖给游客。（人们普遍认为，她就是那首著名的绕口令《她在海边卖贝壳》的原始素材。）她还发现了第一块蛇颈龙（另一种海生动物）化石以及第一批最好的翼手龙化石中的一块。严格来说，这些都不是恐龙，但也没有多大关系，因为当时谁也不知道什么是恐龙。只要知道世界上生活过跟我们现在所能看到的完全不同的动物，这也就够了。

安宁不仅善于发现化石——显然她在这方面是无与伦比的——而且能小心翼翼地、完好无损地把化石挖出来。要是你有机会去参观伦敦自然博物馆的古代海生爬行动物馆，我劝你不要错过这个机会。只有在这里，你才能欣赏到这位年轻女子使用最简单的工具，在极其困难的条件下，实际上是在孤立无援的情况下，所取得的巨大而又出色的成就。光挖那块蛇颈龙化石她就耐心地花了10年时间。安宁没有受过训练，但她也能为学者们提供像模像样的图片和说明。但是，尽管她具有这等技能，重大的发现毕竟是不多的，因此她一生的大部分时间是在极度贫困中度过的。

在古生物学史上，很难想得出还有谁比玛丽·安宁更不受人重视，但实际上还有一个人的情况跟她差不多。他叫吉迪恩·阿尔杰农·曼特尔，是苏塞克斯的一名乡村医生。

曼特尔有一大堆不足之处——他虚荣心强，只顾自己，自命不凡，不关心家庭——但再也找不出一名像他这样投入的业余古生物学工作者。他还很有运气，有一位既忠心耿耿又留心观察的太太。1822年，他去苏塞克斯农村出诊的时候，曼特尔太太正顺着附近的一条小路散步，在一堆用来填平路面凹坑的碎石里发现了一样古怪的东西——一块弧形的棕色骨头，大约有小胡桃那么大小。她认为那是一块化石。她知道自己的丈夫对化石很感兴趣，便拿给了他。曼特尔马上看出，那是一颗牙齿的化石。稍加研究以后，他断定，这是一颗动物牙齿，那种动物生活在白垩纪，食草，爬行，体形庞大——有几十米长。他的估

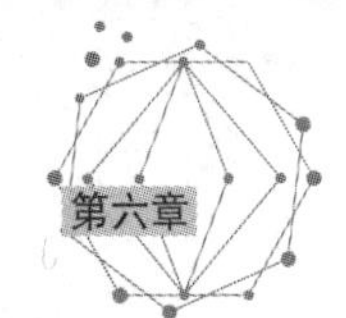

测完全正确；但他的胆量也真够大的，因为在此之前，即使在想象中，谁也没有见过这样的东西。

曼特尔意识到，自己的发现会彻底推翻人们对过去的认识。他的朋友威廉·巴克兰——那位身穿长袍、爱好实验的学者——也劝他小心行事。因此，曼特尔花了 3 年时间，努力寻找支持自己的结论的证据。他把牙齿送交巴黎的居维叶，征求他的看法，但那位伟大的法国人轻描淡写地认为，那只不过是河马的牙齿。（居维叶很有风度，后来为这次失误道了歉。）有一天，曼特尔在伦敦的亨特博物馆做研究，跟一位同事攀谈起来。那位同事对他说，它看上去很像是他一直在研究的那种动物——南美鬣蜥的牙齿。他们马上进行了比较，确认了它们的相似之处。于是，曼特尔手里的动物以热带一种爱晒太阳的蜥蜴命名，被叫作禽龙。其实，二者之间没有任何关系。

曼特尔写了一篇论文，准备递交给英国皇家学会。不幸的是，恰好又有一块恐龙骨头在牛津郡的一处采石场被发现，而且刚刚有人做过正式描述——这个人不是别人，就是劝说曼特尔不要仓促行事的巴克兰牧师。它被取名为斑龙。这个名字其实是他的朋友詹姆斯·帕金森博士——那位未来的激进分子、帕金森综合征的鼻祖——向巴克兰建议的。大家也许记得，帕金森最初是个地质学家，他对斑龙的研究显示了他在这方面的成就。在为《伦敦地质学会学报》写的报告中，他注意到，那种动物的牙齿不像蜥蜴那样直接连着颌骨，而像鳄鱼那样长在牙槽里。不过，巴克兰就注意到这么多，没有认识到它的意义，即斑龙完全是一种新发现的动物。不过，尽管他的报告缺少敏锐的目光和深刻的见解，它仍是发表过的描述斑龙的第一篇文章。因此，人们把发现这种古代动物的功劳归于巴克兰，而不是更有资格的曼特尔。

曼特尔不知道失望会伴随自己的一生，继续寻找化石。1833 年，他发现了另一个庞然大物雨蛙龙，并从采石场工人和农夫手里买回别的化石，最后很可能成了英国最大的化石收藏家。曼特尔是一位杰出的医生，在搜集骨头方面也同样很有天赋，但他无法同时维持这两方面的才能。随着他越来越热衷于搜集工作，他忽视了医生职业。过不多久，他在布赖顿的家里几乎塞满了化石，花掉了大部分收入。剩下的钱被用来支付书的出版费用，而他的书又极少有人愿意购买。1827 年出版的《苏塞克斯的地质说明》只卖掉了 50 本，他因此倒贴了 300 英镑——这在当时是一笔不小的数目。

曼特尔在绝望之中灵机一动，把自己的房子改成了博物馆，收取门票费。

然而，他后来意识到这种商业行为会损害他的绅士地位，且不说科学家的地位——于是就让别人免费参观他的家庭博物馆。成百上千的人前来参观，一个星期又一个星期，既中断了他的行医工作，又扰乱了他的家庭生活。最后，为了偿还债务，他不得不变卖绝大部分收藏品。过不多久，他的妻子带着四个孩子离他而去。

值得注意的是，他的麻烦才刚刚开始。

在伦敦南部的西德纳姆区，有个地方名叫水晶宫公园。那里耸立着一片被人遗忘的奇观：世界上第一批实物大小的恐龙模型。近来去那里的人不太多，但这里一度是伦敦游客最多的胜地之一——事实上，正如理查德·福蒂说的，它是世界上第一个主题公园。严格来说，那些模型在许多方面是不正确的。禽龙的大拇指顶在鼻子上，变成了一根尖刺；它长着四条粗壮的腿，看上去像一条肥肥胖胖、不成比例的狗。（其实，禽龙不用四条腿蹲着，而是一种两足动物。）现在望着它们，你几乎想不到这些古怪而行动缓慢的动物会引起积怨和仇恨，但事实却是如此。在博物学界，也许从来没有哪种动物像名叫恐龙的古代动物那样成为强烈而又持久的仇恨的中心。

建造恐龙模型的时候，西德纳姆位于伦敦边缘，宽敞的公园被认为是重建著名的水晶宫的理想之地。玻璃和铸铁结构的水晶宫曾是1851年博览会的中心场所。新建的公园很自然地以此冠名。用混凝土建成的恐龙模型是一种很有经济效益的景观。1853年除夕，在尚未完工的禽龙模型内为21名科学家举行了一次著名的晚宴。那位发现并确认禽龙的人吉迪恩·曼特尔不在其中。坐在餐桌上首的是古生物学这门年轻的科学里最伟大的人物，他的名字叫理查德·欧文。到这个时候，他已经花费几年心血，成果累累，害得吉迪恩·曼特尔的日子很不好过。

欧文在英格兰北部的兰开斯特长大，受过训练准备当医生。他是个天生的解剖学家，对研究工作不遗余力，有时候非法取下尸体上的四肢、器官和别的部位，拿回家里慢慢地解剖。有一回，他用麻袋搬回刚从一具非洲黑人水手的尸体上取下的头，不慎绊着湿漉漉的石头滑了一跤，惊慌地望着那个头从身边一蹦一跳地顺着小巷滚去，钻进一户人家开着的门洞里，在前厅里停了下来。至于那户人家的主人见到一个头滚到自己的脚边会说些什么，我们只能想象了。有人讲，他们还来不及搞清是怎么回事，突然间一个焦急万分的年轻人冲进来

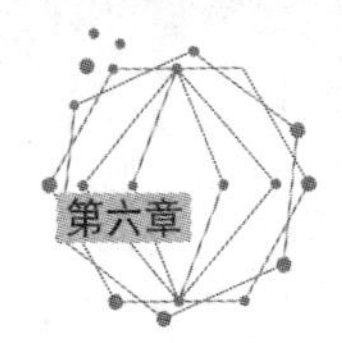

拾起那个头，又冲了出去。

1825 年，欧文 21 岁，他搬到了伦敦，不久就被英国皇家外科学院聘用，帮助清理又多又乱的医学和解剖标本。其中，大部分是杰出的外科医生、孜孜不倦的医学珍品收藏家约翰·亨特留给这个学院的，但从来没有分过类和清理过，很大程度上因为亨特死后不久，说明每件物品的意义的文字材料丢失了。

欧文很快以他的组织能力和演绎能力崭露头角。同时，他证明自己是个无与伦比的解剖学家，具有很强的复原天赋，几乎可以与巴黎伟大的居维叶相比。他成为解剖动物方面的一名专家，对伦敦动物园里死去的任何动物拥有优先取舍权，而那类东西又无一例外地送到他的家里供他来检查。有一回，他的妻子回到家里，只见一头刚死的犀牛堵住了前门走廊。他很快成为一名各种动物方面的杰出专家，无论是现存的还是灭绝的动物——从鸭嘴兽、针鼹和别的新发现的有袋动物，到倒霉的渡渡鸟以及已经灭绝的大鸟——恐鸟。恐鸟本来自由自在地生活在新西兰，最后被毛利人吃了个干净。1861 年，他在巴伐利亚发现了始祖鸟，是描述始祖鸟的第一人，也是为渡渡鸟写正式墓志铭的第一人。他总共发表了大约 600 篇关于解剖学的论文，这个数字真够庞大了。

不过，是由于他在恐龙方面的成就，欧文才被人们铭记。他在 1841 年创造了“恐龙”这个名称。它的意思是“可怕的蜥蜴”，这是个极不合适的名字。现在我们知道，恐龙毫不可怕——有的还没有兔子大，很可能还很胆小怕生。有一点是肯定的：它们不是蜥蜴。实际上，恐龙是一个古老得多的家族。欧文很清楚，它们是爬行动物，希腊文里已经有了个很合适的名词——爬行动物，但由于某种原因他不愿意采用。他还犯了个更加可以被原谅的错误（考虑到当时标本很少），那就是，他没有注意到，恐龙不是由一种而是由两种爬行动物组成：臀部像鸟的鸟臀目恐龙和臀部像蜥蜴的蜥臀目恐龙。

欧文并不是个很有魅力的人，无论在外表上还是脾性上。在一张中年晚期的照片上，他看上去又瘦削又阴险，长着又长又直的头发，眼睛向外鼓出，活像维多利亚时代情节剧里的坏蛋——有一张可以用来吓唬小孩子的脸。在举止方面，他又冷漠又傲慢，无所顾忌地实现他的雄心壮志。据知，查尔斯·达尔文唯一讨厌的人就是他。连欧文的儿子（他没过多久就自杀了）也提到他父亲的“可悲的冷酷之心”。

作为解剖学家，他的才华是毋庸置疑的，因此他能做出最不要脸的坏事而又不受人指责。1857 年，博物学家 T.H. 赫胥黎在翻阅一本新版的《丘吉尔医学

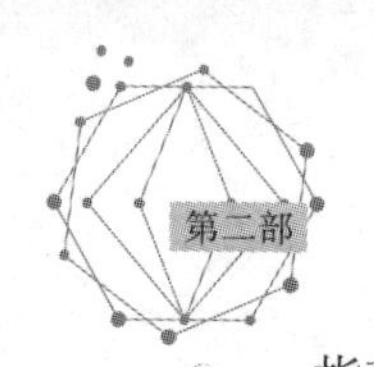

指南》时，突然注意到欧文被列为政府采矿学院的比较解剖学和生理学教授，他感到相当吃惊，因为这正是达尔文现在拥有的职位。当他询问这本指南怎么会犯这么低级的错误时，他被告知那个信息是欧文博士本人提供的。同时，有一位跟欧文一起工作的、名叫休·福尔克纳的博物学家当场揭穿欧文把他的一项发现归功于自己。有人还指责他借用标本不还，后来还否认自己借过。欧文甚至为了一个有关牙齿生理学理论的功劳与女王的牙科医生发生激烈的争吵。

他毫不犹豫地迫害他不喜欢的人。早年，他利用自己在地质学会的影响排斥一位名叫罗伯特·格兰特的年轻人，而格兰特唯一的罪过就是显示出自己很有希望成为一名解剖学家。格兰特吃惊地发现自己突然被剥夺了使用解剖标本的权利，而这是他进行研究所必不可少的。由于无法再从事他的工作，他变得灰心丧气，默默无闻，这是很自然的事。

欧文如此不客气，受到伤害最大的要算是越来越悲惨的倒霉蛋吉迪恩·曼特尔。在失去妻子、子女、医生职业和大部分化石收藏品以后，曼特尔搬到了伦敦。1841 年是决定性的一年，欧文在伦敦将获得命名和发现恐龙的殊荣——而曼特尔遇上了一场可怕的事故。当马车穿过克莱翰公地的时候，他不知怎的从车座上掉下来，缠在缰绳中间，被受惊的马匹飞快拉过粗糙的地面。这起事故导致他驼背跛足，常年疼痛，脊椎受损，再也无法恢复。

欧文利用曼特尔体弱多病的状态，着手系统地从档案中抹杀他的贡献，重新命名曼特尔多年以前已经命名过的物种，把他发现这些物种的功劳占为己有。曼特尔还想搞一些创新的研究工作，但欧文利用自己在皇家学会的影响，使曼特尔的大部分论文被拒绝采用。1852 年，曼特尔再也无法忍受疼痛或迫害，结束了自己的生命。他那根变了形的脊椎被取出来送到皇家外科学院——这又是一件很有讽刺意味的事——由该学院的亨特博物馆馆长理查德·欧文保管。

但是，污辱没有完全结束。曼特尔死后不久，《文学》杂志刊登了一篇极其无情的悼文。在那篇文章里，曼特尔被描述成一名二流的解剖学家，他对古生物学的一点儿贡献“由于缺乏过硬的知识”而受到限制。悼文甚至抹去了他发现禽龙的功劳，把这个功劳归于居维叶和欧文等人。悼文没有署名，但其风格是欧文的，自然科学界没有人会怀疑作者的身份。

不过，到这个时候，欧文的坏事快干到头了。他的垮台之日到来了。英国皇家学会的一个委员会——欧文恰好是该委员会的主席——决定授予他最高的荣誉：英国皇家勋章，表彰他写的一篇关于一种名叫箭石的、已经灭绝的软体动

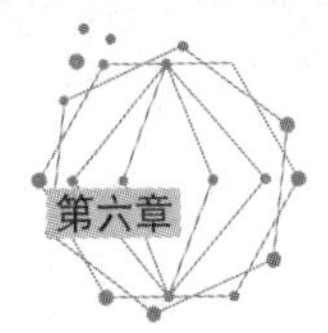

物的论文。“然而，”德博拉·卡德伯里在《可怕的蜥蜴》里对那段历史有绝好的记述，“这项成就并不像看起来那么有创意。”结果发现，箭石已经于4年前由一位名叫查宁·皮尔斯的业余博物学家发现，而且在地质学会的一次会议上已经充分发表。欧文出席了那次会议，但他向皇家学会提交自己的报告的时候没有提及这个情况。在那份报告里，他把那种动物重新命名为“欧文箭石”以纪念他自己，这当然不是巧合。尽管欧文被允许保留英国皇家勋章，但这件事使得他永远名声扫地，即使在他剩下的为数不多的支持者中间也同样如此。

最后，赫胥黎以其人之道还治其人之身：他通过投票使欧文在动物学会和皇家学会的许多委员会里落选。最后，赫胥黎成为英国皇家外科学院亨特博物馆的新一任教授，结束了对欧文的惩罚。

欧文再也没有从事重要的研究，但在后半生致力于一件非同寻常的事，我们对此表示感激。1856年，他成为大英博物馆博物学部主任，在那个岗位上推动了伦敦自然博物馆的创建。那栋位于南肯辛顿的宏伟壮丽的哥特式建筑于1880年向公众开放，几乎完全成了他远见卓识的见证。

欧文之前，博物馆主要供少数精英使用和陶冶情操，连他们也很难进门。大英博物馆建立之初，想参观的人不得不写一份申请书，经过一个简单的面试，才能决定他们是否适合进场。然后，他们还得回来取票——那就是说，假如他们的面试获得通过的话——最后再次回来观看博物馆里的宝贝。即使到了那个时刻，他们也只能集体参观，被赶着快速往前走，不得随便停留。欧文的计划是人人都受欢迎，甚至鼓励工人们利用晚上时间来参观。他把博物馆绝大部分的地方用来陈列公开展品。他甚至很激进地提出为每件展品安放说明，以便让人们欣赏自己眼前的东西。他在这个问题上遭到了T.H.赫胥黎的反对，这是有点儿没有想到的。赫胥黎认为，博物馆主要应当是研究机构。通过把自然博物馆变成人人可去的地方，欧文改变了我们原先建博物馆的目的。

不过，他对人类的无私精神并没有使他忘记自己的对手。他最后一个正式举动是到处游说，反对一项关于修建纪念查尔斯·达尔文的雕像的建议。他的这次努力没有成功——虽然他无意之中为自己赢得了一个胜利，只是晚了一些。今天，他自己的雕像从自然博物馆大厅的楼梯上像主人般地俯瞰着下面，而达尔文和赫胥黎的雕像却不大显眼地放在博物馆的咖啡店里，以严肃的目光凝视着人们喝茶，吃果酱面包圈。

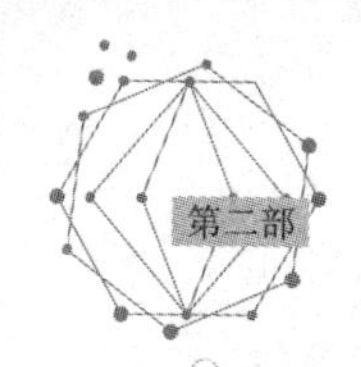

有理由认为，理查德·欧文那心胸狭窄的对抗行为，标志着19世纪的地质学进入低谷，但更严重的对抗又发生了，这一次来自海外。在那个世纪的最后几十年里，美国也发生了一次对抗，其程度要恶毒得多，尽管破坏力没有那么大。这场对抗发生在两个古怪而又冷酷的人之间：爱德华·德林克·柯普和奥斯尼尔·查尔斯·马什。

他们有许多共同之处。两个人都骄横自负，野心勃勃，以自我为中心，动辄吵架，妒忌心强，不信任别人，老是郁郁不乐。他俩一起改变了古生物学界。

他们一开始是朋友，互相崇拜，甚至互相用对方的名字来命名化石种类，1868年还愉快地在一起工作了一个星期。后来，两人的关系出了问题——谁也搞不清出了什么问题——到了第二年，他们之间已经成为一种敌对关系，在随后的30年里发展为强烈的仇恨。可以有把握地说，自然科学领域里再也找不出另外两个人比他们更互相鄙视对方的了。

马什比柯普大8岁。他是个离群索居的书呆子，衣冠楚楚，留着整齐的胡子，极少去野外工作，去了也很不善于发现东西。有一次他去怀俄明州参观著名的科摩崖恐龙地带，却没有注意到——用一位历史学家的话来说——恐龙骨头简直"像木头那样满地都是"。但是，他有的是钱，差不多可以想买什么就买什么。虽然他来自一个不大富裕的家庭——他的父亲是纽约州北部的一名农场主——但他的叔叔却是那位富得冒油、极其任性的金融家乔治·皮博迪。当马什流露出对博物学的兴趣的时候，皮博迪为他在耶鲁大学盖了个博物馆，并给了他足够的资金来装满他看得中的东西。

柯普生于一个特权家庭——他的父亲是费城一位有钱的商人——比马什更富有冒险精神，1876年夏天，在蒙大拿州，当乔治·阿姆斯特朗·卡斯特和他的部队在小比格角被消灭的时候，柯普还在附近找骨头。有人提醒他，这时候来印第安人领地取宝，很可能是很不明智的。他想了片刻，决定继续往下干。他的收获太大了。有一次，他遇上了几个疑心重重的克劳族印第安人，但他不停地取下和装上他的假牙，赢得了他们的信任。

有10年左右的时间，马什和柯普之间的敌对关系主要以暗斗的形式出现，但到了1877年，暗斗突然变成了大规模的冲突。那年，一位名叫阿瑟·莱克斯的科罗拉多州小学老师和他的一位朋友出门徒步旅行，在莫里森附近发现了几根骨头。莱克斯认为那些骨头属于一条"巨蜥"；他想得很周到，把一些样品寄给了马什和柯普两个人。柯普很高兴，给莱克斯寄了100美元作为报酬，吩咐

他不要把他的发现告诉任何人，尤其不要告诉马什。莱克斯不大明白，便请马什把骨头转交给柯普。马什这么做了，但遭到了一番他永生难忘的羞辱。

这事也标志着两人间一场对抗的开始。对抗变得越来越激烈，越来越肮脏，而且还很可笑。有时候，竟然卑鄙到一方的发掘人员向另一方的发掘人员投掷石块的程度。有一次，有人发现柯普在撬开马什的箱子。他们在文章中互相污辱对方，瞧不起对方取得的成果。科学很少——也许从来没有——在对抗之中发展得这么快、这么有成果。在随后的几年里，通过两个人的共同努力，美国已知的恐龙种类从 9 种增加到将近 150 种。普通人说得出的每一种恐龙——剑龙、雷龙、梁龙、三角龙——差不多都是他们两人中的一位发现的。[①]不幸的是，他们干得过于拼命，过于草率，往往把已经知道的当作一项新的发现。他俩“发现”一个名叫“尤因他兽”的物种不下 22 次。他们乱七八糟的分类，别人花了几年时间才整理出来，而有的至今还没有整理清楚。

两人当中，柯普的科学成果要多得多。在他极其勤奋的一生中，他写出了大约 1 400 篇学术论文，描述了近 1 300 种新的化石（各种各样的化石，不仅仅是恐龙的化石）——在这两方面都是马什成果的两倍以上。柯普本来可做出更大的贡献，但不幸的是，他在后来的几年中急速走下坡路。他在 1875 年继承了一笔财产，不大明智地把钱投资于金融业，结果全部泡汤。他最后住在费城一家寄居宿舍的单人房间里，身边堆满了书、文献和骨头。而马什的晚年是在纽黑文一栋富丽堂皇的房子里度过的。柯普死于 1897 年，两年后马什也与世长辞。

在最后的几年里，柯普产生了另一个有意思的念头。他殷切希望自己被宣布为“智人”的模式标本——把他的骨头作为人类的正式样板。在一般情况下，一个物种的模式标本就是被发现的第一副骨头，但由于“智人”的第一副骨头并不存在，就产生了一个空缺。柯普希望填补这个空缺。这是一个古怪而又很自负的愿望，但谁也想不出理由来加以反对。为此，柯普立下遗嘱，把自己的骨头捐献给费城的威斯塔研究所。那是个学术团体，是由好像无处不在的卡斯帕·威斯塔的后裔捐资成立的。不幸的是，经过处理和装配以后，人们发现他的骨头显示出患了早期梅毒的症状，谁也不愿意把这种特征保留在代表人类本身的模式标本上。于是，柯普的请求和他的骨头就不了了之。直到现在，现代人类仍然没有模式标本。

---

① 值得注意的是，有一例外，即霸王龙，它是由巴纳姆·布朗在 1902 年发现的。

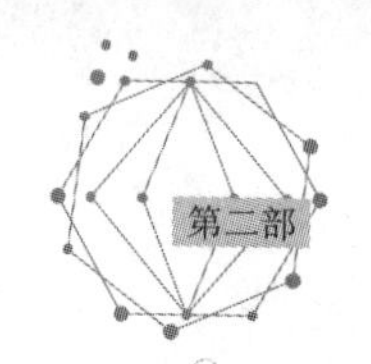

至于这个舞台上的其他人物，欧文于1892年去世，比柯普和马什早几年。巴克兰最后精神失常，成了个话都说不清的废人，在克莱翰的一家精神病院里度过了最后的岁月，恰好就在离造成曼特尔终生残疾的出事地点不太远的地方。曼特尔那变了形的脊椎在亨特博物馆展出了将近一个世纪，后来在闪电战中仁慈地被一枚德国炸弹击中，不见了踪影。曼特尔死后，剩下的收藏品传给了他的子女，其中许多被他的儿子沃尔特带到了新西兰，他于1840年移居到那个国家。沃尔特成为一名杰出的新西兰人，最后官至土著居民事务部部长。1865年，他把他父亲收藏品中的主要标本，包括那颗著名的禽龙牙齿，捐赠给了惠灵顿的殖民博物馆（就是现在的新西兰博物馆），此后一直存放在那里。而那颗引发这一切的禽龙牙齿——很可能是古生物学里最重要的牙齿——现在不再对外展出。

当然，寻找恐龙的工作，没有随着19世纪伟大的化石搜寻家的去世而结束。实际上，在某种出人意料的程度上，这项工作才刚刚开始。1898年，也就是柯普和马什两人相继去世的中间一年，发现了——其实是注意到——一件比以前发现过的任何东西都要了不起的宝贝，地点是在“骨屋采石场”，离马什的主要搜寻场所——怀俄明州的科摩崖只有几公里。人们发现成百上千块骨头化石露在山体外面任凭风吹雨打。骨头的数量如此之多，竟有人用骨头盖起一间小屋——采石场的名字由此而来。仅仅在最初的两个季节里，发掘出来的古代骨头就达5万千克之多；在之后的6年里，每年又挖出成千上万千克。

结果，进入20世纪的时候，古生物学家实际上有着几吨重的古骨来供他们选择。问题在于，他们仍然搞不清这些骨头的年龄。更糟糕的是，大家公认的地球的年龄，与过去的岁月所显然包含的时期、年代和时代的数量不大吻合。要是地球真的只有2 000万年历史，就像开尔文勋爵坚持认为的那样，那么各种古代生物都会在同一地质年代产生和消亡。这根本说不通。

除开尔文以外，别的科学家也把注意力转向这个问题，得出的结果只是加深了那种不确定性。都柏林的三一学院有一位受人尊敬的地质学家，名叫塞缪尔·霍顿。他宣称，地球的年龄约为23亿年——大大超出了任何人的看法。他注意到了这个情况，用同样的数据重新算了一遍，得出的数字是1.53亿年。也是三一学院的约翰·乔利决定试一试埃德蒙·哈雷提出的海盐测算法，但这种方法是以许多不完善的假设为基础的，哈雷自己也没有把握。他得出的结果是：地球的年龄是8 900万年——这个年龄与开尔文的假设完全吻合，不幸的是与现

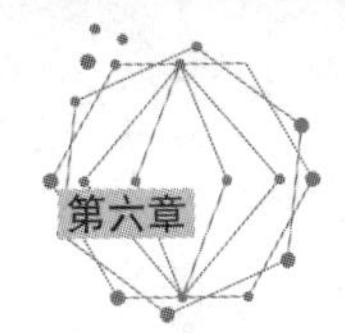

实根本不符。

情况如此混乱，到19世纪末，你可以获知——取决于你查的是哪种资料——我们距离开始出现复杂生命的寒武纪的年数是300万年、1 800万年、6亿年、7.94亿年或24亿年——或者是这个范围里的其他数字。直到1910年，美国人乔治·贝克尔还做出了一个受到广泛认可的估计，他认为地球的年龄也许不超过5 500万年。

正当事情似乎乱作一团的时候，出了另一位杰出人物，有了一种崭新的方法。他是个直率而又聪明的新西兰农家孩子，名叫欧内斯特·卢瑟福。他拿出了无可辩驳的证据：地球至少已经存在许多亿年，很可能还更古老。

值得注意的是，他的证据是以炼金术为基础的——天然，自发，科学上信得过，毫不神秘，尽管是炼金术。结果证明，牛顿毕竟没有大错。那种方法到底是怎么知道的，当然要等下一章来叙述。

第七章
基本物质

人们常说，化学作为一门严肃而受人尊敬的科学始于1661年。当时，牛津大学的罗伯特·玻意耳发表了《怀疑的化学家》——这是第一篇区分化学家和炼金术士的论文——但这一转变过程是缓慢而坎坷的。进入18世纪以后，两大阵营的学者们都觉得适得其所——比如，德国人约翰·贝歇尔写出了一篇关于矿物学的严肃而又不同凡响的作品，题目叫作《地下物理学》，但他也很有把握，只要有合适的材料，他可以把自己变成隐身人。

早年，最能体现化学那奇特而往往又很偶然的性质的，要算是德国人亨内希·布兰德在1675年的一次发现。布兰德确信，人尿可以以某种方法蒸馏出黄金。（类似的颜色似乎是他得出这个结论的一个因素。）他收集了50桶人尿，在地窖里存放了几个月。通过各种复杂的过程，他先把尿变成了一种有毒的糊状物，然后再把糊状物变成一种半透明的蜡状物。当然，他没有得到黄金，但一件奇怪而有趣的事情发生了。过了一段时间，那东西开始发光。而且，当暴露在空气里的时候，它常常突然自燃起来。

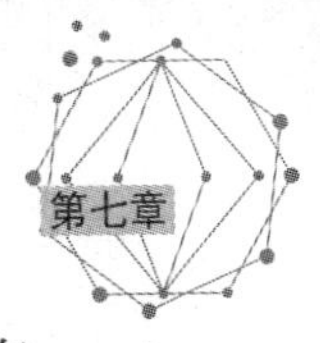

它很快被称为磷，这个名字源自希腊文和拉丁文，意思是“会发光的”。有眼光的实业界人士看到了这种物质的潜在商业价值，但生产的难度很大，成本太高，不好开发。一盎司（约 28.35 克）磷的零售价高达 6 基尼——很可能相当于今天的 300 英镑——换句话说，比黄金还要贵。

起先，人们号召士兵们提供原料，但这样的做法对工业规模的生产几乎无济于事。18 世纪 50 年代，一位名叫卡尔·谢勒的瑞典化学家发明了一种方法，不用又脏又臭的尿就能大量生产磷。很大程度上就是因为掌握了这种生产磷的方法，瑞典才成为——而且现在还是——火柴的一个主要生产国。

谢勒既是个非同寻常的人，又是个极其倒霉的人。他是个地位低下的药剂师，几乎在没有先进仪器的情况下发现了 8 种元素——氯、氟、锰、钡、钼、钨、氮和氧——但什么功劳也没有得到。每一次，他的发现要么不受人注意，要么在别人独立做出同样的发现以后才发表。他还发现了许多有用的化合物，其中有氨、甘油和单宁酸；他还认为氯可以用作漂白剂——具有潜在商业价值的第一人——这些重大的成就都使别人发了大财。

谢勒有个明显的缺点，他对做实验用的什么东西都感到好奇，坚持要尝一点儿，包括一些又难闻又有毒的物质，比如汞、氢氰酸（这也是他的一项发现）。氢氰酸是一种有名的有毒化合物，150 年以后，薛定谔在一次著名的思想实验中选它作为最佳毒素。谢勒鲁莽的工作方法最后断送了他的性命。1786 年，才 43 岁的他被发现死在工作台旁，身边堆满了有毒的化学品，其中任何一种都可以造成最后留在他脸上的那种惊愕表情。

要是这世界是公正的话，要是大家都会说瑞典语的话，谢勒本来会在全世界享有盛誉。实际上，赞扬声往往都给了更有名的化学家，其中大多数是英语国家的化学家。谢勒在 1772 年发现了氧，但由于种种辛酸而复杂的原因，无法及时发表他的论文。功劳最终归于约瑟夫·普里斯特利，他独立发现了同一种元素，但时间要晚，是在 1774 年的夏天。更令人瞩目的是，谢勒没有得到发现氯的功劳。几乎所有的教科书现在仍把氯的发现归功于汉弗莱·戴维。他确实发现了氯，但要比谢勒晚 36 年。

从牛顿和玻意耳，到谢勒、普里斯特利和亨利·卡文迪许，中间隔着一个世纪。在这个世纪里，化学得到了长足的发展，但还有很长的路要走。直到 18 世纪的最后几年（就普里斯特利而言，还要晚一点），各地的科学家们还在寻找——有时候认为真的已经发现——完全不存在的东西：变质的气体、没有燃

素的海洋酸、福禄考、氧化钙石灰、水陆气味，尤其是燃素。当时，燃素被认为是燃烧的原动力。他们认为，在这一切的中间，还存在一种神秘的生命力，即能赋予无生命物体生命的力。谁也不知道这种难以捉摸的东西在哪里，但有两点是可信的：其一，你可以用电把它激活（玛丽·雪莱在她的小说《弗兰肯斯坦》里充分利用了这种认识）；其二，它存在于某种物质，而不存在于别的物质。这就是化学最后分成两大部分的原因：有机的（指被认为有那种东西的物质）和无机的（指被认为没有那种东西的物质）。

这时候，需要有个目光敏锐的人来把化学推进到现代。法国出了这么个人。他的名字叫安托万－洛朗·拉瓦锡。拉瓦锡生于1743年，是一个小贵族家族的成员（他的父亲为这个家族出钱买了一个头衔）。1768年，他在一家深受人们讨厌的机构里买了个开业股。那个机构叫作“税务总公司”，代表政府负责收取税金和费用。根据各种说法，拉瓦锡本人又温和，又公正，但他工作的那家公司两方面都不具备。一方面，它只向穷人征税，不向富人征税；另一方面，它往往很武断。对拉瓦锡来说，那家机构之所以很有吸引力，是因为它为他提供了大量的钱来从事他的主要工作，那就是科学。最多的时候，他每年挣的钱多达15万里弗赫——差不多相当于今天的1 200万英镑。

走上这条赚钱很多的职业道路3年之后，他娶了他的老板的一个14岁的女儿。这是一桩心和脑都很匹配的婚事。拉瓦锡太太有着机灵的头脑和出众的才华，很快在她的丈夫身边做出了许多成绩。尽管工作有压力，社交生活很繁忙，但在大多数日子里他们都要用5个小时——清晨2个小时，晚上3个小时——以及整个星期天（他们称其为“快活的日子”）来从事科学工作。不知怎的，拉瓦锡还挤得出时间来担任火药专员，监督修建巴黎的一段城墙来防范走私分子，协助建立米制，还和别人合著了一本名叫《化学命名法》的手册。这本书成了统一元素名字的“圣经”。

作为皇家科学院的一名主要成员，无论时下有什么值得关注的事，他还都得知道，积极参与——催眠术研究呀，监狱改革呀，昆虫的呼吸呀，巴黎的水供应呀，等等。1870年，一位很有前途的年轻科学家向科学院提交一篇论文，阐述一种新的燃烧理论；就是在那个岗位上，拉瓦锡说了几句轻蔑的话。这种理论的确是错的，但那位科学家再也没有原谅他。他的名字叫让－保罗·马拉。

只有一件事拉瓦锡从来没有做过，那就是发现一种元素。在一个仿佛任何手拿烧杯、火焰和什么有意思的粉末的人都能发现新东西的时代——还要特别

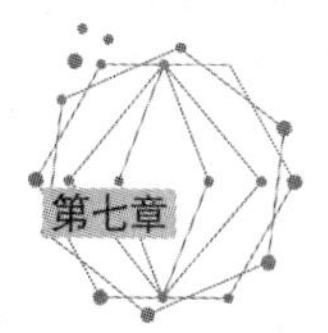

说一句，是在一个大约有三分之二的元素还没有被发现的时代里——拉瓦锡没有发现一种元素。原因当然不是由于缺少烧杯。他有着天底下最好的私人实验室，好到了匪夷所思的程度，里面竟有 13 000 只烧杯。

恰恰相反，他把别人的发现拿过来，说明这些发现的意义。他摈弃了燃素和有害气体。他确定了氧和氢到底是什么，并且给二者起了现今的名字。简而言之，他为化学的严格化、明晰化和条理化出了力。

他的想象力实际上是得来全不费工夫的。多年来，他和拉瓦锡太太一直在忙于艰苦的研究工作，那些研究要求最精密的计算。比如，他们确定，生锈的物体不会像大家长期以来认为的那样变轻，而会变重——这是一项了不起的发现。物体在生锈的过程中以某种方式从空气中吸引基本微粒。认识到物质只会变形，不会消失，这还是第一次。假如你现在把这本书烧了，它的物质会变成灰和烟，但物质在宇宙中的总量不会改变。后来，这被称为物质不灭，是一个革命性的理念。不幸的是，它恰好与另一场革命——法国大革命——同时发生，而在这场革命中，拉瓦锡完全站错了队。

他不但是税务总公司的一名成员，而且劲头十足地修建过巴黎的城墙——起义的市民们对该建筑物厌恶至极，首先攻打的就是这东西。1791 年，这时候已经是国民议会中一位重要人物的马拉利用了这一点，对拉瓦锡进行谴责，认为他早该被绞死。过不多久，税务总公司关了门。又过不多久，马拉在洗澡时被一名受迫害的年轻女子杀害，她的名字叫夏洛特·科黛，但这对拉瓦锡来说已经为时太晚。

1793 年，已经很紧张的“恐怖统治”达到了一个新的高度。10 月，玛丽·安托瓦妮特被送上断头台。11 月，正当拉瓦锡和他的妻子在拖拖拉拉地制订计划准备逃往苏格兰的时候，他被捕了。次年 5 月，他和 31 名税务总公司的同事一起被送上了革命法庭（在一个放着马拉半身像的审判室里）。其中 8 人被无罪释放，但拉瓦锡和其他几人被直接带到革命广场（现在的协和广场），也就是设置法国那个最忙碌的断头台的地方。拉瓦锡望着他的岳父脑袋落地，然后走上前去接受同样的命运。不到 3 个月，7 月 27 日，罗伯斯庇尔在同一地点被以同样的方式送上了西天。恐怖统治很快结束了。

他去世 100 年以后，一座拉瓦锡的雕像在巴黎落成，受到很多人的瞻仰，直到有人指出它看上去根本不像他。在盘问之下，雕刻师承认，他用了数学家和哲学家孔多塞的头像——他显然有一个现成的——希望谁也不会注意到，或

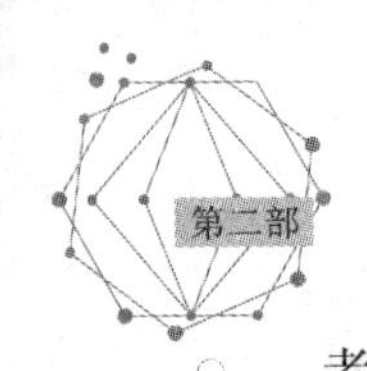

者即使注意到也不会在乎。他的后一种想法是正确的。拉瓦锡兼孔多塞的雕像被准许留在原地，又留了半个世纪，直到第二次世界大战爆发。一天早晨，有人把它取走，当作废铁熔化了。

19 世纪初，英国开始风行吸入一氧化二氮，或称笑气，因为有人发现，使用这种气体会“给人一种高度的快感和刺激”。在随后的半个世纪里，它成了年轻人使用的一种高档毒品。有个名叫阿斯克森协会的学术团体一度不再致力于别的事情，专场举办“笑气晚会”，志愿者可以在那里狠狠吸上一口，提提精神，然后以摇摇摆摆的滑稽姿态逗乐观众。

直到 1846 年，才有人有时间为一氧化二氮找到了一条实用途径：用作麻醉药。事情是明摆着的，过去怎么谁也没有想到？害得天知道有多少万人在外科医生的刀下吃了不必要的苦头。

我提这一点是为了说明，在 18 世纪得到如此长足发展的化学，在 19 世纪的头几十年里有点儿失去方向，就像地质学在 20 世纪头几十年里的情况一样。部分原因跟仪器的局限性有关系——比如，直到那个世纪末叶才有了离心机——极大地限制了许多种类的实验工作。还有部分原因是社会。总的来说，化学是商人的科学，是与煤炭、钾碱和染料打交道的人的科学，不是绅士的科学。绅士阶层往往对地质学、博物学和物理学感兴趣。（与英国相比，欧洲大陆的情况有点儿不一样，但仅仅是有点儿。）有一件事兴许能说明问题。那个世纪最重要的一次观察，即确定分子运动性质的布朗运动，不是化学家做的，而是苏格兰植物学家罗伯特·布朗做的。（布朗在 1827 年注意到，悬在水里的花粉微粒永远处于运动状态，无论时间持续多久。这样不停运动的原因——看不见的分子的作用——在很长时间里是个谜。）

要不是出了个名叫伦福德伯爵的杰出人物，情况或许还要糟糕。尽管有个高贵的头衔，他本是普普通通的本杰明·汤普森，1753 年生于美国马萨诸塞州的沃本。汤普森相貌英俊，精力充沛，雄心勃勃，偶尔还非常勇敢，聪明过人，而又毫无顾忌。19 岁那年，他娶了一位比他大 14 岁的有钱寡妇。但是，当殖民地爆发革命的时候，他愚蠢地站在保皇派一边，一度还为他们做间谍工作。在灾难性的 1776 年，他面临以“对自由事业不够热心”的罪名而被捕的危险，抢在一伙手提几桶热柏油和几袋鸡毛，打算用那两样东西把他打扮一下的反保皇派分子前面，他抛弃了老婆孩子仓皇出逃。

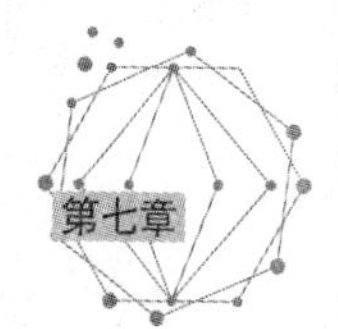

他先逃到英国，然后来到德国，在那里担任巴伐利亚政府的军事顾问。他深深打动了当局，1791 年被授予“神圣罗马帝国伦福德伯爵”的头衔。在慕尼黑期间，他还设计和筹建了那个名叫英国花园的著名公园。

在此期间，他挤出时间搞了大量纯科学工作。他成为世界上最著名的热力学权威，成为阐述液体对流和洋流循环原理的第一人。他还发明了几样有用的东西，包括滴滤咖啡壶、保暖内衣和一种现在仍叫作伦福德火炉的炉灶。1805 年在法国逗留期间，他向安托万 – 洛朗·拉瓦锡的遗孀拉瓦锡太太求爱，娶她当了夫人。这桩婚事并不成功，他们很快就分道扬镳。伦福德继续留在法国，直到 1814 年去世。他受到法国人的普遍尊敬，除了他的几位前妻。

我们之所以在这里提到他，是因为 1799 年他在伦敦的短暂停留期间创建了皇家科学研究所。18 世纪末和 19 世纪初，英国各地涌现了许多学术团体，它成了其中的又一名成员。在一段时间里，它几乎是唯一的一所旨在积极发展化学这门新兴科学的有名望的机构，而这几乎完全要归功于一位名叫汉弗莱·戴维的杰出的年轻人。这个机构成立之后不久，戴维被任命为该研究所的化学教授，很快就名噪一时，成为一位卓越的授课者和多产的实验师。

上任不久，戴维开始宣布发现一种又一种新的元素：钾、钠、镁、钙、锶和铝。他发现那么多种元素，与其说是因为他搞清了元素的排列，不如说是因为他发明了一项巧妙的技术：把电流通过一种熔融状态的物质——就是现在所谓的电解。他总共发现了 12 种元素，占他那个时代已知总数的五分之一。戴维本来会做出更大的成绩，但不幸的是，他是个年轻人，渐渐沉迷于一氧化二氮所带来的那种心旷神怡的乐趣。他简直离不开那种气体，一天要吸入三四次。最后，在 1829 年，据认为就是这种气体断送了他的性命。

幸亏别处还有其他严肃的人在从事这项工作。1808 年，一位名叫约翰·道尔顿的年轻而顽强的贵格会教徒，成为宣布原子性质的第一人（过一会儿我们将更加充分地讨论这个进展）；1811 年，一个有着歌剧人物似的漂亮名字——洛伦佐·罗马诺·马德奥·卡洛·阿伏伽德罗——的意大利人取得了一项从长远来看将证明是具有重大意义的发现——体积相等的任何两种气体，在压强相等和温度相等的情况下，拥有的分子数相等。

它后来被称作阿伏伽德罗定律。这个简单而有趣的定律在两个方面值得注意。第一，它为更精确地测定原子的大小和质量奠定了基础。化学家们利用阿伏伽德罗常数最终测出，比如，一个典型的原子的直径是 0.000 000 08 厘米。这

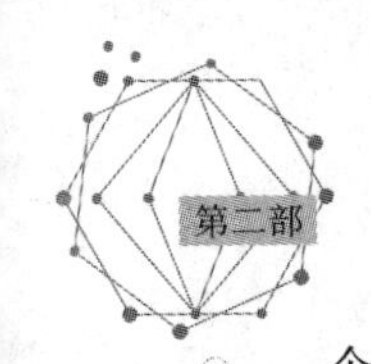

个数字确实很小。第二，差不多有50年时间，几乎谁也不知道这件事。①

一方面，是因为阿伏伽德罗是个离群索居的人——他一个人搞研究，从来不参加会议；另一方面，也是因为没有会议可以参加，很少有化学杂志可以发表文章。这是一件很怪的事。工业革命的动力在很大程度上来自化学的发展，而在几十年的时间里化学却几乎没有作为一门系统的科学独立存在。

直到1841年，才成立了伦敦化学学会；直到1848年，那个学会才定期出版一份杂志。而到那个时候，英国的大多数学术团体——地质学会、地理学会、动物学学会、园艺学学会和（由博物学家和植物学家组成的）林奈学会——至少已经存在20年，有的还要长得多。它的竞争对手化学研究所直到1877年才问世，那是在美国化学学会成立一年之后。由于化学界的组织工作如此缓慢，有关阿伏伽德罗1811年的重大发现的消息，直到1860年在卡尔斯鲁厄召开第一次国际化学代表大会才开始传开。

由于化学家们长期在隔绝的环境里工作，形成统一用语的速度很慢。直到19世纪末叶，H_2O_2对一个化学家来说意为水，对另一个化学家来说意为过氧化氢。C_2H_2可以指乙烯，也可以指沼气。几乎没有哪种分子符号在各地是统一的。

化学家们还使用各种令人困惑的符号和缩写，常常是自己发明的。瑞典的J.J.伯采留斯发明了一种非常急需的排列方法，规定元素应当依照其希腊文或拉丁文名字加以缩写。这就是为什么铁的缩写是Fe（源自拉丁文*ferrum*），银的缩写是Ag（源自拉丁文*argentum*）。许多别的缩写与英文名字一致（氮是N，氧是O，氢是H等等），这反映了英语的拉丁语支性质，并不是因为它的地位高。为了表示分子里的原子数量，伯采留斯使用了一种上标方法，如H^2O。后来，也没有特别的理由，大家流行把数字改为下标，如H_2O。

尽管偶尔有人整理一番，直到19世纪末叶，化学在一定程度上仍处于混乱

---

① 由于这条原则，人们后来把阿伏伽德罗常数用作化学的一个基本度量单位。阿伏伽德罗常数是阿伏伽德罗去世很久以后才以他的名字命名的。它代表2.016克氢气（或等量的任何别的气体）里的分子数。它的值是6.0221367×10^{23}，这是个巨大的数字。我可以告诉你，这相当于铺在美国国土上达14公里厚的爆玉米花的数量，或者相当于太平洋里海水的杯数，或者相当于均匀地叠在地球上厚达320公里的易拉罐的数量。同样数量的美国分币足以使地球上的每个人成为家有1万亿美元的富豪。这是个大数字。

状态。因此，当俄罗斯圣彼得堡大学的一位模样古怪而又不修边幅的教授跻身于显赫地位的时候，人人都感到很高兴。那位教授的名字叫德米特里·伊凡诺维奇·门捷列夫。

1834 年，在遥远的俄罗斯西伯利亚西部的托博尔斯克，门捷列夫生于一个受过良好教育的、比较富裕的大家庭。这个家庭如此之大，史书上已经搞不清究竟有多少个姓门捷列夫的人：有的资料说是有 14 个孩子，有的说是 17 个。不过，反正大家都认为德米特里是其中最小的一个。门捷列夫一家并不总是福星高照。德米特里很小的时候，他的父亲——当地一所小学的校长——就双目失明，母亲不得不出门工作。她无疑是一位杰出的女性，最后成为一家很成功的玻璃厂的经理。一切都很顺利，直到 1848 年一场大火把工厂烧为灰烬，一家人陷于贫困。坚强的门捷列夫太太决心要让自己的小儿子接受教育，带着小德米特里搭便车跋涉 6 000 多公里（相当于伦敦到赤道几内亚的距离）来到圣彼得堡把他送进教育学院。她筋疲力尽，过不多久就死了。

门捷列夫兢兢业业地完成了学业，最后任职于当地的一所大学。他在那里是个称职的而又不很突出的化学家，更以他乱蓬蓬的头发和胡子而不是以他在实验室里的才华知名。他的头发和胡子每年只修剪一次。

然而，1869 年，在他 35 岁的那一年，他开始琢磨元素的排列方法。当时，元素通常以两种方法排列——要么按照原子量（使用阿伏伽德罗定律），要么按照普通的性质（比如，是金属还是气体）。门捷列夫的创新在于，他发现二者可以合在一张表上。

实际上，门捷列夫的方法，3 年以前一位名叫约翰·纽兰兹的英格兰业余化学家已经提出过，这是科学上常有的事。纽兰兹认为，如果元素按照原子量来进行排列，它们似乎依次每隔 8 个位置重复某些特点——从某种意义上说，和谐一致。有点不大聪明的是——因为这么做时间还不成熟——纽兰兹将其命名为“八度定律”，把这种安排比作钢琴键盘上的八度音阶。纽兰兹的说法也许有点道理，但这种做法被认为是完全荒谬的，受到了众人的嘲笑。在集会上，有的爱开玩笑的听众有时候会问他，他能不能用他的元素来弹个小曲子。纽兰兹灰心丧气，没有再研究下去，不久就销声匿迹了。

门捷列夫采用了一种稍稍不同的方法，把每七个元素分成一组，但使用了完全相同的前提。突然之间，这方法似乎很出色，视角很清晰。由于那些特点周期性地重复出现，所以这项发明就被叫作“周期表”。

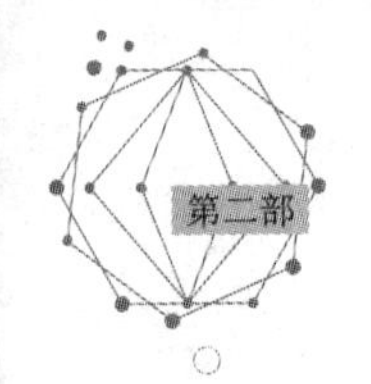

据说，门捷列夫是从北美洲的单人牌戏中获得了灵感，从别处获得了耐心。在那种牌戏里，纸牌按花色排成横行，按点数排成纵列。他利用一种十分相似的概念，把横行叫作周期，纵列叫作族。上下看，马上可以看出一组关系；左右看，看出另一组关系。具体来说，纵列把性质类似的元素放在一起。因此，铜的位置在银的上面，银的位置在金的上面，因为它们都具有金属的化学亲和性；氦、氖和氩处于同一纵列，因为它们都是气体。（决定排列顺序的，实际上是它们的电子价。若要搞懂电子价，你非得去报名上夜校。）与此同时，元素按照它们核里的质子数——叫作原子序数——从少到多地排成横行。

有关原子的结构和质子的意义，我们将在下一章加以叙述。眼下，我们只来认识一下那个排列原则：氢只有一个质子，因此它的原子序数是 1，排在表上第一位；铀有 92 个质子，因此快要排到末尾，它的原子序数是 92。在这个意义上，正如菲利普·鲍尔指出的，化学实际上只是个数数的问题。（顺便说一句，不要把原子序数和原子量混在一起。原子量是某个元素的质子数与中子数之和。）

还有大量的东西人们不知道或不懂得。宇宙中最常见的元素是氢；然而，在后来的 30 年里，对它的认识到此为止。氦是第二多的元素，是在此之前一年才发现的——以前谁也没有想到它的存在——而即使发现，也不是在地球上，而是在太阳里。它是在一次日食时用分光镜发现的，因此以希腊太阳神赫利俄斯命名。直到1895年，氦才被分离出来。即使那样，还是多亏了门捷列夫的发明，化学现在才站稳了脚跟。

对我们大多数人来说，周期表是一件美丽而抽象的东西，而对化学家来说，它顿时使化学变得有条有理，明明白白，怎么说也不会过分。“毫无疑问，化学元素周期表是人类发明出来的最优美、最系统的图表。”罗伯特·E. 克雷布斯在《我们地球上的化学元素：历史与应用》一书中写道——实际上，你在每一部化学史里都可以看到类似的评价。

今天，已知的元素有“120 种左右”——92 种是天然存在的，还有 20 多种是实验室里制造出来的。实际的数目稍有争议，那些合成的重元素只能存在百万分之几秒，是不是真的测到了，化学家们有时候意见不一。在门捷列夫时代，已知的元素只有 63 种。之所以说他聪明，在一定程度上是因为他意识到当时已知的还不是全部元素，许多元素还没有发现。他的周期表准确地预言，新的元素一旦发现就可以各就各位。

顺便说一句，没有人知道元素的数目最多会达到多少，虽然原子量超过168的任何东西都被认为是“纯粹的推测”；但是，可以肯定，凡是找到的元素都可以利索地纳入门捷列夫那张伟大的图表。

19世纪最后还给了化学家们一个重要的惊喜。这件事始于1896年。亨利·贝克勒尔在巴黎不慎把一包铀盐忘在抽屉里包着的感光板上。过了一段时间，当他取出感光板的时候，他吃惊地发现铀盐在上面烧了个印子，犹如感光板曝过了光。铀盐在释放某种射线。

考虑到这项发现的重要性，贝克勒尔干了一件很古怪的事：他把这事交给一名研究生来调查。说来走运，这位学生恰好是一位新来的波兰移民，名叫玛丽·居里。居里和她的新丈夫皮埃尔合作，发现有的岩石源源不断地释放出大量能量，而体积又没有变小，也没有发生可以测到的变化。她和她的丈夫不可能知道——下个世纪爱因斯坦做出解释之前谁也不可能知道——岩石在极其有效地把质量转变成能量。玛丽·居里把它称为“放射作用”。在合作过程中，居里夫妇还发现两种新的元素——钋和镭。钋以她的祖国波兰命名。1903年，居里夫妇和贝克勒尔一起获得了诺贝尔物理学奖。（1911年，玛丽·居里又获得了诺贝尔化学奖。她是既获化学奖又获物理学奖的唯一一人。）

在蒙特利尔的麦吉尔大学，新西兰出生的年轻人欧内斯特·卢瑟福对新的放射性材料产生了兴趣。他与一位名叫弗雷德里克·索迪的同事一起，发现很少量的物质里就储备着巨大的能量，地球的大部分热量都来自这种储备的放射衰变。他们还发现放射性元素衰变成别的元素——比如，今天你手里有一个铀原子，明天它就成了一个铅原子。这的确是非同寻常的。这是地地道道的炼金术，过去谁也没有想到这样的事会自然而自发地发生。

卢瑟福向来是个实用主义者，第一个从中看到了宝贵的实用价值。他注意到，无论哪种放射性物质，其一半衰变成其他元素的时间总是一样的——著名

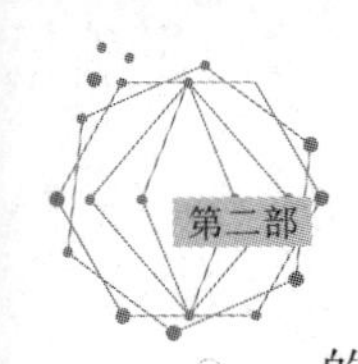

的半衰期[①]——这种稳定而可靠的衰变速度可以用作一种时钟。只要计算出一种材料现在有多少放射性物质，在以多快的速度衰变，就可以推算出它的年龄。他测试了一块沥青铀矿石——铀的主要矿石——发现它已经有7亿年，比大多数人认为的地球的年龄还要古老。

1904年春，卢瑟福来到伦敦给英国皇家科学研究所开了一个讲座——该研究所是伦福德伯爵创建的，只有100多年历史，虽然在那些卷起袖子准备大干一场的维多利亚时代末期的人看来，那个搽白粉、戴假发的时代已经显得那么遥远。卢瑟福准备讲的是关于他新发现的放射现象的蜕变理论；作为讲课内容的一部分，他拿出了那块沥青铀矿石。卢瑟福很机灵地指出——因为年迈的开尔文在场，虽然不总是全醒着——开尔文本人曾经说过，要是发现某种别的热源，他的计算结果会被推翻。卢瑟福已经发现那种别的热源。多亏了放射性现象，可以算出地球很可能——不言而喻就是——要比开尔文最终计算出的结果2 400万年古老得多。

听到卢瑟福怀着敬意的陈述，开尔文面露喜色，但实际上无动于衷。他拒不接受那个修改的数字，直到临终那天还认为自己算出的地球年龄是对科学最有眼光、最重要的贡献——要比他在热力学方面的成果重要得多。

与大多数科学革命一样，卢瑟福的新发现没有受到普遍欢迎。都柏林的约翰·乔利到20世纪30年代还竭力认为地球的年龄不超过8 900万年，坚持到死也没有改变。别的人开始担心，卢瑟福现在说的时间是不是太长了点。但是，即使利用放射性元素测定年代法，即后来所谓的衰变计算法，也要等几十年以后我们才得出地球的真正年龄大约是在10亿年以内。科学已经走上正轨，但仍然任重而道远。

开尔文死于1907年。德米特里·门捷列夫也在那年去世。和开尔文一样，

---

① 要是你想知道怎么确定哪50%的原子会死亡，哪50%的原子会幸存下来，答案是：半衰期其实只是为了计算方便—— 一种用于计算基本物质的表。想象一下，你有一种物质，它的半衰期是30秒钟。不是每个原子都会存在恰好30秒，或60秒，或90秒，或别的整数。实际上，每个原子的存在时间完全是不定的，与30的倍数毫无关系；它也许只存在于从现在开始的2秒钟，也许要几年、几十年或几个世纪才完成衰变。谁也说不准。但是，说得准的是，从整体来说，这个物质的原子会以每30秒钟消失一半的速度消失。换句话说，这是个平均速度，适用于大样本。比如，有人曾经计算出，美国的10分币的半衰期大约是30年。

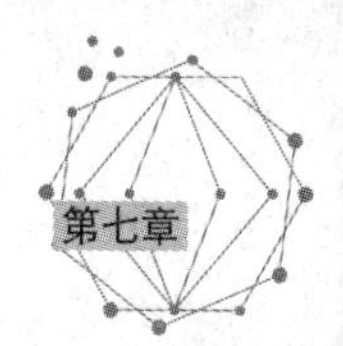

他的累累成果将流芳百世，但他的晚年生活显然不大平静。随着人越来越老，门捷列夫变得越来越古怪——他拒不承认放射性现象、电子以及许多别的新鲜东西的存在——也越来越难以相处。在最后的几十年里，无论在欧洲什么地方，他总是怒气冲冲地退出实验室和课堂。1955 年，第 101 号元素被命名为钔，作为对他的纪念。"非常恰当，"保罗·斯特拉森认为，"它是一种不稳定的元素。"

当然，放射性现象实际上在不停地发生，以谁也估计不到的方式发生。20 世纪初，皮埃尔·居里开始出现放射病的明显症状——骨头里隐隐作痛，经常有不舒服的感觉——那些症状本来肯定会不断加剧。但是，我们永远也无法确切知道，因为他 1906 年在巴黎过马路时被马车撞死了。

玛丽·居里在余生里干得很出色，1914 年帮助建立了著名的巴黎大学铀研究所。尽管她两次获得诺贝尔奖，但她从来没有当选过科学院院士。在很大程度上，这是因为皮埃尔死了以后，她跟一位有妻室的物理学家发生了暧昧关系。她的行为如此不检点，连法国人都觉得很丢脸——至少掌管科学院的老头儿们觉得很丢脸。当然，这件事也许跟本书不相干了。

在很长时间里，人们认为，任何像放射性这样拥有很大能量的现象肯定是可以派上用场的。有好几年时间，牙膏和通便剂的制造商在自己的产品里加入了具有放射性的钍；至少到 20 世纪 20 年代，纽约州芬格湖地区的格伦泉宾馆（肯定还有别的宾馆）还骄傲地以其"放射性矿泉"的疗效作为自己的特色。直到 1938 年，才禁止在消费品里加入放射性物质。到这个时候，对居里夫人来说已经为时太晚。她 1934 年死于白血病。事实上，放射性危害性极大，持续的时间极长，即使到了现在，动她的文献——甚至她的烹饪书——还是很危险的。她实验室的图书保存在铅皮衬里的箱子里，谁想看这些书都得穿上保护服。

多亏第一代原子科学家的献身精神和不惧高度危险的工作，20 世纪初的人们越来越清楚，地球毫无疑问是很古老的，虽然科学界还要付出半个世纪的努力才能很有把握地说它有多么古老。与此同时，科学很快要进入一个新时代——原子时代。

第三部　一个新时代的黎明

物理学家就是以原子的方式来考虑原子的人。

——无名氏

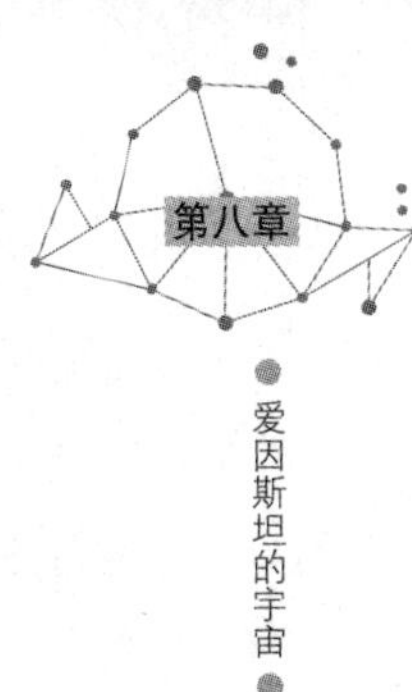

第八章

爱因斯坦的宇宙

随着 19 世纪快要过去，科学家们可以满意地回想，他们已经解开物理学的大部分谜团。我们略举数例：电学、磁学、气体学、光学、声学、动力学及统计力学，都已经在他们的面前俯首称臣。他们已经发现了 X 射线、阴极射线、电子和放射性，发明了计量单位欧姆、瓦特、开尔文、焦耳、安培和小小的尔格。

凡是能被振荡的，能被加速的，能被干扰的，能被蒸馏的，能被化合的，能被称质量的，或能被变成气体的，他们都做到了；在此过程中，他们提出了一大堆普遍定律。这些定律非常重要，非常神气，直到今天我们还往往以大写来书写："光的电磁场理论""里氏互比定律""查理气体定律""体积结合定律""第零定律""原子价概念""质量作用定律"等等，多得数也数不清。整个世界叮叮当当、咔嚓咔嚓地回响着他们发明创造出来的机器和仪器的声音。许多聪明人认为，科学家们已经没有多少事可干了。

1875 年，德国基尔有一位名叫马克斯·普朗克的年轻人犹豫不决，不知道这辈子究竟是该从事数学还是该从事物理学。人们由衷地劝他不要选择物理学，

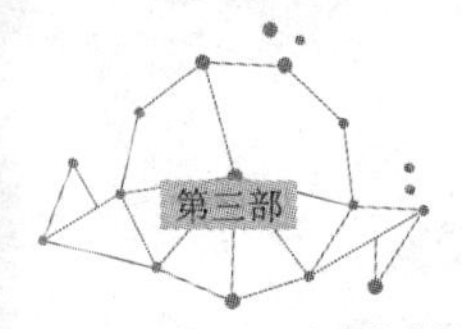

因为物理学的重大问题都已得到解决。他们斩钉截铁地告诉他，下个世纪将是个巩固和提高的世纪，不是个革命的世纪。普朗克不听，他钻研理论物理学，潜心投入了热力学的核心问题——熵的研究工作。[①]在一个雄心勃勃的年轻人看来，研究这个问题似乎很有前途。1891 年，他做出了成果，却吃惊地发现，关于熵的这项重要工作实际上已经有人做过。他是耶鲁大学一位离群索居的学者，名叫 J. 威拉德·吉布斯。

吉布斯是个很杰出的人物，但大多数人也许没有听说过。他为人谦逊，几乎从不抛头露面。除了去欧洲搞了 3 年研究以外，他的一辈子差不多都是在三个街区的范围之内度过的：一边是他的家，一边是耶鲁大学在康涅狄格州纽黑文的校园。在耶鲁大学的最初 10 年里，他连工资都懒得去领。（他有另外的收入。）从 1871 年起，他成为该大学的一名教授，直到 1903 年去世。在此期间，每学期选他的课的学生平均只有一名。他写的东西晦涩难懂，经常使用自己发明的符号，许多人觉得简直是天书。但是，在那些神秘的公式深处，隐藏着最英明、最深刻的见解。

1875—1878 年期间，吉布斯写出了一系列论文，编成了《论多相物质的平衡》的集子。该书出色地阐述了几乎一切热力学原理——用威廉·H. 克罗珀的话来说，包括“气体、混合物、表面、固体、相移……化学反应、电化电池、沉淀以及渗透”。归根结底，吉布斯想要表明，热力学不仅适用于蒸汽机这样庞大而又嘈杂的范围里的热量和能量，而且在化学反应的原子层面上也同样存在，而且影响很大。吉布斯的《平衡》一直被称为“热力学原理”，但出于无法猜测的原因，吉布斯情愿将这些具有划时代意义的见解发表在《康涅狄格州艺术与科学院学报》上，那是一份即使在康涅狄格州也毫无名气的杂志。这就是为什么普朗克直到很晚的时候才听说他的名字。

普朗克没有泄气——哎呀，也许还是有点沮丧，开始把注意力转向别的问

---

① 具体来说，它是物质系统随机或无序状态的一种量度。达雷尔·埃宾在《普通化学》这本教材里用了一副扑克牌的比喻来加以说明。一副刚从盒子里取出的新扑克牌是按照花色从 A 到 K 的顺序来排列的。它可以说是处于有序状态。把牌一洗，扑克牌就处于无序状态。熵就是量度无序程度和确定再次洗牌以后可能产生的特定结果的一种方法。若要完全了解熵，你还必须懂得许多概念，比如热不均匀性、晶格距离、理想配比关系等，但那是一般概念。

题。[1]这方面的事，我们等一会儿再说，先稍稍地（而又恰当地）换个方向，前往俄亥俄州的克利夫兰，去一家当时被称为凯斯实用科学学校的机构。19 世纪 80 年代，那里有一位刚到中年的物理学家，名叫阿尔伯特·迈克尔逊。他在他的朋友化学家爱德华·莫雷的协助之下，进行了一系列实验。那些实验得出了很有意思而又令人吃惊的结果，将对以后的许多事情产生重大的影响。

迈克尔逊和莫雷所做的——实际上是在无意之中所做的——破坏了长期以来人们对一种所谓光以太的东西的信念。那是一种稳定、看不见、没有重量、没有摩擦力，不幸又完全是想象出来的媒质。据认为，这种媒质充满宇宙。以太是笛卡儿假设的，牛顿也支持这种说法，之后差不多人人都对它怀有崇敬之情，在 19 世纪物理学中占有绝对的中心地位，用来解释为什么光能够在空荡荡的太空里传播。它在 19 世纪尤其必不可少，因为光和电磁在这时候被看成是波，也就是说某种振动。振动必须在什么东西里面才能发生，因此，就需要一种以太，并长期认为存在一种以太。直到 1909 年，伟大的英国物理学家 J·J·汤姆森仍坚持说："以太不是哪位爱好思索的哲学家的凭空想象，它对我们来说就像我们呼吸的空气那样不可缺少。"——他说这番话 4 年多以后，就无可争议地确定以太并不存在。总而言之，当时的人们确实离不开以太。

如果你需要说明 19 世纪的美国是个机会之乡的理念，那么你很难再找到像阿尔伯特·迈克尔逊这样好的例子。他 1852 年生于德国和波兰边境地区的一个贫苦的犹太商人家庭，小时候随家人来到美国，在加利福尼亚州一个淘金热地区的矿工村里长大。他的父亲在那里做干货生意。家里太穷，他上不起大学，便来到首都华盛顿，在白宫的正门口游来晃去，希望能在尤利塞斯·S. 格兰特每天出来散步时碰上这位总统。（那显然是个比较朴实的年代。）在这样散步的过程中，迈克尔逊深深博得了总统的欢心，格兰特竟然答应免费送他去美国海军学院学习。就是在那里，迈克尔逊攻读了物理学。

10 年以后，迈克尔逊已经是克利夫兰凯斯学校的一名教授，开始有兴趣测

---

① 普朗克一生命运坎坷。他的第一位爱妻 1909 年去世，死得太早。他有两个儿子，小儿子在第一次世界大战中阵亡。他还有一对孪生女儿，他视她们为掌上明珠。其中之一后来在分娩时死去。那位活着的双胞胎女儿前去照料婴儿，爱上了她的姐夫。他们结了婚，两年后她也死于分娩。1944 年，在普朗克 85 岁那年，盟军的一枚炸弹掉在他的房子上，他失去了一切——文献、日记、一生的积蓄。次年，他活着的儿子被发现参与了暗杀希特勒的活动，结果被处决。

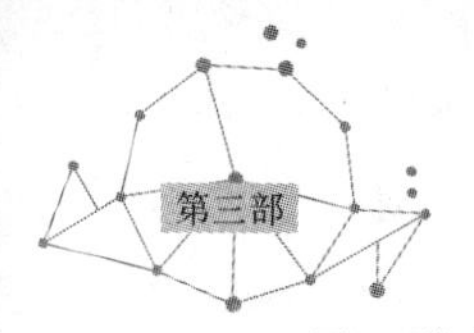

量一种名叫以太漂移的现象——运动物体穿越空间所产生的一种顶头风。牛顿物理学的预言之一是，在观察者看来，光在穿越以太过程中的速度是不一样的，取决于观察者是朝着还是逆着光源的方向移动。但谁也想不出对此进行测量的方法。迈克尔逊突然想到，地球有半年时间是朝着太阳的方向运动，有半年时间是逆着太阳的方向运动的。他认为，只要在相对的季节里进行仔细测量，把两者之间光的运动速度进行比较，就能找到答案。

迈克尔逊说服电话的发明者、刚刚发了财的亚历山大·格雷厄姆·贝尔提供资金，制造了一台迈克尔逊自己设计的巧妙而灵敏的仪器，名叫干涉仪，用来非常精确地测定光的速度。接着，在和蔼而又神秘的莫雷的协助下，迈克尔逊进行了几年的精心测量。这是一件非常细致而又很花力气的活儿，迈克尔逊的精神一下子完全垮了，工作不得不中断了一段时间。但是，到 1887 年，他们有了结果。而且，这个结果完全出乎这两位科学家的意料。

加州理工学院天体物理学家基普·S. 索恩写道："结果证明，光的速度在各个方向、各个季节都是一样的。"这是 200 年来——实际上恰好是 200 年——出现的第一个迹象，说明牛顿定律也许不是在任何时候、任何地方都适用的。用威廉 . H . 克罗珀的话来说，迈克尔逊 - 莫雷结果成为"很可能是物理学史上最负面的结果"。为此，迈克尔逊获得了诺贝尔物理学奖——从而成为获此殊荣的第一位美国人——但要过 20 年之后。与此同时，迈克尔逊 - 莫雷实验像一股霉味那样令人不快地浮动在科学家的脑海深处。

令人注目的是，尽管他有了这项发现，当 20 世纪到来的时候，迈克尔逊却和别人一样，认为科学工作快要走到尽头——用一位作者在《自然》杂志上的话来说："只要添上几个角楼和尖顶，在房顶上刻几处浮雕就够了。"

当然，实际上，世界即将进入一个科学的世纪。到时候，谁都会懂得一点，谁都不会什么都懂。科学家快要发现自己在粒子和反粒子的汪洋大海里漂浮，东西瞬间存在，瞬间消失，使毫微秒时间也显得十分缓慢，平平常常，一切都是那么古怪。科学正从宏观物理学向微观物理学转变。前者，物体看得见，摸得着，量得出；后者，事情倏忽发生，快得不可思议，完全超出了想象的范围。我们快要进入量子时代，而推动其大门的第一人就是那位迄今为止一直很倒霉的马克斯·普朗克。

1900 年，普朗克 42 岁，已是柏林大学的理论物理学家。他揭示了一种新的"量子理论"，该理论认为，能量不是一种流水般连续，而是一包包地传送的

东西，他称其为量子。这确实是一种新奇的概念，而且是一种很好的概念。从短期来说，它能为迈克尔逊－莫雷实验之谜提供一种解释，因为它表明光原来不一定是一种波动。从长远来说，它将为整个现代物理学奠定基础。无论如何，它是第一个迹象，表明世界快要发生变化。

但是，划时代意义的事件——一个新时代的黎明——要到1905年才发生。当时，德国的物理学杂志《物理学年鉴》发表了一系列论文，作者是一位年轻的瑞士职员。他没有大学职位，没有自己的实验室，通常跑的也只是伯尔尼国家专利局的小小图书馆。他是专利局的三级技术审查员。（他不久前申请提升为二级审查员，但遭到了拒绝。）

他的名字叫阿尔伯特·爱因斯坦。在那个重要的一年，他向《物理学年鉴》递交了五篇论文，用C.P.斯诺的话来说，其中三篇“称得上是物理学史上最伟大的作品”——一篇使用普朗克刚刚提出的量子理论审视光电效应，一篇论述悬浮小粒子的状况（即现在所谓的布朗运动），一篇概述了狭义相对论。

第一篇解释了光的性质（还促使许多事情成为可能，其中包括电视），为作者赢得了一个诺贝尔奖。[①]第二篇提供了证据，证明原子确实存在——令人吃惊的是，这个事实过去一直存在一些争议。第三篇完全改变了世界。

爱因斯坦1879年生于德国南部的乌尔姆，但在慕尼黑长大。他的早年生活几乎难以说明他将来会成为大人物。大家都知道，他到3岁才学会说话。19世纪90年代，他父亲的电器生意破产，举家迁往米兰，但这时候已经10来岁的阿尔伯特去了瑞士继续他的学业——虽然他一开始就没有通过大学入学考试。1896年，他放弃了德国籍，以免被征入伍，进入了苏黎世联邦理工学院，攻读旨在培养中学教师的四年制课程。他是一名聪明而又不突出的学生。

1900年，他从学校毕业，没过几个月就开始把论文投给《物理学年鉴》。他的第一篇论文论述（在那么多可写的东西中偏偏论述）吸管里流体的物理学，

---

① 爱因斯坦获奖的原因是“对理论物理学所做出的贡献”，提法比较模糊。他等了16年，直到1921年才获得了这个奖——这是段相当长的时间，但与弗雷德里克·莱因斯和德国人恩斯特·鲁斯卡相比，那就算不了什么。前者于1957年发现了中微子，但直到1995年，即38年以后，才获得了诺贝尔奖；后者于1932年发明了电子显微镜，等了半个多世纪，直到1986年才获得诺贝尔奖。由于诺贝尔奖从来不授予去世的人，因此，若要获得诺贝尔奖，你不仅要善于创造发明，而且要长寿，二者同样重要。

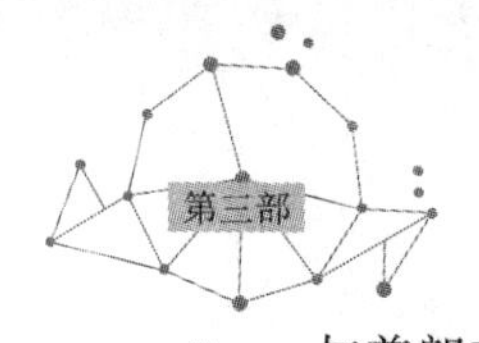

与普朗克的量子理论发表在同一期上。从1902年到1904年，他写出了一系列关于统计力学的论文，结果发现，多产的J. 威拉德·吉布斯1901年在康涅狄格州已经悄悄地发表了同样的作品：《统计力学的基本原理》。

阿尔伯特曾爱上一位同学，一位名叫米勒娃·玛丽奇的匈牙利姑娘。1901年，他们没有结婚就生了个孩子，是一个女儿。他们很谨慎，把孩子给了人家。爱因斯坦从没有见过自己的孩子。两年以后，他和玛丽奇结了婚。在此期间，爱因斯坦接受了瑞士专利局的一个职位，随后在那里待了7年。他很喜欢这份工作：它很有挑战性，能使他的脑子忙个不停，但又不至于转移他对物理学的注意力。就是在这种背景下，他于1905年创立了狭义相对论。

《论动体的电动力学》，无论是在表达方式还是在内容上，都是发表过的最优秀的科学论文之一。它没有脚注，也没有引文，几乎不用数学，没有提及影响过该论文或在该论文之前的任何作品，只是对一个人的帮助致以谢意。他是专利局的一名同事，名叫米歇尔·贝索。C.P. 斯诺写道，爱因斯坦好像"全凭思索，独自一人，没有听取别人的意见就得出了结论。在很大程度上，情况就是这样"。

他著名的等式 $E=mc^2$ 在这篇论文中没有出现，但出现在几个月以后的一篇短小的补充里。你可以回忆一下学校里学过的东西，等式中的 E 代表能量，m 代表质量，c^2 代表光速的平方。

用最简单的话来说，这个等式的意思是：质量和能量是等价的。它们是同一东西的两种形式：能量是获释的质量；质量是等待获释的能量。由于 c^2（光速的平方）是个大得不得了的数字，这个等式意味着，每个物体里都包含着极大——真正极其大量——的能量。①

你或许觉得自己不大健壮，但是，如果你是个普通个子的成人，你那不起眼的躯体里包含着不少于 7×10^{18} 焦耳的潜能——爆炸的威力足足抵得上30颗氢弹，要是你知道怎么释放它，而且确实愿意这么做的话。每种物体内部都蕴藏着这样的能量。我们只是不大善于把它释放出来而已。连一颗铀弹——我们迄今为止制造出的能量最大的家伙——释放出的能量还不足它可以释放出的能

① c怎么会成为光速的符号，这还是个谜，但《$E=mc^2$》一书的作者戴维·博丹尼斯认为，它很可能来自拉丁语 *celeritas*，意思是快。在爱因斯坦提出该理论10年前编纂的相关《牛津英语词典》中，认为c代表从碳（carbon）到板球（cricket）的许多东西，但没有提到它作为光或速度的符号。

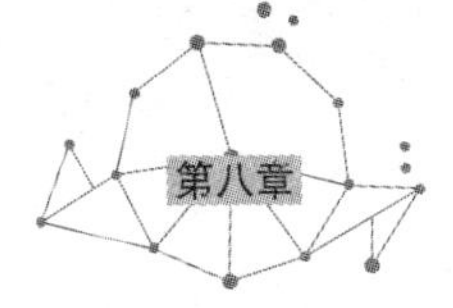

量的 1%，要是我们更聪明点就好了。

其中，爱因斯坦的理论解释了放射作用是怎么发生的：一块铀怎么源源不断地释放出强辐射能量，而又不像冰块那样融化。（只要把质量极其有效地转变为能量，这是办得到的：$E=mc^2$。）该理论解释了恒星为什么可以燃烧几十亿年而又不把燃料用尽。（同上。）爱因斯坦用一个简单的公式，一下子使地质学家和天文学家的视界开阔了几十亿年。该理论尤其表明，光速是不变的，最快的，什么速度也超不过它。因此，这使我们一下子弄清了宇宙性质的核心。而且，该理论还解决了光以太的问题，说明它并不存在。爱因斯坦的宇宙不需要以太。

物理学家一般不大重视瑞士专利局职员发表的东西，因此，尽管爱因斯坦的论文提供了大量有用信息，但并没有引起多少注意。由于刚刚解开宇宙中几个最难解开的谜团，爱因斯坦申请大学讲师的职位，但是遭到拒绝，接着又申请中学教师的职位，再次遭到拒绝。于是，他重新干起三级审查员的活儿——不过，他当然没有停止思索。他离大功告成还远着呢。

有一次，诗人保罗·瓦莱里问爱因斯坦，他是不是随身带着个笔记本记录自己的思想，爱因斯坦有些惊讶地看了他一眼。“哦，那是没有必要的，”他回答说，“我极少带个笔记本。”我无须指出，要是他真的带个本子的话，倒是很有好处的。爱因斯坦的下一个点子，是一切点子中最伟大的点子——布尔斯、莫茨和韦弗在他们很有创见的原子科学史中说，这确实是最最伟大的点子。“作为一个脑子的独创，”他们写道，“这无疑是人类最高的智力成就。”这个评价当然很高。

1907 年，反正有时候书上是这么写的，有个工人从房顶上掉了下来，爱因斯坦就开始考虑引力的问题。天哪，像许多动人的故事一样，这个故事的真实性似乎存在问题。据爱因斯坦自己说，他想到引力问题的时候，当时只是坐在椅子上。

实际上，爱因斯坦开始更像是想为引力问题找个答案。他从一开头就清楚地认识到，狭义相对论里缺少一样东西，那就是引力。狭义相对论之所以“狭义”，是因为它研究的完全是在无障碍的状态下运动的东西。但是，要是一个运动中的东西——尤其是光——遇到了比如引力这样的障碍会怎么样？在此后 10 年的大部分时间里，他一直在思索这个问题，最后于 1917 年初发表了题为《关于广义相对论的宇宙学思考》的论文。当然，1905 年的狭义相对论是一项深刻而又重要的成就。但是，正如 C.P. 斯诺有一次指出的，要是爱因斯坦没有想到，

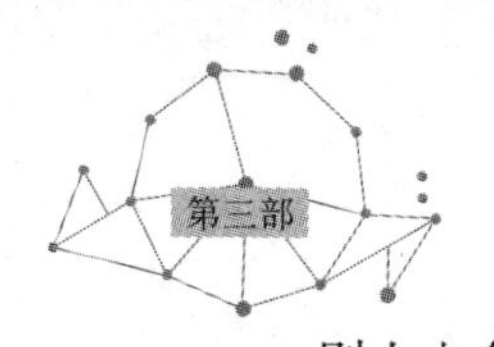

别人也会想到，很可能在5年之内。这是一件注定要发生的事。但是，那个广义相对论完全是另一回事。“没有它，”斯诺在1979年写道，“我们今天有可能还在等待那个理论。”

爱因斯坦常手拿烟斗，和蔼可亲，不爱露面，一头乱发，真是个非凡人物。这样的人物不可能永远默默无闻。1919年，战争结束了，世界突然发现了他。几乎同时，他的相对论以普通人无法搞懂出了名。《纽约时报》决定写一篇报道——由于永远令人想不通的原因——派了该报一个名叫亨利·克劳奇的高尔夫运动记者去负责这次采访，结果正如戴维·博丹尼斯在他出色的《$E=mc^2$》一书中指出的，根本不解决问题。

这次采访令克劳奇力不从心，他差不多把所有东西都搞错了。他的报道里有许多令人难忘的错误，其中之一，他断言，爱因斯坦找了个胆子很大的出版商，敢于出版一本全世界只有12个人看得懂的书。当然，根本不存在这样的书，根本不存在这样的出版商，也根本不存在这么狭小的学术界，但这种看法已深入人心。过不多久，在人们的想象中，搞得懂相对论的人数又少了许多——应当指出，科学界对这种神话没有去加以澄清。

有一位记者问英国天文学家阿瑟·爱丁顿，他是不是真的就是世界上仅有的三个能理解爱因斯坦的相对论的人之一。爱丁顿认真地想了片刻，然后回答说：“我正在想谁是第三个人呢。”实际上，相对论的问题并不在于它涉及许多微分方程、洛伦兹变换和其他复杂的数学知识（虽然它确实涉及——有的方面连爱因斯坦也需要别人帮忙），而在于它不是凭直觉所能完全搞懂的。

实质上，相对论的内容是：空间和时间不是绝对的，而是既相对于观察者，又相对于被观察者；一个人移动得越快，这种效果就越明显。我们永远也无法将自己加速到光的速度；相对于旁观者而言，我们越是努力（因此我们走得越快），我们的模样就越会失真。

几乎同时，从事科学普及的人想要设法使广大群众弄懂这些概念。数学家和哲学家罗素写的《相对论ABC》就是一次比较成功的尝试——至少在商业上可以这么说。罗素在这本书里使用了至今已经多次使用过的比喻。他让读者想象一列90米长的火车在以光速的60%行驶。对于立在站台上望着它驶过的人来说，那列火车看上去会只有70余米长，车上的一切都会同样缩小。要是我们听得见车上的人在说话，他们的声音听上去会含糊不清，十分缓慢，犹如唱片放得太慢，他们的行动看上去也会变得很笨拙。连车上的钟也会似乎只在以平

常速度的五分之四走动。

然而——问题就在这里——车上的人并不觉得自己变了形。在他们看来，车上的一切似乎都很正常。倒是立在站台上的我们古怪地变小了，动作变慢了。你看，这一切都和你与移动物体的相对位置有关系。

实际上，你每次移动都会产生这样的效果。乘飞机越过美国，当你走出飞机时，大约会比留在原地的人要年轻一百亿亿分之一秒。即使从屋子的这头走到那头的时候，你自己所经历的时间和空间也会稍有改变。据计算，一个以每小时 160 公里的速度抛出去的棒球，在抵达本垒板的过程中会获得 0.000 000 000 002 克质量。因此，相对论的作用是具体的，可以测定的。问题在于，这种变化太小，我们毫无察觉。但是，对于宇宙中别的东西来说——光、引力、宇宙本身——这些就都是举足轻重的大事了。

因此，如果说相对论的概念好像有点儿怪，那只是因为我们在正常的生活中没有经历这类相互作用。不过，又不得不求助于博尼丹斯，我们大家都经常遇到其他种类的相对论——比如声音。要是你在公园里，有人在演奏难听的音乐，你知道，要是你走得远一点，音乐好像就会轻一点。当然，那并不是因为音乐真的轻了点，而只是因为你相对于音乐的位置发生了变化。对于体积很小的或行动缓慢的，因此无法有同样经历的东西来说——比如蜗牛——也许难以置信，一个喇叭似乎同时能对两个听众放出两种音量的音乐。

在“广义相对论”的众多概念中，最具挑战性的，最难以用直觉体会的，在于时间是空间的组成部分这个概念。我们本能地把时间看作是永恒的，绝对的，不可改变的，相信什么也干扰不了它的坚定步伐。事实上，爱因斯坦认为，时间是可以更改的，不断变化的。时间甚至还有形状。它与三维空间结合在一起——用斯蒂芬·霍金的话来说是“无法解脱地交织在一起”——不可思议地形成了所谓的“时空”。

通常，时空是这样解释的：请你想象一样平坦而又柔韧的东西——比如一块地毯或一块伸直的橡皮垫子——上面放个又重又圆的物体，比如铁球。铁球的重量使得下面的底垫稍稍伸展和下陷。这大致类似于太阳这样的庞然大物（铁球）对于时空（底垫）的作用：铁球使底垫伸展、弯曲、翘起。现在，要是你让一个较小的球从底垫上滚过去，它试图做直线运动，就像牛顿运动定律要求的那样。然而，当它接近大球以及底垫下陷部分的时候，它就滚向低处，不可避免地被大球吸了过去。这就是引力——时空弯曲的一种产物。

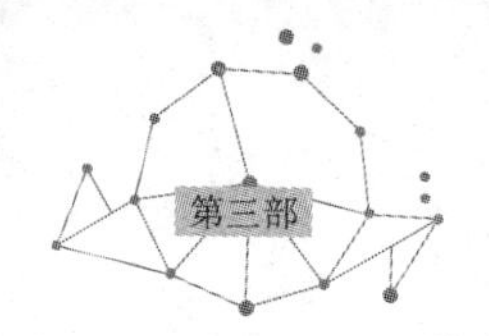

凡有质量的物体在宇宙的底垫上都能造成一个小小的凹坑。因此，正如丹尼斯·奥弗比说的，宇宙是个“最终的下陷底垫”。从这个观点来看，引力与其说是一种东西，不如说是一种结果——用物理学家米奇奥·卡库的话来说：“不是一种‘力’，而是时空弯曲的一件副产品。”卡库接着又说：“在某种意义上，引力并不存在；使行星和恒星运动的是空间和时间的变形。”

当然，以下陷的底垫来做比喻，只能帮助我们理解到这种程度，因为没有包含时间的作用。话虽这么说，其实我们的大脑也只能想象到这个地步。若要想象空间和时间以 3 ：1 的比例像线织成一块格子地垫那样织成一份时空，这几乎是不可能的。无论如何，我想我们会一致认为，对于一位凝视着瑞士首都专利局窗外的年轻人来说，这确实是个了不起的见解。

爱因斯坦的广义相对论提出了许多见解。其中，他认为，宇宙总是或者膨胀或者收缩的。但是，爱因斯坦不是一位宇宙学家，他接受了流行的看法，即宇宙是固定的，永恒的。多少出于本能，他在自己的等式里加进了他所谓的宇宙常数。他把它作为一种数学暂停键，武断地以此来抵消引力的作用。科学史书总是原谅爱因斯坦的这个失误，但这其实是科学上一件很可怕的事，而且他自己也知道。他称之为“我一生中所犯的最大错误”。

说来也巧，大约就在爱因斯坦为自己的理论添上一个宇宙常数的时候，在亚利桑那州的洛威尔天文台，有一位天文学家在记录远方恒星的光谱图上的读数，发现恒星好像在离我们远去。该天文学家有个来自星系的动听名字：维斯托·斯莱弗（他其实是印第安纳州人）。原来，宇宙不是静止的。斯莱弗发现，这些恒星明确显示出一种多普勒频移[①]的迹象——跟赛车场上飞驰而过的汽车发出的那种连贯而又特有的“嚓——嗖”的声音属于同一机制。这种现象也适用于光；就不停远去的星系而言，它被称为红移（因为离我们远去的光是向光谱的红端移动的，而朝我们射来的光是向蓝端移动的）。

---

① 以奥地利物理学家约翰·克里斯蒂安·多普勒的名字命名。他在 1842 年首次注意到那种效应。简而言之，情况是这样的：当一个移动物体接近一个静止物体的时候，由于受到接收物（比如你的耳朵）的阻碍，它的声波会挤压抬升，就如同把任何东西推向一个静止物体会发生的情况那样。这种挤压抬升在听者的耳朵里是一种尖厉的高音（嚓声）。随着声源过去，声波伸展、拉长，使音高突然下降（嗖声）。

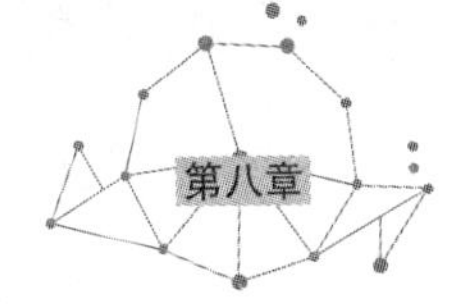

斯莱弗第一个注意到光的这种作用，意识到这对将来理解宇宙的运动十分重要。不幸的是，谁也没有太多注意他。你会记得，珀西瓦尔·洛威尔在这里潜心研究过火星上的运河，因此洛威尔天文台是个比较独特的地方。到了 20 世纪的前 10 年，它在任何意义上都成了研究天文的前哨阵地。斯莱弗不知道爱因斯坦的相对论，世界也同样不知道斯莱弗，因此，他的发现没有影响。

荣誉反而属于一个非常自负的大人物，他的名字叫埃德温·哈勃。哈勃 1889 年生于欧扎克高原边缘的一个密苏里州小镇，比爱因斯坦小 10 岁；他在那里及芝加哥郊区伊利诺伊的惠顿长大。他的父亲是一名成功的保险公司经理，因此家里的生活总是很优裕。埃德温还天生有个好的身体。他是个有实力、有天赋的运动员，魅力十足，时髦潇洒，相貌堂堂——用威廉·H. 克罗珀的话来说，"英俊到了不适当的程度"；用另一位崇拜者的话来说，"美得像美神阿多尼斯"。用他自己的话来说，他生活中还经常干一些见义勇为的事——抢救落水的人；领着吓坏了的人穿越法国战场，把他们带到安全的地方；在表演赛中几下子就把世界冠军级的拳击手打倒在地，弄得他们不胜难堪。这一切都好得简直令人难以置信，但都是真的。尽管才华出众，但哈勃也是个顽固不化的说谎大王。

这就很不寻常了，因为哈勃从小就出类拔萃，有时候简直令人难以置信。仅在 1906 年的一次中学田径运动会上，他就赢得了撑竿跳高、铅球、铁饼、链球、立定跳高、助跑跳高的冠军，还是接力赛跑获胜队的成员——那就是说，他在一次运动会上获得了 7 个第一名，还有，他在跳远比赛中获得了第三名。同年，他刷新了伊利诺伊州跳高纪录。

作为一名学者，他也是出色得不得了，不费吹灰之力就考上芝加哥大学，攻读物理学和天文学（说来也巧，系主任就是阿尔伯特·迈克尔逊）。他在那里被选为牛津大学的首批罗兹奖学金获得者之一。3 年的英国生活显然冲昏了他的头脑。1913 年他返回惠顿的时候，披着长披风，衔着烟斗，说起话来怪腔怪调，滔滔不绝——不大像英国人，而又有点像英国人——这种模样他竟保留终生。他后来声称，他在 20 世纪 20 年代的大部分时间里一直在肯塔基州当律师，但实际上他在印第安纳州新奥尔巴尼当中学教师和篮球教练，后来才获得博士学位，并在陆军待了一段时间。（他是在签订停战协定前一个星期抵达法国的，几乎肯定没有听到过愤怒的枪炮声。）

1919 年，他已经 30 岁。他迁到加利福尼亚州，在洛杉矶附近的威尔逊山天文台找了个职位。非常出人意料的是，他很快成为 20 世纪最杰出的天文学家。

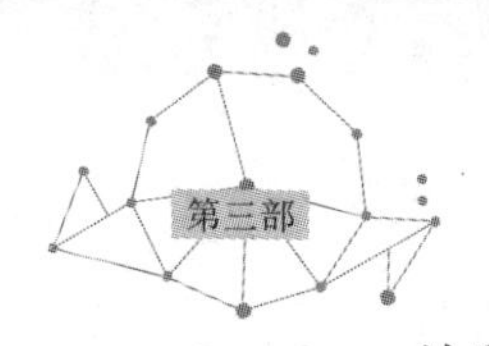

让我们稍停片刻，先来考虑一下当时人们对宇宙的了解是如何少得可怜，这是值得的。今天的天文学家认为，在可见的宇宙里也许有 1 400 亿个星系。这是个巨大的数字，比你听了这话认为的还要巨大得多。假如把一个星系比作一粒冻豆子，这些豆子就可以塞满一个大礼堂——比如，老波士顿花园或皇家艾伯特大厅。（有一位名叫布鲁斯·格雷戈里的天体物理学家还真的计算过。）1919 年，当哈勃第一次把脑袋伸向望远镜的时候，我们已知的星系数只有一个：银河系。其他的一切要么被认为是银河系的组成部分，要么被认为是远方天际众多气体中的一团气体。哈勃很快证明这种看法是极其错误的。

在之后的 10 年里，哈勃着手研究有关宇宙的两个最基本的问题：宇宙已经存在多久？宇宙的范围有多大？为了回答这两个问题，首先必须知道两件事——某类星系离我们有多远，它们在以多快的速度远离我们而去（即现在所谓的退行速度）。红移能使我们知道星系后退的速度，但不能使我们知道它们离得有多远。为此，你需要有所谓的“标准烛光”——即准确测得的某个恒星的亮度，作为测算其他恒星的亮度（并由此计算其相对距离）的基准。

哈勃的好运气来了。此前不久，有一位名叫亨利埃塔·斯旺·莱维特的才女想出了一种找到这类恒星的方法。莱维特在哈佛学院天文台担任当时所谓的计算员。计算员终生研究恒星的照片并进行计算——计算员由此得名。计算员不过是个干苦活的代名词。但是，在那个年代，无论在哈佛大学，还是在其他任何地方，这是妇女离天文学最近的地方。这种制度虽然不大公平，但也有某个意想不到的好处：这意味着半数最聪明的脑子会投入本来不大会有人来动脑子的工作，确保妇女最终能觉察到男同事们往往会疏忽的宇宙之细微结构。

有一位名叫安妮·江普·坎农的哈佛大学计算员利用她熟悉恒星的有利条件，发明了一种恒星分类系统。这种系统如此实用，直到今天人们还在使用。莱维特的贡献更加意义深远。她注意到，有一种名叫造父变星（以仙王星座命名，第一颗造父变星就是在那里发现的）的恒星在有节奏地搏动——一种星体的“心跳”。造父变星是极少见的，但至少其中之一是我们大多数人所熟悉的。北极星就是一颗造父变星。

我们现在知道，造父变星之所以搏动，是因为——用天文学家的行话来说——它们已经走过“主序阶段”，变成了红巨星。红巨星的化学过程有点儿难懂，已经超出了本书的宗旨（它要求了解很多东西，其中之一就是单离子化的氦原子的性质）。但是，简而言之，在燃烧剩余的燃料的过程中，它们产生了一

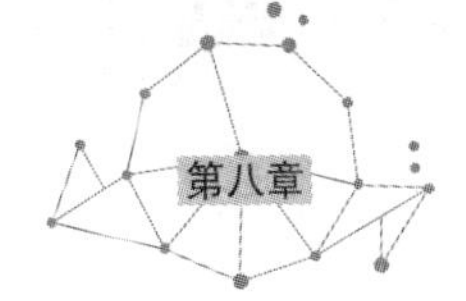

种很有节奏、不停地一亮一暗的现象。莱维特的天才之处在于，她发现，通过比较天空中不同位置的造父变星的相对量级，就可以计算出它们之间的相对位置。它们可以被作为标准烛光——这个名称也是她创造的，现在依然广泛使用。用这种方法得到的只是相对距离，不是绝对距离。但是，即使这样，这也是第一次有人想出了一个测量浩瀚宇宙的实用方法。

（为了合理评价这些深邃的见解，也许值得注意的是，当莱维特和坎农在根据照片上远方星星的模糊影子推定宇宙的基本特性的时候，哈佛大学的天文学家威廉·H. 皮克林——他当然能从一流的天文望远镜里想观察多少次就观察多少次——却在建立自己的理论，认为月球上的黑影是由大群大群的、随着季节迁徙的昆虫形成的。）

哈勃把莱维特测量宇宙的标准和维斯托·斯莱弗的红移结合起来，开始以焕然一新的目光有选择地测量空间的点。1923 年，他证明，仙女座里一团代号为 M31 的薄雾状的东西根本不是气云，而是一大堆光华夺目的恒星，其本身就是一个星系，直径有 10 万光年，离我们至少有 90 万光年之远。宇宙比任何人想象的还要大——大得多。1924 年，哈勃写出了一篇具有划时代意义的论文，题目为《旋涡星云里的造父变星》（“星云”源自拉丁语，意为“云”，哈勃喜欢用这个词来指星系），证明宇宙不仅仅有银河系，还有大量独立的星系——“孤岛宇宙”——其中许多比银河系要大，要远得多。

仅仅这一项发现就足以使哈勃名扬天下，但是，他接着把注意力转向另一个问题，想要计算宇宙到底大了多少，于是有了一个更加令人瞩目的发现。哈勃开始测量远方星系的光谱——斯莱弗已经在亚利桑那州开始做的那项工作。他利用威尔逊山天文台那台新的 254 厘米天文望远镜，加上一些聪明的推断，到 20 世纪 30 年代初已经得出结论：天空中的所有星系（除我们自己的星系以外）都在离我们远去。而且，它们的速率和距离完全成正比：星系距离我们越远，退行速率越快。

这的确是令人吃惊的。宇宙在扩大，速度很快，而且朝着各个方向。你无须有多么丰富的想象力就能从这点往后推测，发现它必定是从哪个中心点出发的。宇宙远不是稳定的，固定的，永恒的，就像大家总是以为的那样，而是有个起点。因此，它或许也有个终点。

正如斯蒂芬·霍金指出的，奇怪的是以前谁也没有想到宇宙在扩大。一个静止的宇宙会自行坍缩，这一点牛顿以及之后的每个有头脑的天文学家都应当

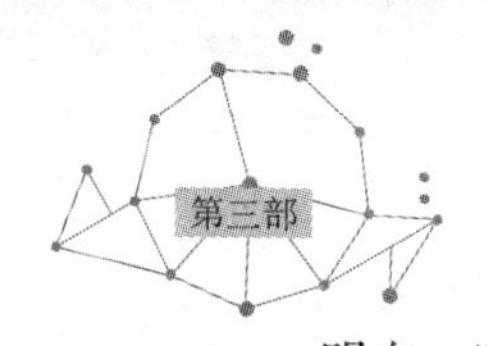

明白。还有一个问题：要是恒星在一个静止的宇宙里不停燃烧，就会使整个宇宙酷热难当——对于我们这样的生物来说当然是太热了。一个不断膨胀的宇宙一下子把这个问题基本解决了。

哈勃擅长观察，不大擅长动脑子，因此没有充分认识到自己的发现的重大意义。在一定程度上，那是因为他可悲地不知道爱因斯坦的广义相对论。这是很有意思的，因为一方面爱因斯坦和他的理论在这时候已经世界闻名，另一方面，1929 年，阿尔伯特 · 迈克尔逊——这时候已经进入暮年，但仍是世界上最敏锐、最受人尊敬的科学家之一——接受了威尔逊山天文台的一个职位，用他可靠的干涉仪来测量光的速度，至少可以肯定已经向哈勃提到过，爱因斯坦的理论适用于他的发现。

无论如何，哈勃没有抓住机会在理论上有所收获，而是把机会留给了一位名叫乔治 · 勒梅特的比利时教士学者（他获得过麻省理工学院的博士学位）。勒梅特把实践和理论结合起来，创造了自己的“烟火理论”。该理论认为，宇宙一开始是个几何点，一个“原始的原子”；它突然五彩缤纷地爆发，此后一直向四面八方散开。这种看法极好地预示了现代的大爆炸理论，但要比那种理论早得多。因此，除了在这里三言两语提他一下以外，勒梅特几乎没有受到更多的注意。世界还需要几十年时间，还要等彭齐亚斯和威尔逊在新泽西州嗞嗞作响的天线上无意中发现宇宙背景辐射，大爆炸才会从一种有趣的想法变成一种确定的理论。

无论是哈勃还是爱因斯坦，那条大新闻里都不会提及多少。然而，尽管当时谁也不会想到，他们已经做出自己所能做出的贡献。

1936 年，哈勃写出了一本广受欢迎的书，名叫《星云王国》。他在这本书里以得意的笔调阐述了自己的重要成就，并终于表明他知道爱因斯坦的理论——反正在某种程度上——在大约 200 页的篇幅中，他用了 4 页来谈论这种理论。

1953 年，哈勃心脏病发作去世。然而，还有最后一件小小的怪事在等待着他。出于秘而不宣的原因，他的妻子拒绝举行葬礼，而且始终没有说明她怎么处理了他的遗体。半个世纪以后，该世纪最伟大的天文学家的去向仍然无人知道。若要表示纪念，你非得遥望天空，遥望 1990 年美国发射的、以他的名字命名的哈勃太空望远镜。

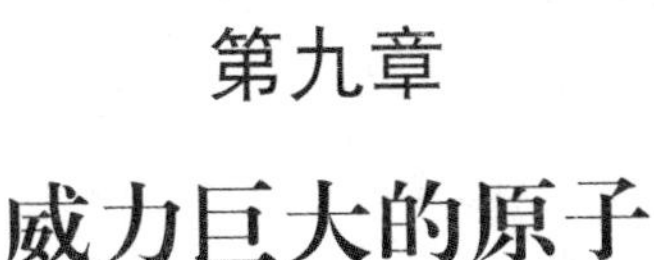

第九章
威力巨大的原子

当爱因斯坦和哈勃在弄清宇宙的大尺度结构方面成果累累的时候，另一些人在努力搞懂近在手边而从他们的角度来看又同样是非常遥远的东西：微小而又永远神秘的原子。

加州理工学院伟大的物理学家理查德·费曼有一次说，要是你不得不把科学史压缩成一句重要的话，它就会是："一切东西都是由原子构成的。"哪里都有原子，原子构成一切。你四下里望一眼，全是原子。不但墙壁、桌子和沙发这样的固体是原子，中间的空气也是原子。原子大量存在，多得简直无法想象。

原子有功能的排列就是分子（源自拉丁文，意思是"小团物质"）。一个分子就是两个或两个以上以相对稳定的形式一起工作的原子：一个氧原子加上两个氢原子，你就得到一个水分子。化学家往往以分子而不是以元素来考虑问题，就像作家往往以单词而不是以字母来考虑问题一样，因此他们计算的是分子。分子的数量起码可以说是很多的。在海平面的高度、零摄氏度温度的情况下，一立方厘米空气（大约相当于一块方糖所占的空间）所含的分子多达 4 500 亿亿

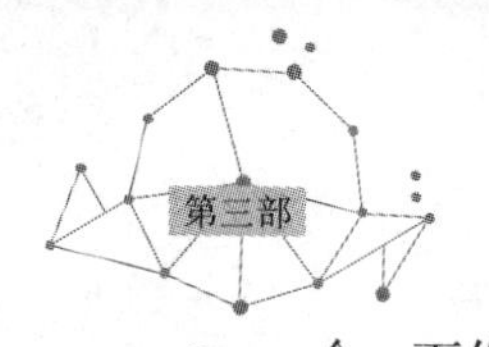

个。而你周围的每一立方厘米空间都有这么多分子。想一想，你窗外的世界有多少个立方厘米——要用多少块方糖才能填满你的视野。然后再想一想，要多少个这样的空间才能构成宇宙。总而言之，原子是很多的。

原子还不可思议地长寿。由于原子那么长寿，它们真的可以到处漫游。你身上的每个原子肯定已经穿越几个恒星，曾是上百万种生物的组成部分，然后才成为你。我们每个人身上都有大量原子；这些原子的生命力很强，在我们死后可以重新利用；在我们身上的原子当中，有相当一部分——有人测算，我们每个人身上有多达10亿个原子——原先很可能是莎士比亚身上的原子，释迦牟尼、成吉思汗、贝多芬以及其他你点得出的历史人物又每人贡献10亿个原子。（显然非得是历史人物，因为原子要花大约几十年的时间才能彻底地重新分配；无论你的愿望多么强烈，你身上还不可能有一个埃尔维斯·普雷斯利的原子。）

因此，我们都是别人转世化身来的——虽然我们都是短命的。我们死了以后，我们的原子就会天各一方，去别处寻找新的用武之地——成为一片叶子或别的人体或一滴露水的组成部分。而原子本身实际上将永远活下去。其实，谁也不知道一个原子的寿命，但据马丁·里斯说，它的寿命大约为10^{35}年——这个数字太大，连我也乐意用数学符号来表示。

而且，原子很小——确实很小。50万个原子排成一行还遮不住一根人的头发。以这样的比例，一个原子小得简直无法想象。不过，我们当然可以试一试。

先从1毫米着手，就是这么长的一根线：-。现在，我们来想象一下，这根线被分成了宽度相等的1 000段。每一段的宽度是1微米。这就是微生物的大小。比如，一个标准的草履虫——一种单细胞的淡水小生物——大约为2微米宽，也就是0.002毫米，它确实小得不得了。要是你想用肉眼看到草履虫在一滴水里游，你非得把这滴水放大到12米宽。然而，要是你想看到同一滴水里的原子，你非得把这滴水放大到24公里宽。

换句话说，原子完全存在于另一种微小的尺度上。若要知道原子的大小，你就得拿起这类微米大小的东西，把它切成10 000个更小的东西。那才是原子的大小：1毫米的千万分之一。这么小的东西远远超出了我们的想象范围。但是，只要记住，一个原子对于上述那条1毫米的线，相当于一张纸的厚度对于纽约帝国大厦的高度，你对它的大小就有了个大致的概念。

当然，原子之所以如此有用，是因为它们数量众多，寿命极长，而之所以难以被察觉和认识，是因为它们太小。首先发现原子有三个特点——小、多、

实际上不可毁灭——以及一切事物都是由原子组成的，不是你也许会以为的安托万－洛朗·拉瓦锡，甚至不是亨利·卡文迪许或汉弗莱·戴维，而是一名业余的、没有受过多少教育的英国贵格会教徒，名叫约翰·道尔顿，我们在第七章里第一次提到过他的名字。

道尔顿的故乡位于英国湖区边缘，离科克默思不远。他1766年生于一个贫苦而虔诚的贵格会织布工家庭。（4年以后，诗人威廉·华兹华斯也来到科克默思。）他是个聪明过人的学生——他确实聪明，12岁的小小年纪就当上了当地贵格会学校的校长。这也许说明了道尔顿的早熟，也说明了那所学校的状况，也许什么也说明不了。我们从他的日记里知道，大约这时候他正在阅读牛顿的《原理》——还是拉丁文原文的——和别的具有类似挑战性的著作。到了15岁，他一方面继续当校长，一方面在附近的肯达尔镇找了个工作；10年以后，他迁往曼彻斯特，在他生命的最后50年里几乎没有挪动过。在曼彻斯特，他成了一股智力旋风，出书呀，写论文呀，内容涉及从气象学到语法。他患有色盲，在很长时间里色盲被称作道尔顿症，因为他从事这方面的研究。但是，是1808年出版的一本名叫《化学哲学的新体系》的厚书，终于使他出了名。

在该书只有5页的短短的一章里（该书共有900多页），学术界人士第一次接触到了近乎现代概念的原子。道尔顿的见解很简单：一切物质的根基，都是极其微小而又不可再简化的粒子。“创造或毁灭一个氢粒子，也许就像向太阳系引进一颗新的行星或毁灭一颗业已存在的行星那样不可能。”他写道。

无论是原子的概念，还是“原子”这个词本身，都称不上是新鲜事。二者都是古希腊人发明的。道尔顿的贡献在于，他考虑了这些原子的相对大小和性质，以及它们的结合方法。例如，他知道氢是最轻的元素，因此他给出的原子量是1。他还认为水由七份氧和一份氢组成，因此他给出的氧的原子量是7。通过这种办法，他就能得出已知元素的相对重量。他并不总是十分准确——氧的原子量实际上是16，不是7，但这个原理是很合理的，成了整个现代化学以及许多其他科学的基础。

这项成就使道尔顿闻名遐迩——即使是以一种英国贵格会式的低调。1826年，法国化学家P.J.佩尔蒂埃来到曼彻斯特，想会一会这位原子英雄。佩尔蒂埃以为他属于哪个大机构，因此，当他发现道尔顿在小巷里的一所小学教孩子们基础算术的时候，不由得大吃一惊。据科学史家E.J.霍姆亚德说，佩尔蒂埃一见到这位大人物顿时不知所措，结结巴巴：

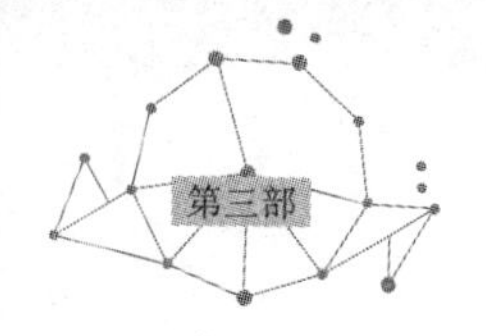

“请问，这位是道尔顿先生吗？”[①]因为他无法相信自己的眼睛，这位欧洲赫赫有名的化学家竟然在教小孩子加减乘除。“没错，”那位贵格会教徒干巴巴地说，“请坐，让我先教会孩子这道算术题。”

虽然道尔顿想要远离一切荣誉，但他仍违心地当选为皇家学会会员，捧回一大堆奖章，获得一笔可观的政府退休金。他 1844 年去世的时候，4 万人出来瞻仰他的灵柩，送葬队伍长达 3 公里多。他在《英国名人词典》中的条目是字数最多者之一，在 19 世纪的科学界人士当中，论长度只有达尔文和莱尔能与之相比。

在道尔顿提出他的见解以后的一个世纪时间里，它仍然完全是一种假说。一些杰出的科学家——尤其是奥地利物理学家恩斯特·马赫，声速单位就是以他的名字命名的——还压根儿怀疑原子是不是存在。“原子看不见摸不着……它们是脑子想象出来的东西。”他写道。尤其在德语世界，人们就是以这种怀疑目光来看待原子的存在的。据说，这也是导致伟大的理论物理学家和原子的热心支持者路德维希·玻尔茨曼自杀的原因之一。

是爱因斯坦在 1905 年以那篇论布朗运动的论文首次提出了无可争议的证据，证明原子的存在，但没有引起多大注意。无论如何，爱因斯坦很快就忙于广义相对论的研究。因此，原子时代的第一位真正的英雄是欧内斯特·卢瑟福，如果他不是当时涌现出来的第一人的话。

卢瑟福 1871 年生于新西兰的“内陆地区”。用斯蒂芬·温伯格的话来说，他的父母为了种植一点亚麻、抚养一大堆孩子，从苏格兰移居到新西兰。他在一个遥远国度的偏远地区长大，离科学的主流也同样很遥远。但是，1895 年，他获得了一项奖学金，从而有机会来到剑桥大学的卡文迪许实验室。这里即将成为世界上搞物理学的最热门的地方。

物理学家特别瞧不起其他领域的科学家。当伟大的奥地利物理学家沃尔夫冈·泡利的妻子离他而去，嫁了个化学家的时候，他吃惊得简直不敢相信。“要是她嫁个斗牛士，我倒还能理解，”他惊讶地对一位朋友说，“可是，嫁个化学

① 原文是法文。——译者注

家……”

卢瑟福能理解这种感情。“科学要么是物理学，要么是集邮。”他有一回说。这句话后来反复被人引用。但是，具有某种讽刺意味的是，他 1908 年获得的是诺贝尔化学奖，不是物理学奖。

卢瑟福是个很幸运的人——很幸运是一位天才；但更幸运的是，他生活在一个物理学和化学如此激动人心而又如此势不两立的年代（且不说他自己的情感）。这两门学科再也不会像从前那样重合在一起了。

尽管他取得那么多成就，但他不是个特别聪明的人，实际上在数学方面还很差劲。在讲课过程中，他往往把自己的等式搞乱，不得不中途停下来，让学生自己去算出结果。据与他长期共事的同事、中子的发现者詹姆斯·查德威克说，他对实验也不是特别擅长。他只是有一股子韧劲儿，思想比较开放。他以精明和一点胆量代替了聪明。用一位传记作家的话来说，卢瑟福的脑子“总是不着边际，比大多数人走得远得多”。要是遇上一个难题，他愿意付出比大多数人更大的努力，花费更多的时间，而且更容易接受非正统的解释。由于他愿意坐在荧光屏前，花上许多极其乏味的时间来统计所谓 α 粒子的闪烁次数——这种工作通常分配给别人去做——所以他才有了最伟大的突破。他是最早的人之一——很可能就是最早的人——发现原子里所固有的能量一旦得到利用可以制造炸弹，其威力之大足以“使这个旧世界在烟雾中消失”。

就身体而言，他块头很大，体格壮实，说话声音能把胆小的人吓一大跳。有一次，一位同事获悉卢瑟福就要向大西洋彼岸发表广播演说，便冷冷地问：“干吗要用广播？”他还非常自信，心态不错。当有人对他说，他好像总是生活在浪尖上，他回答说：“哎呀，这个浪头毕竟是我制造的，难道不是吗？”C. P. 斯诺回忆说，有一次他在剑桥的一家裁缝店里偷听到卢瑟福在说：“我的腰围日渐变粗，同时，知识日渐增加。”

但是，在他 1895 年来到卡文迪许实验室[①]的时候，这一切还是遥不可及的。这是科学领域成果频出的时期。卢瑟福抵达剑桥大学的那一年，威廉·伦琴在德国的维尔茨堡大学发现了 X 射线；次年，亨利·贝克勒尔发现了放射现象。卡

① 这个名字来自出了亨利的同一个卡文迪许家族。这一位卡文迪许名叫威廉·卡文迪许，是第七任德文郡公爵。他是一位天才数学家，维多利亚时代英格兰的钢铁大王。1870 年，他给剑桥大学捐赠了 6 300 英镑，建了个实验室。

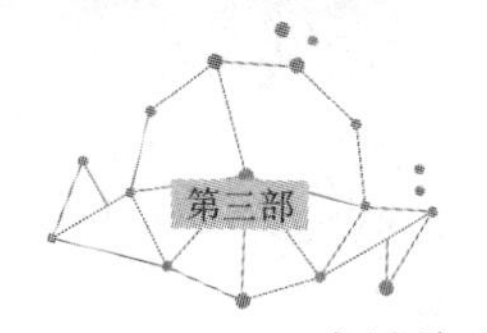

文迪许实验室本身就要踏上一条漫长的辉煌之路。1897 年，J.J. 汤姆森和他的同事将在那里发现电子；1911 年，C.T.R. 威尔逊将在那里制造出第一台粒子探测器（我们将会谈到）；1932 年，詹姆斯·查德威克将在那里发现中子。在更远的将来，1953 年，詹姆斯·沃森和弗朗西斯·克里克将在卡文迪许实验室发现 DNA 结构。

开头，卢瑟福研究无线电波，取得了一点成绩——他成功地把一个清脆的信号发送到了 1 公里之外，这在当时是一个相当可以的成就——但是，他放弃了，因为有一位资深同事劝他，无线电没有多大前途。总的来说，卢瑟福在卡文迪许实验室的事业不算兴旺。他在那里待了 3 年，觉得自己没有多大作为，便接受了蒙特利尔麦克吉尔大学的一个职位，从此稳步走上了通向辉煌的漫长之路。到他获得诺贝尔奖（根据官方颁奖词，是“由于研究了元素的衰变和放射性物质的化学性质”）的时候，他已经转到曼彻斯特大学。其实是在那里，他将取得最重要的成果，确定原子的结构和性质。

到 20 世纪初，大家已经知道，原子是由几个部分构成的——汤姆森发现电子，就确立了这种见解——但是，大家还不知道的是：到底有多少个部分；它们是怎样合在一起的；它们呈什么形状。有的物理学家认为，原子可能是立方体的，因为立方体可以整齐地叠在一起，不会浪费任何空间。然而，更普遍的看法是，原子更像一块葡萄干面包，或者像一份葡萄干布丁：一个密度很大的固体，带有正电荷，上面布满了带负电荷的电子，就像葡萄干面包上的葡萄干。

1910 年，卢瑟福（在他的学生汉斯·盖格的协助之下。盖格后来发明了以他的名字命名的辐射探测仪）朝一块金箔发射电离的氦原子，或称 α 粒子。[①] 令卢瑟福吃惊的是，有的粒子竟会反弹回来。他说，他就像朝一张纸发射了一发 38 厘米的炮弹，结果炮弹反弹到了他的膝部。这是不该发生的事。经过冥思苦想以后，他觉得只有一种解释：那些反弹回来的粒子击中了原子当中又小又密的东西，而别的粒子则畅通无阻地穿了过去。卢瑟福意识到，原子内部主要是空无一物的空间，只有当中是密度很大的核。这是个很令人满意的发现。但马上产生了一个问题，根据传统物理学的全部定律，原子因此就不应该存在。

---

① 盖格后来还成了一名铁杆纳粹分子，毫不犹豫地背叛了犹太民族的同事们，包括许多曾经帮助过他的人。

让我们稍停片刻，先来考虑一下现在我们所知道的原子结构。每个原子都由三种基本粒子组成：带正电荷的质子，带负电荷的电子，以及不带电荷的中子。质子和中子装在原子核里，而电子在外面绕着旋转。质子的数量决定一个原子的化学特性。有一个质子的原子是氢原子；有两个质子的原子是氦原子；有三个质子的原子是锂原子；如此往上增加。你每增加一个质子就得到一种新元素。（由于原子里的质子数量总是与同样数量的电子保持平衡，因此你有时候会发现有的书里以电子的数量来界定一种元素，结果完全一样。有人是这样向我解释的：质子决定一个原子的身份，电子决定一个原子的性情。）

中子不影响原子的身份，但却增加了它的质量。一般来说，中子数量与质子数量大致相等，但也可以稍稍多一点或少一点。增加或减少一两个中子，你就得到了同位素。考古学里就是用同位素来确定年代的——比如，碳 -14 是由 6 个质子和 8 个中子组成的碳原子（因为二者之和是 14）。

中子和质子占据了原子核。原子核很小——只有原子全部容量的千万亿分之一，但密度极大，它实际上构成了原子的全部质量。克罗珀说，要是把原子扩大到一座教堂那么大，原子核只有大约一只苍蝇那么大——但苍蝇要比教堂重几千倍。1910 年卢瑟福在苦苦思索的，就是这种宽敞的空间——这种令人吃惊、料想不到的宽敞空间。

认为原子主要是空荡荡的空间，我们身边的实体只是一种幻觉，这个见解现在依然令人吃惊。要是两个物体在现实世界里碰在一起——我们常用台球来作为例子——它们其实并不互相撞击。“而是，”蒂莫西·费瑞斯解释说，“两个球的负电荷场互相排斥……要是不带电荷，它们很可能会像星系那样安然无事地互相穿过。”你坐在椅子上，其实没有坐在上面，而是以 1 埃（一亿分之一厘米）的高度浮在上面，你的电子和它的电子不可调和地互相排斥，不可能达到更密切的程度。

差不多人人的脑海里都有一幅原子图，即一两个电子绕着原子核飞速转动，就像行星绕着太阳转动一样。这个形象是 1904 年由一位名叫长冈半太郎的日本物理学家创建的，完全是一种聪明的凭空想象。它是完全错的，但照样很有生命力。正如艾萨克·阿西莫夫喜欢指出的，它给了一代又一代的科幻作家灵感，创作了世界中的世界的故事，原子成了有人居住的小小的太阳系，我们的太阳系成了一个大得多的体系里的一颗微粒。连欧洲核子研究中心也把长冈所提出的图像作为它网站的标记。物理学家很快就意识到，实际上，电子根本不像在

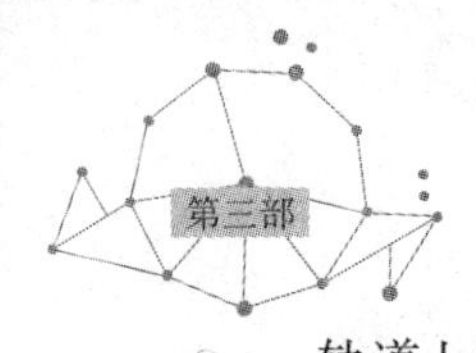

轨道上运行的行星，更像是电扇旋转着的叶片，想要同时填满轨道上的每一空间。（但有个重要的不同之处，那就是，电扇叶片只是好像同时在每个地方，电子真的就同时在每个地方。）

不用说，在 1910 年，或在此后的许多年里，人们对此所知甚少。卢瑟福的发现马上产生了几个大问题。尤其是，围绕原子核转动的电子可能会坠毁。传统的电动力学理论认为，飞速转动的电子很快会把能量消耗殆尽——只是一刹那间——然后盘旋着飞进原子核，给二者都带来灾难性的后果。还有一个问题，带正电荷的质子怎么能一起待在原子核里面，而又不把自己及原子的其他部分炸得粉碎。显而易见，无论那个小天地里在发生什么事，是不受适用于我们宏观世界的规律支配的。

随着物理学家们深入这个亚原子世界，他们意识到，那里不仅不同于我们所熟悉的任何东西，也不同于所能想象的任何东西。“由于原子的行为如此不同于普通的经验，”理查德·费曼有一次说，“你是很难习惯的。在大家看来，无论在新手还是在有经验的物理学家看来，它显得又古怪，又神秘。”到费曼发表这番评论的时候，物理学家们已经有半个世纪的时间来适应原子的古怪行为。因此，你可以想象，卢瑟福和他的同事们在 20 世纪初会有什么感觉。它在当时还完全是个新鲜事物。

与卢瑟福一起工作的人当中，有个和蔼可亲的丹麦年轻人，名叫尼尔斯·玻尔。1913 年，他在思索原子结构的过程中，突然有了个激动人心的想法。他推迟了蜜月，写出了一篇具有划时代意义的论文。

物理学家们看不见原子这样的小东西，他们不得不试图根据它在外来条件作用下的表现方式来确定它的结构，比如像卢瑟福那样向金箔发射 α 粒子。有时候，这类实验的结果是令人费解的，那也不足为怪。有个存在很久的难题跟氢的波长的光谱显示有关。它们产生的形状显示，氢原子在特定的波长释放能量，而在其他波长不释放能量。这犹如一个受到监视的人，不断出现在特定的地点，但永远也看不到他是怎么跑过来跑过去的。谁也说不清是什么原因。

就是在思索这个问题的时候，玻尔突然想到一个答案，迅速写出了他的著名论文。论文的题目为《论原子和分子的构造》，认为电子只能留在某些明确界定的轨道上，不会坠入原子核。根据这种新的理论，在两个轨道之间运行的电子会在一个轨道消失，立即在另一轨道出现，而又不通过中间的空间。这种见解——著名的“量子跃迁”——当然是极其奇特的，而又实在太棒，不能不信。

它不但说明了电子不会灾难性地盘旋着飞进原子核，而且解释了氢的令人费解的波长。电子只出现在某些轨道，因为它们只存在于某些轨道。这是个了不起的见解，玻尔因此获得了1922年——爱因斯坦获得该奖的第二年——的诺贝尔物理学奖。

与此同时，不知疲倦的卢瑟福这时候已经返回剑桥大学，接替J.J.汤姆森担任卡文迪许实验室主任。他设计出了一种模型，说明原子核不会爆炸的原因。他认为，质子的正电荷一定已被某种起中和作用的粒子抵消，他把这种粒子叫作中子。这个想法简单而动人，但不容易证明。卢瑟福的同事詹姆斯·查德威克忙碌了整整11个年头寻找中子，终于在1932年获得成功。1935年，他也获得了诺贝尔物理学奖。正如布尔斯及其同事在他们的物理学史中指出的，较晚发现中子或许是一件很好的事，因为发展原子弹必须掌握中子。（由于中子不带电荷，它们不会被原子中心的电场排斥，因此可以像小鱼雷那样被射进原子核，启动名叫裂变的破坏过程。）他们认为，要是在20世纪20年代就能分离中子，“原子弹很可能先在欧洲研制出来，毫无疑问是被德国人”。

实际上，欧洲人当时忙得不亦乐乎，试图搞清电子的古怪表现。他们面临的主要问题是，电子有时候表现得很像粒子，有时候很像波。这种令人难以置信的两重性几乎把物理学家逼入绝境。在此后的10年里，全欧洲的物理学家都在思索呀，乱涂呀，提出互相矛盾的假设呀。在法国，公爵世家出身的路易–维克多·德布罗意亲王发现，如果把电子看作是波，那么电子行为的某些反常现象就消失了。这一发现引起了奥地利人薛定谔的注意。他巧妙地做了一些提炼，设计了一种容易理解的理论，名叫波动力学。几乎同时，德国物理学家维尔纳·海森伯提出了一种对立的理论，叫作矩阵力学。那种理论牵涉到复杂的数学，实际上几乎没有人搞得明白，包括海森伯本人在内（“我连什么是矩阵都不知道。”海森伯有一次绝望地对一位朋友说），但似乎确实解决了薛定谔的波动力学里一些无法解释的问题。

结果，物理学有了两种理论，它们基于互相冲突的前提，但得出同样的结果。这是个令人难以置信的局面。

1926年，海森伯终于想出个极好的折中办法，提出了一种后来被称为量子力学的新理论。该理论的核心是“海森伯测不准原理”。它认为，电子是一种粒子，不过是一种可以用波来描述的粒子。作为建立该理论基础的“测不准原理”认为，我们可以知道电子穿越空间所经过的路径，我们也可以知道电子在某个

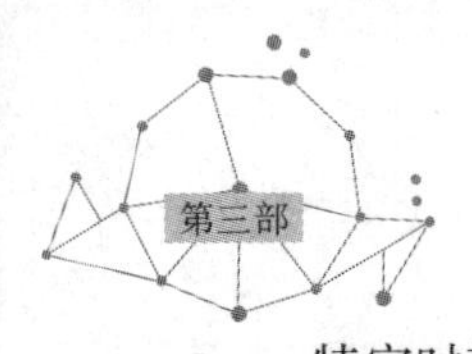

特定时刻的位置，但我们无法两者都知道。任何想要测定其中之一的努力，势必会干扰其中之二。这不是个需要更精密的仪器的简单问题；这是宇宙的一种不可改变的特性。

真正的意思是，你永远也无法预测电子在任何特定时刻的位置。你只能认为它有可能在那里。在某种意义上，正如丹尼斯·奥弗比所说，电子只有等到被观察到了，你才能说它确实存在。换句稍稍不同的话来说，在电子被观察到之前，你非得认为电子“哪里都有，而又哪里都没有”。

如果你觉得被这种说法弄得稀里糊涂，你要知道，它也把物理学家们弄得稀里糊涂，这是值得安慰的。奥弗比说：“有一次，玻尔说，要是谁第一次听说量子理论时没有发火，这说明他没有理解意思。”当有人问海森伯是不是可以想象一下原子的模样，他回答说：“别这么干。”

因此，结果表明，原子完全不是大多数人想象的那个模样。电子并不像行星绕着太阳转动那样在绕着原子核飞速转动，而更像是一朵没有固定形状的云。原子的“壳”并不是某种坚硬而光滑的外皮，就像许多插图有时候怂恿我们去想象的那样，而只是这种绒毛状的电子云的最外层。实质上，云团本身只是个统计概率的地带，表示电子只是在极少的情况下才越过这个范围。因此，要是你弄得明白的话，原子更像是个毛茸茸的网球，而不大像个外缘坚硬的金属球。（其实，二者都不大像，换句话说，不大像你见过的任何东西。毕竟，我们在这里讨论的世界，跟我们身边的世界是非常不同的。）

古怪的事情似乎层出不穷。正如詹姆斯·特雷菲尔所说，科学家们首次碰到了“宇宙里我们的大脑无法理解的一个区域”。或者像费曼说的：“小东西的表现，根本不像大东西的表现。”随着深入钻研，物理学家们意识到，他们已经发现了一个世界：在那个世界里，电子可以从一个轨道跳到另一个轨道，而又不经过中间的任何空间；物质突然从无到有——“不过，”用麻省理工学院艾伦·莱特曼的话来说，“又倏忽从有到无。”

量子理论有许多令人难以置信的地方，其中最引人注目的是沃尔夫冈·泡利在 1925 年的“不相容原理”中提出的看法：某些成双结对的亚原子粒子，即使被分开很远的距离，一方马上会“知道”另一方的情况。粒子有个特性，叫作自旋，根据量子理论，你一确定一个粒子的自旋，那个姐妹粒子马上以相反的方向、相等的速率开始自旋，无论它在多远的地方。

用科学作家劳伦斯·约瑟夫的话来说，这就好比你有两个相同的台球，一

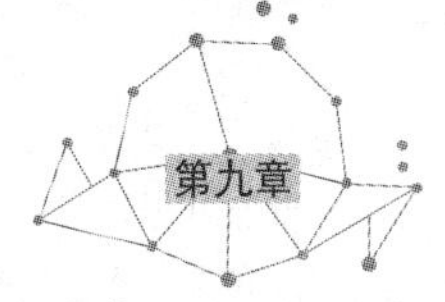

个在美国俄亥俄州，一个在斐济，当你旋转其中一个的时候，另一个马上以相反的方向旋转，而且速度完全一样。令人惊叹的是，这个现象在1997年得到了证实，瑞士日内瓦大学的物理学家把两个光子朝相反方向发送到相隔11公里的位置，结果表明，只要干扰其中一个，另一个马上做出反应。

事情达到了这样的一种程度：有一次会议上，玻尔在谈到一种新的理论时说，问题不是它是否荒唐，而是它是否足够荒唐。为了说明量子世界那无法用直觉体会的性质，薛定谔提出了一个著名的思想实验：假设把猫儿放进一只箱子，同时放进一个放射性物质的原子，连着一小瓶氢氰酸。要是粒子在一个小时内发生衰变，它就会启动一种装置，把瓶子击破，使猫儿中毒。要不然，猫儿便会活着。但是，我们无法知道会是哪种情况，因此从科学的角度来看无法做出抉择，只能同时认为猫儿百分之百地活着，又百分之百地死了。正如斯蒂芬·霍金有点儿激动地（这可以理解）说的，这意味着，你无法“确切预知未来的事情，要是你连宇宙的现状都无法确切测定的话”。

由于存在这么多古怪的特点，许多物理学家不喜欢量子理论，至少不喜欢这个理论的某些方面，尤其是爱因斯坦。这是很有讽刺意味的，因为正是他在1905年这个奇迹年中很有说服力地解释说，光子有时候可以表现得像粒子，有时候表现得像波——这是新物理学的核心见解。“量子理论很值得重视。”他彬彬有礼地认为，但心里并不喜欢。“上帝不玩骰子。”[①]他说。

爱因斯坦无法忍受这样的看法：上帝创造了一个宇宙，而里面的有些事情却永远无法知道。而且，关于超距作用的见解—— 一个粒子可以在几万亿公里以外立即影响另一个粒子——完全违反了狭义相对论。什么也超不过光速，而物理学家们却在这里坚持认为，在亚原子的层面上，信息是可以以某种方法办到的。（顺便说一句，迄今谁也解释不清楚粒子是如何办到这件事的。据物理学家雅基尔·阿哈拉诺夫说，科学家们对待这个问题的办法是“不予考虑”。）

最大的问题是，量子物理学在一定程度上搞乱了物理学，这种情况以前是不存在的。突然之间，你需要有两套规律来解释宇宙的表现——用来解释小世界的量子理论和用来解释外面大宇宙的相对论。相对论的引力出色地解释了行星为什么绕太阳转动，星系为什么容易聚集在一起，而在粒子的层面上又证明

① 至少这话的意思是接近的。原话应该是：“似乎很难偷看上帝手里的牌。但说上帝玩骰子，使用‘传心’的方法……这种事我压根儿不相信。”

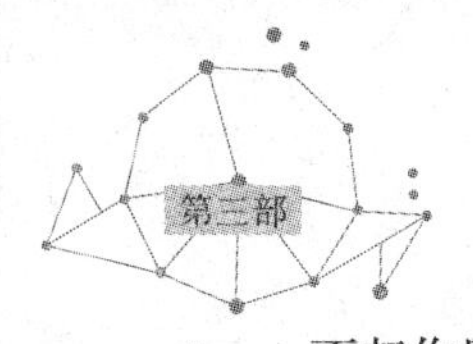

不起作用。为了解释是什么把原子拢在一起，你就需要有别的力。20 世纪 30 年代发现了两种：强核力和弱核力。强核力把原子捆在一起，是它将质子拢在原子核里；弱核力从事各种工作，主要与控制某种放射衰变的速率有关。

弱核力尽管叫作弱核力，但它比万有引力要强 1 万亿亿亿倍；强核力比这还要强——实际上要强得多——但它的影响只传到极小的距离。强核力的影响只能传到原子直径的大约十万分之一的地方。这就是原子核的体积如此之小、密度如此之大的原因，也是原子核又大又多的元素往往很不稳定的原因：强核力无法抓住所有的质子。

结果，物理学最后有了两套规律——一套用来解释小世界，一套用来解释大宇宙——各过各的日子。爱因斯坦也不喜欢这种状况。在他的余生里，他潜心寻找一种“大统一理论”来扎紧这些松开的绳头，但总是以失败告终。他有时候认为自己已经找到，但最后总是觉得白费工夫。随着时间的过去，他越来越不受人重视，甚至有点儿被人可怜。又是斯诺写道：“他的同事们过去认为，现在依然认为，他浪费了他的后半生。”

然而，别处正在取得实质性的进展。到 20 世纪 40 年代，科学家们已经达到这样一种程度：他们在极深的层次上了解了原子——1945 年 8 月，他们提供了最有力的证据：在日本上空引爆了两颗原子弹。

到那个时候，科学家们顺理成章地认为，他们马上就要征服原子了。而实际上，粒子物理学所涉及的一切，即将变得复杂得多。不过，我们在继续讲述这个有点儿包罗万象的故事之前，应当先把到最近为止的另一部分历史做个交代，考虑一下一个重要而又有益的故事，一个关于贪婪、欺骗、伪科学、几起不必要的死亡事件以及最终确定地球年龄的故事。

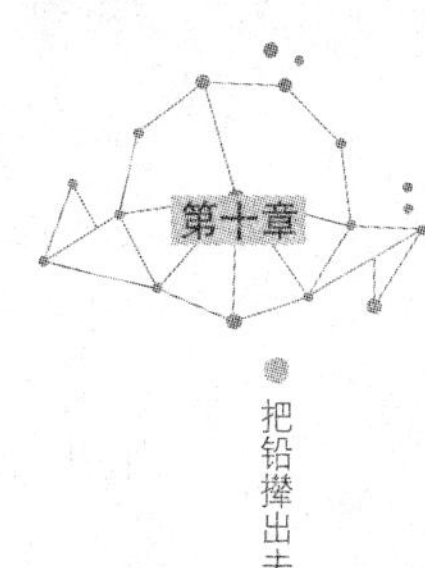

第十章

把铅撵出去

20世纪40年代末，芝加哥大学一位名叫克莱尔·彼得森（尽管姓彼得森，但他原先是艾奥瓦州的一个农家孩子）的研究生在用一种新的铅同位素测量法，对地球的确切年龄做最后的测定。不幸的是，他的岩石样品全部给污染了——而且还污染得异常严重。大多数样品里的铅含量超过正常浓度的大约200倍。许多年以后，彼得森才明白，问题出在俄亥俄州一个名叫小托马斯·米奇利的人身上。

米奇利是一名受过训练的工程师，要是他一直当工程师，世界本来会太平一些。但是，他对化学的工业用途发生了兴趣。1921年，他在位于俄亥俄州代顿的通用汽车研究公司工作期间，对一种名叫四乙基铅的化合物做了研究，发现它能大大减少震动现象，即所谓的发动机爆震。

到20世纪初，大家都知道铅很危险，但它仍然以各种形式存在于消费品之中。罐头食品以焊铅来封口，水常常储存在铅皮罐里，砷酸铅用做杀虫剂喷洒在水果上，铅甚至还是牙膏管的组成材料。几乎每一件产品都会给消费者的生

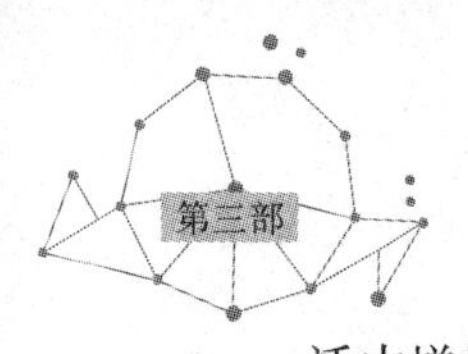

活中增加一点儿铅。然而，人接触机会最多、接触时间最长的，还是添加在汽油里的铅。

铅是一种神经毒素。体内铅的含量过高，就会无可挽回地损害大脑和中枢神经系统。与铅过分接触会引起很多病症，其中有失明、失眠、肾功能衰竭、失聪、癌症、瘫痪和抽搐。急性发作的时候，人可以突然产生恐怖的幻觉，令患者和旁人措手不及。一般来说，这种症状接着会导致昏迷或死亡。谁也不愿意让自己的身体摄入过量的铅。

另一方面，铅很容易提炼和开采，大规模生产极其有利可图——四乙基铅确实可以防止发动机爆震。所以，在1923年，美国三家最大的公司——通用汽车公司、杜邦公司和新泽西标准石油公司——成立了一家合资企业，名叫乙基汽油公司（后来又简称为乙基公司），世界愿买多少四乙基铅，它就生产多少四乙基铅。结果证明，世界的需要量很大。他们之所以把这种添加剂称作“乙基”，是因为“乙基”听上去比较悦耳，不像“铅”那样含有毒物的意味。1923年2月1日，他们把这个名字（以比大多数人知道的更多方式）推向市场，让公众接受。

第一线的工人几乎马上出现走路不稳、官能混乱等症状，这是中毒初期的症状。乙基公司也几乎马上执行一条行若无事、坚决否认的方针，而且在几十年里行之有效。正如沙伦·伯奇·麦格雷恩在她的工业化学史《实验室里的普罗米修斯》一书中指出的，要是哪家工厂的雇员得了不可治愈的幻觉症，发言人便会厚颜无耻地告诉记者：“这些人之所以精神失常，很可能是因为工作太辛苦。”在生产含铅汽油的初期，至少有15名工人死亡，数不清的人得病，常常是大病。确切的数字无法知道，因为公司几乎总是能掩盖过去，从不透露令人难堪的泄漏、溢出和中毒等消息。然而，有的时候，封锁消息已经不可能——尤其值得注意的是在1924年，在几天时间里，光在一个通风不良的场所就有5名生产工人死亡，35名工人终身残疾。

随着有关新产品很危险的谣言四起，为了打消人们的担心，四乙基铅汽油的发明者小托马斯·米奇利决定当着记者的面做一次现场表演。他一面大谈公司如何确保安全，一面往自己的手上泼含铅汽油，还把一烧杯这类汽油放在鼻子跟前达60秒之久，不停声称他每天可以这么干而不受任何伤害。其实，米奇利心里对铅中毒的危险很清楚：他几个月之前还因接触太多而害了一场大病，现在除了在记者面前以外决不接近那玩意儿，只要可能的话。

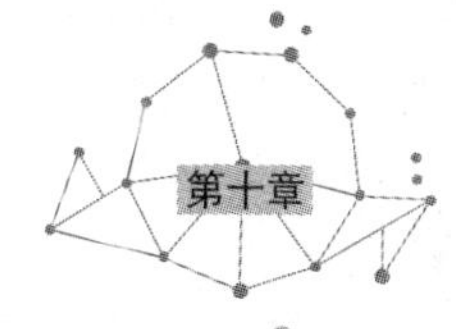

加铅汽油获得成功，米奇利备受鼓舞，现在又把注意力转向那个时代的另一个技术问题。20 世纪 20 年代，冰箱使用有毒而危险的气体，时常泄漏，风险很大。1929 年，俄亥俄州克利夫兰有家医院发生冰箱泄漏事故，造成 100 多人死亡。米奇利着手发明一种很稳定、不易燃、不腐蚀、吸入很安全的气体。凭着办事几乎从不后悔的本能，他发明了氯氟烃。

很少有哪个工业产品如此快速而又不幸地被大家接受。20 世纪 30 年代初，氯氟烃投入生产，结果派上了一千种用场，从汽车空调器到除臭喷雾剂什么都离不开它。半个世纪以后人们才发现，这玩意儿正吞噬着平流层里的臭氧。你将会明白，这不是一件好事情。

臭氧是氧的一种形式，每个分子含有三个而不是通常的两个原子。它的化学特性有点儿古怪：它在地面上是一种有害物质，在高高的平流层却是一种有益物质，因为它吸收危险的紫外辐射。然而，有益的臭氧的量并不很大。即使均匀地分布在平流层里，它也只能形成大约 2 毫米厚的一层。这就是它很容易受扰动的原因。

氯氟烃的量也不大——只占整个大气的大约十亿分之一——但是，这种气体的破坏力很强。1 千克氯氟烃能在大气里捕捉和消灭 7 万千克臭氧。氯氟烃悬浮的时间还很长——平均一个世纪左右——不停地造成破坏。它吸收大量热量。一个氯氟烃分子增加温室效应的本事，要比一个二氧化碳分子强 1 万倍左右——当然，二氧化碳本身也是加剧温室效应的能手。总之，最后可能证明，氯氟烃差不多是 20 世纪最糟糕的发明。

这一点米奇利永远不会知道。在人们意识到氯氟烃的破坏力之前，他早已不在人世。他的死亡本身也是极不寻常的。米奇利患脊髓灰质炎变成跛子以后，发明了一个机械装置，利用一系列机动滑轮自动帮他在床上抬身或翻身。1944 年，当这台机器启动的时候，他被缠在绳索里窒息而死。

要是你对确定事物的年龄感兴趣，20 世纪 40 年代的芝加哥大学是个该去的地方。威拉德·利比快要发明放射性碳年代测定法，使科学家们能测出骨头和别的有机残骸的精确年代，这在过去是办不到的。到这个时候，可靠的年代最远只达埃及的第一王朝——公元前 3000 年左右。例如，谁也没有把握说出，最后一批冰盖是在什么时候退缩的，法国的克罗马农人是在过去什么时候装饰拉

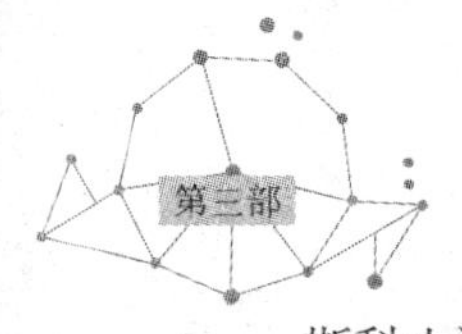

斯科山洞的。

利比的方法用途很广，他因此获得了1960年的诺贝尔奖。这种方法基于一种认识：生物内部都有一种碳的同位素——名叫碳-14，生物一死，该同位素马上以可以测定的速度开始衰变。碳-14大约有5 600年的半衰期——任何样品消失一半所需的时间——因此，通过确定某种特定的碳样的衰变程度，利比就可以有效地锁定一个物体的年代——虽然是在一定限度以内。经过八个半衰期以后，原先的放射性碳只剩下0.39%。这个量太小，无法进行可靠的测算，因此碳-14年代测定法只适用于年代不超过4万年左右的物体。

有意思的是，随着这项技术的广泛使用，有些疵点也日渐显露出来。首先，人们发现，利比公式里有个名叫衰变常数的基本成分存在3%的误差。而到了这个时候，全世界已经进行了数千次计算。科学家们没有修正每个计算结果，而是决定保留这个不准确的常数。"这样，"提姆·弗兰纳里说，"你只要把今天见到的每一个以放射性碳年代测定法测定的年代减去大约3%。"问题没有完全解决。人们又很快发现，碳-14的样品很容易被别处的碳污染——比如，一小点儿连同样品一起被采集来的而又没有被注意到的植物。对于年代不大久远的样品来说——年代小于大约2万年的样品——稍有污染并不总是关系很大，而对于年代比较久远的样品来说，这有可能是个严重的问题，因为统计中的剩余原子数实在太少了。借用弗兰纳里的话来说，在第一种情况下，就像是1 000美元里少数1美元；而在第二种情况下，就像是仅有的2美元里少数了1美元。

而且，利比的方法是以如下假设为基础的，即大气里碳-14的含量以及生物吸收这种物质的速度，在整个历史进程中是始终不变的。事实并非如此。我们现在知道，大气里碳-14的数量变化不定，取决于地球的磁场能否有效地改变宇宙射线的方向；在漫长的时间里，变化的幅度可能很大。这意味着，有些以碳-14年代测定法测定的年代要比别的这类年代更无把握。在比较缺少把握的年代当中，有人类首次抵达美洲前后这一段时期的年代。这就是那个问题老是争论不休的原因之一。

最后，也许有点儿出人意料的是，计算结果可能由于表面看来毫不相干的外因——比如动物的饮食结构——而完全失去意义。最近有个案例引起了广泛激烈的争论，即梅毒究竟起源于新大陆还是旧大陆。赫尔的考古学家们发现，修道院坟地里的修道士患有梅毒。最初的结论是，修道士在哥伦布航行之前就已经患上了梅毒。但是，该结论受到了质疑，因为科学家们发现，他们吃了大

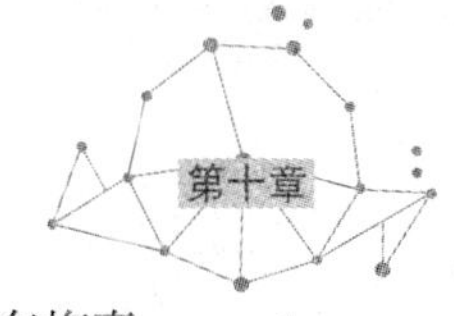

量的鱼，这会使他们骨头的年代看上去比实际的要古老。修道士可能患有梅毒，但究竟是怎么患上的，什么时候患上的，问题似乎容易解决，却依然没有解决。

由于碳 -14 年代测定法的缺点加起来还真不少，科学家们发明了别的办法来测定古代物质的年代，其中有发热光测定法和电子自旋共振测定法。前者用来测定存留在泥土里的电子数；后者以电磁波轰击一件样品来测定电子的振动。但是，即使用最好的方法，你也无法测定 20 万年以上的东西的年代，也根本无法测定岩石那样的无机物质的年代。然而，若要确定我们这颗行星的年龄，这当然是必不可少的。

测定岩石年代的问题在于，世界上几乎人人都一度不抱希望。要不是出了一位决心很大的、名叫阿瑟·霍姆斯的英国教授，这项探索很可能会完全停顿下来。

无论在克服困难方面，还是在取得的成就方面，霍姆斯都很有英雄气概。20 世纪 20 年代，正当他的事业进入全盛期的时候，地质学已经不再吃香——物理学是那个时代的热门科学——资金严重缺乏，尤其在它的精神诞生地英国。多少年来，他是达勒姆大学地质系唯一的人员。为了进行测定岩石年代的工作，他常常不得不借用或拼凑设备。有一次，为了等校方为他提供一台简单的加法机，他的计算工作竟然耽搁了 1 年时间。有时候，他不得不完全停止学术工作，以便挣钱来养家糊口——一度在纽卡斯尔开了个古董店，有时候他连地质学会每年 5 英镑的会费也缴不起。

霍姆斯在研究工作中使用的方法，在理论上其实并不复杂，直接产生于欧内斯特·卢瑟福于 1904 年最初发现的那个过程，即，有的原子以一种可以预测的速率从一种元素衰变成另一种元素，因此这个过程可以用来当时钟。要是你知道钾 - 40 要经过多长时间才变成氩 - 40，并且测定样品里这两种元素的量，你就可以得出那种物质的年代。霍姆斯的贡献在于，以测定铀衰变成铅的速率来测定岩石的年代，从而——他希望——能测定地球的年龄。

但是，有许多技术上的困难需要克服。霍姆斯还需要——至少会很高兴拥有——一种能对细小样品进行精密测量的先进仪器，而我们已经知道，他所能得到的不过是一台简单的加法机。因此，他竟然能在 1946 年较有把握地宣布，地球至少已经存在 30 亿年，很可能还要长。这是一项相当了不起的成就。不幸的是，他又一次遇到了巨大的障碍：他的科学界同行们非常保守，对他的成就拒不承认。许多人尽管乐意赞赏他的方法，却认为他得出的不是地球的年龄，而

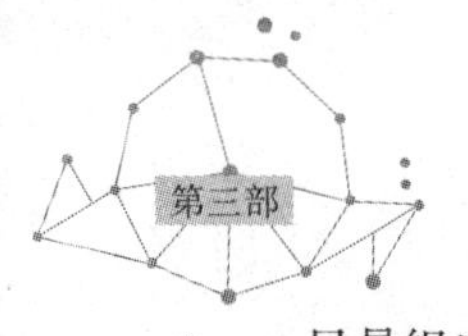

只是组成地球的材料的年龄。

就在这个时候，芝加哥大学的哈里森·布朗发明了一种统计火成岩（即通过加热形成的岩石，而不是通过沉积形成的岩石）里铅同位素的新方法。他意识到这项工作相当乏味，便把它交给了年轻的克莱尔·彼得森，作为他的论文项目。他向彼得森保证，以他的新方法来测定地球的年龄会“易如反掌”。实际上，这项工作花了几年时间。

1948 年，彼得森着手从事这个项目。与小托马斯·米奇利丰富多彩、不断推动历史前进的贡献相比，彼得森测定地球年龄的工作有点儿平平庸庸的味道。有 7 年时间，先是在芝加哥大学，后在加州理工学院（他于 1952 年迁往那里），他在无菌实验室里埋头苦干，仔细选择古老岩石的样品，精密测定里面铅 / 铀的比例。

测定地球年龄的问题在于，你需要有极其古老的岩石，内有含铅和铀的晶体，其古老程度几乎与这颗行星一样——要是岩石年轻得多，测出的年代显然会比较年轻，从而得出错误的结论，而真正古老的岩石在地球上是很难找得着的。到 20 世纪 40 年代末，谁也不知道这是什么原因。实际上，要等到太空时代，才可能有人貌似有理地说明地球上古老岩石的去向，这真是不可思议的。（答案在于板块构造，我们当然将谈到这个问题。）与此同时，彼得森只能在材料非常有限的情况下把这一切搞清楚。最后，他突然聪明地想到，他可以利用地球之外的岩石，从而绕开缺少岩石的问题。他把注意力转向陨石。

他提出了一个假设——一个很有远见的假设，结果证明非常正确，即，许多陨石实际上是太阳系早期留下来的建筑材料，因此多少保留着原始的内部化学结构。测定了这些四处游荡的岩石的年代，你也就（接近于）测定了地球的年龄。

然而，通常来说，总是说来容易做来难。陨石数量不多，陨石样品不是很容易能采集到手。而且，布朗的测量方法过分注重细节，需要做很多改进。最大的问题是，彼得森的样品只要接触空气，就莫名其妙地不断地受到大气里铅的严重污染。正是由于这个原因，他最后建立了一个消过毒的实验室——世界上第一个无菌实验室，至少有一份材料里是这么说的。

彼得森任劳任怨地干了 7 年，才收集到可用于最后测试的样品。1953 年春，他把样品送到伊利诺伊州的阿冈尼国家实验室。他及时获得了一台新型的质谱仪，可以用来发现和测定秘藏在古晶体里的微量铀和铅。彼得森终于得出了结

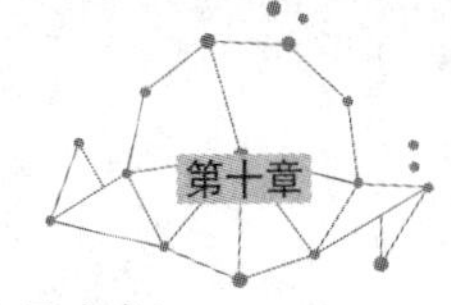

果。他激动万分，直接驱车去艾奥瓦州他度过少年时代的家中，让他的母亲把他送进医院，因为他认为自己心脏病发作。

此后不久，在威斯康星州的一次会议上，彼得森宣布地球的确切年龄为45.5亿年（误差7 000万年）——麦格雷恩赞赏地说："这数字50年以后依然没有改变。"经过200年的努力，地球终于有了个年龄。

彼得森几乎马上把注意力转向那个大气里铅的问题。他吃惊地发现，有关铅对人体的影响，人们仅有的一点儿认识几乎无一例外是错误的，或者是令人产生误解的——这也不足为怪，因为40年来对铅的影响的每项研究，全是由铅添加剂的制造商们提供资金的。

在一项这样的研究中，一名没有受过化学病理学专门训练的医生承担了一个五年计划。根据计划，他让志愿者们吸入或吞下越来越大量的铅，然后对他们的大小便进行化验。不幸的是，那位医生似乎也不懂，铅不会被作为废物排泄出体外，只会积累在骨头和血液里——这正是铅很危险的原因，他既没有检查骨头，也没有化验血液。结果，铅被宣布对健康毫无影响。

彼得森很快确认，大气里有大量的铅——实际上现在仍有大量的铅，因为铅从来没有消失——其中大约90%来自汽车的废气管，但他无法加以证明。他需要一种方法，把现在大气里铅的浓度，与1923年四乙基铅开始商业生产之前的浓度进行比较。他突然想到，冰核可能会提供这个答案。

人们知道，在格陵兰岛这样的地方，每年的积雪层次很分明（因为季节温差使得冬季到夏季的积雪颜色稍有不同）。只要往前数一数这些层次，测量一下每一层里铅的含量，你就可以计算出几百甚至几千年里任何时候全球大气里铅的浓度。这个见解成为冰核研究的基础。许多现代气候学的研究工作都是建立在这个基础上的。

彼得森发现，1923年之前，大气里几乎没有铅；自那以后，铅的浓度不断危险地攀升。现在，把铅撵出汽油成了他一生的追求。为此，他经常批评铅工业及其利益集团，而且往往言辞很激烈。

这被证明是一场残酷的斗争。乙基公司是全球一家势力很大的公司，上头有很多朋友。（它的董事当中有最高法院的法官刘易斯·鲍威尔和美国地理学会的吉尔伯特·格罗夫纳。）彼得森突然发现研究资金要么被收回，要么很难获得。美国石油研究所取消了与他签订的一项合同，美国公共卫生署也是，后者还算

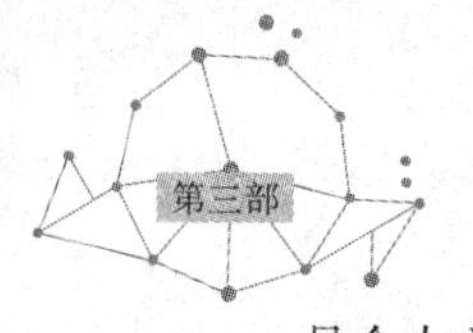

是个中立的政府机关呢。

彼得森成了一个对本单位越来越不利的人。铅工业界官员不断向加州理工学院董事会成员施加压力，要么让他闭嘴，要么让他滚蛋。杰米·林肯·基特曼在2000年的《国家》杂志中写道，据说，乙基公司愿意向加州理工学院无偿提供一名教授讲席的费用，“如果能让彼得森卷铺盖走人的话”。荒唐的是，一个美国研究委员小组被指派来调查大气中铅毒的危险程度，彼得森竟然被排除在外，尽管他这时候毫无疑问已经是美国大气铅问题的主要专家。

幸好，彼得森从来没有动摇过。由于他的努力，最后提出了《1970年洁净空气法》，并于1986年在美国停止销售一切含铅汽油。美国人血液里的铅浓度几乎马上下降了80%。但是，由于铅是一种难以消除的物质，今天每个活着的美国人血液里的铅浓度，仍要比一个世纪以前的人高出大约625倍。大气里铅的含量还在以大约每年10万吨的速度继续增加，而且完全是以合法的方式，主要来自采矿、冶炼和工业活动。美国还禁止在家用油漆中添加铅，正如麦格雷恩所说，“比大多数欧洲国家晚了44年”。考虑到铅的惊人毒性，美国直到1993年才在食品罐头上停止使用焊铅，这是不可思议的。

至于乙基公司，它仍在发展，虽然通用汽车公司、标准石油公司和杜邦公司在该公司已经没有股份。（1962年，它们把股份卖给了雅宝造纸公司。）据麦格雷恩说，直到2001年2月，乙基公司依然坚持认为，“研究表明，含铅汽油无论对人的健康还是对环境都不构成威胁”。在它的网站上，公司的历史没有提及铅——也没有提及小托马斯·米奇利——只是简单地提到原先的产品里含有“某种化学混合物”。

乙基公司不再生产含铅汽油，但据2001年的公司报表，2000年四乙基铅的销售额仍达到2 510万美元（它的全部销售额为7.95亿美元），比1999年的2 410万美元略有增长，但低于1998年的1.17亿美元。公司在它的报告中说，它决心“使四乙基铅产生的现金收入增加到最大限度，尽管全世界的使用量在不断下降”。乙基公司通过与英国奥克特尔联合公司的一项协议在全世界销售四乙基铅。

至于小托马斯·米奇利留给我们的另一个祸害氯氟烃，美国在1974年已经禁止使用，但它是个顽固不化的小魔鬼，以前（比如从除臭剂或喷发定型剂）排放到大气的这种东西几乎肯定还在那里，等你我上了西天很久以后还会在吞食臭氧。更为糟糕的是，我们每年仍在向大气里排放大量氯氟烃。韦恩·比德尔说，每年仍有 2 700 万千克以上的这种东西在市场上销售，价值 15 亿美元。那么，是谁在生产氯氟烃？是我们——那就是说，许多大公司仍在其海外的工厂里生产这种产品。第三世界国家到 2010 年才加以禁止。

克莱尔·彼得森于 1995 年去世。他没有因为自己的成就而获得诺贝尔奖。地质学家向来没有这个资格。更令人不解的是，尽管他在半个世纪的时间里坚持不懈，大公无私，取得越来越大的成就，他也没有获得多少名气，甚至没有受到多大重视。我们有理由认为，他是 20 世纪最有影响的地质学家。然而，谁听说过克莱尔·彼得森来着？大多数地质学教科书没有提到他的名字。最近出版的两本有关测定地球年龄的历史的畅销书，竟然还把他的名字拼错了。2001 年初，有人在《自然》杂志里就其中的一本书写了一篇书评，结果又犯了一个错误，令人吃惊地认为彼得森是个女人。

无论如何，多亏克莱尔·彼得森的工作，到 1953 年，地球终于有了个人人都能接受的年龄。现在唯一的问题是，它比它周围的世界还要古老。

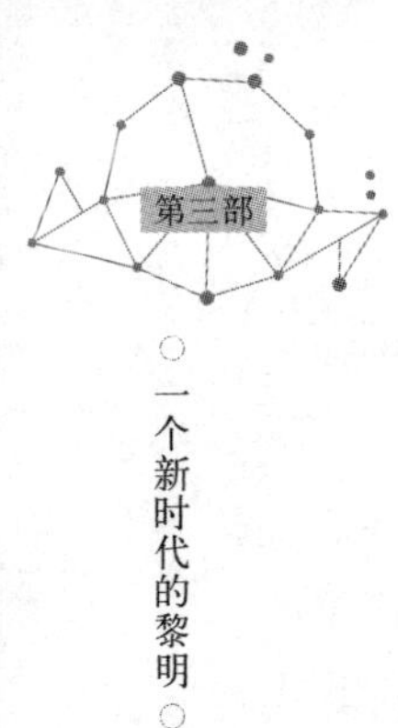

第十一章

马克老大的夸克

1911年，一位名叫C.T.R.威尔逊的英国科学家经常爬到本尼维斯山顶去研究云层的构造。这座山位于苏格兰，以潮湿闻名。他突然想到，肯定还有一种比较简单的办法。回到剑桥大学的卡文迪许实验室以后，他建起了一个人工云室——一种简单的装置，他在里面可以冷却和湿润空气，在实验室现有的条件下创建一个说得过去的云层模型。

那个装置运转良好，而且还有个意料之外的好处。当威尔逊使一个α粒子加速通过云室制造人工云团的时候，它留下一条明显的轨迹——很像一架飞过的飞机留下的痕迹。他刚刚发明了粒子探测仪，提供了令人信服的证据，证明亚原子粒子确实存在。

最后，卡文迪许实验室的另外两位科学家发明了功率更大的质子束装置，欧内斯特·劳伦斯在加州大学伯克利分校造出了著名的回旋加速器，或称原子粉碎器，这类设备在很长时间里就是这么称呼的。所有这些新发明的原理大体相同，无论是过去还是现在，即，将一个质子或别的带电粒子沿着一条轨道（有

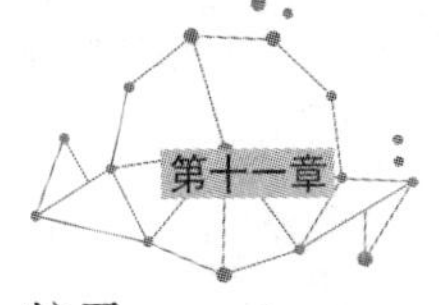

时是环形的，有时是直线形的）加速到极快的速度，然后砰地撞向另一粒子，看看撞飞了什么。所以，它被称为原子粉碎器。严格来说，这算不上是科学，但一般来说是很管用的。

随着物理学家建造越来越大、越来越雄心勃勃的机器，他们发现或推断出似乎永无穷尽的粒子或粒子族：π 介子、μ 介子、超子、介子、K 介子、希格斯玻色子、中间矢量玻色子、重子、超光速粒子。连物理学家都开始觉得不大舒服。“年轻人，”当有个学生问恩里科·费米某个粒子的名字的时候，他回答说，“要是我记得清这些粒子的名字，那我早就当植物学家了。”

今天，加速器的名字听上去有点像是弗莱什·戈登用于打仗的武器：超级质子同步加速器呀，大型正负电子对撞机呀，大型强子对撞机呀，相对论性重离子对撞机呀。使用的能量是如此之大（有的只能在夜间操作，这样，设备启动时邻近城镇的居民才不至于注意到自己的灯光暗淡下去），它们可以把粒子激活到这样的状态：一个电子在不到 1 秒的时间里能沿着 7 公里长的隧道绕上 47 000 圈。人们担心，科学家们在头脑发热的时候会在无意之中创建一个黑洞，甚至所谓的“奇异夸克”。从理论上说，这些粒子可以与别的亚原子粒子相互作用，产生连锁反应，完全失去控制。要是你现在还活着在看这本书的话，说明那种情况没有发生。

寻找粒子需要集中一定精力。粒子不但个儿很小，速度很快，而且转瞬即逝。粒子可以在短达 0.000 000 000 000 000 000 000 001 秒（10^{-24} 秒）时间里出现和消失。连最缺乏活力的不稳定的粒子，存在的时间也不超过 0.000 000 1 秒（10^{-7} 秒）。

有的粒子几乎捕捉不到。每一秒钟，就有 1 万亿亿亿个微小的、几乎没有质量的中微子抵达地球（大多数是太阳的热核反应辐射出的），实际上径直穿过这颗行星以及上面的一切东西，包括你和我，就仿佛地球并不存在。为了捕捉几个粒子，科学家们需要在地下室（通常是废矿井里），用容器盛放多达 57 000 立方米重水（即含氘相对丰富的水），因为这种地方受不到其他类型辐射的干扰。

在非常偶然的情况下，一个经过的中微子会砰地撞击水里的一个原子核，产生一丁点儿能量。科学家们统计这些一丁点儿，以这种办法逐步了解宇宙的基本性质。1998 年，日本观察人员报告说，中微子的确有质量，但是不大——大约是电子的一千万分之一。

如今，寻找粒子真正要花的是钱，而且是大量的钱。在现代物理学中，寻

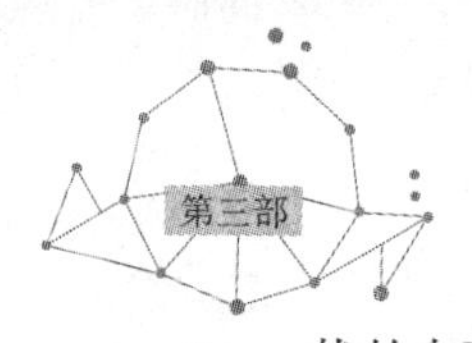

找的东西的大小，与所需设备的大小，往往有意思地成反比关系。欧洲核研究组织简直像个小城市。它地跨法国和瑞士边境，有 3 000 名雇员，占地几平方公里。欧洲核研究组织有一排比埃菲尔铁塔还要重的磁铁，周围有一条大约 26 公里长的地下坑道。

詹姆斯·特雷菲尔说，击碎原子倒还容易，每次只要把日光灯一开。然而，击碎原子核就需要大量的金钱和很高的电压。把粒子变成夸克——构成粒子的粒子——就需要更高的电压和更多的钱：几万亿伏的电压和相当于一个中美洲小国预算的钱。欧洲核研究组织的一台新的大强子对撞机定于2005年开始运转，它将达到 14 万亿伏电压，建设费超过 15 亿美元。①

然而，这两个数字与那台超级超导对撞机本来所能达到的能量和所需的建设费用相比，那简直是小巫见大巫。20 世纪 80 年代，得克萨斯州附近开始建设一台超级超导对撞机，然后本身与美国国会发生了超级对撞，结果很不幸，现在永远建不成了。这台对撞机的目标是：让科学家们重建尽可能接近于宇宙最初十万亿分之一秒里的情况，以探索“物质的最终性质”（他们一直这么宣称）。该计划要把粒子甩进一条 84 公里长的隧道，达到实在令人吃惊的 99 万亿伏电压。这是个宏伟的计划，但建设费用高达 80 亿美元（最后增加到 100 亿美元），每年的运行费还要花上几亿美元。

这也许是历史上把钱倒进地洞的最好例子。美国国会为此花掉了 20 亿美元，然后在建成一条 22 公里长的隧道以后取消了这项工程。现在，得克萨斯人可以为拥有一个全宇宙代价最高的地洞而感到自豪。我的朋友、《价值连城的堡垒》的作者杰夫·吉恩对我说：“那实际上是一大片空地，周围布满了一连串失望的小城镇。”

超级对撞机化为泡影以后，粒子物理学家们的目标放低了点。但是，即使是比较一般的项目的成本也可能相当惊人，要是与，呃，几乎任何项目相比的话。有人建议在南达科他州莱德的一座废矿——霍姆斯特克矿——建个中微子观察站，其成本就高达 5 亿美元，还不算每年的运转费用。而且，还要花 2.81 亿美元的“一般改建费”。与此同时，伊利诺伊州费尔米莱布的一个粒子加速器仅更新材料就要花费 2.6 亿美元。

---

① 这项费用浩大的工程有一些实用的副产品。万维网就是欧洲核研究组织的一个衍生事物。它是欧洲核研究组织的科学家蒂姆－伯纳斯·李于 1989 年发明的。

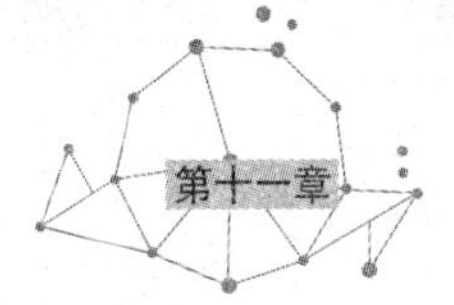

总之，粒子物理学是个花钱很多的事业——但又是个收获巨大的事业。今天，粒子的数量已经大大超过150种，还有100种左右被怀疑存在。但不幸的是，用理查德·费曼的话来说："很难搞清所有这些粒子的关系，大自然要它们干什么，彼此有什么联系。"每打开一个盒子的时候，我们总是发现里面还有一个紧闭的盒子。有的人认为存在超光速粒子，其运动速度超过光速。有的渴望找到引力子——引力的根子。我们刨根问底儿已经刨到什么程度，现在还很难说。卡尔·萨根在《宇宙》一书中说，要是你钻进一个电子深处，你会发现它本身就是一个宇宙，使你回想起20世纪50年代的那些科幻故事。"里面，大量小得多的别的粒子组成了相当于当地的星系和较小的结构，它们本身就是下一层次的宇宙，如此永远下去——一个逐步往里推进的过程，宇宙中的宇宙，永无尽头——往上也是一个样。"

对于我们大多数人来说，这是个不可想象的世界。如今，即使看一本有关粒子物理学的初级指南，你也必须克服语言方面的重重障碍，比如："带电的 π 介子和反 π 介子分别衰变成一个 μ 介子加上反中微子和一个反 μ 介子加上中微子，平均寿命为 2.603×10^{-8} 秒；中性 π 介子衰变成两个光子，平均寿命大约为 0.8×10^{-16} 秒；μ 介子和反 μ 介子分别衰变成……"如此等等——而且，这段话还是从（通常）文笔浅显的作家斯蒂芬·温伯格为普通读者写的一本书里引来的。

20世纪60年代，加州理工学院物理学家默里·盖尔曼试图把事情简化一下，发明了一种新的粒子分类法，用斯蒂芬·温伯格的话来说，实际上"在一定程度上使大量的强子重新变得一目了然"——强子是个集体名词，物理学家用来指受强核力支配的质子、中子和其他粒子。盖尔曼的理论认为，所有强子都是由更小的，甚至更基本的粒子组成的。他的同事理查德·费曼想跟多利那样把这些新的基本粒子叫作部分子，但是没有获得通过。它们最后被称作夸克。

盖尔曼选取这个名字，源自小说《芬尼根的守灵夜》的一句话："向马克老大三呼夸克（quarks）！"（敏锐的物理学家把 storks 而不是 larks 作为该词的韵脚，尽管乔伊斯脑子里想的几乎显然是后者的发音。[①]）夸克的这种基本的简洁性并没有持续很久。随着人们对夸克的进一步了解，需要更细的分类。尽管

① 在英语里，storks 意为鹳，larks 意为云雀。——译者注

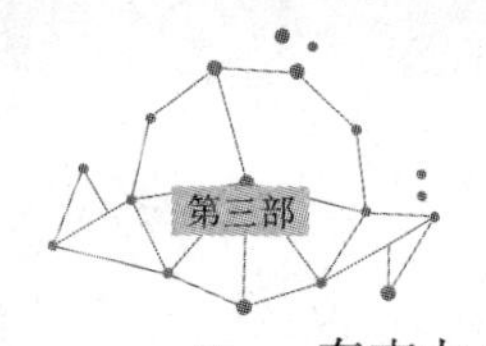

夸克太小，不可能有颜色、味道或任何别的可以识别的化学特性，它们还是被分成六类——上、下、奇、粲、顶和底，物理学家们奇怪地把这些统称为它们的“味”；它们又进一步被分成红、绿和蓝三种颜色。（人们怀疑，这些名称原先在迷幻药时代在加利福尼亚州被使用过。这不完全是一种巧合。）

最后，出现了所谓的标准模型。对亚原子世界来说，它实际上是一个元件箱。标准模型的组成成分是：6 种夸克、6 种轻子、5 种已知的玻色子和 1 种假设的玻色子（即希格斯玻色子，以苏格兰科学家彼得·希格斯的名字命名），加上 4 种物理力中的 3 种：强核力、弱核力和电磁力。

这种安排其实说明，在物质的基本材料中有夸克；夸克由名叫胶子的粒子黏合在一起；夸克和胶子一起形成了原子核的材料，即质子和中子。轻子是电子和中微子的来源。夸克和轻子统称为费米子。玻色子（以印度物理学家 S.N. 玻色的名字命名）是产生和携带力的粒子，包括光子和胶子。希格斯玻色子也许存在，也许不存在；这完全是为了赋予粒子质量而发明出来的。

你看得出，这个模型真是有点儿笨拙，但这是可以用来解释粒子世界全部情况的最简单的模式。大多数粒子物理学家觉得，正如利昂·莱德曼在 1985 年的一部电视片里说的，标准模型不大优美，不大简明。“它过于复杂，有许多过于武断的参数。”莱德曼说，“我们其实不明白，为了创造我们都知道的宇宙，造物主干吗要转动 20 个门把来设定 20 种参数。”实际上，物理学的任务是探索最终的简洁性，而迄今为止的一切都乱成了美丽的一团——或者就像莱德曼说的：“我们深深地感到，这幅图画并不美丽。”

标准模型不但很笨拙，而且不完整。一方面，它根本没有谈到引力。找遍整个标准模型，你找不出任何解释，为什么放在桌上的帽子不会飞上天花板。我们刚才已经提到，它也不能解释质量。为了赋予粒子质量，你不得不引入假设的希格斯玻色子，它是否真的存在，要靠 21 世纪的物理学来解决。正如费曼所由衷地认为的那样：“因此，我们对这个理论处于进退两难的境地，不知道它是对的还是错的，但我们确实知道它是有点儿错的，或者至少是不完整的。”

物理学家试图把什么都扯到一起，结果想出来一种所谓的超弦理论。这种理论假设，以前我们认为是粒子的夸克和轻子，实际上都是“弦”——振动的能量弦，它们在 11 个维度中摆动，包括我们已知的 3 个维度，再加上时间，以及 7 个别的维度，它们，哎呀，我们现在还无法知道。这种弦非常微小——小得可以被看成是点粒子。

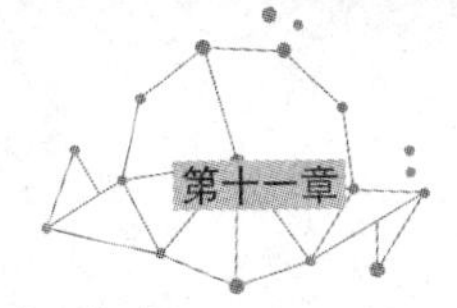

通过引入额外的维度，超弦理论使科学家能把量子定律和引力定律相对比较融洽地合在一起，但是，这也意味着，科学家关于这个理论的任何解释，听上去都会令人惴惴不安，犹如公园凳子上的陌生人告诉你某个想法，你听了会慢慢走开一样。比如，物理学家米奇奥·卡库是这样从超弦理论的角度来解释宇宙的结构的：

> 杂弦由一根闭合的弦组成，它有两种振动模式，顺时针方向的和逆时针方向的，要以不同的方式来对待。顺时针方向的振动存在于一个10维空间。逆时针方向的振动存在于一个26维的空间，其中有16维已经紧致化了。（我们知道，在卡鲁扎原先的5维空间里，第5维被卷成一个圈，已经紧致化了。）

如此等等，洋洋洒洒350页左右。

弦理论又进一步产生了所谓的M理论。该理论把所谓“膜”的面，纳入了物理学世界的新潮一族里。说到这里，我们恐怕到了知识公路的站点，大多数人该下车了。下面引了《纽约时报》上的一句话，它以尽可能简单的语言向普通读者解释了这种理论：

> 在那遥远遥远的过去，火成过程以一对又平又空的膜开始；它们互相平行地处于一个卷曲的5维空间里……两张膜构成了第5维的壁，很可能在更遥远的过去作为一个量子涨落产生于虚无，然后又飘散了。

无法与之争辩，也无法理解。顺便说一句，“火成”源自希腊文，意为“燃烧”。

现在，物理学的问题已经达到这样的一种高度，正如保罗·戴维斯在《自然》杂志里说的，“非科学家几乎不可能区分你是合乎常情的怪人，还是彻头彻尾的疯子”。有意思的是，2002年秋，这个问题到了关键时刻。两位法国物理学家——孪生兄弟伊戈尔·波格丹诺夫和格里希卡·波格丹诺夫——提出了一种关于极高密度的理论，包括“想象的时间”和“库珀－施温格－马丁条件”这样的概念，旨在描述“无”，即大爆炸以前的宇宙——这段时间一直被认为是无法知道的（因为它发生在物理现象及其特性诞生之前）。

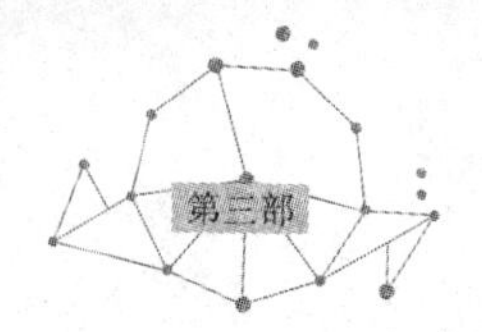

波格丹诺夫理论几乎立即在物理学家中间引起争论：它到底是胡说八道，一项天才的成就，还是一个骗局？“从科学的角度来看，显而易见，它多少是彻头彻尾的胡说八道。”哥伦比亚大学的物理学家彼得·沃伊特对《纽约时报》记者说，“不过，近来，它跟许多别的文献没有多大区别。”

卡尔·波普尔被斯蒂芬·温伯格称为“现代科学哲学家的泰斗”。有一次，他提出，物理学很可能没有一种终极理论——每一种解释都需要进一步的解释，形成“永无穷尽的一连串越来越基本的原理”。与之相对的可能性是，这种知识也许是我们完全无法理解的。“幸亏，迄今为止，”温伯格在《终极理论之梦》中写道，“我们的理智资源似乎尚未耗尽”。

几乎可以肯定的是，这个领域将出现更多的见解；几乎同样可以肯定的是，这些见解将是我们大多数人所无法理解的。

正当20世纪中叶的物理学家在迷惑不解地观测小世界的时候，天文学家发现，同样引人注目的是，对大宇宙的理解也是不完整的。

上次谈到，埃德温·哈勃已经确认，我们视野里的几乎所有星系都在离我们远去，这种退行的速度和距离是成正比的：星系离得越远，运动的速度越快。哈勃发现，这可以用个简单的等式来加以表示：$H_o=v/d$（H_o是常数，v是星系的退行速度，d是它与我们的距离）。自那以后，H_o一直被称为哈勃常数，整个等式被称为哈勃定律。哈勃利用自己的等式，计算出宇宙的年龄大约为20亿年。这个数字有点儿别扭，因为即使到20世纪20年代末，情况已经越来越明显，宇宙里的许多东西——很可能包括地球本身——的年龄都要比它大。完善这个数字是宇宙学界一直关心的事情。

关于哈勃常数，唯一常年不变的是对它的评价意见不一。1956年，天文学家们发现，造父变星比他们认为的还要变化多端；造父变星可以分为两类，而不是一类。于是，他们重新进行计算，得出宇宙新的年龄为70亿年到200亿年——不是特别精确，但至少相当古老，终于可以把地球的形成涵盖其中。

在此后的几年里，爆发了一场旷日持久的争论，一方是哈勃在威尔逊山天文台的继承人阿伦·桑德奇，另一方是法国出生的、得克萨斯大学的天文学家热拉尔·德·沃库勒。桑德奇经过几年的精心计算以后，得出哈勃常数的值为

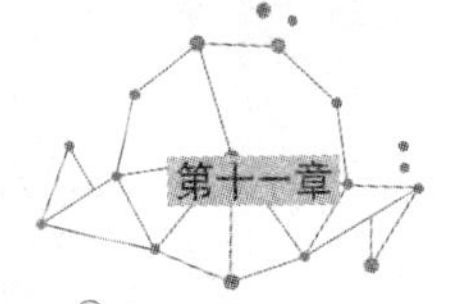

50，宇宙的年龄为200亿年。沃库勒同样很有把握，认为哈勃常数为100。①这意味着，宇宙的大小和年龄只有桑德奇认为的一半——100亿年。1994年，情况突然变得更不确定，加利福尼亚州卡内基天文台的一个小组根据哈勃天文望远镜的测量结果，提出宇宙的年龄只有80亿年——连他们也承认，这个年龄比宇宙里某些恒星的年龄还要小。2003年2月，一个来自美国国家航空航天局及马里兰州高达德太空飞行中心的小组，利用一种名叫威尔金森微波各向异性探测器的新型卫星，信心十足地宣布，宇宙的年龄为137亿年，误差1亿年左右。事情到此为止，至少眼下就是这样。

若要做出最后的定论，难度确实很大，因为往往有很大的解释余地。想象一下，你夜间站在一片空地上，想要确定远处两盏电灯之间的距离。如果使用比较简单的天文学工具，你很容易确定两个灯泡的亮度一样，以及一个灯泡要比另一个灯泡远50%的距离。但是，你无法确定的是，较近的那盏灯，到底是37米以外的那个58瓦的灯泡，还是36.5米外的那个61瓦的灯泡。此外，你还必须考虑到由几个原因造成的失真：地球大气的变化，星际尘埃，前景恒星对光的污染，以及许多别的因素。因此，你的计算结果势必是以一系列嵌套的假设为基础的，其中任何一个都可能引起争议。还有一个问题：使用天文望远镜总是代价很高，在历史上，测量红移要长时间使用天文望远镜，很可能要花上整整一个夜晚才能获得一张底片。结果，天文学家不得不（或者愿意）根据少得可怜的证据就下了结论。在宇宙学方面，正如记者杰弗里·卡尔指出的，我们“在鼹鼠丘似的证据上建立起大山似的理论”。或者像马丁·里斯说的：“我们目前的满足（于我们的认识状态）也许反映了数据的匮乏，而不是理论的高超。”

顺便说一句，这种不确定状态适用于比较近的东西，也适用于遥远的宇宙边缘。当天文学家说M87星系在6 000万光年以外的时候，正如唐纳德·戈德

---

① 你当然有权知道“常数为50”或“常数为100”到底是什么意思。答案在于天文量度单位。除了在交谈之中，天文学家不用光年。他们用的距离单位是“秒差距”（“视差”和“秒”的缩写），基于一种普遍使用的名叫恒视差的量度方法，相当于3.26光年。大的尺度，比如宇宙，以百万秒差距来量度：1百万秒差距=1000 000秒差距。那个常数以每百万秒差距每秒公里数来表示。因此，当天文学家提到哈勃常数为50的时候，他们的意思其实是“每百万秒差距每秒50公里”。对我们大多数人来说，这个量度毫无意义；然而，就天文量度而言，大多数距离太大，同样是毫无意义的。

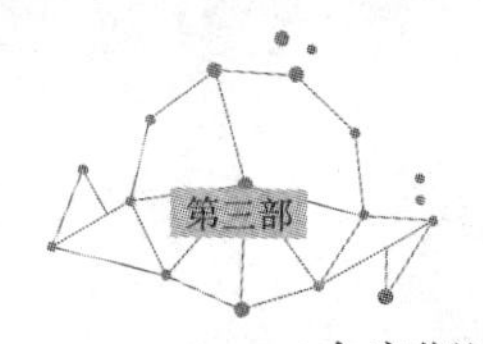

史密斯说的，他们其实是说它在 4 000 万至 9 000 万光年之间——二者不完全是一码事。大宇宙里的事情自然是被夸大的。有鉴于此，我们目前有关宇宙年龄最好的估计似乎是 120 亿至 135 亿年之间，但距离意见一致还差得很远。

近来有人提出了一种很有意思的理论，认为宇宙根本没有我们原来以为的那么大；我们凝望远方所看到的有些星系，也许只是映像，是反射的光产生的幻影。

实际上，还有很多东西我们不知道，甚至在很基本的层面上——尤其不知道宇宙是怎么构成的。当科学家们计算使东西保持在一起所需的物质的量的时候，结果总是发现远远不够。宇宙的至少 90%，也许多达 99%，似乎是由弗里茨·兹威基认为的"暗物质"组成的——那种生性我们看不见的东西。我们生活在一个多半连看都看不见的宇宙里，而却毫无办法，想到这一点真让人觉得有点儿不是滋味。至少有两个可疑的名字受到注意：据说，它们不是 WIMP（"弱互相作用大质量粒子"，即大爆炸留下的看不见的微小物质），就是 MACHO（"晕状大质量致密天体"，实际上只是黑洞、褐矮星和其他光线很暗的恒星的另一种说法）。

粒子物理学家往往赞成解释为粒子，即 WIMP；天体物理学家赞成解释为星体，即 MACHO。MACHO 一度占了上风，但根本找不到足够的数量，所以风向又转向 WIMP——问题是 WIMP 从来没有发现过。由于它们的相互作用很弱，因此很难识别它们（即使假设它们存在）。宇宙射线会造成太多干扰。因此，科学家们必须钻到地下深处。在地下一公里深的地方，宇宙射线的轰击强度只有地面的百万分之一。但是，即使把这一切都加上去，正如有一位评论家说的："宇宙在决算表上还相差三分之二。"眼下，我不妨把它们称为 DUNNOS（某处未知非反射不可测物体）。

近来有迹象表明，宇宙的星系不仅在离我们远去，而且离去的速度越来越快。这与人们的期望是背道而驰的。看来宇宙不仅充满暗物质，而且充满暗能量。科学家们有时将这称为真空能或第五元素。无论如何，宇宙似乎在不断膨胀，谁也说不清这是什么道理。该理论认为，空空荡荡的太空其实并不空空荡荡——物质和反物质的粒子在不停地产生和消失——是它们在把宇宙以越来越快的速度往外推移。令人不可思议的是，解决这一切的恰恰是爱因斯坦的宇宙常数——他为了驳斥宇宙在不断膨胀的假设而在广义相对论里顺便引入的，也是他自称是"我一生中最大的失误"的那个小小的算式。现在看来，他毕竟还是对的。

归根结底，我们生活在一个宇宙里，它的年龄我们算不大清楚；我们的四周都是恒星，它们到我们的距离以及它们彼此之间的距离我们并不完全知道；宇宙里充满着我们无法识别的物质；宇宙在按照物理学定律运行，这些定律的性质我们并不真的理解。

以这样的一种很不确定的基调，让我们再回到地球，考虑一下我们确实理解的东西——虽然到目前为止，要是你听到我们并没有完全理解它这类话，你也许不会再感到吃惊——以及我们长期以来不理解而现在理解了的东西。

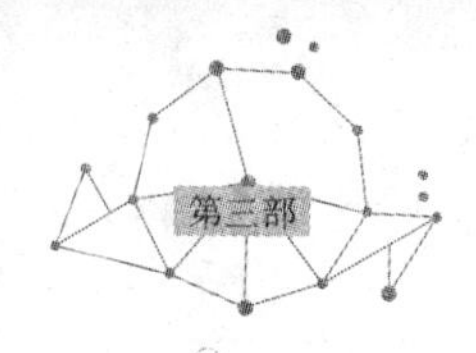

第十二章
大地在移动

1955 年，阿尔伯特·爱因斯坦办了生前最后一件专业方面的事——为一本书写了个短小而生动的前言。该书的书名是《移动的地壳：解答地球科学中的一些问题》，作者是一位名叫查尔斯·哈普古德的地质学家。哈普古德在书里坚决驳斥了关于大陆在漂移的观点。他以逗大家与他一起发笑的口气指出，少数容易上当受骗的人认为“有些大陆边缘的形状显然吻合”。他接着说，似乎“南美洲可以和非洲拼在一起，如此等等，有人甚至声称，大西洋两岸的岩石结构完全一致”。

哈普古德先生断然不接受任何这类观点，并且指出，地质学家 K.E. 卡斯特和 J.C. 门德斯已经在大西洋两岸进行了大量实地考察，毫无疑问地确定这些相似之处压根儿就不存在。天知道卡斯特和门德斯两位先生考察了哪些地方，因为大西洋两岸的许多岩石结构确实是一样的——不仅非常类似，而且完全一样。

无论是哈普古德先生，还是那个年代的许多别的地质学家，对这个观点怎么也听不进去。哈普古德提到的理论，最初是由一位名叫弗兰克·伯斯利·泰

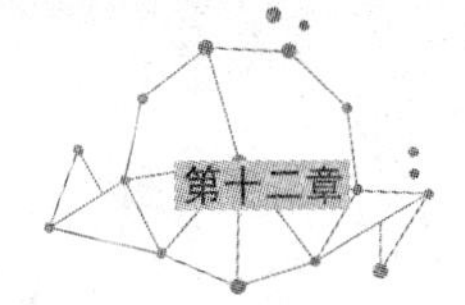

勒的美国业余地质学家在1908年提出来的。泰勒出生于一个富裕家庭，既有足够的财力，又不受学术约束，可以按照不同寻常的办法来从事研究。他突然发现，非洲海岸与对面的南美洲海岸的形状十分相似。根据这个观察结果，他提出了大陆曾经到处滑动的见解。他提出——结果证明他很有先见之明——几块大陆轰然撞在一起，形成了世界上的山脉。不过，他没有拿出多少证据，该理论被认为不切实际，不值得予以重视。

然而，在德国，有一位理论家接受了泰勒的观点，而且予以高度重视。他就是马尔堡大学的气象学家阿尔弗雷德·魏格纳。魏格纳考察了许多植物和化石的反常现象，那些现象无法纳入地球历史的标准模型。他认识到，要是用常规的方法来加以解释，那简直说不通。动物化石不断在海洋两岸发现，而海洋很宽，动物显然是游不过去的。他心里转念，有袋动物是怎么从南美洲跑到澳大利亚去的？为什么同样的蜗牛出现在斯堪的纳维亚半岛和新英格兰？你怎么解释煤层和其他亚热带残迹会出现在斯匹次卑尔根群岛这样的寒带地区，如果它们不是以某种方式从气候较热的地方迁移过来的话？

魏格纳提出了一种理论，认为世界上的大陆原先属于一个陆块，他称其为“泛大陆”，植物群和动物群可以混杂在一起；只是到了后来，联合古陆才裂成几块，漂移到现在的位置。他写了《海陆的起源》一书来阐述他的观点。1912年，该书以德文出版——尽管两年后爆发了第一次世界大战——3年以后又出版了英文版。

由于战争，魏格纳的理论起初没有引起多大注意。但是，他在1920年出版了修订本，并进行了扩充，它很快成了人们讨论的话题。大家都认为，大陆在移动——不是左右移动，而是上下移动。垂直移动的过程，即所谓的地壳均衡，是几代人地质信念的一个基础，虽然谁也提不出令人信服的理论来解释它是怎么发生的，或为什么发生。有一种见解直到我上小学时还在教科书里出现过，那就是在世纪之交由奥地利人爱德华·休伊斯提出的“烤苹果”理论。该理论认为，随着灼热的地球冷却下来，它皱缩成烤苹果的模样，创建了海洋和山脉。且不说詹姆斯·赫顿早就说过：真是这样一种静止的安排的话，由于侵蚀作用夷平了凸处，填平了凹处，地球会成为一个毫无特色的球体。卢瑟福和索迪在20世纪初还指出了另一个问题：地球蕴藏着巨大的热量——巨大得根本谈不上休伊斯所说的冷却和皱缩。无论如何，要是休伊斯的理论真是正确的话，山脉就会在地球表面上分布得很均匀，而实际情况显然不是那样的；年龄也会差不多

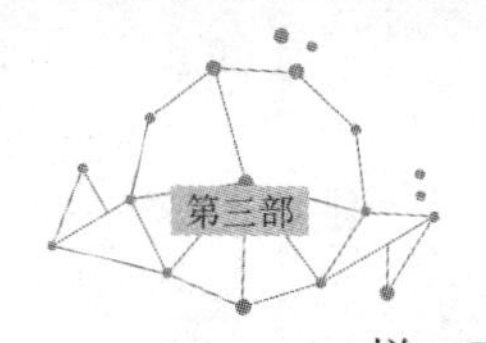

一样，而到20世纪初，情况已经一清二楚，有的山脉（比如乌拉尔山脉和阿巴拉契亚山脉）要比别的山脉（比如阿尔卑斯山脉和落基山脉）古老几亿年。提出一种新的理论的时机显然已经成熟。不幸的是，地质学家们不希望把这个任务交给阿尔弗雷德·魏格纳来完成。

首先，他的观点很激进，对他们学科的基础提出了质疑，不大可能在听众中产生多大热情。这样的一种挑战即使来自一位地质学家，也会是相当痛苦的，而魏格纳没有地质学的背景。天哪，他是一位气象学家，一名气象员——德国的气象员。这个缺陷是无法弥补的。

所以，地质学家们想方设法要驳斥他的证据，贬低他的见解。为了回避化石分布的问题，他们就架起古代“陆桥”，只要那里需要。当发现一种名叫“三趾马”的古马同时生活在法国和美国佛罗里达州的时候，一座陆桥就在大西洋上架起来了。当发现古代的貘同时存在于南美洲和东南亚，他们又架起了一座陆桥。过不多久，史前海洋的地图上几乎到处都是假想的陆桥——从北美洲到欧洲，从巴西到非洲，从东南亚到澳大利亚，从澳大利亚到南极洲。如果需要把一种生物从一个大陆搬到另一个大陆，就会冒出一个卷须状的连接物，它忽然出现，又忽然消失，最后就无影无踪了。当然，这种东西没有一丝一毫的根据——是大错特错的。然而，在此后的半个世纪里，它是地质学的正统观念。

有的事情，即使陆桥也无法解释。人们发现，有一种在欧洲很著名的三叶虫在纽芬兰也生活过——但只是在该岛的一侧。谁也无法令人信服地解释，三叶虫怎么能跨越3 000公里的汹涌大海，却又绕不过那个300公里宽的岛角。另一种三叶虫的情况更是反常，它出现在欧洲和美国西北部的太平洋沿岸，而在中间地带却不见踪影。这与其说需要一座陆桥，不如说需要一座立交桥。然而，直到1964年，《大英百科全书》在讨论各种不同的理论时，还把魏格纳的理论说成是“充满了许多严重的理论问题”。魏格纳犯过错误，这点不假。他断言格陵兰岛在以每年大约1.6公里的速度向西漂移，这完全是胡说八道。（更可能是1厘米。）尤其是，他对大陆移动不能做出有说服力的解释。若要相信他的理论，你不得不承认大陆不知怎的像犁耕地那样被推过坚实的地壳，而又没有在后面留下犁沟。根据当时的认识，无法解释是什么力驱动了这样大规模的移动。

英国地质学家阿瑟·霍姆斯曾为确定地球的年龄做出了很大贡献。这次又是他提出了一种看法。霍姆斯是知道热辐射会在地球内部产生对流的第一位科学家。从理论上说，这种对流可能力量很大，能使大陆平面滑动。1944年，霍

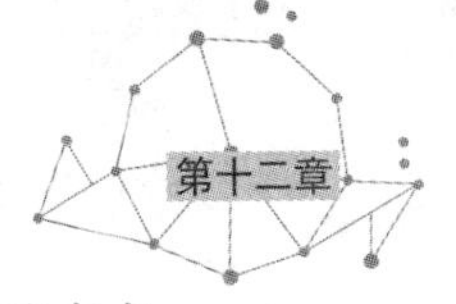

姆斯首次出版了一本深受欢迎、很有影响的教材《物理地质学原理》。在这本书里，他提出了大陆漂移学说。该理论的许多基本原则今天依然盛行。它在当时是一种很激进的见解，受到了许多人的批评，尤其在美国。美国人抵制漂移学说的时间比别处要长。有一位美国评论家发愁地说，霍姆斯论点清楚，令人信服，学生们慢慢会信以为真。他的话毫无挖苦之意。然而，在别处，新理论受到了坚决的同时又是谨慎的支持。1950 年，英国科学促进协会在年会上进行了一次表决，表明大约半数代表现在已经欣然接受了大陆漂移的观点。（过不多久，哈普古德引用了这个数字作为一个证据，证明英国地质学家已经多么可悲地误入歧途。）有意思的是，霍姆斯本人有时候对自己的看法也有点动摇。1953 年，他承认："对于大陆漂移学说，我从来没有摆脱过一种令人不安的反感；作为地质学家，恕我直言，骨子里我觉得这个假设是个荒唐的假设。"

大陆漂移学说在美国不是完全无人支持。哈佛大学的雷金纳德·戴利就为它辩护。但是，也许你还记得，他就是提出月球是由一次宇宙撞击形成的那位先生。人们往往认为他的看法很有意义，甚至很有价值，但有点儿华而不实，因此不值得认真考虑。因此，大多数美国学者坚持认为，大陆向来就在现在的位置，它们的表面特征可以归因于漂移学说之外的原因。

有意思的是，石油公司的地质工作者多年来已经知道，要想找到石油，你不得不考虑的正是板块构造所必然包含的这种表面移动。但是，石油地质工作者不写学术论文。他们只找石油。

地球理论还有一个谁也没有解决，或接近于解决的问题。那就是，这么多沉积物都上哪里去了？地球上的江河每年要把大量被侵蚀的材料——比如，5 亿吨钙——带进大海。要是你把这一过程的年数乘以沉积速度，你就会得出一个惊人的数字：海底应该有一层大约 20 公里厚的沉积物——或者换一种说法，海底现在应该远远高出海面。科学家们以最简单的办法来对付这个不可思议的问题——不予理会。但是，终于到了一个时刻，不理会已经不行了。

第二次世界大战期间，普林斯顿大学的矿物学家哈里·赫斯负责指挥一条攻击运输舰"约翰逊角号"。舰上配有一台高级的新型测深器，名叫回声测深仪，以便在海滩登陆过程中操作更加方便。但是，赫斯意识到，这台仪器也可以用于科学目的，因此即使到了远海，即使在战斗最激烈的时候，也从不关掉。他的发现完全出人意料。如果海底像大家认为的那样很古老，那么就该有一层厚

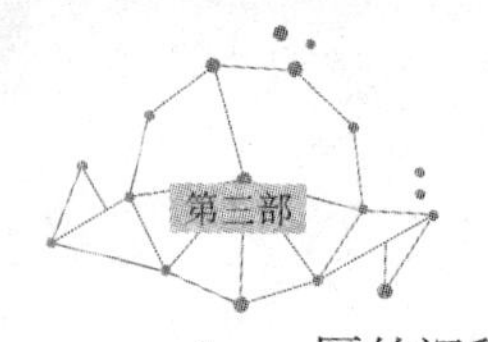

厚的沉积物，就像河底或湖底的淤泥那样。但是，赫斯的测量结果表明，海底根本没有又黏糊又平滑的古代泥沙。那里到处都是悬崖、沟壑和裂缝，还有星罗棋布的海底火山，即平顶海山。他称其为盖约特，以纪念早年普林斯顿大学的地质学家阿诺德·盖约特。这一切都是个谜，但赫斯的任务是打仗，他便把这些想法搁置脑后了。

战争结束以后，赫斯回到普林斯顿，主要从事教学工作，但海底之谜仍在他的脑海里占有一席之地。与此同时，在整个 20 世纪 50 年代，海洋学家对海底的考察日渐深入。在此过程中，他们发现了一件更加出人意料的事：地球上最雄伟、最大的山脉是在——主要部分是在——水下。它沿着世界的海床不断延伸，犹如网球上的花纹。要是从冰岛开始向南进发，你顺着这山脉可以抵达大西洋的中心，然后绕过非洲底部，越过印度洋和南太平洋，进入澳大利亚下方的太平洋；接着，它斜穿太平洋，仿佛要去加利福尼亚半岛，实际上突然隆起，成为美国本土到阿拉斯加的西海岸。偶尔，它的山峰戳出水面，形成海岛或群岛——比如，大西洋上的亚速尔群岛和加那利群岛、太平洋上的夏威夷群岛，但大部分淹没在几公里深的海水下面，无人知晓，无人想到。如果把所有的支脉加在一起，该山脉总长达 75 000 公里。

在一段时间里，人们对这些知之甚少。19 世纪铺设海底电缆的人已经发现，大西洋中部有山脉妨碍电缆的走向，但山脉的连贯性质和整体范围完全出乎人们意料。而且，它的形状很不规则，难以解释。在大西洋中部那座山冈的中段，下面有个峡谷——一条裂缝——宽达 20 公里，全长 19 000 公里。这似乎表明，地球在沿着裂缝裂成两半，就像果仁爆裂出壳那样。这种看法荒诞不经而又扰乱人心，但那种迹象是不可否认的。

接着，1960 年，岩心样品显示，大西洋中部海底的山脊还相当年轻，但由此向东或由此向西，却变得越来越古老。经过考虑，哈里·赫斯觉得那种情况只有一种意思：新的海底地壳正在中央裂缝的两侧形成，然后被后面随即产生的更新的地壳向外推开。大西洋洋底实际上是两条大的传送带，一条把地壳传向北美洲，一条把地壳传向欧洲。这个过程后来被称为海底扩张。

地壳抵达与大陆交界处的终点以后，又突然折回地球内部，这个过程称为潜没。该学说解释了那么多沉积物的去向。原来，它源源不断地回到了地球的肚子里。该学说还说明了各处的海底都比较年轻的原因。人们发现，各处的海底年龄都不超过 1.75 亿年。这在过去是个谜，因为大陆上的岩石年龄往往有几

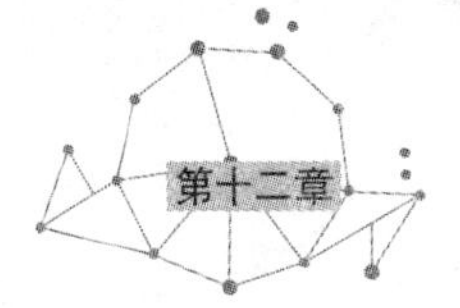

十亿年。现在，赫斯终于明白了，海底岩石的存在时间，只是它来到海边所花的时间。这是一种美好的理论，解释了不少事情。赫斯在一篇重要的论文里阐述了他的观点。但是，这些观点几乎没有引起广泛的重视。有时候，世界对优秀的见解还完全缺乏思想准备。

与此同时，有两位独立开展工作的研究人员，正利用几十年前已经发现的一个有意思的地球史实，获得一些惊人的结果。1906 年，法国物理学家贝尔纳·布吕纳发现，这颗行星的磁场不时自行逆转，逆转的情况永久记录在某些正在形成的岩石里。具体来说，岩石里的铁矿石小粒子指向磁极，无论在它们形成之时磁极恰好在哪里，在岩石冷却和凝固的过程中永远指着那个方向。实际上，岩石“记住”了自己形成之时磁极的方向。多年来，人们只是觉得这很有意思。但是，在 20 世纪 50 年代，伦敦大学的帕特里克·布莱克特和纽卡斯尔大学的 S.K. 朗科恩研究了凝固在英国岩石里的古代磁场模式，说轻一点也是感到非常吃惊地发现，那些岩石表明，在遥远过去的某个时候，英国曾发生自转，向北移动了一段距离，仿佛是不知怎的脱了缆绳。而且，他们还发现，要是你把一幅欧洲的磁场模式图放在同一时期的美国磁场模式图旁边，二者完全合拍，就像是一封被撕成两半的信。这有点儿怪。他们的发现也没有引起注意。

最后，是剑桥大学的两个人把这些线头拢到一起。一位是地质学家德拉蒙德·马修斯，另一位是他的一名研究生，名叫弗雷德·瓦因。他们利用对大西洋海床的磁场的研究成果，很有说服力地表明，海床正以赫斯所推测的方式不断扩展，而且大陆也在移动。加拿大地质学家劳伦斯·莫雷很倒霉，他在同一时间得出了同一结论，但找不到人发表他的论文。《地球物理研究杂志》的编辑对他说：“这些推测拿到鸡尾酒会上去当作聊天资料倒还挺有意思，但不该拿到一份严肃的科学杂志来发表。”这件事成了一个冷落他人的著名例子。有一位地质学家后来把它描述成“很可能是有史以来被拒绝发表的最有意义的地球科学论文”。

无论如何，提出地壳移动的观点的时刻终于来到了。1964 年，该领域许多最重要的人物出席了由英国皇家学会在伦敦主办的研讨会。突然之间，好像人人都改变了观点。会议一致认为，地球是一幅由互相连接的断片组成的镶嵌画。它们挤挤搡搡的样子说明了地球表面的许多现象。

过不多久，“大陆漂移”的名字便被弃之不用，因为人们意识到，在移动的不光是大陆，而是整个地壳。但是，过了一段时间才为那些断片确定了名字。

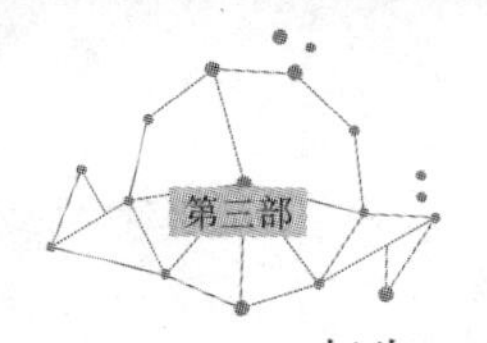

起先，人们称其为“地壳积木”，有时候还称其为“铺路石”。直到1968年末，三名美国地震学家在《地球物理研究杂志》发表了一篇论文，那些断片才从此有了现在的名字：板块。同一篇文章称这种新断片为“板块构造”。

旧的思想很难咽气，不是人人都马上接受那种激动人心的新理论。直到20世纪70年代，一本深受欢迎而又影响很大的、由德高望重的哈罗德·杰弗里斯撰写的教材《地球》，还像1924年初版时那样，坚持认为板块构造学说在物理上不能成立。它同样不承认对流理论和海床扩展理论。在1980年出版的《盆地和山岭》一书中，约翰·麦克菲指出，即使到了那个时候，每8名美国地质学家中仍有1名不相信板块构造学说。

今天，我们知道，地球表面是由8—12个大的板块（取决于你怎么界定大小）和约20个较小的板块组成的；它们都在以不同的速度朝不同的方向移动。有的板块很大，不大活跃；有的很小，但能量很大。它们与所在陆块只有一种附带关系。比如，北美板块比跟它有关的大陆要大得多。它大致沿着该大陆的西海岸伸展（由于板块边界上的磕磕碰碰，因此那个地区经常发生地震），但与东海岸完全没有关系，而是越过大西洋的一半路程，抵达大西洋中部的山脊。冰岛从中间一分为二，在板块上一半属于美洲，一半属于欧洲。与此同时，新西兰是巨大的印度洋板块的组成部分，虽然这个国家远离印度洋。大多数板块都是这种情况。

人们发现，现代陆块和古代陆块之间的关系，比想象的要复杂得多。哈萨克斯坦原来一度与挪威和新英格兰相连。斯塔腾岛的一角，仅仅是一角，属于欧洲。部分纽芬兰也是。在马萨诸塞州的海滩拾起一块石头，你会发现它最近的亲属如今在非洲。苏格兰高地以及斯堪的纳维亚半岛的很多地区，有相当部分属于美洲。据认为，南极洲的沙克尔顿山脉的有些地区可能一度属于美国东部的阿巴拉契亚山脉。总之，岩石是会来来往往的。

由于连续不断的动荡，这些板块不会合成一个静止的板块。如果大体上按照目前的情况发展下去，大西洋最终会比太平洋大得多。加利福尼亚州的很大一部分将漂离大陆，成为太平洋里的马达加斯加岛。非洲将朝北向欧洲推进，把地中海挤出局，在巴黎和加尔各答之间隆起一条雄伟的喜马拉雅山脉。澳大利亚将与北面的海岛连成一片，隔着一条狭长的地峡与亚洲相望。这些都是未来的结果，不是近期可见的事情。事情现在已在发生。我们在这里坐着的时候，大陆正在漂动，就像池塘里的一片叶子那样。多亏有了全球定位系统，我们可以看到欧洲和北美洲正以指甲生长的速度——大约以人的一生2米的速度——

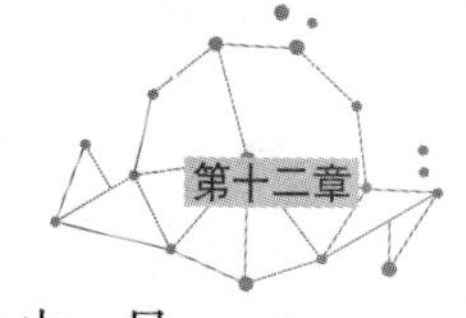

渐渐远离。要是你愿意久等的话，你可以乘着板块从洛杉矶一路到旧金山。只是因为人的寿命太短，我们才无法享受这种变化。要是你看一眼地球仪，你看到的其实只是一张快照，记录着大陆在地球史的千分之一时间里的状态。

在岩质行星中，只有地球才有板块。为什么是这样，这多少是个谜。这不仅是个大小或密度的问题——在这些方面，金星几乎是地球的孪生兄弟，但它没有板块活动——而我们也许恰好有这种材料，恰好有这么多量，使地球永远充满生气。据认为——真的仅仅是认为——板块是地球机体的重要组成部分。正如物理学家兼作家詹姆斯·特雷菲尔所说："如果说构造板块的移动对地球的生命发展没有影响，这是难以想象的。"他认为，构造地质学引发的挑战——比如气候变化——对知识进步是个重要的促进。还有人认为，大陆漂移至少是地球上某些物种灭绝的原因。2002 年 11 月，剑桥大学的托尼·迪克森在《科学》杂志上写了一篇报道，强烈认为岩石史和生命史很可能有联系。迪克森确认，在过去的 5 亿年里，世界海洋的化学结构时常突然发生戏剧性的变化；这些变化往往与生物史上的重大事件有关联——比如，大批微生物突然出现，后来形成了英格兰南部海岸的白垩悬壁；寒武纪贝类动物在海洋生物中突然增加；等等。谁也说不清什么原因导致了海洋化学成分不时发生戏剧性的变化。但是，海脊的张开和合拢显然可能是个原因。

无论如何，板块构造学不仅解释了地球的表面动力学——比如，古代三趾马是怎么从法国跑到了佛罗里达，而且还解释了它的许多内部活动。地震、群岛的形成、碳循环、山脉的位置、冰期的到来、生命本身的起源——几乎没有一样不是受这种了不起的新理论的直接影响的。麦克菲指出，地质学家们觉得眼花缭乱，"整个地球突然之间都说得通了"。

但是，只是在某种程度上。以往年代的大陆分布并不像大多数非地球物理学界人士认为的那样已经得到很好解决。虽然教科书上好像很有把握地列出了古代的陆块，什么劳拉古陆呀，冈瓦纳大陆呀，罗迪尼亚大陆呀，泛大陆呀，但它们有时候是以不完全能成立的结论为基础的。乔治·盖洛德·辛普森在《化石与生命史》中指出，古代世界的许多种动植物出现在不该出现的地方，而却没有出现在该出现的地方。

冈瓦纳大陆一度是一块很大的陆块，连接澳大利亚、非洲、南极洲和南美洲。它的版图在很大程度上是根据古代一种名叫石苇的舌羊齿属植物的分布确定的。石苇在该发现的地方都有发现。然而，很久以后，世界的其他地方也发现了舌羊齿属植物，那些地方跟冈瓦纳大陆并不相连。这个令人不安的矛盾过去——现在仍然——很大程度上被忽略了。同样，一种名叫水龙兽的三叠纪爬行动物从南极洲到亚洲都有发现，证明了这两块大陆过去曾经相连的看法，但在南美洲或澳大利亚却从来没有发现过，而据认为这两个地方在同一时间曾经属于同一大陆。

还有许多地面特征构造地质学无法解释。以美国科罗拉多州丹佛为例。大家知道，这个地方海拔 1 500 米，但那个高度是近来才有的事。在恐龙漫步地球的年代，丹佛还是海底的组成部分，在几千米深的海水底下。然而，丹佛底下的岩石没有磨损，没有变形。要是丹佛是被互相撞击的板块托起来的话，情况不该是这样。无论如何，丹佛离板块的边缘很远，不可能受到它们的作用。这就好比你推一下地毯边缘，希望在对面的一端产生一个褶皱。在几百万年时间里，丹佛好像一直在神秘地上升，就像烤面包那样。非洲南部的许多地区也是这样。其中有一片 1 600 公里宽的地方，在 1 亿年里隆起了大约 1.5 公里，而据知没有任何有关的构造活动。与此同时，澳大利亚却在渐渐倾斜、下沉。在过去的 1 亿年里，它一方面朝北向亚洲漂移，另一方面它的主要边缘下沉了将近 200 米。看来，印度尼西亚在慢慢地没入水中，而且拖着澳大利亚一起下去。构造理论根本无法解释这些现象。

阿尔弗雷德·魏格纳没有活到看到自己的思想证明是正确的。1930 年，他在 50 岁生日那天独自一人出发去格陵兰岛探险，检查空投的补给品。他再也没有回来。几天以后，有人发现他冻死在冰面上。他被埋在那里，至今还在那里长眠，只是比他死的那天离北美洲近了大约 1 米。

爱因斯坦也没有活着看到自己支持了错误的一方。他 1955 年死于新泽西州的普林斯顿，实际上是在查尔斯·哈普古德发表批评大陆漂移理论是胡说八道的观点之前。

提出构造理论的另一个主要人物哈里·赫斯当时也在普林斯顿，将在那里度过他的余生。他的一位学生是个聪明的年轻人，名叫沃尔特·阿尔瓦雷斯，他最终将以完全不同的方式改变科学界。

至于地质学本身，大变革还刚刚开始，年轻的阿尔瓦雷斯为启动这个过程发挥了作用。

第四部　处境危险的行星

地球的任何一部分历史，犹如一个士兵的生活，由长期的无聊和短期的恐怖组成。

——英国地质学家德雷克·V. 埃基尔

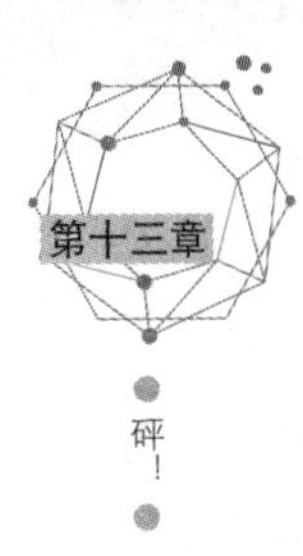

第十三章
砰！

人们很久以来就知道，艾奥瓦州曼森下面的泥土有点儿怪。1912 年，有个为该镇寻找水源而打井的人报告说，他掘出来许多奇形怪状的岩石——后来在一份官方报告中是这样描述的：“熔化的脉石里混杂着晶状的角砾岩屑”，“喷出物的结盖翻了个身”。那些水也很怪，它几乎是雨水般的软水。天然的软水以前在艾奥瓦州从来没有发现过。

虽然曼森的岩石很古怪，水很柔软，但直到 41 年以后艾奥瓦大学才派了一个小组来到那个地区。当时和现在一样，曼森只是该州西北部一个大约两万人口的小镇。1953 年，打了一系列实验性的钻孔以后，该大学的地质学家一致认为，这地方确实有点反常，但把变了形的岩石归因于古代的一次火山活动。这与当时的认识是一致的，但作为一个地质结论，那就大错特错了。

曼森的地质创伤，不是地球的内因造成的，而是来自至少 1.6 亿公里以外。在遥远遥远的过去的某个时刻，当曼森还位于某个浅海之滨的时候，一块大约 2.5 公里宽、100 亿吨重、也许以 200 倍声速飞行的岩石，穿过大气，砰地砸进

地球，其猛烈和突然的程度几乎是无法想象的。如今曼森所在的地方，霎时间变成了一个近5公里深、30多公里宽的大坑。今天，灰岩为艾奥瓦州的其他地方提供硬质矿泉水；而这里的石灰岩却被砸得一干二净，由受到猛烈震动的基底岩石取而代之。正是这种岩石，1912年令那位钻井工人感到迷惑不解。

曼森撞击事件，是美国本土发生过的最大的事件。绝对没错。它留下的坑是如此之大，要是你站在一处边缘，天气好的时候刚好看得见对面。它会使大峡谷相形见绌。对于爱好奇观的人来说很不幸的是，250万年前滑过的冰盾已经以大量的冰碛把曼森大坑完全填平，接着又把它磨得十分光滑，因此今天曼森以及周围几公里的景色平整得像个桌面。当然，这正是谁也没有听说过曼森大坑的原因。

在曼森图书馆，他们会很高兴给你看一批收藏的报纸文章和一箱子取自1991—1992年钻探工程的岩心样品——更确切地说，他们肯定会连忙把它们取出来——但是，你得主动索取才行。没有永久性的东西陈列在外面，镇上也没有修建任何历史标志物。

对大多数曼森人来说，发生过的最大事件是1979年的一场龙卷风。那风席卷主街，把商业区刮得七零八落。周围地势平坦有个好处，危险在老远的地方你就看得见。实际上，整个镇上的人都来到主街的一头，有半个小时光景一直望着龙卷风朝他们袭来，希望它会改变方向。但是没有。接着，他们聪明地四散逃跑。天哪，有四个人跑得不够快，结果丢了性命。如今，每年6月，曼森人都要举行为期一周的“大坑节”。这项活动是有人为了让大家忘却那个令人感到不愉快的周年纪念日而想出来的，它其实跟那个大坑毫无关系。谁也没有想出个办法来利用那个已经看不见的撞击现场。

“偶尔有人过来，问在哪里能看见那个大坑。我们不得不告诉他们，没有什么可看的，”友好的镇图书馆馆员安娜·施拉普科尔说，“他们听了有点失望，就走开了。”然而，大多数人，包括艾奥瓦人，从来没有听说过曼森大坑。连地质学家也觉得它不大值得一提。但是，到了20世纪80年代，曼森一时之间成了全球地质界最激动人心的场所。

故事始于20世纪50年代之初。当时，有一位名叫尤金·苏梅克的年轻有为的地质学家对亚利桑那州的陨石坑做了一次考察。今天，这个陨石坑是地球上最著名的撞击现场，也是个很热门的旅游胜地。然而，在那个年代，那里没有多少游客，这个陨石坑还经常被称作巴林杰坑，以有钱的采矿工程师丹尼

尔·M.巴林杰的名字命名。1903年，巴林杰出资买下了它的所有权。他认为，大坑是由一块1 000万吨重的陨石造成的，里面含有大量铁和镍。他信心十足地指望把铁和镍掘出来，从而发一笔大财。他不知道，在撞击的那一刻，陨石会连同里面所含的一切通通化成蒸气。在随后的26年里，他挖了许多坑道，结果一无所获，倒是浪费了一大笔钱。

按照今天的标准，20世纪初对大坑的研究起码可以说是比较简单。最初的主要研究人员是哥伦比亚大学的G.K.吉尔伯特，他通过向几锅燕麦粥里投掷弹子的办法来模仿撞击的作用。（出于我也说不清的理由，这些实验不是在哥伦比亚大学的实验室里做的，而是在旅馆房间里做的。）不知怎的，吉尔伯特从中得出结论，认为月球上的坑确实是由撞击形成的——这种说法本身在当时就有点激进，而地球上的坑不是。大多数科学家连这一点都拒不赞同。他们认为，月球上的坑表明了古代的火山活动，仅此而已。一般来说，地球上仅有的几个明显的坑（大多数已经被侵蚀干净）要么被归于别的原因，要么被视为罕见现象。

到苏梅克前来考察的时候，人们普遍认为陨石坑是由一次地下蒸气喷发形成的。苏梅克对地下蒸气喷发的事一无所知——他也无法知道：这种事并不存在——但是，他对爆炸地区的事知道得很多。大学毕业之后，他的第一项工作就是考察内华达州的尤卡弗莱兹核试验场的爆炸地区。他得出了与此前巴林杰得出的同样结论，陨石坑毫无火山活动的迹象，倒是有大量别的东西——主要是古怪而细微的硅石和磁铁矿石——表明撞击来自太空。他产生了极大兴趣，开始在业余时间研究这个问题。

苏梅克起初与同事埃利诺·赫林合作，后来又与他的妻子卡罗琳和助手戴维·列维合作，开始对太阳内部做系统研究。他们每个月花一周时间在加利福尼亚州的帕洛马天文台，寻找运行路线穿越地球轨道的物体，主要是小行星。

“刚开始的时候，在整个天文观察过程中只发现了10来个这种东西。”几年后苏梅克在一次电视采访中回忆说，“20世纪的天文学家基本上放弃了对太阳系的研究。”他接着说，“他们把注意力转向了恒星，转向了星系。”

苏梅克和他的同事们发现的是，外层空间存在着比想象的还要多——多得多——的危险。

许多人都知道，小行星是岩质物体，散落在火星和木星之间，在一片狭长空间里运行。在插图里，它们看上去总是挤作一团；实际上，太阳系是个很宽敞

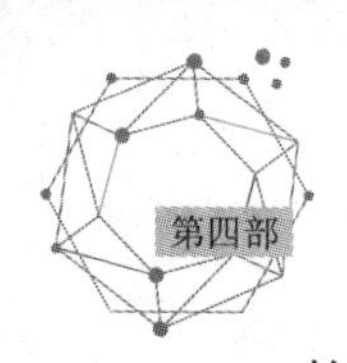

的地方，普通的小行星离它最近的邻居大约有 150 万公里之远。谁也说不清大概有多少颗小行星在太空里打滚，但据认为这个数字很可能不少于 10 亿颗。人们推测，小行星本来可以成为行星，但由于木星的引力很不稳定，使得它们无法——现在依然无法——结合在一起，因此它们的目的从未实现过。

第一次发现小行星是在 19 世纪初。第一颗小行星是一位名叫朱塞比·皮亚齐的西西里岛人在该世纪的第一天发现的——它们被看成行星。头两颗小行星被命名为谷神星和智神星。经过天文学家威廉·赫歇耳凭着灵感的多次演绎，认定它们远没有行星大，而是要小得多。他把它们称为小行星——拉丁语的意思是“像星”——这有点儿不幸，因为小行星压根儿不是星。现在它们有时被比较准确地称作类星体。

19 世纪初，寻找小行星成了一项很热门的活动。到该世纪末，已知的小行星多达 1 000 颗左右。问题是谁也没有对它们进行系统的记录。到 20 世纪初，往往分不清哪颗小行星是刚刚出现的，哪颗小行星只是以前发现过而后来又消失了的。而且，到那个时候，天文物理学已经发展到那种程度，很少有天文学家愿意把自己的时间用来研究岩质类星体这类普通的玩意儿。只有几个人对太阳系还有点兴趣，其中引人注目的有荷兰出生的天文学家赫拉德·柯伊伯，柯伊伯彗星带就是以他的名字命名的。多亏他在得克萨斯州麦克唐纳天文台的工作，以及随后别人在俄亥俄州辛辛那提“小行星中心”和在亚利桑那州“太空观测项目”的工作，一长串失踪的小行星渐渐被清理出来。到 20 世纪末，只有一颗已知的小行星——一颗被称为艾伯特 719 号的物体——去向不明。它上一次出现是在 1911 年 10 月；2000 年，在失踪 89 年以后，它终于被找到了。

因此，从小行星研究的角度来看，20 世纪主要做了大量的统计工作。实际上，只是到了最后几年，天文学家才开始计算和监视其他的小行星。2001 年 7 月以来，26 000 颗小行星得到命名和确认——其中半数都是在之前两年里完成的。面对多达 10 亿颗小行星需要确认的任务，统计工作显然才刚刚开始。

在某种意义上，这项工作并不很重要。确认一颗小行星不会使它安全一点。即使太阳系里的每颗小行星都有了名字，知道了它的轨道，谁也说不准什么摄动会使哪颗小行星朝我们飞来。我们无法预测岩石会对地球表面产生什么干扰。岩石在太空里飞行，我们无法猜测它们会干出什么。外层空间里的任何小行星有了名字以后很可能就到此为止。

假设地球的轨道是一条马路，上面只有我们一辆汽车在行驶，但这条马路

经常有行人穿过，他们踏上马路以前又不知道先看一眼。至少有90%的行人我们不大认识，我们不知道他们住在哪里，不知道他们的作息时间，不知道他们穿这条马路的次数。我们只知道他们在某个地点，每隔不确定的时间，慢步走过这条马路，而我们正沿着这条马路以每小时10万公里的速度行驶。正如喷气推进实验室的史蒂文·奥斯特罗所说："假如你可以打开一盏灯，照亮所有穿越地球轨道的大于10米左右的小行星，你会看到天空中有1亿个这类物体。"总之，你看到的不是远方有2 000颗闪闪发光的星星，而是附近有亿万个随意移动的物体——"它们都可能与地球相撞，都在天空中以不同的速度在稍稍不同的路线上移动。这真让人心惊胆战。"那么，你就心惊胆战吧，因为它们就在那里。我们只是看不见它们。

据认为——虽然只是根据月球上形成凹坑的速度所做的一种推测，共有2 000颗左右大得足以危及文明社会的小行星经常穿越我们的轨道。但是，即使是一颗很小的小行星——比如房子那么大小的小行星——也能摧毁一座城市。穿越地球轨道的比较小的小行星，几乎肯定数以十万计，很可能数以百万计，而它们几乎是无法跟踪的。

第一颗有可能造成危险的小行星是1991年才被发现的。那是在它已经飞过去以后。它被命名为1991BA号；我们注意到，它在17万公里以外的地方跟地球擦肩而过——按照宇宙的标准，这相当于一颗子弹穿过我们的袖子而又没有擦破胳膊。两年以后，又有一颗较大的小行星险些碰着地球，只相差14.5万公里——这是记录到的最接近的一次擦肩而过。这一次也是在它飞过去以后才发现的，它在毫无预兆的情况下光临地球。蒂莫西·费瑞斯在《纽约客》杂志中写道，这样的擦肩而过每星期很可能要发生两三次而又不为人们注意。

一个直径为100米的物体，要等到它距离我们还有几天的时候，地球上的天文望远镜才能发现，而且恰好是那台望远镜对准它，这是不大可能的，因为即使现在，在搜寻这类物体的人也为数不多。人们总是做这样的类比：世界上在积极寻找小行星的人数，还不及一家典型的麦当劳快餐店的职工人数。（实际上，现在比这多了一些，但多不了多少。）

正当尤金·苏梅克试图提醒人们注意太阳系内部的潜在危险的时候，由于哥伦比亚大学莱蒙特·多赫蒂实验室的一位年轻地质学家的工作，另一件大事——表面看来完全没有关系——在意大利悄悄揭开序幕。20世纪70年代初，

在距离翁布里亚地区的山城古比奥不远的地方，沃尔特·阿尔瓦雷斯正在一个名叫博塔西昂峡谷的峡道里做实地考察。他突然对薄薄的一层淡红色黏土发生了兴趣。这层黏土把古代石灰岩分为两层，一层属于白垩纪，一层属于第三纪。这在地质学里被称为KT界线。①它标志着6 500万年前恐龙和世界上大约一半其他种类的动物从化石记录中突然消失。阿尔瓦雷斯不大明白，只有6毫米左右厚的薄薄一层黏土，怎么能说明地球史上这么个戏剧性的时刻。

当时，关于恐龙灭绝的时间，人们通常的看法与一个世纪前查尔斯·莱尔时代一样——恐龙灭绝于几百万年以前。但是，这层薄薄的黏土显然表明，在翁布里亚，如果不是在别处的话，事情发生得非常突然。不幸的是，在20世纪70年代，没有人研究过积累那么一层黏土需要多长时间。

在正常情况下，阿尔瓦雷斯几乎肯定不会去管这个问题。但是，非常走运，他跟一个能帮得着忙的局外人有着无可挑剔的关系——他的父亲路易斯。路易斯·阿尔瓦雷斯是一位著名的核物理学家，10年前曾获诺贝尔物理学奖。他对自己的儿子爱上岩石总是有点儿瞧不起，但他对这个问题很感兴趣。他突然想到，答案可能在于来自太空的尘埃。

每年，地球要积攒大约3万吨"宇宙小球体"——说得明白一点，太空尘埃，要是扫成一堆，那倒不少，但若是撒在整个地球上，那简直微乎其微。在这层薄薄的尘埃里，散布着地球上不大常见的外来元素。其中有元素铱。这种元素在太空里要比在地壳里丰富1 000倍（据认为，这是因为地球上的大部分铱在地球形成之初已经沉入地心）。

路易斯·阿尔瓦雷斯知道，加利福尼亚州劳伦斯·伯克利实验室有一位名叫弗兰克·阿萨罗的同事，通过使用一种被称为中子活化分析的过程，发明了一种能精确测定黏土化学成分的技术。这项技术包括在一个小型核反应堆里用中子轰击样品，仔细计算释放出来的 γ 射线。那是一项要求极高的工作。阿萨罗以前用这种技术分析过几块陶瓷。阿尔瓦雷斯认为，要是他们能测定他儿子的土样中的一种外来元素的含量，再把那个含量与那种元素每年的沉积率进行比较，他们就可以知道那个样品是花了多长时间形成的。1977年10月的一天下

① 是KT界线，而不是CT界线，因为C已经用来代表"寒武纪"（*Cambrian*）。K不是来自希腊语*kreta*，就是来自德语*Kreide*。二者的意思都是白垩，这也是"白垩纪"（*Cretaceous*）的意思。

午，路易斯·阿尔瓦雷斯和沃尔特·阿尔瓦雷斯前去拜访阿萨罗，问他能不能为他们做几项必不可少的实验。

这个请求确实有点唐突。他们是在让阿萨罗花几个月的时间来对地质样品做最悉心的测定，仅仅为了证实一件从一开头似乎就不言而喻的事——从其薄薄的程度看出，这层黏土是短时间内形成的。当然，谁也没有指望这次研究会取得任何突破性的成果。

“哎呀，他们很讨人喜欢，很有说服力。”阿萨罗在2002年的一次采访中回忆说，“这似乎是个很有意思的挑战，因此我答应试一试。不幸的是，我手头有好多别的事，因此过了8个月才着手这项工作。”他查了查这段时间的笔记，“1978年6月21日下午1时45分，我们把一份样品放进检测器。机器转了224分钟，我们看得出正取得很有意思的结果，于是就关上机器看一眼。”

实际上，结果完全出人意料，三位科学家起先以为自己错了。阿尔瓦雷斯的样品里铱的含量竟然超过通常水准300多倍——远远在大家的预料之外。在此后的几个月里，阿萨罗和他的同事海伦·米歇尔经常一口气工作达30小时（“一旦开始，你就停不下来。”阿萨罗解释说），分析样品，总是得出同样的结果。他们还测试了来自别的地方——丹麦、西班牙、法国、新西兰、南极洲——的样品。结果表明，铱的沉积是世界性的，含量到处都很高，有时候高达通常水准的500倍。显然，突然发生过什么大事，很可能是灾难性的事，才产生了这样令人瞩目的示踪同位素。

经过反复思考以后，阿尔瓦雷斯父子得出结论，最说得通的解释——反正在他们看来是说得通的，是一颗小行星或彗星撞击了地球。

地球有时会遭到破坏性极大的撞击，这种看法并不像现在有时候会以为的那么新鲜。早在1942年，西北大学的天文学家拉尔夫·B.鲍德温已经在《通俗天文学》杂志上的一篇文章里提出了这种可能性。（他的文章之所以发表在这本杂志上，是因为没有哪个学术出版社愿意发表它。）至少有两名科学家——天文学家恩斯特·奥皮克和化学家、诺贝尔奖获得者哈罗德·尤里——也在不同的时刻对这种见解表示支持。即使在古生物学界，也不是没有这种看法。1956年，俄勒冈州立大学教授M.W.劳本弗斯在《古生物学杂志》中写道，恐龙有可能受到了来自太空的致命的撞击，实际上是阿尔瓦雷斯理论的前奏；1970年，美国古生物学会会长杜威·J.麦克劳伦在该学会的年会上提出，来自天外的撞击有可能是早年所谓“弗拉斯尼世灭绝”的原因。

好像是为了强调这种见解此时早就不新鲜，一家好莱坞电影制片厂在1979年拍摄了一部名叫《陨石》的电影（“它8公里宽……以每小时4.8万公里的速度飞来——我们无处躲藏！”）。该电影由亨利·方达、娜塔利·伍德、卡尔·莫尔登以及一块大岩石主演。

那么，1980年的第一个星期，当阿尔瓦雷斯父子在美国科学促进协会的一次会议上宣布，他们认为恐龙灭绝不是某个缓慢而又不可阻挡的过程的组成部分，发生在几百万年以前，而是一次突然发生的爆炸性事件的结果，大家不该再感到吃惊。

但是，大家深感吃惊。谁都认为这是一种不可思议的邪说，尤其在古生物学界。

“哎呀，你不得不记住，”阿萨罗回忆说，“我们在这个领域是外行。沃尔特是地质学家，他的专长是古磁学；路易斯是物理学家；我是核化学家。现在我们却在这里对古生物学家说，我们已经解决那个困扰了他们一个多世纪的难题。他们没有马上接受我们的看法，这是不足为奇的。”路易斯·阿尔瓦雷斯开玩笑说：“我们没有执照就在搞地质学，结果当场被人捉住了。”

但是，人们憎恨撞击理论有着更深层次的原因。自莱尔时代以来，大家一直认为，地球上的过程是渐进的，这是博物学的一个基本要素。到20世纪80年代，灾变说早已过时，实际上成了一种不可思议的理论。对大多数地质学家来说，关于破坏性极大的撞击的见解，正如尤金·苏梅克指出的，“违反了他们的科学教义”。

路易斯·阿尔瓦雷斯公开蔑视古生物学家和他们对科学知识的贡献，这也无济于事。“他们更像是集邮者。”他在《纽约时报》的一篇文章里写道。这篇文章至今依然刺人。

阿尔瓦雷斯理论的反对者对铱的沉积提出了许多不同的解释——比如，他们认为这是由印度源源不断的火山喷出物产生的，即所谓的“德干暗色岩”（“暗色岩”是瑞典文，指一种熔岩；“德干”指今天的德干半岛），他们尤其坚持认为，根据铱界的化石记录，没有证据表明恐龙是突然消失的。达特茅斯学院的查尔斯·奥菲瑟是态度最坚决的反对者之一。他坚持认为，铱是由火山活动沉积的，即使他在一次记者采访中承认，他拿不出真凭实据。直到1988年，在接受一次调查的美国古生物学家当中，半数以上依然认为恐龙的灭绝跟小行星或彗星撞击毫无关系。

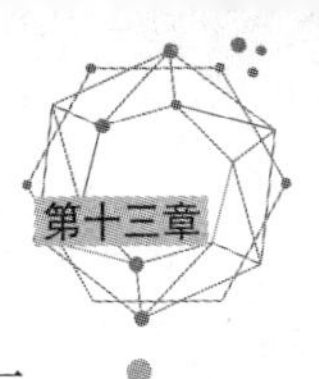

有一样最明显地可以支持阿尔瓦雷斯父子理论的东西，正是他们缺少的一样东西——一个撞击现场。尤金·苏梅克出场了。苏梅克在艾奥瓦有个关系——他的儿媳在艾奥瓦大学任教——他通过自己的研究很熟悉曼森大坑。多亏了他，大家的目光现在转向艾奥瓦。

地质学这个职业各地不一样。艾奥瓦是个地势平坦、地层毫无特色的州。因此，相对而言，艾奥瓦的地质工作往往风平浪静。这里没有高耸的山峰或滑动的冰河，没有石油或贵重金属的大量储备，没有岩浆奔流的迹象。如果你是艾奥瓦州聘用的一名地质学家，你的大部分工作是评估全州的"幽禁动物工作者"——猪场主——被要求定期提供的"肥料管理计划"。艾奥瓦州养了1 500万头猪，因此有大量的肥料需要管理。我毫无讽刺挖苦的意思——这项工作非常重要，要有丰富的知识，使艾奥瓦的水源保持清洁。但是，即使有世界上最强的意志力，在寻找古代孕育生命的石英的过程中，它也无法完全回避皮纳特博峰上的熔岩炸弹，或者忽略格陵兰冰盖上的裂隙。因此，我们完全可以想象，当20世纪80年代中期世界地质学界把注意力集中在曼森和曼森大坑的时候，艾奥瓦州的自然资源部会有多么激动。

艾奥瓦城的特罗布里奇大楼是在世纪之交建造的一栋红砖建筑物。它是艾奥瓦大学地球科学系的所在地，艾奥瓦自然资源部的地质学家们就在上面阁楼似的地方办公。谁也记不大清是什么时候，更记不大清是什么原因，该州的地质工作者被放在一个学术机构里，但你可以得到这样的印象：空间给得很少，因为办公室很窄小，天花板很低，进出很不方便。当有人带着你往里走的时候，你要有思想准备，你会被领上一个屋脊，被从窗户里扶进一间屋子。

雷·安德森和布赖恩·威策克就在这里办公，在乱七八糟的报纸、杂志、图表和石头标本堆里度过他们的上班时间。（地质学家们向来善于使用压纸器。）在这样的地方，要是你想找个什么东西——一把备用的椅子，一只咖啡杯，一部铃在响的电话机，你非得先搬开几大堆文件。

"突然之间，我们来到一大堆东西中间。"安德森想起当年的情景，眼睛一亮，对我说。7月一个阴暗的上午，天下着雨，我在他们的办公室里见到了他和威策克。"这是个美妙的时刻。"

我向他打听尤金·苏梅克。苏梅克好像是一位深受大家敬重的人物。"他真是个了不起的家伙，"威策克毫不犹豫地答道，"要不是他，整个事情压根儿不

会有进展。即使有了他的支持，也花了两年时间才开始运作起来。钻孔是一件很花钱的事——当时每钻进 1 米大约要花 115 美元，现在花得更多，而我们需要钻到近 1 000 米深。”

“有时候还要深。”安德森补充说。

“有时候还要深，”威策克表示同意，“在有几个地方。因此，你就需要大量的钱。肯定会超过我们的预算。”

于是，艾奥瓦地质勘测局和美国地质勘测局决定联手合作。

“至少我们以为是一次合作。”安德森露出一丝苦笑说。

“实际上，这对我们来说是交了一次学费，”威策克接着说，“在整个合作期里出现了大量伪科学——有的人匆忙得出结论，那些结论并不总是经得起检验的。”有一次发生在 1985 年的美国地球物理学联合会年会上，美国地质勘测局的格伦·艾泽特和 C.L. 皮尔莫尔宣布，曼森大坑的年代恰好与恐龙灭绝有关。这个说法引起了新闻界的高度重视，但不幸的是尚不成熟。你只要仔细检查一下那个数据就会发现，曼森大坑不仅很小，还早了 900 万年。

这对他们的事业是个挫折。安德森和威策克最初听到这个消息是在他们出席南达科他州的一次会议的时候。他们发现人们以同情的目光朝他们走来，说：“我们听说你们丢了那个大坑。”艾泽特和美国地质勘测局的其他科学家刚刚宣布了经过修改的数字，表明曼森大坑原来不是造成恐龙灭绝的原因。这对安德森和威策克来说还是新闻。

“这真令人吃惊，”安德森回忆说，“我的意思是，我们本来有一件着实重要的东西，然后突然之间又失去了。但是，更加糟糕的是，我们意识到，那些我们以为在跟我们合作的人懒得与我们分享他们的新成果。”

“为什么？”

他耸了耸肩：“谁知道呢？反正我们深刻体会到，科学原来可以这么无聊，要是你玩到一定水平的话。”

考察工作转向别处。1990 年，亚利桑那大学一位名叫艾伦·希尔德布兰德的考察员碰巧遇见一名《休斯敦纪事报》的记者。该记者恰好知道有一个来历不明的巨大的圆形结构。它位于新奥尔良正南大约 950 公里的地方，在墨西哥尤卡坦半岛的奇克休留布地下，离普罗格雷索市不远，宽达 193 公里，深有 48 公里。这个结构是由墨西哥石油公司于 1952 年发现的——恰好是尤金·苏梅克首次考察亚利桑那州的陨星坑的那一年——但该公司的地质学家认为那是火山

形成的，与当时的思想完全一致。希尔德布兰德来到该地，很快就得出结论，他们找到了想要找的大坑。到1991年初，已经确定它就是撞击的现场，几乎令每个人都感到很满意。

然而，许多人仍然不大理解撞击到底会产生什么后果。史蒂芬·杰·古尔德在一篇短文中说："起先，我对这样的事件的威力仍然抱有强烈的怀疑态度……一个直径只有10公里的物体，怎么会对一个直径1.3万公里的行星造成这么大的破坏？"

这真是踏破铁鞋无觅处，得来全不费工夫，对该理论进行一次自然测试的机会很快就来到了。苏梅克和列维发现了苏梅克－列维9号彗星，而且他们很快意识到，它正向木星飞去。人类首次能亲眼目睹宇宙里的一次撞击——而且多亏了新的哈勃太空望远镜，看得非常清楚。据柯蒂斯·皮布尔斯说，大多数天文学家不抱多大希望，尤其因为彗星不是个紧密的球体，而是一连串21个碎块。"我觉得，"有人写道，"木星没打个嗝就会把这些彗星吞吃了。"撞击之前的一个星期，《自然》杂志刊登了一篇题为《大失败即将到来》的文章，预言撞击只不过会是一场流星雨。

撞击于1994年7月16日开始，持续了一个星期，其威力之大超出任何人的预料——有可能尤金·苏梅克是个例外。有个名叫"核G"的碎块，其撞击威力高达6万亿吨级——相当于现有核武器的总威力的75倍。核G只有大约一座小山大小，但它在木星表面造成了地球大小的伤口。这对批评阿尔瓦雷斯理论的人来说是决定性的打击。

路易斯·阿尔瓦雷斯永远也不知道发现了奇克休留布大坑或苏梅克－列维彗星。他于1988年与世长辞。而且，苏梅克也去世得太早。在木星撞击事件发生3周年之际，他和他的妻子正在澳大利亚腹地。他每年都要去那里寻找撞击现场。在塔塔米沙漠的一条土路上——这里通常是地球上最空旷的地方，他们正翻越一个小丘，恰好对面来了另一辆汽车。苏梅克旋即丧命，他的妻子受了伤。他的部分骨灰被"月球探索者号"宇宙飞船送上了月球，其余的撒在陨星坑周围。

安德森和威策克的大坑不再是恐龙灭绝的原因。"但我们仍然拥有美国本土最大、保存最完好的撞击坑。"安德森说。（为了让曼森大坑保持最高的地位，用词方面需要有点儿灵活性。别的坑还要大——引人注目的是切萨皮克湾，它

于1994年被确认是个撞击现场——但它们不是在近海，就是变了形。）“奇克休留布大坑被埋在两三公里的石灰岩下，而且大部分在近海。这就使得研究工作很困难，”安德森接着说，“而曼森大坑是完全进得去的。正因为它被埋在地下，所以还处于比较原始的状态。”

我问他们，要是今天有一块类似的岩石朝我们飞来，我们有多长的警报时间。

“哦，很可能没有，”安德森轻松地说，“要等它发热肉眼才看得见，而它在接触大气以前是不会发热的。到了那个时刻，大约再过一秒钟它就要撞击地球。它的速度比最快的子弹还要快好几十倍。除非有人用天文望远镜发现它，而那根本是没有把握的事，它会完全对我们来个突然袭击。”

一个物体撞击地球的力量，取决于许多变数——其中包括冲击物进入大气的角度，它的速度与轨道，是迎面相撞还是从斜里相撞，以及它的质量与密度——这一切，事后几百万年我们都无法知道。但是，科学家们能做的，也就是安德森和威策克已经做的，是测量撞击现场和计算释放出的能量。根据那些结果，他们可以推断出当时肯定是什么情景——或者更令人寒心地说，如果现在发生的话，将会是什么情景。

当一颗以宇宙速度飞行的小行星或彗星进入大气层的时候，它的速度如此之快，下面的空气来不及让路，会像自行车打气筒里的空气那样被压缩。使用过打气筒的人都知道，受到压缩的空气马上会变热，底下的温度有可能升高到大约6万摄氏度，或10倍于太阳的表面温度。在抵达我们大气层的刹那间，陨星所经之处的一切——人、房子、工厂、汽车——都会坍缩，像胶膜那样在烈火中消失。

进入大气层一秒钟之后，陨星就会撞击地球表面。在那里，曼森人一会儿之前还在各忙各的事。陨星本身也顿时化成蒸气，发生爆炸。爆炸会炸掉1 000立方公里的岩石、泥土和过热的气体。在方圆250公里之内，凡是在陨星进入大气层的过程中没有被热死的生物，此刻会在爆炸中死于非命。第一轮冲击波几乎会以光的速度向外辐射，横扫前面的一切事物。

对于直接灾区以外的人来说，第一个感觉是一道炫目的闪光——人的肉眼所见到过的最亮的闪光——紧接着是一幅难以想象的恐怖情景，仿佛世界末日已经来临，持续一刹那到一两分钟：一片翻滚的黑幕以每小时几千公里的速度向前推进，挡住了整个视野，直达九天云霄。它的到来是悄然无声的，因为它移动的速度远远超过了声速。要是有人——比如说——在奥马哈或得梅因的高

楼上，恰好看着那个方向，他会见到一片混乱，接着顿时被湮没其中。

不出几分钟，从丹佛到底特律的广大地区，包括曾经是芝加哥、圣路易斯、堪萨斯城、姐妹城的地方——一句话，整个美国中西部，差不多每个直立的东西都会被夷为平地或燃起大火，差不多每个生物都会死亡。远在 1 500 公里以外的人会被一阵飞弹击倒在地、撕成碎片或狠揍一顿。到了 1 500 公里以外，爆炸的破坏程度会逐渐减小。

但是，那仅仅是第一轮冲击波。有关的破坏程度大家只能猜猜而已，但无疑会是很严重的，全球性的。撞击肯定会引发一连串破坏性极大的地震。全球的火山会开始隆隆作响，喷出火焰。海啸也会被引发，掀起的巨浪冲向远方的海岸，造成极大的破坏。不出一个小时，地球会一片漆黑，燃烧的岩石和其他碎物到处飞舞，把这颗行星的大部分地方变成一片火海。有人估计，到第一天过去的时候，至少会有 15 亿人没了性命。对电离层的巨大干扰会使各地的通信系统陷于瘫痪，因此幸存者无法知道别处在发生的事，往哪里逃命。这也已几乎无关紧要。有一位评论家说，逃跑意味着“在慢死和快死之中选择慢死。无论你怎么改变位置，死亡的人数不会受到多大影响，因为地球支持生命的能力将会普遍降低”。

撞击产生的浓烟和飞灰以及随之发生的大火，肯定会遮天蔽日达数月之久，有可能是数年之久，打乱了生长周期。2001 年，加州理工学院的研究人员分析一次 KT 撞击留下的沉积物里的氦同位素后，得出结论说，它对地球气候的影响达 1 万年左右。这完全可被用作证据，证明恐龙的灭绝是快速的，彻底的——从地质学看来，情况就是如此。人类在多大程度上或是否能够应付这样的事件，我们只能猜猜罢了。

记住，这样的事件很可能像是晴天霹雳，令人猝不及防。

不过，我们来假设一下，我们看到了那个物体在飞过来。我们会怎么办？人人都认为，我们可以发射一枚核弹头，把它炸成碎片。然而，那种办法有几个问题。首先，正如约翰 · S. 刘易斯所说，我们的导弹不适于在宇宙里作业。它们没有本事摆脱地球的引力；即使摆脱了地球的引力，我们也没有这个装置来操纵它们，让它们在太空里飞行数千万公里。我们更不可能发射一飞船警察去为我们干这个活儿，就像电影《世界末日》里的场面那样；我们不再拥有能把人送上月球的火箭。最后一枚那种火箭——木星 5 型火箭——已于几年前退役，再也没有替身。我们也无法马上制造一枚，因为木星火箭的图纸已经令人

吃惊地在美国国家航空航天局的一次春季大扫除中给销毁了。

即使我们成功地设法将一枚弹头射中小行星并把它炸得粉碎，我们很可能只能把它变成一连串岩石；那些岩石会像苏梅克－列维彗星撞击木星那样一个接一个地朝我们砸过来——不同之处在于那些岩石现在都具有强烈的辐射作用。亚利桑那大学负责寻找小行星的汤姆·格雷尔斯认为，即使有一年的预警时间也很可能不足以采取适当的行动。然而，更大的可能性是，我们看不到任何物体——即使是彗星——直到只剩下 6 个月左右时间，那时候就太晚了。自 1929 年以来，苏梅克－列维 9 号彗星一直在以比较明显的方式绕着木星运行，但直到半个多世纪以后才有人发现。

由于这类事情很难测算，而且必须考虑这么大的误差，因此即使我们知道有个物体在朝我们飞来，也要等到差不多最后时刻——反正是最后几个星期——我们才会知道是不是肯定要发生撞击。在那个物体渐渐逼近的大部分时间里，我们会生活在某种无法确定的状态之中。这肯定会是世界史上最有意思的几个星期。想象一下，要是它平安无事地过去了，我们会举行多么盛大的庆祝会啊。

“那么，像曼森撞击这样的事件会多长时间发生一次？”我离开之前问安德森和威策克。

“哦，平均每 100 万年发生一次。”威策克说。

“记住，”安德森接着说，“这还是个区区的小事件。你知不知道有多少种生物的灭绝与曼森撞击有关系？”

“不知道。”我回答说。

“一种也没有，”他露出一种古怪的满意神色说，“一种也没有灭绝。”

当然，威策克和安德森连忙——几乎是异口同声地——补充说，地球上很多地方都受到了严重的破坏，就像刚刚描述的那样，方圆几百公里的地方被化为乌有。但是，生命是倔强的。烟消云散以后，每个物种都有足够的幸存者，哪个物种也没有永远毁灭。

灭绝一个物种极不容易，这似乎是个好的消息。坏的消息是，这个好消息是绝对靠不住的。更糟糕的是，你其实不必凝视着太空来寻找令人震惊的危险。你马上就会知道，地球本身就是个很危险的地方。

第十四章

地下的烈火

1971 年夏，一位名叫迈克·沃里斯的年轻地质学家在内布拉斯加州东部一片草木丛生的农田里考察，就在离果园小镇不远的地方。他是在那里长大的。在经过一处陡峭的隘口的时候，他发现上面的树丛里射出一道古怪的闪光，就爬上去看个明白。他发现原来是一块保存完好的小犀牛头骨。它是被最近下的大雨冲到外面的。

原来，几米以外有个北美有史以来发现的最不寻常的化石床：一个已经干涸的水洞，它成为几十头动物的集体坟墓——其中有犀牛、斑马似的野马、长着剑齿的鹿、骆驼、乌龟。它们都在不到 1 200 万年之前死于一次神秘的大灾难。那个时代在地质学上被称为中新世。当时，内布拉斯加位于一片广阔而又炎热的平原，就如今天非洲的塞伦盖蒂平原。动物被发现埋在深达 3 米的火山灰底下。令人费解的是，内布拉斯加当时没有，也从来没有过火山。

今天，沃里斯的发现现场被称为州立阿什福尔化石床公园。这里新盖了一个漂亮的游客中心和博物馆，里面很有创意地陈列着内布拉斯加的地质发现和

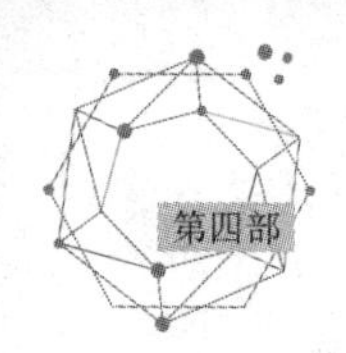

化石床历史。中心有个实验室，游客通过玻璃墙看得见古生物学家们在清理骨头。一天上午，我从里面经过，只见一个身穿蓝色工作服、头发灰白的人独自在实验室里忙碌。我认出他就是迈克·沃里斯，我在英国广播公司一部纪录片里见过他。州立阿什福尔化石床公园地处偏远，四周空旷，因此游客不算太多。沃里斯似乎很乐于带着我到各处转转。他还把我领到那6米深的隘口之顶，看一眼他的发现现场。

“到这样的地方来找骨头是一件蠢事，”他快活地说，“不过，我不是在找骨头。当时，我在考虑绘制一幅东内布拉斯加的地质图，实际上只是在这一带到处走走。要是我没有爬上这个隘口，要是大雨没有把那块头骨冲到外面，我会径直走过去，根本不会发现这玩意儿。”他指了指近处一个带遮棚的地方，那里已经成为主要发掘现场。他们发现大约有200头动物横七竖八地躺在一起。

我问他为什么说到这样的地方来找骨头是一件蠢事。“哎呀，要想找到骨头，就得有暴露在外面的岩石。因此，大多数古生物学的工作是在炎热、干燥的地方完成的。倒不是因为那里的骨头多，而是因为发现骨头的可能性大。在这种地方，”他把手朝那广阔无垠的草原一挥，“你简直无从下手。那里可能的确有了不起的东西，但地面上没有任何线索来指点你从哪儿开始寻找。”

起先，他们认为那些动物是被活埋在里面的，沃里斯1981年在《美国国家地理》杂志的一篇文章里就是那么阐述的。“文章把这个地方称为‘史前动物的庞贝城’，”他对我说，“这是很不幸的，因为过不多久我们就发现动物们根本不是突然死去的。它们都患了一种名叫‘肺骨营养不良’的毛病。吸入大量有腐蚀作用的灰末，就会得这种毛病——它们肯定吸入了大量的这类灰末，因为几米厚的灰末绵延数公里。”他拾起一团灰白色的、黏土似的泥土，研碎了放到我的手里。土是粉末状的，但有点儿像砂。“吸入这玩意儿是很难受的，”他接着说，“它又细又很锋利。反正它们来到这个水坑，很可能是想要歇息片刻，结果在痛苦中死去。这种灰末能毁灭一切。它会淹没野草，牢牢地粘在叶子上，把水变成一种不宜饮用的灰色稀泥。喝了肯定是会很不舒服的。”

英国广播公司那部纪录片指出，在内布拉斯加存在这么多的灰末是一件想不到的事。实际上，很久以来，人们就知道内布拉斯加沉积着大量的灰末。差不多有一个世纪时间，灰末被开采出来用作原料，制造像彗星牌和埃阿斯牌这样的家用去污粉。但是，有意思的是，谁也没有想到去考虑一下这么多的灰末是从哪里来的。

“说来有点难为情，”沃里斯微微一笑说，“倒是《美国国家地理》杂志的一位编辑问我，这么多的灰末是从哪儿来的？我不得不承认，我不知道。也没有人知道。这时候，我才想到了这个问题。”

沃里斯把样品寄给美国西部各地的同事们，问他们是否认得出这是什么东西。几个月以后，爱达荷州地质勘测局的一位名叫比尔·邦尼奇森的地质学家跟他取得联系，告诉他这种灰末与一种火山沉积物完全吻合，来自爱达荷州西南部一个名叫布鲁诺－贾比奇的地方。那个使内布拉斯加平原上的动物死于非命的事件是一次火山爆发，其规模以前没有想象过——但足以在 1 600 公里以外的内布拉斯加东部地区留下 3 米厚的一层火山灰。结果证明，美国西部的下面有一大片岩浆，一个巨大的火山热点。它每隔 60 万年左右灾难性地喷发一次。最近一次这样的喷发就在 60 多万年以前。那个热点仍在那里。如今，我们称其为黄石国家公园。

我们对自己脚底下在发生的事知道得实在太少。福特公司开始生产汽车，棒球世界联赛开始举办，其时间比我们知道地球有个地核还要长，想到这点真令人觉得怪有意思。当然，人们知道大陆在地球表面像浮在水面上的睡莲叶子似的到处移动的事，还远不到一代人的时间。“尽管不可思议，”理查德·费曼写道，“我们对太阳内部的物质分布的认识，远比对地球内部的认识要多。”

从地面到地心的距离为 6 370 公里。这不算太远。有人计算，要是朝地心打一口井，然后扔下一块砖头，它只要 45 分钟就能落到底（虽然到了那个地方它已经没有重量，因为地球的全部引力都在上面和四周，不在下面）。实际上，很少有人试图深入到地心。南非有一两个金矿井达到了 3 公里以上的深度，但地球上大多数矿井的深度不超过 400 米。假设地球是个苹果，我们还没有戳破它的皮。实际上，离戳破皮还远着呢。

直到近一个世纪以前，最了解内情的科学家所知道的地球内部的情况，比矿工知道的多不了多少——你可以在土里往下挖一段距离，然后碰上岩石，仅此而已。接着，1906 年，一位名叫 R.D. 奥尔德姆的爱尔兰地质学家在审阅危地马拉一次地震的地震仪读数时，注意到有的冲击波渗入地球深处，然后以某个角度反弹回来，好像是遇到了什么障碍。他从而推断，地球有个地核。3 年以后，克罗地亚地震学家安德烈·莫霍洛维契奇正研究萨格勒布一次地震的曲线图，突然注意到类似的转向，只是在较浅的层面上。他发现地壳与下面一层（即

地幔）的界线，此后，这个区域后来一直被称为莫霍洛维契奇不连续面，简称莫霍面。

我们开始对地球内部的层次有了个模糊的概念——虽然的确仅仅是模糊的。1936年，丹麦科学家英·莱曼在研究新西兰地震的地震仪读数的过程中，发现有两个地核——一个内核和一个外核。内核我们现在认为是坚硬的；外核被认为是液态的，是产生磁力的地方。

就在莱曼通过研究地震波，提高我们对地球内部的基本认识的时候，加州理工学院的两位地质学家发明了一种把前一次地震和后一次地震进行比较的方法。他们是查尔斯·里克特和贝诺·古滕堡。由于与公平毫不相干的原因，震级的名称几乎马上被称为里氏震级。（这些原因与里克特本人也毫不相干。里克特是个很谦逊的人，从来不在震级前面加上自己的名字，总是只叫“震级”。）

许多非科学家对里氏震级一直存在误解，虽然现在的情况也许有所改善。早年，参观里克特办公室的人往往要求看一眼他的杰作，以为那是一台机器。当然，里氏震级是一个概念，不是一件东西，是一个根据地面测量的结果主观得出的地球震动的幅度。它是指数级递增的，于是7.3级地震要比6.3级地震强50倍，比5.3级地震强2 500倍。

从理论上讲，地震没有上限——因此也没有下限。震级是一种测量强度的简单方法，但无法说明破坏程度。发生在地幔深处的7级地震——比如，650公里下面——可能对地面毫无破坏作用，而发生在地面以下六七公里处的小得多的地震，很可能造成大面积的破坏。很大程度上也取决于底土的性质、地震持续的时间、余震的频率和烈度，以及灾区的具体情况。这一切都意味着，最可怕的地震不一定是最强烈的地震，虽然强度显然很有价值。

自震级发明以来，最大的地震（取决于你使用哪种资料）不是1964年3月以阿拉斯加威廉王子湾为震中的大地震，就是1960年发生在智利近海太平洋里的大地震。前者是里氏9.2级；后者起先记录为8.6级，但后来由某些权威（包括美国地质勘测局）往上调整为9.5级。你从中可以知道，测量地震并不总是一门很精确的科学，尤其在牵涉到解释来自远方的读数的情况下。反正这两次地震都是很大的。1960年的地震不但给南美洲西部的沿海地区造成大面积破坏，而且引起了巨大的海啸。海啸在太平洋上波及距离震中差不多1万公里的地方，冲进夏威夷岛希洛市区的许多地方，毁坏了500栋楼房，造成60人死亡。类似的惊涛骇浪抵达遥远的日本和菲律宾，使更多人丧生。

然而，完全从集中的破坏程度来说，历史上有记载的最强烈的地震，很可能是1755年万圣节（11月1日）发生在葡萄牙里斯本的那一次。那次地震实际上把里斯本变成一片瓦砾。快到上午10点钟的时候，那个城市突然左右摇晃。强烈的摇晃持续了足足7分钟。现在估计，那次地震的震级为9级。震动的威力是如此之大，该市港口里的海水汹涌而出，接着又以15米多高的巨浪返回，造成更多的破坏。等震动终于停下来，幸存者们仅仅享受了3分钟的平静，接着又发生了第二次地震，强度只是比第一次稍稍小一点。第三次即最后一次地震发生在两个小时之后。到一切结束的时候，有6万人死亡，方圆几公里范围以内实际上每栋楼房都被夷为平地。相比之下，1906年的旧金山地震只有里氏7.8级，持续了不到30秒。

地震是相当普遍的。世界上平均每天都要发生两次2.0级或以上的地震，其强度足以使附近的人感到心惊肉跳。地震往往集中在某些地区，引人注目的是太平洋沿岸地区——但地震几乎可以发生在任何地方。在美国，迄今为止，只有佛罗里达州、得克萨斯州东部和中西部北部，好像几乎完全幸免于难。在过去的200年里，新英格兰有过两次6级以上地震。2002年4月，位于这个地区纽约州－佛蒙特州边境的尚普兰湖附近地区经历了一次5.1级地震，给当地造成很大的破坏，连远在新罕布什尔州（我可以做证）的地区，墙上的照片也被震落下来，床上的小孩被掀翻在地。

最常见的地震发生在两个板块相接之处，比如沿圣安德烈斯断层的加利福尼亚州。两个板块互相推推搡搡，压力随之增加，最后一方或另一方做出让步。总的来说，两次地震的间隔越长，积储的压力就越大，大地震波及的范围就越广。东京特别担心这样的事情发生。伦敦大学学院的危险事件专家比尔·麦圭尔把东京描述成一个“等待死亡的城市”（你会发现，许多旅游传单上是不会印上这样的名言的）。日本已经是个以多地震闻名的国家，而东京恰好又位于三个构造板块的相遇之处。你会记得，1995年，近500公里以西的神户市发生了一次7.2级地震，造成6 394人死亡。据估计，损失高达990亿美元。但是，那算不了什么——哎呀，相对很小——如果与将来东京可能会遭受的损失相比的话。

东京在近代遭受过一次破坏性极大的地震。1923年9月1日快到中午时分，该市发生了有名的关东大地震——一次比神户地震强烈10倍以上的地震。20万人死于非命。自那以来，东京一直神秘地悄无动静，因此地下的张力已经积聚

了几十年。到头来，它肯定要爆发。1923年，东京只有大约300万人口。今天，人口将近3 000万。谁也不愿意去猜测下一次到底会死多少人，但据估计，潜在的经济损失可能高达7万亿美元。

更令人担心的是一种比较少见的地震，名叫跨板块地震。那种地震人们了解较少，能在任何地方任何时候发生。它发生在离板块相接之处很远的地方，因此完全无法预测。由于震中很深，它往往波及广得多的范围。在美国经历过的这类地震当中，最著名的要算是1811—1812年冬发生在密苏里州新马德里的一连串三次地震。事情始于12月16日午夜刚过，人们先是被家畜的惊慌叫声所惊醒（地震之前家畜会焦躁不安，这不是无稽之谈，而实际上是大家公认的，虽然原因还搞不清楚），接着听到地球深处传出破裂般的巨大声音。当地人连忙走到户外，只见大地翻起一米高波浪，张开的裂口有几米深。空气里弥漫着一股浓烈的硫黄味。地震持续了4分钟，一如既往地对财产造成了极大的破坏。目击者当中有画家约翰·詹姆斯·奥杜邦，他当时恰好在这个地区。地震以强大的力量向外辐射，震塌了600多公里以外辛辛那提的烟囱。据至少有一篇报道说，它“毁坏了东海岸港口里的船只……甚至震倒了竖立在华盛顿国会大厦四周的脚手架”。1月23日和2月4日，又连续发生两次震级相当的地震。从那以后，新马德里一直平安无事——这也不足为怪，据悉这类地震从不在同一地点发生两次。就我们所知，它们就像闪电那样毫无规律。下一次这类地震可能会发生在芝加哥下面，或巴黎下面，或金沙萨下面。大家连猜都懒得去猜。这种跨板块大地震是怎么发生的？原因在地球深处。更多的情况我们就不知道了。

到20世纪60年代，科学家们对地球内部的事了解得太少，觉得很伤心，因此决心要采取一点措施。具体来说，他们想在海床上（大陆上的地壳太厚）钻个孔，一直钻到莫霍面，取出一块地幔样品来慢慢研究。他们认为，只要能搞清地球内部岩石的性质，也许就能开始了解它们的相互作用，从而能预测地震和其他不受欢迎的事件。

这个项目几乎肯定会被命名为“莫霍钻探”，它简直是灾难性的。他们希望把钻头伸进墨西哥近海4 000多米深的太平洋海水，然后再往下钻5 000多米，穿透比较薄的地壳岩石。从外海的一条船上搞钻探，用一位海洋学家的话来说，“就像试图从帝国大厦顶上用一根意大利式细面条在纽约的人行道上钻个孔”。一切努力都以失败告终。他们充其量只深入到大约180米的地方。莫霍钻探最

后被称为“无法钻探”。1966 年，由于成本不断上升，不见成果，国会又气又恼，取消了这个项目。

4 年以后，苏联科学家决定在陆地上碰碰运气。他们说干就干，在俄罗斯的科拉半岛离芬兰边境不远的地方选了个点，希望能钻到 15 公里的深度。这项工作比预期的还要艰苦，但苏联人有着值得称道的韧劲儿。到 19 年以后他们终于放弃的时候，他们已经钻到了 12 262 米的深度。但是，我们没有忘记，地壳只占了地球大约 0.3% 的体积，科拉钻探还没有深入到地壳的三分之一，因此我们几乎无法声称已经征服了地球内部。

虽然这次钻探的深度有限，但所发现的一切几乎都令研究人员感到意外。地震波研究一直使科学家们预言，而且是很有把握地预言，他们会在 4 700 米深处碰到沉积岩，接着往下是 2 300 米厚的花岗岩，再往下是玄武岩。结果发现，沉积岩层要比预期的厚 50%，而玄武岩层根本没有发现。而且，地下世界要比预期的暖和得多，1 万米深处的温度高达 180 摄氏度，差不多是预期的两倍。最令人吃惊的是深处的岩石浸透了水——这一直被认为是不可能的事。

我们无法看到地球的深处，因此不得不使用别的方法，主要包括观察波在地球内部的传播形式，从而推断那里的情况。我们从所谓的金伯利岩筒（即形成钻石的地方）得知一点地幔的情况。那里的情况是，地球深处存在一种爆炸，能把岩浆炮弹以超声速发射到地面。这完全是一种没有规律的现象。你在阅读本书的时候，一个金伯利岩筒有可能在你家的后花园爆炸。由于它通到下面很深的地方——深达 200 公里——金伯利岩筒带上来各种地面上或地面附近通常找不到的东西，如橄榄岩、橄榄石晶体以及钻石。带上来钻石是很偶然的，100 个岩筒中大约只有 1 个会办这等好事。金伯利岩筒的喷出物带上来大量的碳，但大部分都化成蒸气，或变成石墨。只是在偶然的情况下，一团碳以恰到好处的速度喷上来，并以必要的速度快速冷却，终于变成了钻石。正是由于这样的一个岩筒，南非成了世界上出产钻石最多的国家，但很可能别的国家蕴藏量还要丰富，我们现在还不知道。地质学家们知道，印第安纳州东北部附近有个地方，有迹象表明存在着巨大的岩筒或岩筒群。20 克拉或更大克拉数的钻石在整个地区的不同地点已有发现。但是，没有人找到源头。约翰 · 麦克菲指出，它也许埋在冰河沉积土底下，就像艾奥瓦州的曼森大坑，或者在五大湖下面。

因此说，我们对地球的内部情况究竟了解多少？很少。科学家们普遍认为，

我们脚底下的世界共分4层——一个岩石外壳，一个由炽热而又黏稠的岩石组成的地幔，一个液态的外核，以及一个坚实的内核。[①]我们知道，地面的主要成分是硅酸盐。硅酸盐比较轻，分量还不足以说明这颗行星的整体密度。因此，里面肯定还有较重的东西。我们知道，为了产生磁场，里面的什么地方肯定存在着一个浓缩的液态金属元素带。这一些是大家都承认的。除此以外，几乎一切——这几层结构是如何相互作用的，是什么原因它们才有了这种表现，未来的某个时刻它们会有什么动作，少说还都是个不大确定的问题，总的来说还都是个很不确定的问题。

即使是我们可以看到的那一部分——地壳——也是个争论得比较激烈的问题。几乎所有的地质学文字资料都会告诉你，地壳的厚度在海洋底下为5—10公里，在大陆底下约为40公里，在大山脉底下为65—95公里，但在这些一般规律之内还有许多令人费解的变异。比如，内华达山脉底下的地壳厚度只有30—40公里，谁也不清楚是什么原因。根据地球物理学的所有原理，内华达山脉应当在下沉，犹如陷入流沙那样。（有的人认为，这条山脉也许就是在下沉。）

地球如何有了地壳，何时有了地壳，这两个问题把地质学家分成两大阵营——一派认为，它是地球史之初突然发生的；另一派认为，它是渐渐发生的，而且时间比较晚。大家在这些问题上很动感情。耶鲁大学的理查德·阿姆斯特朗在20世纪60年代提出早期爆炸的理论，然后花了整个余生与持不同观点的人做斗争。他1991年死于癌症。但是，据1998年《地球》杂志报道说，去世前不久，他"在澳大利亚一本地球科学杂志的一次论战中，狠狠抨击了他的批评者，指责他们使神话永久化"。"他死不瞑目。"一位同事说。

地壳以及部分外层地幔，统称岩石圈（源自希腊语*lithos*，意思是岩石）。而陆界又浮在一层较软的岩石之上，名叫软流圈（源自希腊语，意思是"没有力量"），但这些名称向来不令人满意。说岩石圈浮在软流圈上面，意味着有一定程度的浮力，这是不完全正确的。同样，认为岩石在像平面流动的物体那样流动，这也会使人产生误解。岩石是黏稠的，但是很像玻璃。这似乎不大可能，

① 有的人想要更详细地了解地球内部各个层次的厚度，我在这里提供几个数据，使用的是平均数：0—40公里是地壳。40—400公里是上层地幔。上层地幔和下层地幔中间的过渡地带位于400—650公里。650—2 700公里是下层地幔。2 700—2 890公里是D层。2 890—5 150公里是外核。5 150—6 370公里是内核。

但在引力的持续拉动下，地球上所有的玻璃都在往下流动。从欧洲教堂的窗户上取下一块真正古老的玻璃，你会发现它的底部明显厚于顶部。我们在讨论的就是这种“流动”。钟面上时针的移动速度，比地幔岩石的“流动”速度，要快大约1万倍。

移动不仅真的发生，就像地球的板块做平面移动那样，而且还上下移动，就像岩石在所谓对流的搅动作用之下时起时伏。对流作为一种过程是伦福德伯爵在18世纪末首先推断出来的。60年以后，一位名叫奥斯蒙·费希尔的英国牧师很有先见之明地提出，地球内部可能是液态的，东西可以在上面自由移动，但那种见解过了很久才获得别人的支持。

大约在1970年，当地质学家们意识到地底下简直乱成一锅粥的时候，这个消息还真让人吓一大跳。肖纳·沃格尔在他的《赤裸裸的地球：新地球物理学》一书中说：“这就好比科学家们花了几十年时间才发现地球大气的层次——对流层、平流层等等，然后突然之间发现了风。”

自那以来，对流过程到底有多深一直是个争论不休的问题。有的说它始于650公里下面，有的说是3 000多公里下面。詹姆斯·特雷菲尔认为，问题在于“来自两个不同学科的两套数据，二者是不可调和的”。地球化学家们说，地球表面的某些元素不可能来自上层地幔，肯定来自地球内部更深的地方。因此，上层地幔和下层地幔的物质至少是偶尔相混的。地震学家认为，没有证据支持这样的论点。

因此，我们只能说，在前往地球中心的过程中，我们会在某个不大确定的地点离开软流圈，进入纯粹的地幔。地幔占到地球体积的82%，质量的65%，而之所以没有引起足够的重视，很大程度上是因为地球上的科学家和普通读者感兴趣的东西，不是在地下深处（比如磁力），就是接近地面（比如地震）。我们知道，到了大约150公里的深处，地幔主要是由一种名叫橄榄岩的岩石组成，但以下的2 650公里是什么就不清楚了。《自然》杂志的一篇报道说，似乎不是橄榄岩。更多的情况我们就不知道了。

地幔下面是两个地核，一个坚硬的内核，一个液态的外核。不用说，我们对两个地核的性质的了解是间接的，但科学家们可以做一些合理的假设。他们知道，地球中央的压力很大——大约是地面上最大压力的300多万倍——足以使那里的岩石变得坚硬。他们还（在许多别的线索之中）从地球史中得知，内核很善于保存自己的热量。尽管只不过是个猜测，据认为地核的温度在过去的

40多亿年间下降了不到93摄氏度。谁也不知道地核的温度到底有多高，但估计是在3 800—7 200摄氏度——大致相当于太阳表面的温度。

外核在许多方面被了解得更少，虽然大家都认为它是液态的，是产生磁力的地方。1949年，剑桥大学的E.C.布拉德提出一种理论，认为地核的液态部分在以某种方式转动，实际上成了一台电动机，创建了地球的磁场。他认为，地球里面对流的液体，在某种意义上起着电线里的电流的作用。到底是怎么回事现在还不清楚，但大家觉得比较肯定的是，磁场的形成与地核的转动有关系，与地核是液态的有关系。没有液态核的物体——比如月球和火星——就没有磁力。

我们知道，地球磁场的强度在不停地变化：在恐龙时代，磁场的强度是现在的3倍。我们还知道，它平均每隔50万年左右自我逆转一次，虽然那个平均数包含着很大程度的不可预测性。上一次逆转发生在大约75万年以前。有时候，几百万年也没有变化——最长的时间似乎是3 700万年，有时候，不到2万年就发生一次。在过去的1亿年里，地球磁场总共发生了大约200次逆转，原因搞不清楚。这一直被称为“地质科学里最大的未解问题”。

我们现在也许正经历一次逆转。仅仅在过去的一个世纪里，地球的磁场就减弱了大约6%之多。磁力减弱有可能是个坏消息，因为除了确保冰箱正常运转和罗盘指着正确的方向以外，磁场在维持我们的生命方面起着重要的作用。太空里充满了危险的宇宙射线，没有磁场的保护，宇宙射线会穿透我们的身体，将我们的许多DNA撕成无用的碎片。如果磁场工作正常，这些射线会被安全地挡在地球表面之外，被赶进近空两个名叫“范艾伦辐射带”的地区。它还与上层大气里的粒子互相作用，产生名叫极光的美丽光幕。

我们之所以无知，很大程度上是因为一直以来没有花多大力气去把地球上方的情况与地球里面的情况协调起来。肖纳·沃格尔说：“地质学家和地球物理学家很少参加同一个会议，或者很少在同一问题上进行合作。”

也许，最能说明我们对地球内部的动力认识不足的，是在那种动力制造麻烦的时候我们所犯的严重错误。我们很难想得出一个比1980年华盛顿州圣海伦斯火山爆发更能说明我们的认识有限的例子。

当时，美国本土的48个州在过去的65年里没有见过火山爆发。因此，大多数被召集来监测和预报圣海伦斯火山活动的政府火山学家，只见过夏威夷的火山喷发。结果证明，二者根本不是一回事。

3月20日，圣海伦斯火山开始发出不祥的隆隆声。不出一个星期，它已经

在喷出岩浆，尽管量不大，每天却多达100次，还常常伴有地震。人们撤到了13公里以外被认为是安全的地方。随着山里的隆隆声越来越响，圣海伦斯火山成了世界上一处旅游胜地。报纸每天都报道观看的最佳位置。电视记者不断乘直升机飞抵山顶，甚至看见有人爬过山去。有一天，70多架直升机和轻型飞机在山顶上盘旋。但是，时间一天天过去了，隆隆的声音并没有结出戏剧性的果实，人们越来越不耐烦，普遍认为这座火山不会喷发。

4月19日，火山北侧开始明显鼓起。不可思议的是，没有一个负责人明白，这显然预示着火山的一侧就要爆发。火山学家们根据夏威夷的火山活动方式下了结论，认为火山不会侧面喷发。几乎只有一个人认为真的快出大问题了，他就是塔科马一所社区学院的地质学教授杰克·海德。他指出，圣海伦斯火山没有夏威夷的火山那样敞开的喷发口，因此积聚在里面的压力势必要戏剧性地，很可能是灾难性地释放出来。然而，海德不是官方小组的成员。他的观测结果没有引起多大注意。

我们大家都想得到接下来发生了什么。5月18日是个星期日，上午8时32分，火山北侧塌陷，大雪崩似的尘土和岩石以每小时将近250公里的速度沿着山坡冲下来。这是人类历史上最大的滑坡，携带着足以把整个曼哈顿埋入120米深处的材料。1分钟以后，它的一侧已经非常单薄。圣海伦斯火山终于以500枚广岛原子弹的威力爆发了，炽热而危险的烟雾以每小时1 050公里的速度向外喷射——速度太快，附近的人显然不是它的对手。许多被认为是在安全地带——往往远在见不着火山的地方——的人逃之不及。57个人死亡。其中23个人的尸体永远没有找到。这一天是星期天，要不然死亡的人数还会多得多。在任何一个工作日，许多伐木工人本来会在死亡地区作业。事实上，连在30公里外的地方也有人难保性命。

那一天最走运的要算是一位名叫哈里·格利肯的研究生。他是离火山9公里处一个观察所的工作人员，但5月18日在加利福尼亚有个大学编班面试，因此在火山爆发前一天离开了现场。他的位置由戴维·约翰斯顿接替。约翰斯顿是第一个报告火山爆发的人，不一会儿，他就死了。他的尸体永远没有找到。哎呀，格利肯也好运不长，11年以后，在日本的云仙岳火山，在又一次报道不准的火山爆发中，43名科学家和记者被喷出的炽热的灰烬、气体和熔岩——所谓的火成碎屑流——吞没，格利肯是其中之一。

火山学家也许是世界上最不善于做出预言的人，也许不是。但是，他们肯

定是最不善于发现自己的预言是多么糟糕的人。云仙岳灾难发生后不到两年，在亚利桑那大学的斯坦利·威廉斯的率领之下，另一组火山观测员走进哥伦比亚一座名叫加莱拉斯火山的活火山口。尽管近来不断死人，但威廉斯小组的16名成员只有两人戴了安全帽或别的防护装备。火山喷发了，造成6名科学家死亡，加上3名跟在后面的游客，其他几人受了重伤，包括威廉斯本人。

火山学界的同事们认为威廉斯鲁莽行事，无视或不顾火山爆发前的重要信号。但威廉斯毫不自责，在一本名叫《加莱拉斯火山幸存记》的书里说，当他后来听到那个消息的时候，他“简直惊讶得直摇头”。“事后诽谤别人，用现在掌握的知识去看待1993年发生的事，这是多么容易啊。”他写道。他认为，他最感到不安的是挑了个倒霉日子，因为加莱拉斯火山“变化无常，自然力量往往就是这个样子。我上了当。对于这一点，我要承担责任。但是，我对于同事们的死亡并不觉得内疚。没有什么可值得内疚的。火山就这样爆发了”。

我们再回过头来说说华盛顿州。圣海伦斯火山的顶峰矮了400米，600平方公里森林被焚毁。足以建造15万栋（有的报道说是30万栋）住宅的树木被刮倒。损失高达27亿美元。一道巨大的烟灰柱在不到10分钟的时间里升到了18 000米高空。一架在48公里以外飞行的客机报告挨了岩石的袭击。

爆发90分钟以后，灰烬开始雨滴般地洒落在华盛顿州的亚基马。那是个有5万人口的社区，离现场大约130公里。正如你可以估计到的那样，灰烬把白天变成了黑夜，钻进了一切物品中，塞住了发动机、发电机和电器，堵住了行人的喉咙，阻塞了过滤系统，总之使一切陷于瘫痪。机场关闭，进出该市的公路封闭。

你会注意到，这一切都只是发生在一座火山的顺风地带，而两个月以来那座火山一直在可怕地隆隆作响。该市的紧急广播系统本应在危急时刻快速启用，但是没有出声，因为“星期天上午的工作人员不知道怎么操作这台设备”。有3天时间，亚基马处于瘫痪状态，机场关闭，道路不通，和外界失去了联系。圣海伦斯火山爆发以后，总共只有1.5厘米厚的灰烬落在这个城市。现在，请你把那些记在脑子里，因为我们就要讨论黄石火山的一次喷发会是什么后果。

第十五章
美丽而危险

20世纪60年代，美国地质勘测局的鲍勃·克里斯琴森在研究黄石国家公园火山史的时候，对一件事感到迷惑不解：他找不到这个公园的火山。而且，说来也怪，以前竟然没有人为这件事费过神。很久以来，大家已经知道，黄石公园是火山形成的——因此有那么多喷泉和其他散发蒸汽的地貌。火山有个特点，即：一般来说比较明显。但是，克里斯琴森哪里也找不到黄石公园的火山，他尤其找不到一种名叫破火山口的结构。

一提到火山，大多数人马上会联想到富士山或乞力马扎罗山那样典型的火山锥。那是由喷出的岩浆堆积而成的一个对称的小山冈。火山锥形成的速度可能相当快。1943年，墨西哥帕里库廷的一个农夫吃惊地看到自己的一块地里冒起了烟。一个星期以后，他做梦似的已经成了一个152米高的火山锥的主人。不到两年，它的高度达到了430米，直径800多米。地球上总共有大约1万座这种一目了然的火山，其中只有几百座是活火山。但是，还有一种不大有名、并不造山的火山。这种火山的威力如此之大，它们一下子破土而出，留下一个

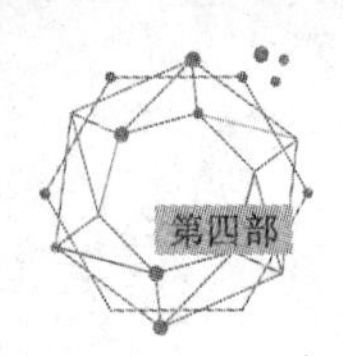

沉降式大坑，即破火山口（源自拉丁语，意思是大锅）。黄石火山显然属于第二种，但克里斯琴森哪里也找不到那个破火山口。

恰好在这个时候，美国国家航空航天局决定拍摄黄石公园的照片，测试一下某些新型的高空照相机。一位考虑周到的官员把其中的一些照片交给了公园当局，认为它们可以挂在某个游客中心。克里斯琴森一看到这些照片，马上意识到他没有找到破火山口的原因：实际上，整个公园——9 000 平方公里——就是破火山口。火山爆发留下了一个直径将近 65 公里的大坑——大得从地面上的任何角度都看不明白。过去某个时刻，黄石公园可能被炸得七零八落，威力之大远远超过了人类已知的任何等级。

结果发现，黄石公园是一座超级火山。它坐落在一个巨大的热点——一个熔岩库——之上。这个熔岩库下达地球至少 200 公里深处，上至接近地面的地方，形成了一根所谓的超级热柱。热点的热量为黄石公园里所有的喷气口、间歇泉、温泉和冒泡的泥坑提供了动力。地面以下是个岩浆房，直径约为 72 公里——大致相当于公园的大小，最厚的地方达 13 公里左右。想象一下，有一堆 TNT，面积相当于英国的一个郡，伸向 13 公里高的天空，达到了最高的卷云的高度，你就会大体知道黄石公园的游客们是在什么东西上面漫步。这样的一池岩浆对上面的地壳所产生的压力，已经把黄石公园及其周围地区顶了起来，使其比本来会处的位置高出大约半公里。要是发生爆炸，这场灾难简直是难以想象的。伦敦大学学院的比尔·麦圭尔说，一旦爆发，“你无法走到离它 1 000 公里以内的地方”。造成的结果也许更加糟糕。

黄石公园所在的几处超级热柱，很像马提尼酒杯，越往上越细，但到了接近地面的地方就向外张开，变成盛着不稳定岩浆的许多“大碗”。有的“大碗”的直径可达 1 900 公里。根据目前的理论，超级热柱并不总是猛烈爆发，有时候只是源源不断地喷出大量熔岩，就像 6 500 万年前发生在印度德干暗色岩区的情况。超级热柱占地 50 万平方公里，喷出的毒气很可能对恐龙的灭绝起了作用——肯定不会起好作用。超级热柱也许还要对造成大陆破裂的裂缝负责。

这样的热柱并不少见。眼下，地球上大约有 30 处活热柱，世界上许多有名的海岛和群岛都与热柱有关——比如冰岛、夏威夷群岛、亚速尔群岛、加那利群岛和加拉帕戈斯群岛，南太平洋中部小小的皮特凯恩岛，以及许多别的岛。但除了黄石公园以外，别的都在海洋里。谁也不知道黄石公园的热柱最后怎么或为什么会在陆块下面。只有两个情况是肯定的：黄石公园所在地壳很薄，下

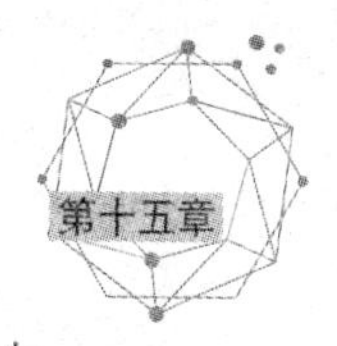

面的世界很热。但是，到底是不是因为有了热点地壳才薄，还是因为地壳薄才有了热点，这是个争论很激烈（可以这么说）的问题。地壳的大陆性质对热点的爆发有着重要的影响。别的超级火山往往汩汩细流，比较温和，而黄石火山爆发起来非常猛烈。这种事情不常发生，但一旦发生，你还是离得远一点为好。

据知，它的第一次喷发是在 1 650 万年以前。自那以来，它已经喷发了大约 100 次，最近的 3 次是有文字记载的。最后一次的强度相当于圣海伦斯火山喷发的 1 000 倍；前一次相当于 280 倍；再前一次的强度大得天知道是多少倍，至少是圣海伦斯火山喷发的 2 500 倍，但也许是可怕的 8 000 倍。

我们绝对没有任何东西可以用来与它比较。近代最大的一次火山喷发是 1883 年 8 月印度尼西亚的喀拉喀托火山爆发。它发出的轰隆声在全世界回响了 9 天，使远在英吉利海峡的海水晃了半天。要是你把喀拉喀托火山喷出的物质比作高尔夫球，那么黄石火山最大的一次爆发喷出的物质像个大球，你完全可以躲在后面作为藏身之地。按照这个比例，圣海伦斯火山喷出的物质不过是一粒豆子。

200 万年前黄石火山喷出的火山灰足以把纽约州埋在 20 米的深处，或者把加利福尼亚州埋在 6 米的深处。迈克 · 沃里斯在内布拉斯加东部发现的化石床就是这种火山灰形成的。那次喷发发生在如今的爱达荷州，但在过去的几百万年里地壳大约以每年 2.5 厘米的速度加以覆盖，因此今天就在怀俄明州西北部的下面。（那个热点本身留在原地，就像对准天花板的一个乙炔炬。）它在后面留下了肥沃的火山平原，成为种植马铃薯的理想之地。这是爱达荷的农场主们早就发现了的。地质学家们爱开玩笑说，再过 200 万年，黄石公园将会为麦当劳快餐店生产法式炸土豆条，而蒙大拿州比灵斯的人们将会围着间歇泉翩翩起舞。

上一次黄石火山爆发所喷出的火山灰，铺满了西部 19 个州的全部地区或部分地区（加上加拿大和墨西哥的部分地区）——几乎涵盖了美国密西西比河以西的整个地区。记住，这里是美国的粮仓，生产世界上差不多一半的谷物。还不要忘记，火山灰不像一场大雪那样一到春天就会融化。要想再种庄稼，你不得不找个地方堆放所有的火山灰。几千名工人花了 8 个月的时间才从纽约世贸中心 6.5 公顷的废墟上清理掉 18 亿吨垃圾。想一想，清理堪萨斯州要花多少时间。

我们还没有考虑对气候产生的影响。世界上上一次超级火山爆发发生在苏门答腊北部的多巴，那是在 7.4 万年以前。谁也不知道它的强度有多大，但肯定

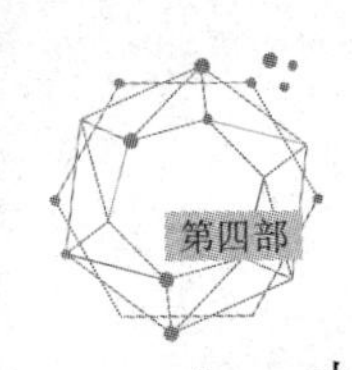

大得吓人。格陵兰的冰核显示，多巴火山爆发以后，至少有长达6年的“火山冬天”，天知道之后又有多少个糟糕的生长期。据认为，那次爆发几乎导致人类灭绝，使全球的人口减少到不足几千人。这意味着，那几千人是所有现代人的共同祖先，这也说明了我们为什么缺少基因的多样性。无论如何，有证据表明，在此后的2万年里，地球上的总人数从没有超过几千。不用说，从一次火山爆发中恢复过来要花很长的时间。

这一切都很有意思，但都是假设的。直到1973年，一件怪事发生了，突然之间那个假设变得很有意义：黄石公园中央的黄石湖水开始溢出该湖南端的堤岸，淹没了一处草地；与此同时，该湖另一端的湖水神秘地流失了。地质学家们马上进行考察，发现情况不妙，公园的一大片地区鼓了起来。这种把湖的一头抬起，让水从另一头流出的情景，如同你抬起儿童戏水池的一边会发生的情景。到1984年，公园的整个中心地区——100多平方公里——比在1924年对公园做最后一次正式勘测时高了1米多。接着，1985年，公园的中心地区下陷了20厘米。现在，这个地区似乎又在鼓起来。

地质学家们认为，出现这种情况只有一个原因——一个活跃的岩浆房。黄石这地方古代没有超级火山，只有一座活火山。也是大约在这个时候，他们推算出来，黄石火山平均每60万年大规模喷发一次。最近一次喷发是在63万年以前。黄石火山似乎到了该喷发的时候了。

“也许你没有这种感觉，但你是站在世界上最大的活火山上面。”黄石国家公园的地质学家保罗·多斯对我说。6月一个美好的清晨，我们在位于猛犸温泉的公园总部相遇。他刚从一辆大型哈雷-戴维森牌摩托车上下来，跟我握了握手。多斯是印第安纳州人，和蔼可亲，说话低声细语，很会关心别人，看上去根本不像是个公园管理局的雇员。他胡子灰白，头发往后扎成一根小辫。一只耳朵上戴着个小小的蓝宝石饰针。笔挺的公园管理局制服有点紧，显得大腹便便。他看上去与其说是像个政府雇员，不如说是像个布鲁斯音乐乐师。实际上，他还真是个布鲁斯音乐乐师（演奏口琴）。但是，他确实懂得并热爱地质学。“这儿是世界上搞地质最棒的地方。”他一面说，我们一面上了一辆四轮驱动的旧汽车，朝老实泉驶去。他答应让我陪他一天，无论他作为公园的地质学家在这一天里将干什么。今天的第一项任务是为新一拨的导游上一堂基础课。

我无须指出，黄石公园是个极其美丽的地方，这里有丰饶而瑰丽的山脉，

野牛遍布的草地，潺潺作响的小溪，碧蓝碧蓝的湖泊，数不清的野生动植物。“要是你是个地质学家，这儿确实是个最佳的工作场所，”多斯说，“比尔图思豁口那儿有着将近30亿年前的岩石——可以追溯到地球起始之时四分之三的历程，还有这儿的矿泉。”——他指了指几处硫黄温泉，猛犸温泉的名字由此而来——“在那儿你可以看到正在形成的岩石。介于二者之间的东西应有尽有，只要你想得出来。我从来没有见过哪个地方，地质情况是如此明显，或者说如此美丽。”

“因此你喜欢这个地方？”我说。

“哦，不是喜欢，而是热爱这个地方。”他的回答是极其诚恳的，“我的意思是，我确实热爱这个地方。冬天很冷，工资不太高，但在情况好的时候，简直……”

他没有说下去，而是把手往西一指。远处的山里有个豁口，它刚刚探出一片高地，映入我们的眼帘。他对我说，那条山脉名叫加拉丁山脉。“那个豁口约100公里宽。在很长时间里，谁也不清楚为什么那里有个豁口。后来，鲍勃·克里斯琴森认为，这肯定是从山里炸出来的。要在山里炸出个约100公里宽的地方，你知道这会与一个威力巨大的事件有关。克里斯琴森花了6年时间才琢磨出来。”

我问他，究竟是什么原因引起了黄石火山的喷发。

“不知道。谁也不知道。火山是很古怪的东西。我们对它们确实不了解。意大利的维苏威火山在300多年里一直很活跃，1944年爆发过一次，然后就停了下来。自那以来，维苏威火山一直很平静。有的火山学家认为，它是在大规模地重新积聚能量。这有点儿令人担心，因为维苏威火山及周围地区生活着200万人。不过，谁也说不准。”

“要是黄石火山快要爆发，会有多长的警报时间？”

他耸了耸肩：“上次爆发的时候我们都不在场，因此谁也说不准什么是警报信号。很可能是一系列地震，有的地面会隆起，间歇泉和喷气孔的活动方式可能有变化，但确实谁也说不清楚。”

“那么，它可能会在没有任何警报的情况下爆发？”

他若有所思地点了点头。他解释说，问题在于，在某种程度上，能成为警报信号的差不多一切现象在黄石公园里都已存在。“一般来说，地震是火山爆发的先兆，但公园里已经发生了很多次地震——去年发生了1 260次。其中大多数

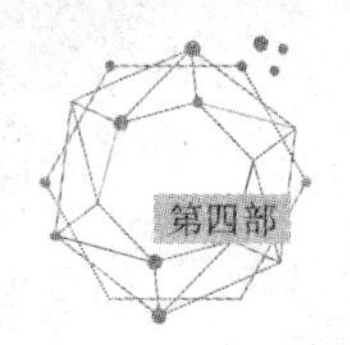

很弱，因此感觉不到，但毕竟还是地震。”

他说，间歇泉活动方式的变化，也可以被看成是个迹象，但间歇泉变化多端，同样无法预言。细刨花泉一度是公园里最著名的间歇泉。它过去一直喷射得很有规律，非常壮观，达到100米的高度，但在1888年突然停喷了。然后，它在1985年又恢复喷射，但高度只有25米。汽船泉是世界上最大的间歇泉，喷射的时候可达120米高，但喷射的间隔时间可以少到4天，多达50年。“要是它今天喷射了下个星期又喷射，丝毫不说明它下下个星期或下下下个星期或20年之后会怎么样，”多斯说，“整个公园都变化无常，你实际上不可能根据任何动静来下个结论。”

撤离黄石公园不会是一件容易的事。公园每年吸引着大约300万名游客，主要是在夏季3个月的高峰期。公园里道路较少，故意修得很窄，一方面是为了减慢车辆速度，另一方面是为了保护自然美，再一方面是因为受到地形条件的限制。在盛夏季节，花半天时间才能穿越公园，花几个小时才能抵达公园的任何地方。“人们一看到动物就停下来，无论在哪里，”多斯说，“我们这儿有熊群，有野牛群，有狼群。”

2000年秋，美国地质勘测局和国家公园管理处的代表以及几名学者开了一次会，成立了所谓的黄石火山观察所。这样的机构全国已经有4个——分别在夏威夷、加利福尼亚、阿拉斯加和华盛顿。但说来也怪，在世界上最大的火山区却没有。黄石火山观察所与其说是一个机构，不如说是一种打算——一项协议，大家同意协调一致，研究和分析公园里多种多样的地质情况。多斯对我说，它的第一批任务之一是制订一个“地震和火山喷发应急计划”——一个危急时刻的行动计划。

“已经有了一个？”我问。

“没有。恐怕没有。但很快会有。”

“是不是晚了点？”

他微微一笑：“哎呀，我们这样说吧，不算太早。”

计划问世以后，打算这么做：三个人——加利福尼亚门洛公园的克里斯琴森、犹他大学的罗伯特·B.史密斯和公园的多斯——将评估潜在大灾难的危险程度，然后向公园主管提出建议。主管将做出是否应当撤离公园的决定。至于周围地区，他们没有计划。一旦出了公园大门，你不得不自己救自己——要是

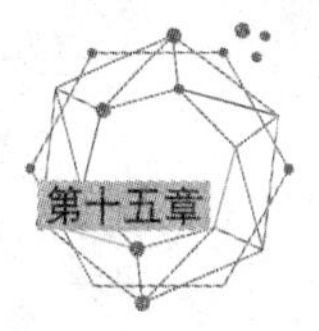

黄石火山真的大爆发的话，这个计划解决不了什么大问题。

当然，也许要过几千几万年以后那一天才会到来。多斯认为这样的一天根本不会到来。“这是因为，过去有个模式，并不意味着那个模式依然适用于今天，”他说，“有迹象表明，那个模式也许是一系列灾难性的喷发，接着是漫长的平静时期。我们现在也许就处在这个平静时期。目前的迹象表明，大部分岩浆房正在冷却，变成晶体。它在释放火气，你得把火气憋在心里才能来一次大爆发。”

与此同时，黄石公园及其周围地区还存在许多别的危险。这一点在1959年8月17日夜里变得特别明显。事情发生在赫布根湖地区，就在公园外面。那天午夜零点前20分钟，赫布根湖遭受了一次灾难性的地震。震级为7.5级。就地震而言，它的影响面不大，但是来得突然，来得猛烈，震塌了整个山坡。事情发生在夏季旅游旺季。幸亏，那个年代不像现在那样有许多人前往黄石公园。8 000万吨岩石以每小时160公里的速度从山上崩塌下来，其力量和动量是如此之大，前缘竟然冲到了峡谷对面一座山的120米高处。罗克溪露营园有一部分就在岩石的必经之地。28名露营者死亡，其中19名被埋得太深，再也没有找到。灾难发生得很突然，难以预测。有兄弟三人同睡一个帐篷，倒是幸免于难。他们的父母睡在旁边的另一个帐篷，却被冲得无影无踪。

“大地震——我的意思是大的地震——迟早会发生，”多斯对我说，“我可以向你保证。这儿是个大断层地带，地震很多。”

尽管发生了赫布根湖地震以及别的危险，直到20世纪70年代，黄石公园才配置了永久性的地震表。

若要欣赏地质过程的威力和无情，你肯定挑得出比蒂顿山脉更糟糕的例子。蒂顿山脉位于黄石国家公园以南，峭壁嶙峋，非常险峻。900万年以前，蒂顿山脉并不存在。杰克逊大坑周围的土地本是一片杂草丛生的高地平原。但是，后来地球内部出现了一处64公里长的断层，自那以后，大约每隔900年蒂顿山脉就要经历一次大地震，其威力之大足以使它再升高2米。由于千万年来这样反复地往上颤动，如今它的高度已经达到雄伟的2 000米。

900年是个平均数字——也是个会让人产生错觉的数字。罗伯特·B. 史密斯和李·J. 西格尔在《观察地球内部之窗口》这一部本地区的地质史里写道，蒂顿山脉地区的最后一次大地震发生在5 000—7 000年之前。总之，蒂顿山脉

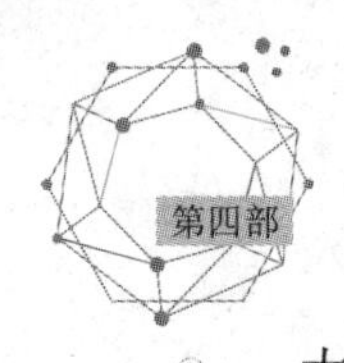

大概是这个星球上最该要发生地震的地方。

热液喷发也是个很大的危险。它可以随时随地发生，而又完全无法预测。“你要知道，按照路线图，我们要把游客带进温泉池，”我们看完老实泉喷水以后，多斯对我说，“人家就是来看这个地方的。你知不知道，黄石公园里的间歇泉和温泉比世界其他地方的加起来还多？”

“这我倒不知道。”

他点了点头：“有 1 万处，谁也不知道什么时候会出现一个新的喷气口。”

我们驱车来到一个名叫鸭湖的地方，那是一片 200 米宽的水面。“表面上看，湖面上平静无事，”他说，“它不过是个大池塘。但是，这儿过去没有这个大坑。过去 1.5 万年里的某个时候，这儿发生了一次大喷发。几千万吨泥土和岩石以及高热的水以高超声速炸开了。你可以想象，要是在老实泉的停车场下面，或哪个游客中心下面发生这种事，那会是个什么情景。”他脸上露出不快的神色。

“会有什么警报吗？”

“很可能没有。公园里上一次大喷发发生在 1989 年，在一个名叫猪排间歇泉的地方。那次喷发留下了一个大约 5 米宽的坑——反正不算很大，但要是你当时正好站在那个位置，那它就大得很了。所幸没有人在场，因此没有人受伤，但它是在没有任何警报的情况下发生的。在遥远遥远的过去，有的喷发形成了 1.5 公里宽的大坑。谁也说不准这种事情会在哪儿或何时再次发生。你只能希望，它发生的时候你没有站在那儿。”

大的岩崩也是一种危险。1999 年在加迪纳峡谷发生过一次大岩崩，所幸没有人受伤。下午晚些时候，多斯和我在一个地方停下来，只见一条行人众多的道路上方突出一块岩石。裂缝已经清晰可见。“它随时都有可能掉下来。”多斯若有所思地说。

“你在开玩笑吧？”我说。几乎每时每刻都有几辆汽车从下面通过，里面都塞满了—— 一点也不夸张 —— 快活的野营者。

“哦，不大会的，”他接着说，“我只是在说有这种可能。它有可能再坚持几十年。真的说不准。人们不得不承认，你来这儿就得冒风险。事情就是那样。”

我们走回他的车子跟前，准备返回猛犸温泉。他接着说：“问题在于，大部分时间里不会出事。岩石没有掉下来，地震没有发生，新的喷气孔没有突然出现。尽管地下很不稳定，但在大多数情况下平安无事。”

“就像地球本身一样。”我说。

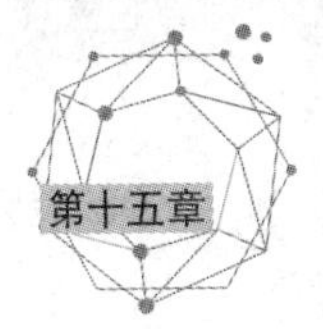

“一点不错。”他表示赞同。

黄石公园对游客来说有危险，对公园雇员来说也同样有危险。多斯5年前到这里来上班的第一个星期就有那种可怕的感觉。有一天深夜，三个年轻的夏季雇员干了一件非法的事，叫作“泡砂锅”——在热水池里游泳或取暖。虽然园方由于显而易见的理由没有把情况公开，但黄石公园的水池不是个个都是滚烫的。有一些你躺在里面简直惬意极了，部分夏季雇员有在深夜下去泡一泡的习惯，尽管这么做是违反规定的。那三个人也真傻，没有带个手电筒，这是极其危险的，因为热水池周围的泥土结成了薄薄的一层硬壳，人很容易掉进下面灼烫的喷气孔。无论如何，他们在返回宿舍的途中，要跨越一条早先不得不跳过去的小溪。他们后退几步，胳膊挽着胳膊，数了“一、二、三”，接着就跑过去纵身一跳。事实上，那根本不是一条小溪，而是一个沸腾的水池。他们在黑暗里看不清情况。三个人没有一个活着回来。

次日上午，在离开公园的途中，我一面想着那件事，一面对一个名叫翡翠池的地方做了短暂考察。翡翠池位于上间歇泉盆地。多斯前一天没有时间带我去那里，但我觉得至少应当去看一眼，因为翡翠池是个很有历史意义的地方。

1965年，一个夫妻生物学家小组——丈夫叫托马斯·布罗克，妻子叫路易丝·布罗克——在一次夏季考察过程中干了一件不可思议的事。他们在池边舀起一点儿褐黄色的浮渣，带回去研究了一辈子。令他们——最后令世界上更多的人——深感吃惊的是，里面充满了有生命的微生物。他们发现了世界上第一批极端微生物——能在以前被认为是温度太高，或酸性太强，或含硫太多，因而无法产生生命的水里生存的微生物。不可思议的是，翡翠池里这些不利条件全都具备，但至少有两种微生物觉得这里很舒适。它们后来被称为嗜酸热硫化叶菌和嗜热水生叶菌。以前总是以为，没有任何东西能在50摄氏度以上的温度里存活，但这些微生物却在腥臭、酸性、温度差不多翻一番的水里过得很自在。

在差不多20年的时间里，布罗克夫妇发现的两种新的微生物之一嗜热水生叶菌，一直是实验室里的一件珍品——直到加利福尼亚一位名叫卡里·B.穆利斯的科学家发现，里面耐热的酶可以用来玩一种化学魔术，名叫聚合酶链式反应。科学家们可以用极少量的——在理想的条件下可以少到一个分子——DNA来产生大量的DNA。这种复制基因的方法后来成了遗传科学的基础，无论是对于学术研究，还是对于警方的法医工作。穆利斯因此获得了1993年的诺贝

尔化学奖。

与此同时，科学家们正发现更耐热的微生物。现在，它们被称为超喜温微生物，要求80摄氏度以上的温度。弗朗西丝·阿什克罗夫特在《极端条件下的生命》一书中写道，迄今为止发现的最喜温的微生物是延胡索酸热球蛋白菌，它们生活在海洋喷气孔的岩壁里，那里的温度高达113摄氏度。生命存活的温度上限被认为是120摄氏度左右，虽然实际上谁也不知道。无论如何，布罗克夫妇的发现完全改变了我们对生物界的看法。美国国家航空航天局的科学家杰伊·伯格斯特拉尔说："在地球上，我们无论走到哪里——即使进入看来对生命最不利的环境里，只要那里有液态水以及某种化学能，我们就能发现生命。"

原来，生命比任何人想象的要聪明得多，在适应能力方面要强得多。我们马上就会明白，这是一件很好的事，因为我们所生活的世界，似乎并不完全希望我们待在这里。

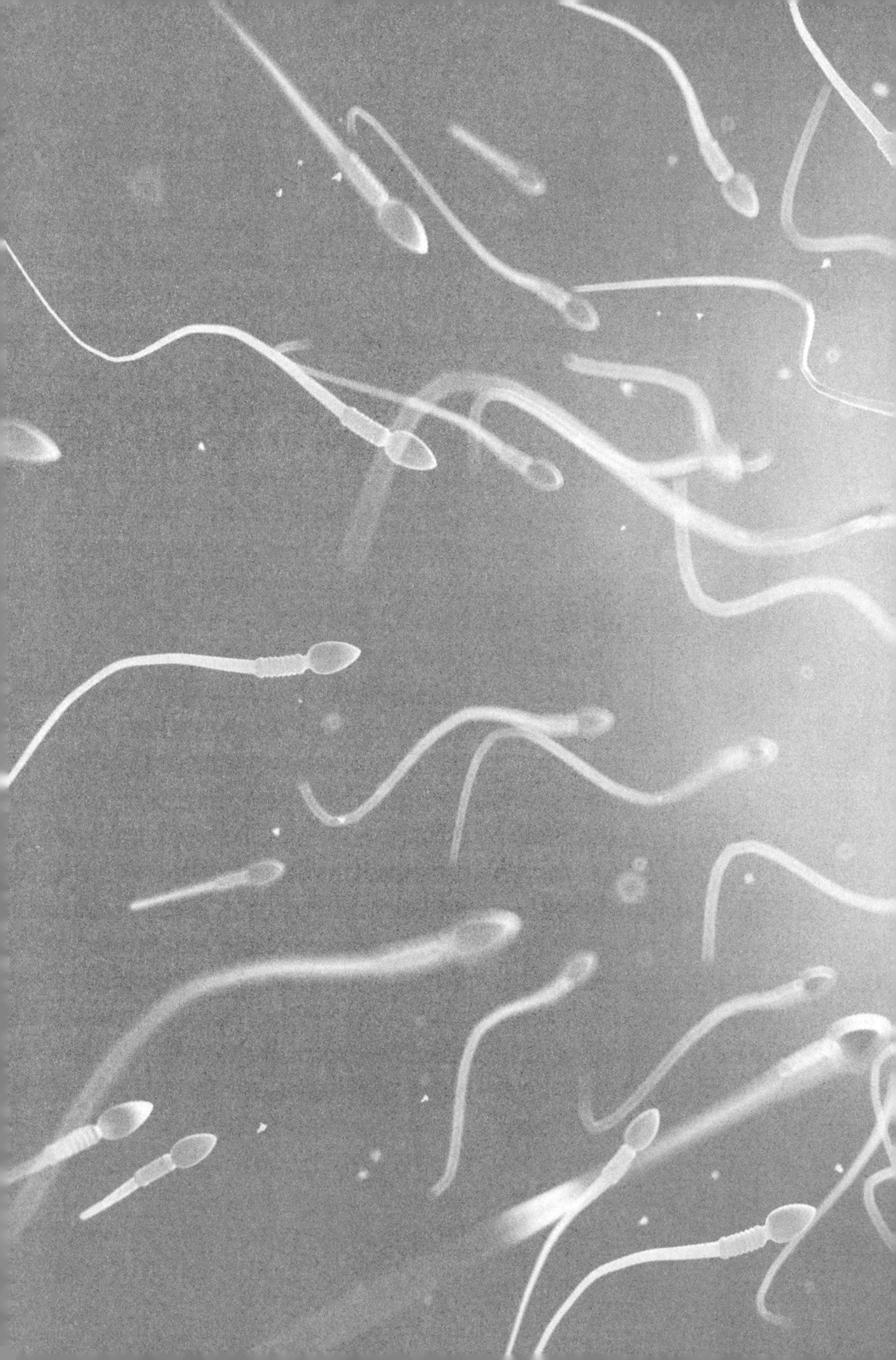

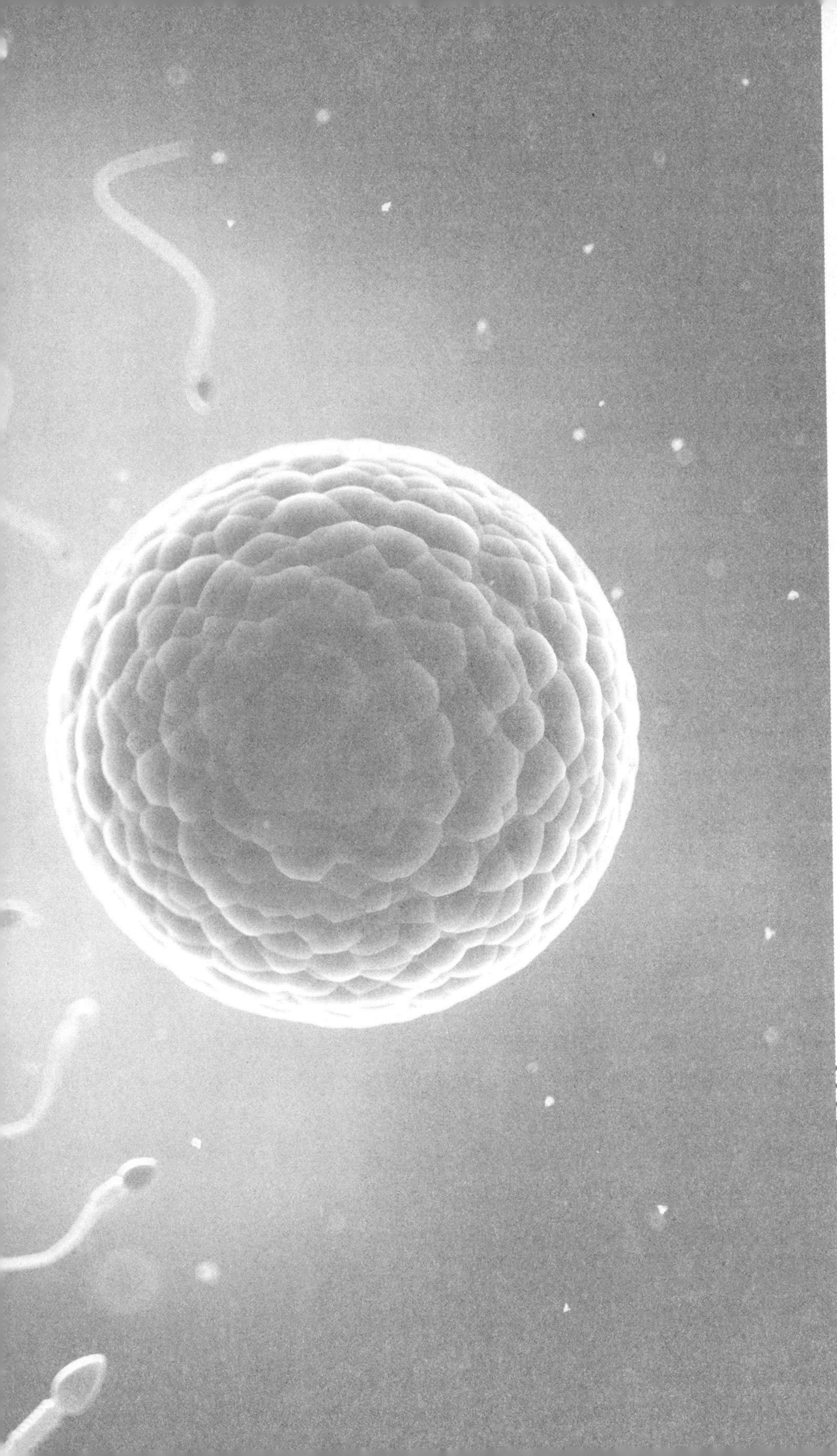

第五部　生命本身

我越是审视宇宙，越是研究其构造上的具体细节，就越是觉得在某种意义上宇宙肯定已经知道我们快要到来。

——弗里曼·戴森

第十六章
孤独的行星

成为生物很不容易。据我们所知，在整个宇宙里，只有银河系里一个名叫地球的、不大醒目的边远地方愿意收留你，而且连它也可能不大情愿。

从最深的海沟底部到最高的大山顶点，已知生命的几乎全部生存范围只有28公里左右厚——与浩瀚的宇宙相比，那算不了什么。

对于人类来说，那就更倒霉了。我们恰好是属于那个部分的动物：4亿年以前，他们草率而又冒险地做出决定，从海里爬上来，成为以陆地为家和呼吸氧气的动物。结果，据有人估计，世界上有近99.5%的宜居空间，基本上——实际上是完全——对我们关上了大门。

我们在水里不仅不会呼吸，而且受不了那个压力。这是因为，水要比空气重1 300倍，你越是往深处，压力越是迅速增加——深度每增加10米，就相当于增加1个大气压。在陆地上，要是你爬到150米的高处——比如科隆大教堂或华盛顿纪念碑——压力变化很小，你感觉不出来。而要是在水里，到了同样的深度，你的血管就会瘪掉，肺被压缩到大约可口可乐罐的大小。令人吃惊的

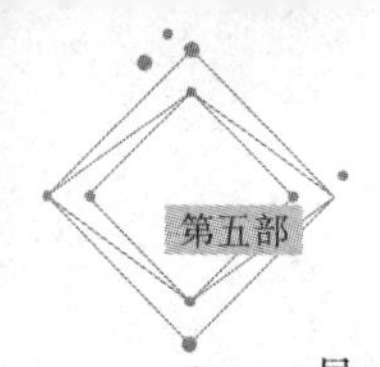

是，居然有人为了好玩儿愿意下潜到这种深度，而且不戴呼吸器具。这种运动名叫裸潜。显然，有人觉得，内脏器官严重变形的经历是很刺激的（虽然回到岸上以后，内脏器官恢复原状的过程很可能就不那么刺激了）。然而，要达到这样的深度，潜水者非得由重物快速拖下去。在没有外力帮忙的情况下，你能达到并事后能活着回来谈论这次经历的最大的深度是 72 米——这项业绩是由一个名叫翁贝托·佩利扎里的意大利人完成的。他于 1992 年潜到那个深度，逗留了 1 纳秒，然后迅速返回水面。以陆地的标准来看,72 米比足球场还短了一大截。因此，即使我们做出了最出色的惊险表演，也很难声称自己已经成了大海的主人。

当然，别的生物成功地适应了深处的压力，不过究竟有多少种生物具有这等本事还是个谜。海洋最深的地方是太平洋里的马里亚纳海沟。在那里，要是到了 11.3 公里左右的深处，压力会升高到每平方厘米 1.12 吨以上。我们只有一次用坚固的潜水器成功地把人送到了那个深度，而且就一会儿，而那里却是端足目动物的家园。那是一种甲壳纲动物，有点像小虾，不过是透明的。它们无须保护就能生存下去。当然，大多数海洋比较浅，但即使在平均深度为 4 公里的大海里，压力也相当于被压在叠在一起的 14 辆装满水泥的卡车底下。

包括一些海洋学科普作家在内的几乎每个人都认为，在大海深处的巨大压力之下，人体会被压扁。实际上，情况似乎并非如此。由于在很大程度上我们本身也是由水组成的，而水——用牛津大学弗朗西斯·阿什克罗夫特的话来说——“实际上是压不扁的”，因此人体仍会保持与周围的水一样的压力，不会被压死。麻烦的倒是体内的气体，尤其是肺内的气体。那里的气体确实会被压缩，但压缩到什么程度才会致命，这还不知道。直到最近，人们还认为，要是潜到 100 米左右的深处，肺脏会内爆，胸壁会破裂，人就会痛苦地死去，但裸潜者反复证明，情况恰好相反。据阿什克罗夫特说，似乎“人可以比预想的更要像鲸和海豚”。

然而，许多别的方面可能出问题。在使用潜水衣——用长管子连接水面的那种装备——的年代，潜水员有时候会经历一种可怕的现象，名叫“挤压”。这种情况发生在水面气泵失灵，造成潜水衣灾难性地失压的时候。空气会猛地离开潜水衣，倒霉的潜水员真的会被吸进面具和管子。等到被拖出水面，“衣服里剩下的几乎只有他的骨头和一点儿血肉模糊的东西”，生物学家 J.B.S. 霍尔丹在 1947 年写道，唯恐有人不信，他接着说，“这种事真的发生过。”

（顺便说一句，原先的潜水面具是 1823 年由一位名叫查尔斯·迪恩的英国

人设计的，并不用于潜水，而是用于救火。它被称为“救火防毒面具”。但是，这种面具是金属做的，用起来又灼人又累赘。迪恩很快发现，消防员不大愿意穿任何服饰进入着了火的建筑物，尤其不愿意戴那种既烫得像水壶，又很不灵活的玩意儿。为了挽救他的投资，迪恩在水下试了试，发现用于海上救助工作倒是很理想。）

然而，在大海深处真正可怕的是得弯腰病（减压病）——倒不是因为这种病不舒服（虽然不舒服是肯定的），而是因为发生的可能性要大得多。我们呼吸的空气里有 80% 是氮。要是将人体置于压力之下，氮会变成小气泡，在血液和组织里到处移动。要是压力变化太大——比如潜水员上升太快——体内的气泡就会泛起泡沫，犹如刚刚打开的香槟酒那样，堵塞了细小的血管，造成细胞失氧，使病人痛得直不起腰。这就是“弯腰病”这个名字的由来。

自古以来，弯腰病一直是潜水采海绵人和潜水采珠人的职业病，但在 19 世纪以前没有引起西方世界的重视；而且，还包括那些不湿身体（至少不会湿得很厉害，一般不会湿到脚踝以上）的人。他们是沉箱工人。沉箱是密封的干室，建在河床上，用于建造桥墩。沉箱里充满了压缩空气。当工人们在人造压力的条件下工作很长时间走出来的时候，他们会出现轻微的症状，比如皮肤刺痛或发痒。但是，无法预料的是，少数人会持续关节痛，偶尔痛得倒在地上，有时候再也爬不起来。

这一切都是很令人费解的。有时候工人睡觉时还感觉不错，醒来时却瘫痪了。有时候，他们根本醒不过来了。阿什克罗夫特讲了个在泰晤士河底下修建新隧道的故事。隧道快要完工的时候，主管们举行了一个庆祝宴会。他们在隧道的压缩空气里打开瓶盖，只见香槟酒没有泛起泡沫，令他们大吃一惊。然而，当他们最后走进伦敦夜晚的新鲜空气里的时候，香槟立即泛起泡沫，恢复了大家的食欲。

除了完全避免高压环境以外，有两种办法可以万无一失地防止减压病。一种是仅仅短时间接触气压变化。因此，我上面提到的裸潜者可以钻到 150 米的深处而又不会有不舒服的感觉。他们在下面逗留的时间不长，体内的氮还来不及溶解到组织里。另一种办法是小心地、逐步地回到水面，这么做就使得小小的氮气泡散逸，不造成伤害。

很大程度上多亏了一个杰出的父子小组，我们现在很懂得如何在极端的环境里生存下去。他们是约翰·斯科特·霍尔丹和 J.B.S. 霍尔丹。即使按照英国

知识界很严格的标准来说，霍尔丹父子也是极其古怪的。老霍尔丹 1860 年生于苏格兰一个贵族家庭（他的哥哥是霍尔丹子爵），但他一生的大部分时间在牛津大学担任生理学教授，过得比较检束。他精力不集中是有名的。有一次，他的妻子打发他去楼上换衣服准备出席一个晚宴，怎么也不见他下来，结果发现他穿着睡衣躺在床上睡着了。被唤醒以后，霍尔丹解释说，他发现自己在脱衣服，以为到了睡觉时间。去康沃尔研究矿工们的钩虫病算是他的假日。T.H. 赫胥黎的孙子、小说家阿道司·赫胥黎曾和霍尔丹夫妇一起生活过一段时间，有点残忍地以他为原型在小说《针锋相对》中塑造了科学家爱德华·坦特芒特这个人物。

霍尔丹对潜水的贡献，在于计算出了从深处上升的过程中为避免得减压病所必需的休息间距。但是，他的兴趣涵盖生理学的整个领域，从研究登山运动员的高原病，到沙漠地区中暑的问题。他对有毒气体对人体的影响尤其有兴趣。为了更确切地了解泄漏的一氧化碳如何夺走矿工的生命，他一面加大自己身体里的中毒程度，一面仔细抽取并化验自己的血样。直到全部肌肉快要失去控制，血里的一氧化碳饱和度达到 56%，他才罢手。特雷弗·诺顿在他趣味性很强的潜水史《海底明星》中指出，这种饱和度离送命只差分毫。

后辈们称霍尔丹的儿子为 J.B.S，他是个了不起的奇才，几乎从小就对他父亲的工作很有兴趣。人们听说，他 3 岁的时候就生气地问他的父亲：“那不是氧化血红蛋白或羧基血红蛋白吗？”在整个年轻时代，小霍尔丹一直是他父亲做实验的帮手。到 10 来岁的时候，父子俩经常一起测试气体和防毒面具，轮流观察要经过多长时间他们才会昏死过去。

小霍尔丹没有获得过科学方面的学位（他在牛津大学学的是古典学课程），但凭着自己的能力成了一位杰出的科学家，大部分时间里在剑桥为政府工作。一生跟智力超群的人打交道的生物学家彼得·梅达沃称他为“我所见过的最聪明的人”。赫胥黎也以小霍尔丹为原型在小说《滑稽的环舞》里塑造人物，还以他关于遗传决定人的本性的思想为基础，设计了小说《美丽新世界》里的情节。在其他成就方面，小霍尔丹还把达尔文的进化论与格雷戈尔·孟德尔在遗传方面的成就结合起来，提出了被遗传学家称为“现代综合系统学”的理论。

与众不同的是，小霍尔丹觉得第一次世界大战是“一次很愉快的经历”，直言不讳地承认他“喜欢有个杀人的机会”。他本人也受过两次伤。战争结束以后，他成功地成为一名科学普及工作者，写了 23 本书（以及 400 多篇科学论文）。他的书至今依然可读性很强，很有教育意义，虽然不总是容易找得着。他还成

了一名热忱的马克思主义者。有人认为，而且不完全是挖苦地认为，这纯粹是出于一种敌对的本能。要是他生在苏联，他可能会变成一名狂热的拥护君主制度者。无论如何，他的大部分文章最初是刊登在由共产党人主办的《工人日报》上的。

他父亲主要对矿工和中毒问题感兴趣，小霍尔丹则潜心研究潜艇乘员和潜水员的职业病的预防措施。在海军部的资助下，他获得了一个他称之为“高压锅”的减压室。那是一个金属圆筒，一次可以同时把三个人密封在里面，进行各种痛苦而又危险的测试。志愿者被要求坐在冰水里，同时呼吸“异常气体”或经受快速的压力变化。在一次实验中，霍尔丹亲自模仿快速上升的危险动作，看看会有什么事。结果，他补牙的填料炸掉了。“几乎每一次实验，”诺顿写道，“都以有人痉挛、流血或呕吐告终。”减压室是隔音的，要是里面的人想要表示自己不舒服或很痛苦，他们非得不停地敲击减压室的墙壁不可，或在小窗口举起字条。

还有一次，霍尔丹吸入不断加大浓度的氧气，结果痉挛得厉害，摔断了几根椎骨。肺部坍缩是常有的危险，鼓膜穿孔也是家常便饭，但霍尔丹在一篇论文中安慰别人说：“鼓膜一般来说会愈合。要是留个小孔，尽管你会有点儿耳背，但要是你抽烟，烟雾会从相关的耳朵里冒出来。这对社会是个贡献。”

这件事的不平常之处，不在于霍尔丹本人为了从事科学研究愿意经受这样的风险或难受的感觉，而在于他能毫不费事地说服他的同事和亲人爬进减压室。他的妻子有一次在进行模拟下降实验的过程中，痉挛了 15 分钟。等她终于停止在地板上蹦来跳去，她被扶了起来，打发回家去做晚饭。霍尔丹乐意利用任何恰好在场的人，包括有一次令人难忘地利用了西班牙前首相胡安·内格林。内格林博士事后抱怨有点刺痛，“嘴唇上有点奇怪的柔软光滑的感觉”，但除此之外安然无恙。他也许会为自己感到庆幸。在类似的一次减压实验中，霍尔丹的臀部和脊梁下部失去感觉达 6 年之久。

霍尔丹潜心研究许多问题，其中之一是氮中毒。由于至今仍不大清楚的原因，氮在 30 米以下的深处成了一种毒性很强的气体。据知，在氮的影响之下，潜水员会把自己的空气管扔给从身边游过的鱼，或者决定抽支烟歇息片刻。它还会使情绪变得很不稳定。在一次实验中，霍尔丹注意到，那个接受实验的人“时而情绪低落，时而兴高采烈；一会儿觉得‘难受极了’，要求减压，一会儿哈哈大笑，想要干预他同事的灵敏度测试”。为了测量接受实验的人情况恶化的速度，科学家还不得不和志愿者一起爬进减压室，进行简单的数学计算。但是，几分钟以后，霍尔丹后来回忆说："实验者和接受实验者通常一样中毒，往往忘了让秒表停下来，或者忘了适当做笔记。"即使到了现在，中毒的原因仍不清楚。有人认为，这和酒精中毒是一回事。但是，人家连酒精中毒的原因也说不准，我们绝不比他们聪明一点。无论如何，要是不小心翼翼，你一离开地面世界就很容易遇上麻烦。

说到这里，我们已经（哎呀，快要）回到原先的话题，即，活在地球这个地方并不那么容易，即使这是唯一可活的地方。这个星球上只有一小部分是干的，我们可以踩在上面，但其中极大一部分或太热，或太冷，或太干，或太陡，或太高，对我们没有多大用处。必须承认，这在一定程度上是我们自己的过错。就适应能力而言，我们人类是很没有本事的。像大多数动物一样，我们不大喜欢太热的地方——我们挥汗如雨，很容易中暑，特别吃不起苦。在最恶劣的条件下——在没有水的情况下在沙漠里走路，大多数人会神志昏乱，晕倒在地，很可能再也起不来，总共不消七八个小时。面对寒冷我们也同样束手无策。像所有哺乳动物一样，人类产生热量的本事不小，但是——由于我们身上几乎没有毛——我们保存热量的本事不大。即使在相当温暖的天气里，也有一半卡路里是用于身体保暖的。当然，在很大程度上，我们可以利用衣服和房屋来弥补这些不足，即使那样，地球上我们愿意或能够生存的部分也相当有限：只占陆地总面积的 12%；要是包括海洋在内的话，只占地球表面总面积的 4%。

然而，要是你把已知宇宙的其他地方的条件考虑进去，令人惊奇的不是我们使用了我们行星的那么一丁点儿地方，而是我们竟然还找到了一个能使用那么一丁点儿地方的行星。你只要看一眼我们自己的太阳系——或者只要看一眼某些历史时期的地球——就会知道，大多数地方对待生命比我们这暖融融、蓝盈盈、水灵灵的地球要无情得多，粗暴得多。

据认为，外层空间有 100 万亿亿颗行星。迄今为止，太空科学家已在太阳系之外发现了其中的 70 颗左右，因此人类在这个问题上几乎无话可说。但是，看来，若要找到颗适合于生命的行星，你非得运气极好；若想找到颗适合于高级生命的行星，你非得福星高照。各方面的研究人员已经确认，我们地球上享有 20 来条特别值得庆幸的机缘，但本书不做深入研究，仅将其主要归纳成以下 4 条：

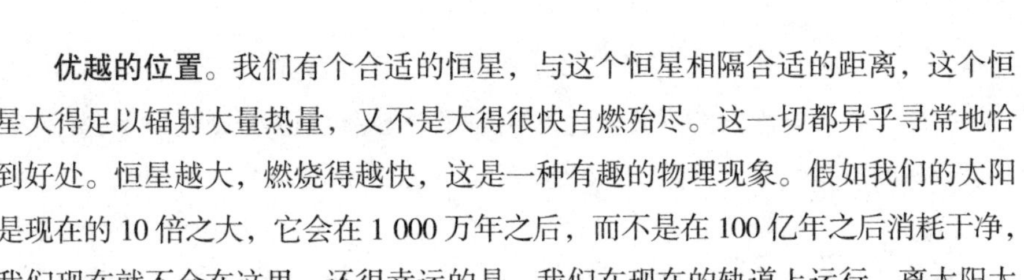

优越的位置。我们有个合适的恒星，与这个恒星相隔合适的距离，这个恒星大得足以辐射大量热量，又不是大得很快自燃殆尽。这一切都异乎寻常地恰到好处。恒星越大，燃烧得越快，这是一种有趣的物理现象。假如我们的太阳是现在的 10 倍之大，它会在 1 000 万年之后，而不是在 100 亿年之后消耗干净，我们现在就不会在这里。还很幸运的是，我们在现在的轨道上运行。离太阳太近，地球上的一切都会化为蒸气；离太阳太远，一切都会结成冰块。

1978 年，天体物理学家迈克尔·哈特做了一些测算后得出结论，只要地球离太阳再远 1%，或再近 5%，地球上就不适于居住。幅度不算很大，其实还可以再大一点。自那以后，这两个数字被更精确地测算了一遍，放宽了一点——再远 5%，再近 15%，但仍是个窄带。[①]

若要了解幅度为何很小，你只要望一眼金星。金星离太阳只比我们近 4 000 万公里。太阳的热量射到那里只比我们早两分钟。金星的大小和结构很像地球，但是，轨道距离上的小小差别，产生了全然不同的结果。看来，只是在太阳系形成之初，金星才比地球稍稍暖和一点，而且很可能有海洋。但是，热这么几摄氏度就意味着金星无法留住表面的水，结果对气候造成了灾难性的后果。随着水分蒸发，氢原子逸入太空，氧原子与碳在大气里形成了厚厚的一层温室气体一氧化碳。金星变得令人窒息。我这样年纪的人还记得起，天文学家们曾一度希望，在密密的云层下面，甚至可能是在郁郁葱葱的热带植物下面，金星上存在着生命，但我们现在知道，那里的环境过于恶劣，不适于我们所能想象的任何生命。它的表面温度高达 470 摄氏度，连铅都会熔化。金星表面的大气压是地球表面的 90 倍，任何人都受不了。目前我们生产不出隔热服装，也制造不了隔热的宇宙飞船，因此无法前往金星。我们对金星表面的了解，是基于遥远的雷达图像，以及一艘苏联无人探测器发出的一些噪声。那个探测器于 1972 年满载希望降落在云团里，运转不到一个小时就永远地关闭了。

所以，你只要向太阳移动 2 光分，就会发生上述情况。而要是离太阳再远一点，问题不是太热，而是太冷，这一点冰冷的火星可以做证。火星一度也是个比较合意的地方，但它没有留住有用的大气层，变成了一个天寒地冻的不毛

① 由于在黄石公园沸腾的泥潭里发现了极端微生物和在别处发现了类似的微生物，科学家们认识到，某种真正的生命的分布范围要比这广得多——甚至可能出现在冥王星的冰面底下。我们在这里讨论的只是能产生比较复杂的地表生物的条件。

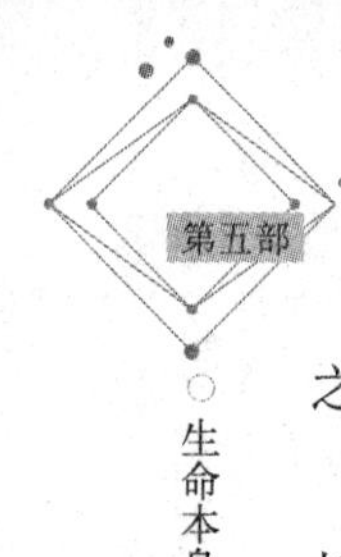

之地。

但是，仅仅与太阳的距离合适还不能解决全部问题，否则月球上也会是个长满森林的漂亮地方。但它显然不是。为此，你必须还要有：

合适的行星。我可以想象，如果你请地球物理学家数一数自己的福气，连他们中的许多人也不会把一个内部都是岩浆的行星包括在内。但是，几乎可以肯定，要是我们的脚底下没有翻腾的岩浆，我们就不会在这里。不说别的，我们地球活跃的内部使大量气体喷涌而出，帮助建立了大气层，还为我们提供了磁场，保护我们不受宇宙辐射侵害。它还给了我们板块构造，不停地更新地面和使地面褶皱。要是地球完全平坦，到处都会覆盖着 4 公里深的水。那寂寞的海洋里也许会有生命，但肯定不会有足球比赛。

除了有个大有好处的内部以外，我们还有合适数量的合适元素。我们完全是以合适的材料组成的。这对我们的健康是极其重要的，我们过一会儿会更加充分地讨论这个问题，但我们先来考虑一下剩下的两个因素，首先是我们往往忽略的那个因素——

我们是个双子行星。通常，把月球看成是颗伴星的人为数不多，但它实际上就是。大多数卫星对于主星来说都是很微小的。比如，火星的两颗卫星——火卫一和火卫二——直径只有大约 10 公里。然而，我们的月亮的直径是地球直径的四分之一以上。这就使得我们的行星成为太阳系里独一无二的行星，拥有一个与自身相比称得上是很大的卫星（除了冥王星，但冥王星其实不算行星，因为它本身很小）——这对我们来说至关重要。

没有月球的持久影响，地球会像个快要停转的陀螺那样摇摇摆摆，天知道会对气候和天气产生什么后果。由于月球持久的引力影响，地球能以合适的速度、合适的角度自转，为生命的长久和成功的发展提供一个必需的稳定环境。这种情况不会永远持续下去。月球在以每年大约 4 厘米的速度脱离我们的控制。再过 20 亿年，它会退缩到很远的地方，无法再维持我们的稳定，我们不得不想个别的解决办法。但是，与此同时，你该认识到，它远不只是夜空中一道悦目的风景线。

很久以来，天文学家一直有两种看法：一、月球和地球是同时形成的；二、是地球在月球飘过时把它抓住的。我们在前面有一章已经谈到，现在我们认

为，大约45亿年以前，一个火星大小的物体撞击了地球，撞飞了足够的材料来形成月球。这对我们来说显然是一件好事情——尤其是因为这件事恰好发生在遥远的过去。要是它发生在1896年或者上个星期三，我们肯定不会很高兴的。于是，我们就谈到第四个因素，在许多方面也是最重要的因素——

合适的时间。宇宙是个变幻无常、变化多端的地方，我们在宇宙里的存在是个奇迹。假如在过去的46亿年时间里发生的一长串极其复杂的事件没有在特定的时间以特定的方式告一段落——举个最明显的例子，假如恐龙当时不是因为一块陨石的撞击而灭绝——你很可能只有几厘米长，长着触角和尾巴，趴在哪个洞穴里看这本书。

我们确实不知道，因为我们没有任何别的东西可以用来跟我们自己的存在进行比较。但是，有一点似乎是明白无疑的：要是你希望最后成为一个比较先进、善于思考的社会，你必须处于一长串结果的合适终点，其中包括合理的稳定时期，里面错落有致地布满恰到好处的困难和挑战（冰期在这方面似乎特别起作用），而且完全缺少真正的大灾难。大家在余下的篇章里将会看到，我们庆幸自己恰好处于那个位置。

说到这里，现在我们再来简单谈一谈组成我们的元素。

地球上天然存在92种元素，再加上实验室里制造的20种左右，但其中有一些我们马上可以搁置一边——事实上，化学家们往往也是这么办的。地球上的化学元素当中，有不少我们了解甚少。比如，砹实际上没有研究过。砹在周期表上有名字，有位置（就在玛丽·居里的钋的隔壁），但几乎仅此而已。问题不在于科学界不予重视，而在于十分稀少。外层空间里钋也不多。然而，最难以捉摸的元素要算是钫。钫的量实在少得可怜，据认为，在任何特定的时刻，整个地球上的钫还不足20个原子。在自然存在的元素当中，总共只有大约30种在地球上分布得很广，只有五六种对生命是极其重要的。

你也许会想到，氧是最丰富的元素，占地壳的将近50%。但是，其后的排列往往出乎人们的意料，比如，谁想得到，在最常见的元素当中，硅在地球上占第二位或钛占第十位？元素的丰度，与我们对它们的熟悉程度，或它们对我们的有用程度毫无关系。许多不大知名的元素实际上比比较知名的元素还要丰富。地球上的铈比铜还多，钕和镧比钴或氮还多。锡勉强进入前50名，落后于

不大知名的镨、钐、钆和镝。

丰度还与发现的难易程度毫无关系。铝是地球上第四常见的元素，占到你脚底下的一切的将近十分之一，但直到19世纪汉弗莱·戴维才发现了它，才知道它的存在。在此后的很长时间里，它被作为稀有的贵重金属。为了显示美国是个有钱有派头的国家，国会差一点在华盛顿纪念碑的顶端装点一层闪闪发亮的铝箔。同一时期，法兰西王族在国宴上不再使用银质餐具，改用铝质餐具。这种时尚风靡一时，尽管这种刀叉不见得好用。

丰度与重要程度也不一定有关系。碳只居第十五位，占地壳的可怜巴巴的0.048%，但没有碳就没有我们。碳的与众不同之处，在于它不知羞耻地与别的元素都混得来。它是原子世界的交际花，缠住许多别的原子（包括自己），紧紧搂住不放，结成了称心如意而又极为牢固的分子康茄舞伴——大自然创建蛋白质和DNA（脱氧核糖核酸）的奥秘就在这里。正如保罗·戴维斯写的那样："要是没有碳，我们所知的生命就不可能出现。很可能任何种类的生命都不可能出现。"然而，虽然我们那样离不开碳，但连我们体内的碳含量也不是那么丰富。你体内每200个原子当中，有126个氢原子、51个氧原子，只有19个碳原子。①

别的元素也很重要，但不是对于创造生命，而是对于维持生命。我们需要铁来制造血红蛋白，没有铁，我们就会死亡。钴对于制造B_{12}是必不可少的。钾和一丁点儿钠对神经系统有明显的好处。钼、锰和钒有助于保持酶的活力。锌——愿神保佑它——能氧化酒精。

我们已经逐步学会利用或忍受这些东西——要不然我们几乎不可能在这里——但即使那样，我们所能忍受的范围也很窄。硒对我们大家都是至关重要的，但只要摄入一丁点儿，你就会呜呼哀哉。生物对某些元素的要求或耐受性是它们进化的结果。现在羊和牛在一起吃草，实际上它们所需要的矿物质非常不同。现代的牛需要大量铜，因为它们是在铜很丰富的欧洲和非洲地区进化的。而羊是在铜很缺乏的小亚细亚进化的。一般来说，我们对元素的耐受力与那些元素在地壳里的丰度成正比，这是不足为怪的。我们已经进化到这种程度，希望——在有些情况下其实需要——在我们所吃的肉类或纤维里积累着少量的稀有元素。但是，要是加大剂量，在有的情况下只加大一丁点儿，我们就可能会很快去另一个世界。这类知识我们在很大程度上还是一知半解。比如，谁也说

① 在剩下的4个原子当中，有3个是氮原子，余下1个由所有别的元素瓜分。

不清，摄入一丁点儿砷对我们的健康到底是有益的还是有害的。有的权威说有益，有的权威说有害。只有一点是肯定的，摄入太多，你就会送命。

元素一旦化合，它们的性质会变得更加奇特。比如，氧和氢是两种最易燃的元素，但要是结合在一起，就变成了不易燃的水。[①]更奇特的是钠和氯的化合物。钠是最不稳定的元素之一，氯是最毒的元素之一。要是把一小块纯钠放进水里，它会爆炸，具有置人于死地的威力。[②]毒性很大的氯是非常危险的。虽然低浓度的氯可以用来杀死微生物（你在漂白粉里闻到的就是氯的气味），但量大了就可以致命。第一次世界大战期间，许多种毒气就含有氯的成分。许多患眼痛的游泳运动员可以做证，即使在浓度极低的情况下，人体也不大喜欢氯。然而，要是你把这两种讨厌的元素放在一起，你会得到什么来着？氯化钠——普通的食盐。

总的来说，要是一种元素不是自然地进入我们的系统——比如说，如果它不能溶解于水——我们往往就不会接受它。铅之所以会使我们中毒，是因为我们向来不接触铅，直到我们开始把它用于盛食品的器皿以及水管。〔铅的符号是 Pb，代表拉丁语 *Plumbum*，现代“管道”（plumbing）这个名称就源自该词，这不是偶然的。〕罗马人也用铅来给酒调味，这也许是他们不再像以往那样强大的部分原因。我们在别处已经提到，我们自己使用铅的情况（且不说汞、镉和其他的工业污染物，我们经常用这些玩意儿来毒害自己）也没有多少值得得意的地方。凡是地球上不是天然存在的元素，我们都没有对其产生耐受性，因此它们对我们的毒性很大，比如钚。我们对于钚的耐受性是零：任何一丁点儿都会要你的命。

我对你讲了这么多，只是为了说明一个小问题：地球看上去似乎奇迹般地给人方便，其实很大程度上是因为我们已经渐渐适应了它的条件。令人感到惊异的不是它适合于生命，而是适合于我们的生命——其实这没有什么可奇怪的。也许，我们之所以对它的许多情况——大小合适的太阳、温柔体贴的月球、爱

---

① 氧本身是不可燃的，它只是帮助别的东西燃烧。这倒还不错，要是氧是可燃的话，你每次划一根火柴，周围的空气就会一下子燃烧起来。另一方面，氢气的可燃性极强，“兴登堡号”飞艇事故就说明了这一点。1937 年 5 月 6 日，在新泽西州的莱克赫斯特，使该飞艇升空的氢突然爆炸，燃起熊熊大火，造成 36 人死亡。

② 作者这一表述是错误的，小块钠放到水里会发生剧烈反应，但通常不会爆炸。——编者注

好交际的碳、足够多的岩浆等等——感到满意，仅仅是因为我们生来就依赖这些条件，所以才似乎感到满意。谁也不能完全说得清楚。

别的世界里的生物也许会感激一汪汪银白色的汞和一团团漂浮的氨。他们也许会感到高兴，他们的行星没有因为板块的移动而晃得他们晕头转向，没有喷出大量的岩浆覆盖大地，而是永远处于无板块构造的宁静状态。任何光临地球的远方客人几乎肯定都会觉得好笑，发现我们生活在一种由氮和氧组成的大气里。前者懒得不肯与任何东西发生化学反应；后者动不动就烧起来，我们不得不在城市的每个角落设置消防站，以免性情活泼的它对我们造成影响。即使我们的客人是呼吸氧气的两足动物，家乡设有大卖场，喜欢看故事片，他们也很可能觉得地球不是个很理想的环境。我们甚至无法招待他们吃午饭，因为我们的食物里都含有微量锰、硒、锌和别的元素粒子，起码其中有一些对他们来说是有毒性的。在他们看来，地球也许根本不是个很合意的地方。

物理学家理查德·费曼经常取笑事后下结论——从已知的事实往前推测可能的原因。“你要知道，今天晚上我遇到了一件最令人惊讶的事，”他会说，“我看到一辆汽车的牌照是ARW357。你想象得到吗？在我国几百万个牌照当中，今天晚上我怎么会偏偏看到那个牌照？真是不可思议！”当然，他的意思是，你很容易使任何平淡的事情显得很不寻常，如果你把它看得很严重的话。

因此，导致地球上出现生命的事件和条件很可能不像你乐意认为的那样很不寻常。不过，它们还是很不寻常的。有一点是肯定的：在找到更好的理由之前，我们只能说它们是很不寻常的。

第十七章
进入对流层

谢天谢地，我们有了大气。它使我们有了个温暖的环境。没有大气，地球会是个没有生气的冰球，平均温度只有零下 50 摄氏度。而且，大气吸收或阻挡大量射来的宇宙射线、带电粒子、紫外线等等。总的来说，厚厚的大气相当于 4.5 米厚的保护性混凝土，没有它，来自太空的这些无形访客会像小小的匕首那样插进我们的身体。没有大气的牵制作用，连雨点也会把我们打昏在地。

最引人注目的是，我们的大气并不很多。它往上伸展至大约 190 公里处，从地面上看，它也许显得很多，但如果把地球缩小到书桌上地球仪的大小，大气不过是大约一两层漆的厚度。

科学上为了方便起见，把大气分成四个厚度不等的层次：对流层、平流层、中间层和电离层（现在往往又称热层）。对流层对我们来说是个十分宝贵的部分。对流层包含的热量和氧气足以使我们活下去，但是当你往上穿越对流层的时候，它很快会变成一个对生命来说不合意的地方。从地面到最高点，对流层（亦称“对流圈”）在赤道位置上大约为 16 公里厚，在我们大多数人居住的温带位置

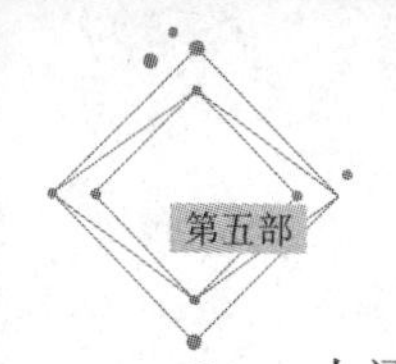

上还不足 10 —11 公里厚。它占了大气质量的 80%，包含了实际上所有的大气水分，因此实际上所有的气候变化，都包含在这又薄又稀的一层里。你和苍穹之间其实没有多少东西。

对流层的上面是平流层。当你看到一片雷雨云的顶端扩展成典型的砧形，你是在看着对流层和平流层的交界之处。这个看不见的天花板被称为对流层顶（tropopause），是一位法国人于 1902 年乘气球发现的。他的名字叫莱昂 – 菲利普·泰瑟朗·德·博尔特。“顶”（*pause*）在这里的意思不是“暂停”，而是“封顶”，它与“绝经”（*menopause*）源自同一希腊语词根。即使在对流层最高的地方，对流层顶离我们也并不遥远。现代摩天大楼使用的快速电梯只要用 20 分钟左右就能把你送到那里，但是我劝你还是别做那种旅行。在没有密封的条件下这样快速上升，少说你也会得严重的脑水肿和肺水肿，组织里的体液会增加到危险的程度。当观景台的门打开的时候，里面的任何人几乎肯定会呜呼哀哉或奄奄一息。即使攀升的速度比较缓慢，你也会觉得很不舒服。10 公里高空的温度会降至零下 57 摄氏度，你需要补充氧气，至少很希望这么做。

离开对流层以后，由于臭氧层的吸收作用（这是博尔特在 1902 年那次勇敢的攀升中的又一发现），温度很快又会上升到大约 4 摄氏度。到了中间层，温度又骤降到零下 90 摄氏度，然后到了那个顾名思义的热层又一下子上升到 1 500 摄氏度以上，而且热层的日夜温差可达 500 摄氏度以上——必须指出，这样高的温度多少已经成了个理论概念。温度其实只是量度分子活动程度的一个标准。在海平面高度，空气分子密度很大，一个分子只要运动极小的距离——说得确切一点，大约百万分之八厘米——就会砰地撞上另一个分子。由于几万亿个分子在不停撞击，大量的热量得到交换。但是，在热层的高度，即在 80 公里以上的高度，空气那么稀薄，两个分子相隔数公里，几乎没有接触的机会。因此，虽然每个分子的动能都很高，但彼此之间几乎没有影响，因此没有多少热量传递。这对卫星和宇宙飞船来说是个好消息。这是因为，要是热量交换的频率较高，在那个高度运行的任何人造物体都会熊熊起火。

即使这样，宇宙飞船在外层大气也不得不小心翼翼，尤其是在重返地球的过程中。2003 年 2 月发生的“哥伦比亚号”航天飞机的悲剧就说明了这一点。虽然大气很薄，但要是飞船进入大气层的角度太大——大约 6 度以上——或者速度太快，它就会撞击大量分子，产生极易引起燃烧的摩擦力。反之，如果返程的飞行器进入大气层的角度太小，它很可能会弹回空间，就像掠过水面的卵

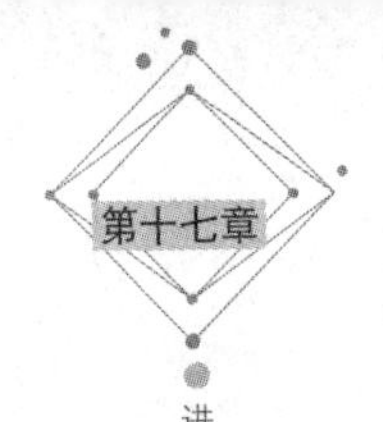

石那样。

若要知道自己是如何离不开地面，你不必冒险去大气层的边缘，在任何地势很高的城市里生活过的人都会知道，你无须登上海拔几百米的高处，你的身体就会开始觉得不舒服。即使是有经验的登山运动员，虽然他们身体健壮、受过训练、带着氧气瓶，也很快会有高原反应：头脑不清呀，恶心呀，疲劳呀，冻伤呀，体温过低呀，没有胃口呀，以及许多别的机能障碍。人体会以各种强有力的方式提醒它的主人，它不适于在海拔太高的地方运转。

"即使在最有利的情况下，"登山运动员彼得·哈伯勒在写到珠穆朗玛峰顶上的情况时说，"在那个高度，每走一步都需要极大的意志力。你必须强迫自己往前走，抓住能抓住的地方。你永远有一种极度的疲劳感。"在《珠穆朗玛峰的另一侧》中，英国登山家兼电影制片人马特·迪金森记录下了霍华德·萨默维尔的情况。1924年，萨默维尔随一个英国远征队攀登珠穆朗玛峰，"发现自己一块发炎的肉掉下来，堵住了气管，差一点窒息而死"。萨默维尔费了好大的劲儿才把肉屑咳出来。结果发现，他咳出来的是"喉部的整个黏膜"。

到了7 500米以上的高度——登山运动员所谓的"死亡地带"——身体就会很不舒服；但是，许多人到不了4 500米左右的高度就会极度虚弱，甚至病危。敏感程度与身体是否健壮几乎没有关系。有时候，老奶奶在高处生龙活虎，而她们身强力壮的后辈们反而哼哼唧唧，已经吃不消，不得不被送往低处。

就人类连续生活的耐受能力而言，极限大约为5 500米，但连习惯于生活在高处的人也无法长期忍耐这种高度。弗朗西丝·阿什克罗夫特在《极端条件下的生命》一书中说，安第斯山脉在5 800米的高处有硫矿，但矿工们宁可每天晚上往下走460米，第二天再爬上去，也不愿意连续生活在那个高度。生活在高处的人往往要经过几千年才渐渐拥有特别大的胸腔和肺部，使携带氧气的红细胞浓度增加差不多三分之一。可是，血液所能承受的红细胞浓度是有限度的，要是浓度太大，血液流动就无法顺畅。而且，在5 500米以上的高度，连已经完全适应的妇女也无法为发育中的胎儿提供足够的氧气，不到足月就会把他（她）生下来。

18世纪80年代，欧洲有人开始乘气球做攀升实验。他们吃惊地发现，他们升得越高，上面的温度越低。每爬高1 000米，温度下降大约1.6摄氏度。从逻辑上说，离热源越近，似乎应当越觉得暖和。部分解释是，你其实并没有接近太阳多少。太阳在1.5亿公里以外。朝它移近几百米，犹如站在俄亥俄州，朝澳

大利亚的丛林大火走近一步，指望闻到烟味。若要回答这个问题，我们又得回到大气里分子密度的问题。阳光激活原子，它增加了原子的运动速度；原子在激活的状态之下互相撞击，释放热量。夏日里背上感到太阳是暖烘烘的，你感到的其实是阳光在激活原子。你爬得越高，那里的原子越少，因此它们的撞击次数就越少。

空气是一种很会骗人的东西。即使在海平面的高度，我们往往也会认为空气很轻，几乎没有分量。实际上，空气分量很大，还往往表现出来。海洋科学家怀维尔·汤姆森在一个多世纪以前写道："早上起床的时候，我们有时候发现气压计升高了 2.5 厘米，说明夜间有将近半吨重的分量一直悄悄地压在我们身上，而我们并没有觉得什么不方便，倒是有一种精力充沛的感觉，因为在密度较大的气体里我们移动身体只需要较小的力。"你在增加半吨重的压力之下不会产生被压垮的感觉，与你的身体在大海深处不会被压垮的原因是一样的：你的身体主要是由无法压缩的液体组成的；液体会产生推力，使体内和体外的压力保持平衡。

但是，要是空气处于流动状态，比如飓风，甚至是一阵强风，你很快会想到空气的质量还真不小。我们身边大约有 5 200 万亿吨空气——本行星的每平方公里上有 900 多万吨——这是个不小的数量。当几百万吨空气以每小时五六十公里的速度流动的时候，树枝折断，屋顶瓦片飞走，这是不足为怪的。正如安东尼·史密斯所说，一次典型的天气前锋，可能由 10 亿吨热空气加上压在底下的 7.5 亿吨冷空气组成。难怪气象部门有时候会很兴奋。

当然，我们头顶的世界里不乏能量。据测，一次大雷雨可以包含相当于全美国 4 天用电量的能量。在合适的条件下，雷雨云可以升到 10 —15 公里高度，包含以每小时 150 多公里的速度上升的气流和下沉的气流。两者往往并排出现，因此飞行员不愿意从中飞过。在内部一团混乱之中，云团里面的粒子获取电荷。由于不完全了解的原因，较轻的粒子往往带上了正电荷，被气流刮到了云团顶部。较重的粒子留在基部，积累负电荷。这些带负电荷的粒子有着强烈的愿望，希望冲向带正电荷的地球，但愿夹在中间的东西走运！闪电以每小时 43.5 万公里的速度移动，可以把周围的空气加热到 28 000 摄氏度，比太阳表面的温度还要高出几倍。在任何一个时刻，全球有 1 800 场大雷雨正在发生——平均每天 4 万场左右。闪电日日夜夜划过这颗行星，每秒钟大约有 100 道闪电击中大地。天空真是个生气勃勃的地方。

我们对上面情况的了解，许多是最近的事，真是不可思议。急流通常位于大约 9 000 —10 000 米高空，能以每小时将近 300 公里的速度移动，极大地影响着所有大陆的天气系统。然而，直到第二次世界大战期间飞行员开始飞进里面，我们才发现它的存在。即使到了现在，还有大量的空气现象我们知道得很少。有一种波动通常被称为“晴空湍流”，它偶尔会造成飞机剧烈颠簸。每年大约有 20 次这样的事故严重到了需要报道的程度。它们与云团结构或其他任何可以用肉眼或雷达测到的现象没有关系。它们是晴空中小范围的湍流。举个典型的例子，一架从新加坡飞往悉尼的飞机正在平静的条件下飞越澳大利亚中部，突然间下降了 90 米——足以把没有系安全带的人甩到天花板上。12 个人受了伤，有一个伤势还很严重。谁也不清楚怎么会有这种制造混乱的小气流。

空气在大气层里到处流动的过程，与地球内部机器转动的过程，二者是一样的，即对流。潮湿的热空气从赤道地区升起，碰着了对流层顶就向外扩展。随着远离赤道，它渐渐冷却，渐渐下沉。碰到底部以后，有一部分下沉的空气向低压地方流动，掉头返回赤道，完成了那个环流。

在赤道地区，对流过程一般比较稳定，天气总是不错，而在温带地区，季节变化、地区差异要明显得多，缺乏规律性。结果，高气压体系与低气压体系之间展开了永无穷尽的搏斗。低气压体系是由上升的空气创建的，把水分子送到天空，形成了云团，最终形成了雨。热空气比冷空气更能携带水汽，这是热带和夏季下暴雨最多的原因。因此，低的地方往往与云雨关系密切，而高的地方一般阳光灿烂，天气不错。当两个这样的体系相遇的时候，往往从云团的样子看得出来。比如，要是携带水汽的上升气流无法突破上面比较稳定的一层空气，就会像烟碰到了天花板那样向外展开，于是就形成了层云——那种不大讨人喜欢，毫无特色，弄得天空阴沉沉的云层。事实上，要是你观察一个人抽烟，望着烟雾怎样从一支香烟在无风的屋子里袅袅上升，你就会有个很好的概念，知道这到底是怎么回事。起先，烟雾笔直上升（这被称为“层流”，要是你想在别人面前卖弄一下学问的话），然后向外展开，扩散成波形的一层。连用在精密受控环境里进行测量的世界上最大的超级计算机，也无法准确预测这类波形烟雾会成什么形状，而气象学家却要在一个不停自转、广大而多风的世界里预测这种运动，你可以想象他们面对的困难有多大。

我们知道的是，太阳的热量分布不匀，形成了本行星上的不同气压。空气

无法容忍这种状态，于是就横冲直撞，想要实现处处平衡。风就是空气想要实现这样的平衡的一种办法。空气总是从高压地带向低压地带流动（你会料到这一点。想象一个含有压缩空气的任何东西——一个气球，或一个气罐，或一架没有窗户的飞机，想象一下压缩空气如何老是想去别处）。压力相差越大，风的速度就越快。

顺便说一句，风速像大多数累积的东西一样，是以指数来增长的，因此以每小时300公里的速度刮的风，不是比以每小时30公里的速度刮的风强10倍，而是强100倍——因此它的破坏性也要大得多。要是将几百万吨空气加速到这种程度，就能产生极其巨大的能量。一场热带飓风在24小时里所释放的能量，相当于像英国或法国这样一个富裕的中等国家一年所使用的能量。

大气寻求平衡的动力，是由埃德蒙·哈雷首先发现的——他简直无处不在——并由他的英国同胞乔治·哈德利在18世纪加以阐述。哈德利注意到，上升和下降的气柱往往会产生“环流”（自那以后一直被称为哈德利环流）。哈德利是一名职业律师，但对天气怀有浓厚的兴趣（他毕竟是英国人）。他还提出了环流、地球自转和空气明显转向之间的关系。空气转向产生了信风。然而，是巴黎高等工科学校的工程教授古斯塔夫－加斯帕尔·德·科里奥利于1835年解决了这些相互作用的细节问题，因此我们称其为科里奥利效应。（科里奥利在学校的另一项贡献是发明了水冷却器，至今依然被称为科里奥利冷却器。）地球在赤道以每小时1 675公里左右的速度转动，要是你朝极地移动，这个速度会大大慢下去，慢到比如伦敦或巴黎的每小时900公里左右。你只要仔细想一想，其原因是不言自明的。要是你在赤道地区，地球不得不带着你转过相当远的路程——大约4万公里——才能把你送回原地。而要是你在北极，你只要走几米就可以转完一圈。然而，无论哪种情况，你都必须花24个小时才能回到始发地。于是，你离赤道越近，你的转动速度必然越快。

为什么在空中以与地球自转方向垂直做直线运动的物体，只要距离相当，在北半球似乎向右做弧线运动，在南半球似乎向左做弧线运动？科里奥利效应认为那是因为地球在下面转动。若要了解这一点，一般的办法是想象自己立在一个大体育场的中央，把一个球抛给站在边缘的人。等球抵达边缘的时候，那个人已经向前移动，球从他的背后飞了过去。从他的角度看来，那个球似乎以弧线运动绕开了他。这就是科里奥利效应。那种效应使得天气体系发生卷曲，使飓风像陀螺那样打着转儿移动。科里奥利效应还说明为什么海军在发射炮弹

的过程中不得不向左或向右调整方向。要不然，一发射向 25 公里远处的炮弹会偏离目标大约 90 米，掉在海里打不中目标。

考虑到天气在实际上和心理上几乎对每个人的重要性，气象学到 19 世纪前夕才开始成为一门科学（虽然气象学这个名字自 1626 年以来一直就有。它是由一个名叫 T. 格兰杰的人在一本逻辑学书里创造的），这真是令人不可思议。

一定程度上，问题在于成功的气象学需要精确测量温度，而生产温度计在很长时间里实在比你预料的还要困难。精确的读数取决于玻璃管的内径要非常均匀，那可是不容易做到的。解决这个问题的第一人是荷兰仪表制造商达尼埃尔·加布里埃尔·华伦海特。他于 1717 年制造出一支非常精确的温度计。然而，由于未知的原因，他把温度计上的冰点设在 32 度，把沸点设在 212 度。这种古怪的数值从一开始就让有些人感到很不方便。1742 年，瑞典天文学家安德斯·摄尔修斯提出了另一种温标。为了证明发明者很少能把事情彻底弄清楚的看法，摄尔修斯在自己的温标上把沸点设在 0 度，把冰点设在 100 度，但那个标法很快就被颠倒过来。

最经常被认为是现代气象学之父的，是英国药剂师卢克·霍华德。他在 19 世纪初成了名。霍华德的主要贡献在于 1803 年为云的类型起了名字。他是林奈学会的一名积极而受人尊敬的成员，在他的新方案中使用的是林奈原则，但他选了不大知名的阿斯克森学会作为宣布他新的分类方案的论坛（你也许还记得起来，前面有一章里提到过阿斯克森学会，它的成员潜心于笑气带来的乐趣，因此我们只能希望，霍华德的陈述应该严肃对待，受到应有的重视。关于这一点，霍华德派的学者们古怪地保持沉默）。

霍华德把云分成三类：一层一层的云被叫作层云；绒毛状的云被叫作积云（这个名字在拉丁语里是“堆积”的意思）；高处薄薄的羽毛状的结构被叫作卷云（意思是“卷曲”）。卷云一般出现在寒冷的天气到来之前。后来，他又增加了第四个名字，把一种会下雨的云叫作雨云（拉丁语的意思是“云”）。霍华德体系的妙处在于，这些基本成分可以自由组合，描述天空中飘过的每种形状、每种大小的云——层积云、卷层云、积雨云等等。这个体系顿时取得成功，不仅仅在英国。歌德十分赞同这个体系，竟然写了四首诗献给霍华德。

在随后的岁月里，霍华德的体系又增加了许多内容，最后那部百科全书性质的而又很少有人阅读的《国际云层图册》共有两卷。但是，有意思的是，霍

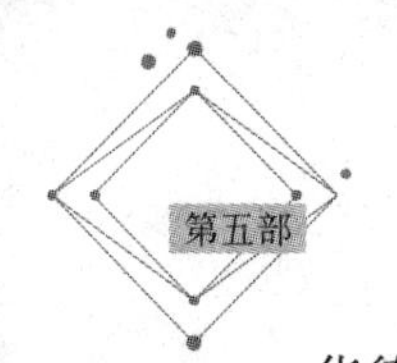

华德去世以后确定的云的种类——例如乳房状云、冠状云、雾状云、厚度云、絮状云和中度云，据说在气象学界外根本无人接受，在气象学界内接受的人也为数不多。顺便说一句，那本图册在1896年出的第一版，也是薄得多的一版，把云分成10个基本种类。其中，最丰满、最像垫子的卷叠积云排列第九[①]。“九天云霄”这个表达方式似乎是由此而来的。

偶尔出现的砧头状雷雨云尽管气势汹汹，实际上在一般情况下都是温和而不实的东西。夏天一朵绒毛状的积云，虽然每一边都伸展数百米，所含的水分却不过100—150升——“大约够注满一个浴缸”，正如詹姆斯·特雷菲尔说的。要是你想知道云是一种华而不实的东西，你可以在雾里走一走——雾只不过是一种没有决心远走高飞的云。我们再引特雷菲尔的话：“要是你在普通的雾里走大约90米，你只会接触到大约8立方厘米的水——还不够你好好喝一口。”因此，云不是大水库。在任何时候，地球上只有大约0.035%的淡水飘浮在我们的头顶。

水分子的结局差别很大，取决于它落在哪里。要是它落在肥沃的土壤里，它会被植物吸收，或在数小时或数天内再次直接蒸发。然而，要是进入了地下水，它也许在好多年里——好几千年里，如果它流到确实很深的地方的话——再也见不着太阳。要是你望一眼湖水，你看到的是一大堆分子，它们在那里平均已达10年之久。据认为，水分子在海洋里逗留的时间可能达100年。总的来说，下了一场雨以后，大约有60%的水分子在一两天内又回到了大气层。一旦蒸发，它们在天空中待不了一个星期左右——德鲁里说是12天——然后又以雨的形式落了下来。

蒸发是个很快的过程，你很容易根据夏日里一摊水的命运来测定。要是不连续补充水的话连地中海这样的大家伙也会在1 000年里干涸。这种情况在近600万年以前发生过，产生了科学界所谓的“墨西拿盐度危机”，原因是大陆移动阻塞了直布罗陀海峡。随着地中海干涸，被蒸发的水汽以淡雨的形式落在别的海里，略微降低了那些海的盐度——实际上，恰好稀释到能使更大区域结冰的程度。冰区的扩大把更多的太阳热量反射回去，从而把地球推进到了冰期。

---

① 积云往往干净利落，边缘分明，而别的云层模模糊糊。这是因为积云湿润的内部与外面干燥的空气有着明确的界线。要是水分子越出该云边缘，外面干燥的空气马上会把它除掉，从而使积云的边缘保持光洁。而高得多的卷云由冰和该云的边缘与外面的空气之间的区域组成，故而它的边缘往往是模模糊糊的。

至少从理论上说是这样的。

就我们所知，有一点是肯定的，只要地球的动力稍稍发生变化，就可能产生难以想象的后果。我们过一会儿将会看到，或许，连我们也就在这样的事件中诞生了。

海洋是地球表面活动的真正动力源泉。实际上，气象学家们越来越把海洋和大气看成是单一体系，因此我们在这里要多说几句。水非常善于储存和传递热量——难以想象的大量热量。墨西哥湾暖流每天送到欧洲的热量，相当于全世界 10 年的煤产量。与加拿大和俄罗斯相比，为什么英国和爱尔兰冬天的气候比较温和，原因就在这里。但是，水热得很慢，因此即使在最热的日子里，湖泊和游泳池里的水也是凉的。由于这个原因，往往会有这样的情况：从天文学的角度来说，一个季节已经开始，而在实际的感觉上，还不到那个季节。因此，北半球的春季始于 3 月，而最早要到 4 月，大部分地方才有春天的感觉。

海水不是一个均匀的整体。各地海水的温度、盐度、深度、密度等等都存在差异，对海水传递热量的方式有着巨大的影响，进而又影响到气候。比如，大西洋比太平洋的盐度要高，这还是一件好事情。海水越咸，密度越大，密度大的海水下沉。要是大西洋洋流不需要负担额外的盐量，就会一直推进到北极地区，使北极暖和起来，但欧洲会完全失去那些不可多得的热量。地球上热量传递的主要载体是所谓的热盐对流。它源自海洋深处的缓慢洋流——这个过程是科学家、冒险家伦福德伯爵于 1797 年发现的。①情况是这样的：表面海水抵达欧洲附近以后，密度增加，沉到深处，慢慢返回南半球。这批海水抵达南极洲，遇上了南极绕极流，被往前推入了太平洋。这个过程是很慢的——海水从北大西洋流到太平洋中部要花 1 500 年时间——但它运送的热量和水量是相当可观的，对气候的影响也是巨大的。

（怎么有人可能计算出一滴水从一个大洋到另一个大洋要花多长时间？关于这个问题，答案是：科学家们可以测定水里的混合物，比如氯氟烃，从而计算出自它上次进入空气以来已有多长时间。通过把不同深度、不同地点的测量结

---

① “热盐对流”这个名称似乎对不同的人有不同的意思。2002 年 11 月，麻省理工学院的卡尔·旺什在《科学》杂志上发表了一篇题为《什么是热盐对流？》的文章。他认为，这个名称在几份主要杂志上至少表达了 7 种不同的现象（海底层面的对流，密度或浮力不同造成的对流，“物质在南北相反方向的对流”，等等），都和海洋对流和热量转移有关。我在这里使用的是它的笼统的意思。

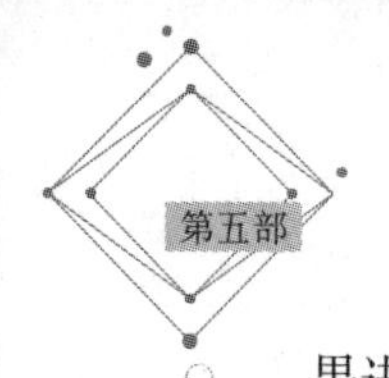

果进行比较，可以比较准确地绘制出水的运动路线图。）

热盐对流不仅传送热量，而且随着洋流的起伏，也起着搅动食物的作用，使更大范围的海域适于鱼类和其他海洋动物生存。不幸的是，热盐对流对周围的变化似乎也很敏感。计算机模拟实验的结果表明，连海洋盐度稍有稀释——比如，由于格陵兰冰原的加快融化，也会灾难性地打乱这个循环。

大海还帮了我们另一个大忙。它吸收大量的碳，并有办法把碳藏到安全的地方。现在太阳燃烧的旺度，要比太阳系形成之初强了大约25%，这是我们太阳系的怪事之一。因此，地球本该比现在热得多。实际上，正如英国地质学家奥布里·曼宁说的："这个巨大的变化本该给地球带来绝对灾难性的后果，然而，我们的世界好像几乎没有受到影响。"

那么，是什么使这颗行星保持稳定，保持凉快的呢？是生命。当空气里以二氧化碳形式存在的碳随着雨水落下的时候，数以万亿计的小小的海洋生物将其捕捉，并利用它（与别的东西一起）来制造自己小小的壳。那些生物是我们大多数人连听都没有听说过的，什么有孔虫呀，球石呀，钙质藻呀，等等。它们把碳关在壳里，防止碳通过再次蒸发进入大气，要不然它会危险地形成一种温室气体。最后，小小的有孔虫、球石等等都死了，掉到海底，被压缩成了石灰岩。要是你望一眼像英格兰多佛尔的白垩这样非凡的自然特色，想一想它几乎完全是由死去的小小的海洋生物造成的，这真令人觉得不可思议；但是，更加令人不可思议的是，你要知道，那些生物日积月累地吸收了多少碳呀。一块约100立方厘米的多佛尔白垩就含有1 000多升的压缩二氧化碳。要不然，这些二氧化碳根本不会对我们有好处。总的来说，被关在地球岩石里的碳，大约相当于大气里的2万倍。那些灰岩中的很大一部分最终会成为火山的原料，碳将回到大气层，以雨的形式落在地球上。因此，整个过程被称为长时碳循环。该过程要花很长的时间才完成——对一个普通的碳原子来说，大约要花50万年，在没有别的因素干扰的情况下，这对保持气候稳定很起作用。

不幸的是，人类却随意打乱这个循环，把大量额外的碳排放到大气里，不顾有孔虫是否有了准备。据估计，自1850年以来，我们已经额外向空气里排放了大约1 000亿吨碳，这个数字又以每年大约70亿吨的速度增加。总的来说，那实际上不算很多。大自然——主要通过火山喷发和树木腐烂——大约每年向大气里投放2 000亿吨二氧化碳，差不多是我们的汽车和工厂排放量的30倍。但是，你只要看一眼我们雾蒙蒙的城市或者科罗拉多大峡谷，有时候甚至是多

佛尔的白垩，你就会明白，我们的参与造成了多大的差别。

我们从非常古老的冰样得知，大气里二氧化碳的“自然”浓度——也就是说，在我们的工业活动开始雪上加霜之前的浓度——大约是百万分之二百八十。到 1958 年实验室人员开始重视这个问题的时候，那个数字已经上升到百万分之三百一十五。今天，那个数字已经是百万分之三百六十以上，而且还在以每年大约 0.25% 的速度继续攀升。据预测，到 21 世纪末，这个数字会达到大约百万分之五百六十。

到目前为止，地球上的海洋和森林（森林也带走了大量的碳）成功地挽救了我们自我毁灭的命运。但是，正如英国气象局的彼得 · 考克斯所说：“有一条临界线。到了那个时候，大自然的生物圈已经无法缓解我们排放的二氧化碳对我们自身所产生的影响，实际上还开始起增大作用。”人们担心，全球变暖的情况将会迅速恶化。由于无法适应，许多树木和别的植物将会死去，把储存的碳释放出来，使问题变得更加严重。这种循环在遥远的过去也偶尔发生过，即使在没有人类参与的情况下。然而，即使到了那种地步，大自然还在创造奇迹，这是个好消息。几乎可以肯定，碳循环最后会东山再起，还地球一个稳定而美好的环境。上一次发生这类事，只花了 6 万年时间。

第十八章

浩瀚的海洋

请你想象一下，你能不能生活在一个由一氧化二氢主宰的世界里。那是一种无色无味的化合物，性质极为多变，一般情况下比较温和，但有时候一下子可以致命。它可以灼伤你，也可以冻坏你，这取决于它处于什么状态。要是存在某种有机分子，它可以形成碳酸。碳酸简直可恶至极，会使树叶掉个精光，会侵蚀雕像的表面。要是数量很大，而且受到刺激，它就会发起猛烈的袭击，人类的任何建筑物都不是它的对手。即使对于那些已经学会与它一起过日子的人来说，它也往往充满危险。我们把这东西称为水。

哪里都有水。一个马铃薯80%是水，一头牛74%是水，一个细菌75%是水。一个西红柿95%是水，几乎全是水。连人也65%是水，因此我们身上的液体和固体之比差不多是2 ： 1。水是一种古怪的东西。它没有形状，晶莹透明，然而，我们渴望待在它的身边。它没有味道，我们却爱尝尝它的味道。我们千里迢迢，花上好多的钱，就是为了去看一眼它在阳光下闪耀的情景。尽管我们知道它很危险，每年要淹死成千上万个人，我们还是迫不及待地要去水里泡一泡。

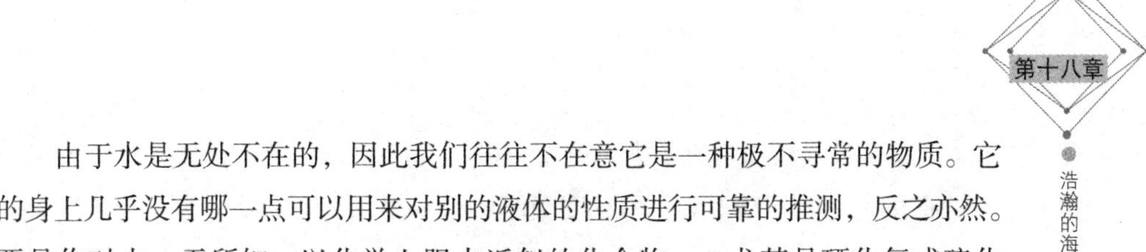

由于水是无处不在的，因此我们往往不在意它是一种极不寻常的物质。它的身上几乎没有哪一点可以用来对别的液体的性质进行可靠的推测，反之亦然。要是你对水一无所知，以化学上跟水近似的化合物——尤其是硒化氢或硫化氢——的表现来进行假设，你就会指望水在零下 93 摄氏度沸腾，在室温下变成气体。

大多数液体会冷缩大约 10%。水也是，但只是冷缩到一定程度。快要达到冰点的时候，水就开始——有悖常情地、很有意思地、不可思议地——膨胀。等它变成固体的时候，它的体积差不多比原先大了 10%。由于水结冰的过程是膨胀的，所以冰块浮在水上——用约翰·格里宾的话来说，这是“一种极其古怪的特性”。要是水没有这种反常而又美好的性质，冰块会往下沉，湖泊和海洋会从底部往上结冰。要是没有表面的冰层保护内部的热量，水的热量会释放出去，使水变得更凉，形成更多的冰块。过不多久，连海洋也会结冰，而且几乎肯定，海洋会在很长时间里保持那种状态，很可能是永远——这样的条件几乎不会孕育生命。谢天谢地，水似乎不知道化学法则或物理学原理。

大家知道，水的化学分子式是 H_2O，这意味着，水是由一个较大的氧原子和两个较小的、连着氧原子的氢原子组成的。氢原子死死地抓住其主子氧原子不放，而且与别的水分子的黏合也很随便。因此，它仿佛在与别的水分子一起跳舞，短时间里配成一对，接着又往前移动——用罗伯特·孔齐希的话来说，就像跳方阵舞那样不断地变换舞伴。一杯水也许看上去缺少生气，但里面的每个分子都在变换舞伴，每秒要变换几十亿次。这就是为什么水分子能黏合在一起形成水坑和湖泊的原因，但又没有黏合到密不可分的程度。这一点你只要跳进一个水塘就会知道。在任何时候，实际上只有 15% 的水分子是互相接触的。

在一定意义上，这种黏合是非常牢固的——所以，水分子可以通过吸管流往高处，汽车发动机罩上的小水滴会与伙伴们形成水珠。这也是水有表面张力的原因。下面和两边的分子对表面分子的吸引力，要比上面空气里的分子对它的吸引力强大。于是，就产生了一层坚固的薄膜，昆虫可以停在上面，你也可以用石子打水漂玩。它还对跳水起着支托作用。

我几乎用不着指出，没有水，就没有我们。没有了水，人体会迅速散架。有一篇报道说，不出几天，嘴唇会消失，“像是被割去了似的，齿龈会发黑，鼻子会缩成原先的一半长，眼睛周围的皮肤会缩到无法眨眼睛的程度”。水对我们来说太重要了，因此我们不容易注意到，地球上绝大部分的水对我们来说都是

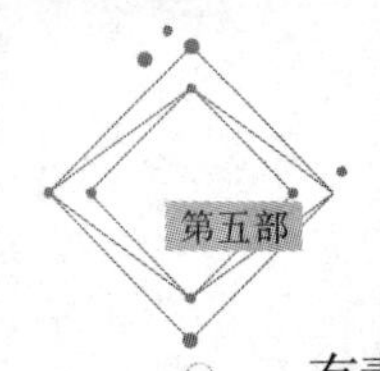

有毒的——而且毒得厉害，因为里面含有盐。

有盐我们才能活下去，但只要很小的量。海水里含盐量太大——大了大约70倍——我们无法平安无事地将其新陈代谢。1升海水里只含有大约2.5茶匙普通的盐——我们撒在食物上的那种盐，但还含有大量的其他元素、化合物和别的已经溶解的固体，这一些通称为盐。盐和矿物质在我们肌体组织里的比例，与在海水里的比例也差不多——正如马古利斯和萨根说的，我们出的汗是海水，流的泪是海水。但是，说来也怪，我们却无法忍受外来的盐。要是把大量盐摄入自己体内，你的新陈代谢很快会陷入危机。每个细胞里的水分子都会匆匆离去，像是许多志愿消防员急着要去稀释和冲走突然增加的盐分那样。结果，细胞严重缺水，无法正常运转。简而言之，细胞脱水了。在极端情况下，脱水会造成疾病发作、昏迷和大脑损伤。与此同时，劳累过度的血细胞会把盐输送到肾脏，最后肾脏会负担过重，停止运转。要是肾脏不能正常运转，你就会死去。这就是你不能饮用海水的原因。

地球上有13亿立方公里水，这是全部。系统已经关闭，说得明白一点，再也不会增加，再也不会减少。你喝的水，自地球形成之初起就在这里忙碌。38亿年以前，海洋（至少大体上）已经达到现在的规模。

水域被称为水圈，它的绝大部分是海洋。地球上97%的水都在海里，太平洋占了较大部分。太平洋的面积比所有的陆块加起来还大。总的来说，太平洋占所有海水的一半以上（51.6%），大西洋占23.6%，印度洋占21.2%，其他所有的海洋加起来只占3.6%。海洋的平均深度为3.86公里，太平洋平均要比大西洋和印度洋深大约300米。这颗行星60%的表面都是深度在1.6公里以上的海洋。莫利普·鲍尔指出，我们这颗行星不该叫作地球，而该叫作水球。

地球上只有3%的水是淡水，主要以冰原的形式存在。只有一丁点儿淡水——0.036%——存在于湖泊、河流和水库之中；更小的一部分——只有0.001%——存在于云团，或以水蒸气的形式存在。地球上将近90%的冰在南极洲，剩下的主要在格陵兰。要是你去南极，你会站在3公里多厚的冰上，而在北极只有4.6米厚。仅南极洲就有2 500万立方公里的冰——要是全部融化的话，足以使海洋升高60米。但是，即使大气层里所有的水都变成雨落下来，均匀地落在各地，海洋也只会加深2厘米。

顺便说一句，海平面几乎完全是个理论概念。海根本不是平的。由于潮水、海风、科里奥利效应以及别的作用，各个海洋的水位差异甚大，即使同一海洋

里的水位也不尽一样。太平洋的西部边缘高出大约45厘米——这是地球自转产生的离心力造成的结果。要是你拉动一盆水，水会朝另一端流动，好像不愿意跟你去似的。由于同样的道理，地球自西向东的自转会使海水涌向海洋的西缘。

大海自古以来就对我们十分重要。因此，科学界在很长的时间里没有对大海产生兴趣，这是很引人注目的。直到进入19世纪，我们对海洋的认识仍然源于冲上海滩的东西或者渔网里打捞到的东西。几乎所有的文字材料都是以趣闻逸事和假说，而不是以实际的证据为基础的。19世纪30年代，英国博物学家爱德华·福布斯勘察了大西洋和地中海各处的海床，宣布在600米以下的深处根本没有生命。这似乎是一种合乎情理的假设。在那个深度，没有光，因此就没有植物；而且，据知在那个深度压力极大。所以，1860年，当从3公里多深的水下拖起一根首批横穿大西洋的电缆进行维修，发现上面结着厚厚的一层珊瑚、蛤蜊和其他小生物的时候，大家真的有点吃惊。

直到1872年，才对海洋进行了第一次真正有组织的调查。不列颠博物馆、皇家学会和英国政府成立了一个联合考察队，乘坐已经退役的战舰“挑战者号”从朴次茅斯港出发。在3年半时间里，他们驶遍了世界，取水样呀，捕鱼呀，捞沉淀物呀。这显然是一项很单调的工作。在总共240名科学家和船员当中，有四分之一的人开了小差，还有8人死亡或发疯——用历史学家萨曼莎·温伯格的话来说：“长年累月的单调生活使脑子麻木，精神错乱。”但是，他们行驶了差不多7万海里，收集了4 700多种新的海洋生物，获得的资料足以写出一份长达50卷的报告（编辑工作就花了19年），为世界科学创建了一门新的学科：海洋学。通过测量深度，他们还发现大西洋中部的水底下似乎有山脉。这使得有的考察人员激动不已，认为他们已经发现了传说中沉入海底的大陆亚特兰蒂斯。

由于世界上的学术机构大多不大重视海洋，倒是由热心的——却为数很少的——业余人员来告诉我们海底下的情况。现代的深海探索于1930年从查尔斯·威廉·毕比和奥蒂斯·巴顿开始。虽然他们是平等的伙伴关系，但文字记录总是突出更有色彩的毕比。毕比1877年生于纽约市的一个小康家庭，曾在哥伦比亚大学攻读动物学，后来在纽约动物学会担任养鸟员。他对这份工作感到厌倦，决定选择冒险家的生活。在随后的四分之一世纪里，他走遍了亚洲和南美洲，而且总是带着一大串漂亮的女性当助手，美其名曰“历史学家兼技术员”或“鱼类问题助理”。这些努力的结果，是他写出了一系列通俗读物，题目有《丛林边缘》和《在丛林里的日子里》，他还写了几本关于野生动物和鸟类学的不错

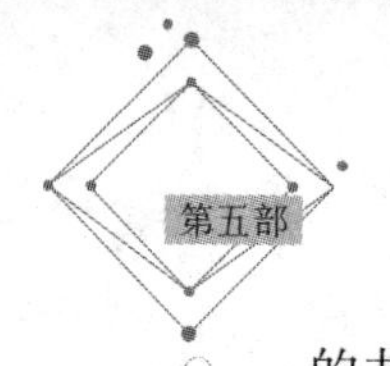

的书。

20 世纪 20 年代中期，毕比前往加拉帕戈斯群岛，发现了他所谓的“悬荡的乐趣”，即深海潜水。过不多久，他开始与巴顿合作。巴顿来自一个更加富裕的家庭，也上过哥伦比亚大学，也渴望冒险。虽然功劳几乎总是归于毕比，但设计并出资 1.2 万美元来建造第一个探海球（源自希腊语，意思是“深”）的，其实是巴顿。那是一个小而坚固的沉箱，用 3.8 厘米厚的铸铁制成，带有两扇 7.6 厘米厚的石英板舷窗。里面可以容纳两个人，但要准备过着极其亲密的生活。即使按照那个时代的标准，那个技术也是不复杂的。球体很不灵活——只是吊在一根长长的缆绳的一头——只带有一个最原始的呼吸系统：若要中和二氧化碳，他们就得打开石灰罐子；若要吸收水汽，他们就得打开一小盆氯化钙。为了加速化学反应，他们有时候还得扇一扇棕榈叶子。

但是，那个没有名字的小小探海球还真管用。1930 年 6 月，在巴哈马群岛的首次潜水中，巴顿和毕比下沉到 183 米深处，创造了一个世界纪录。到 1934 年，他们已经把这个纪录提高到 900 米以上。那个纪录直到第二次世界大战结束以后才被打破。巴顿很有把握，认为该装置沉到 1 400 米左右的深度完全没有问题，虽然每下沉 1 米在张力的作用下每个螺栓和铆钉都发出清晰的声音。反正，在任何深度，这都是一项勇敢而危险的工作。到了 900 米，小舷窗受到的压力高达每平方厘米 2.95 吨。要是压力超过了结构的耐受极限，在这样的深度死亡是顷刻之间的事。毕比在许多书里、文章里和广播讲话里都清醒地提到这一点。然而，他们主要担心的是，那个拖着金属球和两吨重钢缆的船舷会断裂，把他们二人送入海底。要是发生那种情况，他们必死无疑。

他们的实验没有获得很有价值的科学成果。他们遇上了以前没有见过的生物，但由于能见度有限，而且两个人都不是受过训练的海洋学家，他们往往不能以真正的科学家所希望的那种方式详细描述自己的发现。球体外部没有灯光，他们只能把一个 250 瓦的灯泡拿到窗口，但 150 米以下的水基本上是不透光的，他们只能从 7.6 厘米厚的石英玻璃里费力地往外张望。于是就出现这样的情景：他们要想在里面兴趣盎然地向外张望什么东西，外面那东西也得同样兴趣盎然地张望着他们才行。结果，他们只能报告说下面有许多稀奇古怪的东西。在 1934 年的一次潜水中，毕比吃惊地看到一条大蛇，“有 6 米多长，很粗”。它飞快地游了过去，看上去不过是个黑影。不管它是什么，后来谁也没有看到过那种模样的东西。他的报告如此含含糊糊，因此没有引起学术界的多少注意。

在1934年那次破纪录的下海以后，毕比对潜水失去了兴趣，开始转向别的冒险工作，但巴顿依然坚持不懈。值得称道的是，每当有人问起，毕比总是承认这项活动的真正策划人是巴顿，但巴顿似乎始终未能走出阴影。巴顿还写了许多关于他们水下冒险活动的精彩故事，甚至在一部名叫《深海巨怪》的电影中扮演角色，描述一个探海球以及许多次与凶猛的大乌贼等的遭遇。那些故事是激动人心的，不过在很大程度上是虚构的。他甚至还为骆驼牌香烟做广告（“我抽了会神经不紧张”）。1948年，他在加利福尼亚附近的太平洋潜到了1 370米的深度，把深度纪录提高了50%，但世界似乎决心不予理睬。有家报纸在评论《深海巨怪》时认为，那部电影的明星其实是毕比。如今，巴顿运气不错，我们总算还提到他的名字。

无论如何，他快要在一个瑞士的父子小组面前黯然失色了。父亲叫奥古斯塔·皮卡尔，儿子叫雅克·皮卡尔。他们设计了一种新型的探测器，名叫探海艇（意思是深海潜水船）。它是在意大利的里雅斯特市制造的，因此被命名为“的里雅斯特号”。新的装置可以独立操作，虽然也只能上上下下。该艇建成之初，在1954年初的一次潜水中，它下潜到4 000米深处，差不多是6年前巴顿创造的纪录的3倍。但是，深海潜水的成本很大，皮卡尔父子渐渐面临破产。

1958年，他们与美国海军达成一桩交易，把探海艇的所有权交给海军，但他们仍保留使用权。他们因此获得了大笔资金，对那条船进行了改造，把船壁的厚度加大到将近13厘米，舷窗缩小到只有直径5厘米——实际上成了小小的窥孔。但是，探海艇变得相当坚固，可以抵御巨大的压力。1960年1月，雅克·皮卡尔和美国海军的唐·沃尔什在西太平洋关岛外大约400公里的地方，慢慢下沉到了海洋里最深的峡谷：马里亚纳海沟（这里要特别提一下，该海沟是哈里·赫斯用回声测深仪发现的）。他们花了不到4个小时就下沉到35 820英尺，相当于差不多11公里。虽然在那个深度压力达到了每平方厘米将近1.2吨，但他们吃惊地注意到，碰着底部时惊动了生活在海底的比目鱼。他们没有照相设备，因此没有记录下当时的情景。

他们在世界的最深处只停留了20分钟，然后返回水面。人类只有这么一次达到了那种深度。

40多年以后，人们自然会提出这样的问题：为什么自那以来再也没有人下去？首先，再次潜水遭到了海军中将海曼·G.里科弗的坚决反对。他这个人办事认真，说话算数，最关键的是他掌握着海军部的财政大权。他认为水下探索

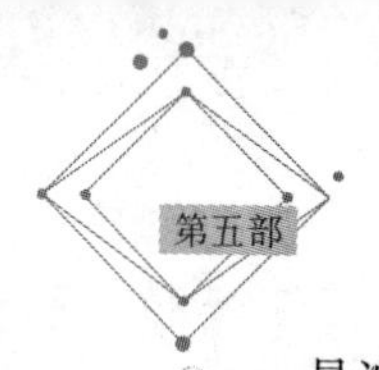

是浪费资源，还指出海军不是个研究机构。而且，当时这个国家就要全力以赴地搞空间旅行，努力把人送上月球。因此，深海调查似乎变得不大重要，已经过时。但是，最有决定性的看法是，“的里雅斯特号”其实没有取得多大成就。正如几年以后一位海军官员说的：“我们只是知道了我们办得到，除此以外没有了解到多少该死的东西。干吗还要干？”总而言之，寻找比目鱼的路程很远，而且很费钱。有人估计，今天要再干一回，至少要花费1亿美元。

当水下研究人员获悉海军无意实施答应过的探索计划的时候，他们痛苦万分，表示强烈抗议。为了平息他们的不满，海军提供了一笔资金，计划建造一个更加先进的潜水器，由马萨诸塞州伍兹霍尔海洋研究所进行管理。它被命名为“阿尔文号”，以纪念海洋学家阿尔林 · C. 文因。它将是一条操作灵活的微型潜艇，虽然它根本潜不到“的里雅斯特号”的最大下潜深度。只有一个问题：设计人员找不到愿意制造它的人。威廉·J.布罗德在《水下的宇宙》一书中说：“没有哪家大公司，包括为海军生产潜艇的通用动力公司，愿意接受一个被船舶局和里科弗将军都瞧不起的项目。”最后，简直不可思议，“阿尔文号”由通用磨坊公司在下属的一家生产早餐食品机器的工厂建造。

至于水下还有别的什么东西，人们实际上知道得很少。直到20世纪50年代，海洋学家们所能见到的最佳海图，主要是根据1929年以来零星勘测所获得的一点儿资料，再加上一点儿必不可少的猜测绘制的。美国海军有着良好的海图，用来引导潜艇通过峡谷和绕过平顶海山，但他们不希望这些资料落入苏联人之手，所以对它的信息加以保密。于是，学术界人士不得不将就着使用简单而又陈旧的海图，或者满怀希望地依赖猜测。即使到了今天，我们对海床的了解仍然甚少。要是你拿起普通的望远镜看一眼月亮，你会看到大量环形山——什么弗拉卡斯托罗环形山，什么布兰克环形山，什么扎奇环形山，什么普朗克环形山，以及其他月球科学家们熟悉的环形山。要是它们位于我们自己的海床，我们会对它们一无所知。我们所拥有的火星图，也比我们所拥有的海床图要强。

在海平面上，勘察技术也一直有点儿马马虎虎。1994年，一条韩国货船在太平洋上遇到风暴，3.4万只冰球运动手套被刮到海里。从温哥华到越南，海面上到处漂着手套，倒使海洋学家们比以往任何时候都能更精确地找到洋流的运动方向。

今天，“阿尔文号”快到四十大寿，但它仍是世界上首屈一指的研究船只。现在依然没有能下沉到接近马里亚纳海沟深度的探海艇。只有五条，包括“阿尔文号”在内，能够抵达覆盖半个多地球表面的“深海平原”——深处的海床。一条普通的探海艇的运作费高达每天 2.5 万美元，因此几乎不会随便沉入海里，更不会到海里去瞎碰瞎撞，指望能碰上撞上什么有意思的东西。我们对于地球表面的第一手经验，就好像是建立在五个家伙夜间开着拖拉机进行的探索工作的基础上的。罗伯特·孔齐希说，人类也许只是查看了“大海暗处的百万分之一，或十亿分之一。也许更少。也许少得多”。

但是，海洋学家们兢兢业业，以有限的资源取得了几项重要的发现，包括 20 世纪一项最重大的生物学发现。1977 年，“阿尔文号”发现大群大群的大生物生活在加拉帕戈斯群岛附近的深海喷气孔上和周围——3 米长的多毛虫，30 厘米宽的蛤蜊，大量的虾和蚌，蠕动的管状虫。他们都认为，这些生物的存在要归因于大群大群的细菌；这些细菌又从硫化氢——对地面生物毒性极大的化合物——获取它们所需要的能量和营养，而硫化氢正源源不断地从喷气孔里冒出来。那个世界独立于阳光、氧气和其他通常与生命有关的任何东西。这种生命体系的基础不是光合作用，而是化学合成。要是哪个想象力丰富的人提出这种设想，生物学家们肯定会认为是很荒谬的。

喷气孔释放出大量的热量和能量，20 来个这类喷气孔产生的能量相当于一家大型发电厂。周围温度的变化幅度也很大，喷口的温度可达 400 摄氏度，而几米外的水温也许只有零上二三摄氏度。他们发现有一种名叫“阿尔文虫”的软体虫就生活在边缘地带，头部的水温比尾部的水温要高出 78 摄氏度。此前大家认为，复杂的生物无法在 54 摄氏度以上的水里存活，而这里却有一种软体虫，它们能同时生活在高于那个温度的与极冷的水里。这一发现改变了我们对生命需求的认识。

它还回答了海洋学的一大难题——许多人不了解的问题，就是一个难题——海洋为什么不是越来越咸。有一点是显而易见的，我也不怕说一说：大海里有许多盐——多得能把本星球的每一小块陆地埋起来，埋到大约 150 米深。多少世纪来人们已经知道，河流把矿物质冲进大海；这些矿物质与海水里的离子结合形成了盐。至此，没有问题。但是，令人费解的是海水的盐度保持稳定。每天有几百万加仑淡水从海洋蒸发，留下了全部盐分，因此从逻辑上说，随着岁月的流逝，海水应该越来越咸，而实际情况并非如此。有什么东西从海水里带走了一定量的盐，这一定量的盐又相当于在增加的盐量。在很长时间里，谁也想不出是什么有可能干了这件事。

“阿尔文号”对深海喷气孔的发现提供了答案。地球物理学家们认识到，那些喷气孔的作用，很像是鱼箱的过滤器。水流入地壳以后，被剥夺了盐分；最后，清水又从裂缝里喷出来。这个过程不是很快的——清理一个海洋大约要花 1 000 万年，不过，要是你不着急的话，这个过程还是极其有效的。

在心理上，我们离大洋深处十分遥远。海洋学家在 1957—1958 年国际地球物理学年会期间提出的主要目标也许最清楚地说明了这一点。他们提出要研究“利用海洋深处来堆放放射性垃圾”。你要知道，这不是个秘密任务，而是个引以为傲的公开主张。实际上，虽然不大公开，到 1957—1958 年，在过去的 10 多年时间里，倾倒放射性垃圾的工作已经在以某种令人吃惊的劲头进行。自 1946 年以来，美国一直在把一桶桶 250 升的放射性垃圾运送到距加州海岸大约 50 公里远的法拉龙群岛，然后只是往海里一推。

这种事干得真是马虎。大多数的桶就是我们堆放在加油站后面或在工厂外面生锈的那种桶，根本没有任何保护性内衬。要是桶没有沉下去（而情况通常就是那样），海军枪手的子弹会打得它们千疮百孔，把海水放进去（当然还会把钚、铀和锶放出来）。到 20 世纪 90 年代这样的倾倒停止以前，美国已经在海洋上大约 50 个地点倾倒了成千上万桶这类垃圾——光在法拉龙群岛海域就倾倒了大约 5 万桶。但是，干这种事的绝不止美国一个国家。干得起劲的国家当中还有日本、新西兰和以俄罗斯为代表的几乎所有的欧洲国家。

这一切对海洋里的生物会有什么影响？哎呀，但愿很小，但我们真的不清楚。我们派头很大，盲目乐观，对海洋里的生物全然无知，这是令人吃惊的。我们连海洋里最大的生物也往往不可思议地了解甚少——其中包括最最巨大的蓝鲸。这种庞然大物如此之大，（引用大卫·艾登堡的话来说）“它的舌头重如大象，心脏大似汽车，有的血管大得你可以在里面游泳”。它是地球上有过的最大的动物，比最大的恐龙还要大。然而，蓝鲸的生活对我们来说在很大程度上是个谜。在许多时间里我们不知道它们的去向——比如，它们是去哪里产崽的，它们是从哪条路线去那里的。我们对它们的一点了解，几乎完全出自我们偷听到的它们的叫声，而连那个也还是个谜。蓝鲸有时候突然不叫，然后 6 个月以后又在同一地点接着叫下去。有时候它们还会发出一种新的叫声，这种声音以前可能哪条蓝鲸也没有听到过，但每条蓝鲸都已懂得。它们怎么办得到，为什么要这么办，我们一点儿也不清楚。而且，那些动物还必须经常浮到水面来呼吸。

至于从不需要浮到水面的动物，它们的朦胧状态可能更令人感到好奇。想一想那个著名的大乌贼。虽然它的个儿比不上蓝鲸，但它肯定是个庞然大物，眼睛有足球那么大，触角可以伸到18米长。它的分量差不多有1吨重，是地球上最大的无脊椎动物。要是你在小游泳池里放上个大乌贼，就没有多少地方放别的东西了。但是，没有哪个科学家——据我们所知也没有哪个人——看见过活的大乌贼。有的动物学家花了毕生的时间想要捕捉或就看一眼活的大乌贼，但总以失败告终。人们之所以知道，主要是因为它们被冲上海滩——由于不知道的原因，尤其是新西兰南岛的海滩。它们肯定大量存在，因为它们是抹香鲸的主要食物，而抹香鲸的食量是很大的。[①]

据一项估计，海洋里可能生活着多达3 000万种动物，大多数尚未被发现。直到20世纪60年代，由于发明了拖网，我们才第一次意识到深海的生物确实丰富。那是一种挖掘装置，不仅能捕捉到海底和海底附近的生物，而且能捕捉到埋在沉淀物下面的生物。在大约1.5公里的深处，伍兹霍尔海洋研究所的海洋学家霍华德·桑德勒和罗伯特·赫斯勒在沿着大陆架的一个小时的拖捞中就捕捉到25 000个动物——其中有软体虫、海星、海参等等，代表了365个生物种类。即使在深达将近5公里的地方，他们也发现了大约3 700个动物，代表差不多200个生物种类。但是，拖捞只能抓到那些太慢或太笨而来不及让路的家伙。20世纪60年代末，海洋生物学家约翰·艾萨克斯想出个办法，把带有饵食的照相机放到海里，发现了更多的动物，尤其是大群大群不停蠕动的盲鳗，那是一种鳗似的原始动物，以及大群大群来回穿梭的长尾鳕。据发现，只要哪里突然出现丰富的食料——比如一头沉到海底的死鲸——便会有多达390种海洋动物前来进食。有意思的是，据发现，这些动物当中许多来自1 600公里以外的喷气口。其中包括蚌和蛤蜊这类动物，而据知它们很少出远门。现在认为，某些生物的幼体可能在水里漂动，最后由于未知的化学原因，它们发现来了进食的机会，于是就扑了上去。

那么，既然海洋那么浩瀚，我们怎么就如此容易地弄得它负担过重了呢？

---

① 大乌贼的不可消化部分，尤其是它的喙部，积累在抹香鲸胃部的鲸蜡里，形成了所谓的龙涎香。龙涎香用作香水的固定剂。你下一次喷洒香奈尔5号香水的时候，你也许会愿意想到，你是在用一种不露面的海洋怪物的蒸馏物打扮你自己。

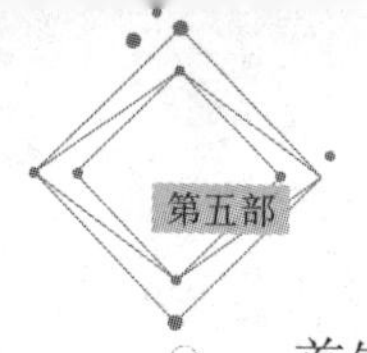

首先，世界上的海洋并不都是很丰盈的。总共只有不足十分之一的海洋被认为天生很富饶。大多数的水生动物喜欢待在浅水里，那里有热量，有光线，还有丰富的有机物质来培育食物链。比如，珊瑚礁占了远不足海洋空间的1%，但那里是大约25%海洋鱼类的家园。

在别处，海洋根本没有那么富庶。以澳大利亚为例，这个国家拥有3.2万多公里长的海岸线和2 300万平方公里以上的领海，有着比任何别的国家更多的拍击海岸的海浪，然而，正如提姆·弗兰纳里指出的，它在捕鱼国家中还排不到前50位。实际上，澳大利亚是个海鲜的净进口国。这是因为澳大利亚的很大一部分水域，就像澳大利亚本身的很大部分一样，都是荒漠（一个令人注目的例外是昆士兰近海的大堡礁，那可是个极其富饶的地方）。由于土壤贫瘠，它的径流里实际上不含任何营养。

即使是生命很丰富的海域，也往往对干扰极其敏感。20世纪70年代，澳大利亚渔民，在较小范围内还有新西兰渔民，在他们大陆架的大约800米深处发现了大群大群的一种不大知名的鱼。那种鱼叫作似鳟连鳍鲑，味道鲜美，大量存在。捕鱼船队马上以每年4万吨的量开始捕捞。接着，海洋生物学家们有了几项惊人的发现。连鳍鲑寿命极长，成熟极慢。有的能活150年，你餐桌上的任何连鳍鲑很可能都出生在维多利亚当女王的时候。连鳍鲑之所以过着这种不慌不忙的生活，是因为它们所生活的水域缺少营养。在那种水域里，有的鱼一辈子才产一次卵。显而易见，这种鱼经不起太多干扰。不幸的是，等到明白过来，储量已经大幅度减少。即使在管理良好的情况下，连鳍鲑也要过几十年才能恢复到原来的数量，如果能恢复的话。

然而，在别的地方，滥用海洋不能再说是粗心大意，而是达到了肆无忌惮的程度。许多渔民为鲨鱼“切”鳍——割去鲨鱼的鳍，然后把鲨鱼扔回水里，任凭它们死去。1998年，鱼翅在远东卖到110多美元1千克，一碗鱼翅汤在东京的零售价是100美元。世界野生动物基金会在1994年估计，每年被杀的鲨鱼数量是4 000万—7 000万条。

到1995年，世界上大约有3.7万艘工业规模的渔船，加上大约100万条小型渔船。它们每年从海里的捕鱼量是25年前的两倍。现在的拖网渔船有时候大得很像巡洋舰，后面拖的网大得能装下十几架大型客机。有的甚至使用侦察机从空中寻找鱼群。

据估计，每拖上来一网，大约有四分之一是“无意捕获物”——太小的鱼，

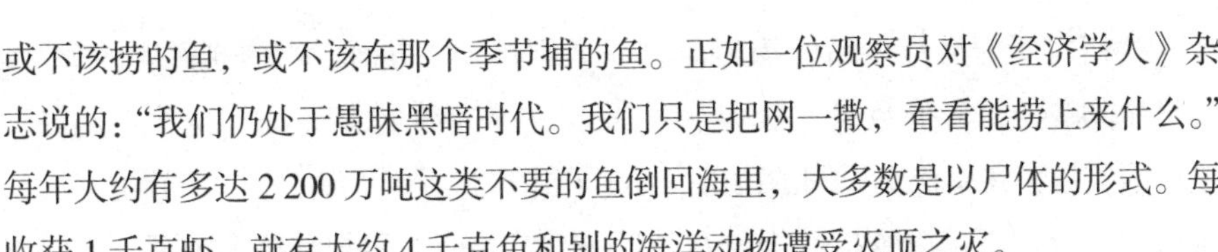

或不该捞的鱼，或不该在那个季节捕的鱼。正如一位观察员对《经济学人》杂志说的："我们仍处于愚昧黑暗时代。我们只是把网一撒，看看能捞上来什么。"每年大约有多达 2 200 万吨这类不要的鱼倒回海里，大多数是以尸体的形式。每收获 1 千克虾，就有大约 4 千克鱼和别的海洋动物遭受灭顶之灾。

北海的大片海床，每年要被横桁拖网渔船扫荡七次，哪个生态系统也受不了这等干扰。据许多人估计，北海至少有三分之二的鱼类处于过量捕捞的状态。在新英格兰近海，原来大比目鱼如此之多，分散的渔船一天可以捕捞到 9 000 多千克。如今，大比目鱼在美国东北海岸附近几乎已经灭绝。

然而，命运最惨的要算是鳕鱼。15 世纪末，探险家约翰・卡伯特发现北美东部沙洲的鳕鱼多得简直令人难以置信。沙洲是浅水区域，是鳕鱼那样的在水底进食的鱼类爱去的地方。鳕鱼的数量如此之多，卡伯特以吃惊的口气报道，水手们可以用篮子来捞。有的沙洲范围很大。马萨诸塞州近海的乔治斯沙洲的面积超过了它毗邻的那个州。纽芬兰近海的大沙洲还要大，在多少世纪里一直密密麻麻的都是鳕鱼。它们被认为是捞之不尽的鱼类。情况当然并非如此。

据估计，到 1960 年，在北大西洋产卵的鳕鱼数量减少到了 160 万吨。到 1990 年，这个数量又降至 2.2 万吨。从商业的角度来看，鳕鱼已经灭绝。"渔民们，"马克・库尔兰斯基在他精彩的历史书《鳕鱼》中写道，"已经把鳕鱼捞个精光。"西大西洋可能再也看不见鳕鱼。1992 年，大沙洲完全禁止捕鳕，但据《自然》杂志的一篇文章报道，直到 2002 年，贮量仍然没有回升的迹象。库尔兰斯基指出，餐桌上的鱼肉和鱼条原来指的是鳕鱼，后来以黑线鳕取而代之，后来又以红大马哈鱼取而代之，近来又以太平洋的绿鳕取而代之。如今，他干巴巴地说，"鱼"就是"剩什么鱼就是什么鱼"。

许多别的海鲜的情况也差不多。在罗得岛附近的新英格兰渔场，过去经常捕得着重达 9 千克的大龙虾。有时候，它们的重量超过了 13 千克。要是不被干扰，大龙虾能活几十年——据认为，能活长达 70 年。它们不停地长大。如今，能捞到的 1 千克以上的大龙虾也已为数极少。据《纽约时报》说："生物学家们估计，大龙虾大约在 6 岁达到法定的最小个儿以后，不出一年，90% 已经被捕捞干净。"尽管捕捞量日渐减少，州政府和联邦政府仍在以税收优惠政策鼓励——在有的情况下差不多是强迫——新英格兰渔民购买更大的船，更彻底地扫荡大海。今天，马萨诸塞州的渔民只能捕捞丑陋的盲鳗，因为这种鱼在远东还有点市场。但是，连这种鱼的数量如今也在不断减少。

我们对支配海洋生命的动力简直一无所知。一方面，在捕捞过度的海域，海洋生物少于该有的数量，另一方面，在天然贫瘠的水域，海洋生物远远多于该有的数量。在南极洲周围的南部海洋，只出产世界上大约3%的浮游植物——少得似乎远远不足以维持一个复杂的生态系统，而它们却维持下来了。食蟹海豹这类动物我们大多数人也许还没有听说过，但实际上可能是地球上第二众多的大型动物，仅次于人类。多达1 500万头食蟹海豹在南极洲周围的浮冰上生活。还有大约200万头韦德尔氏海豹，至少50万只帝企鹅，也许多达400万只阿德利企鹅。因此，食物链是极其不平衡的，但不知怎的却运转良好。引人注目的是，谁也搞不清这是什么原因。

我兜了这么个大圈子主要想说明，我们对地球上的最大体系知道得少得可怜。然而，我们将在剩下的章节里看到，一旦开始讨论生命的问题，也有大量的东西我们不知道——尤其是，生命最初是怎么产生的。

第十九章

生命的起源

1953年，芝加哥大学的研究生斯坦利·米勒拿起两个长颈烧瓶——一个盛着一点水，代表远古的海洋，一个装着甲烷、氨和硫化氢的气体混合物，代表地球早期的大气——然后用橡皮管子把两个瓶子一连，放了几次电火花算作闪电。几个星期以后，瓶子里的水呈黄绿色，变成了营养丰富的汁，里面有氨基酸、脂肪酸、糖以及别的有机化合物。米勒的导师、诺贝尔奖获得者哈罗德·尤里欣喜万分，说："我可以打赌，上帝肯定是这么干的。"

当时的新闻报道听上去让人觉得，你只要把瓶子好好地晃一晃，生命就会从里面爬出来。时间已经表明，事情根本不是那么简单。尽管又经过了半个世纪的研究，今天我们距离合成生命与1953年的时候一样遥远——更不用说认为我们已经有这等本事。科学家们现在相当肯定，早期的大气根本不像米勒和尤里的混合气体那样已经为生命的形成做好准备，而是一种很不活泼的氮和二氧化碳的混合物。有人用这些更具挑战性的气体重新做了米勒的实验，至今只制造出一种非常原始的氨基酸。无论如何，其实问题不在于制造氨基酸，问题在

于蛋白质。

你把氨基酸串在一起，就得到了蛋白质。我们需要大量的蛋白质。其实谁也不大清楚，但人体里的蛋白质也许多达 100 万种，每一种都是个小小的奇迹。按照任何概率法则，蛋白质不该存在。若要制造蛋白质，你得把氨基酸（按照悠久的传统，我在这里应当将其称为“生命的砌块”）按照特定的顺序来排列，就像你拼写一个单词必须把字母按照特定的顺序来排列一样。问题是那些以氨基酸字母组成的单词往往长得不得了。若要拼出“胶原蛋白”（collagen，一种普通蛋白质的名字）这个名字，你只需要以正确的顺序排列 8 个字母。若要制造胶原蛋白，你就得以绝对准确的顺序排列 1 055 个氨基酸分子。但是——这是个明显而又关键的问题——你并不制造胶原蛋白。它会自发形成，无须你的指点，不可能性就从这里开始了。

坦率地说，1 055 个氨基酸分子要自发排列成一个胶原蛋白这样的分子的概率是零。这种事情完全不可能发生。为了理解它的存在是多么不可能，请你想象一台拉斯韦加斯普通的老虎机，不过要把它大大地扩大一下——说得确切一点，扩大到大约 27 米——以便容纳得下 1 055 个转轮，而不是通常的三四个，每个轮子上有 20 个符号（每一个代表一种普通的氨基酸）[①]。你要拉多少次把手那 1 055 个符号才会以合适的顺序排列起来？实际上，拉多少次都没有用。即使你把转轮的数目减少到 200 个——这其实是蛋白质分子所含的氨基酸分子的比较典型的数量，所有 200 个符号都按照特定的顺序来排列的概率是 10^{-260}。10^{260} 这个数字比宇宙里原子的总数还要大。

总之，蛋白质是十分复杂的实体。血红蛋白只有 146 个氨基酸分子长，按照蛋白质的标准只是个矮子，然而即使那样，氨基酸的排列方式也有 10190 种可能性。因此，剑桥大学的化学家马克斯·佩鲁茨花了 23 年时间——大体上相当于一个人的职业生涯——才解开了这个谜。想要随随便便地制造哪怕是一个蛋白质分子也似乎是极不可能的——天文学家弗雷德·霍伊尔打了个精彩的比方，就像是一阵旋风掠过一个旧货栈，后面留下了一架装配完好的大型客机。

然而，我们在讨论的蛋白质有几十万种，也许是 100 万种，就我们所知，

---

① 实际上，地球上有 22 种天然存在的氨基酸，更多的尚待发现，但只有其中 20 种对我们及别的生物的形成是必不可少的。第 22 种叫作吡咯赖氨酸，是 2002 年由俄亥俄州立大学的研究人员发现的。它只存在于太古代的巴氏甲烷八叠球菌之中（一种基本的生命形式，我们过一会儿还要讨论这个问题）。

每一种都别具一格，与众不同，对于维持你的健康和幸福必不可少。我们就从这里接着往下讨论。为了被派上用场，一个蛋白质分子不但要把氨基酸分子按照合适的顺序排列起来，还要从事一种化学打褶工作，把自己叠成特定的形状。即使实现了这种复杂的结构，蛋白质分子对你依然没有用处，除非它能复制自己，而蛋白质分子不会。为了达到这个目的，你需要 DNA（脱氧核糖核酸）。DNA 是复制专家——几秒钟就能复制一份自己，但除此之外没有别的本事。于是，我们处于一种自相矛盾的境地。蛋白质分子没有 DNA 就不能存在，DNA 没有蛋白质就无所事事。那么，我们是不是该认为，它们为了互相支持而同时产生呢？如果是的，哇，太好了！

还有，要是没有膜把 DNA、蛋白质和别的生命要素包裹起来，它们也不可能兴旺发达。原子或分子不会独立实现生命。从你身上取下一个原子，它像一粒沙那样没有生命。只有许多原子凑到一起，待在营养丰富的细胞里，这些不同的物质才能参加令人惊叹的舞会，我们称其为生命。没有细胞，它们只是有意思的化学物质。但要是没有这些化学物质，细胞就毫无用处。正如戴维斯所说："要是一切都需要别的一切，分子社会最初是怎么产生的？"这就好像你厨房里的各种原料不知怎的凑到一起，自己把自己烤成了蛋糕——而且，必要的话，这块蛋糕还会分裂，产生更多的蛋糕。所以，我们把生命称为奇迹，这是不足为怪的。我们才刚刚开始搞个明白，这也是不足为怪的。

那么，是什么促成了这神奇的复杂结构呢？哎呀，一种可能是，也许它并不那么——并不那么——神奇，就像乍一看来的那样。以那些不可思议的蛋白质分子为例，我们假设，我们所看到的奇迹般的排列，是在形成完毕以后才出现的。要是在那台大老虎机里，有的转轮可以受到控制，就像玩滚木球游戏的人可以控制几根大有希望的木柱一样，那会怎么样？换句话说，要是蛋白质不是一下子形成的，而是慢慢地演化的，那会怎么样？

请你想象一下，要是你把制造一个人的所有材料都拿出来——碳呀，氢呀，氧呀，等等，和水一起放进一个容器，然后用力摇一摇，里面就走出来一个完整的人，那将会是不可思议的。哎呀，那基本上就是霍伊尔和其他人（包括许多热心的特创论者）提出的。他们认为，蛋白质是一下子自发形成的。蛋白质不是——也不可能是——这样形成的。正如理查德·道金斯在《盲眼钟表匠》一书中所说，肯定有某种日积月累的选择过程，使得氨基酸聚集成块状。两三

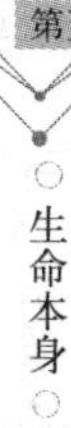

个氨基酸分子也许为了某种简单的目的联结起来，一段时间以后撞在一起成为类似的小群体，在此过程中“发现”又有了某些改进。

这种与生命有关的化学反应实际上比比皆是。我们也许无法按照斯坦利·米勒和哈罗德·尤里的方式从实验室制造出来，但宇宙干这事很容易。大自然里许多分子聚在一起形成长长的链子，名叫聚合物。糖分子经常聚在一起成为淀粉。晶体会干许多令人咋舌的事——复制呀，对环境的刺激做出反应呀，呈现复杂的图案呀。当然，它们从来不制造生命本身，但它们反复展示，复杂的结构是一种自然、自发、完全可靠的事。整个宇宙里也许存在大量生命，也许不存在，但不乏有序的自发聚合。它存在于一切东西，从对称的雪花到土星的美丽光环。

大自然聚合事物是如此干劲十足，许多科学家现在认为，生命的出现比我们认为的还要不可避免——用比利时生物化学家、诺贝尔奖获得者克里斯蒂安·德迪夫的话来说：“只要哪里条件合适，物质的自发聚合势必发生。”德迪夫认为，很有可能，这样的条件在每个星系里大约会遇到100万次。

当然，在赋予我们生命的化学物质里，没有什么非常奇特的东西。要是你想制造另一个有生命的物体，无论是一条金鱼，一棵莴苣，还是一个人，你其实只需要4种元素——碳、氢、氧和氮，加上少量几种别的元素，主要是硫、磷、钙和铁。把30多种这些元素组成的化合物放在一起，形成糖、酸和其他的基本化合物，你就可以制造任何有生命的东西。正如道金斯所说：“关于制造有生命的东西的物质，也没有什么特别的地方。有生命的东西是分子的组合，与其他一切东西没有两样。”

归根结底，生命是不可思议的，令人满意的，甚至可能是奇迹般的，但并不是完全不可能的——我们已经反复以我们自己的朴素存在证明了这一点。没有错，有关生命起源的许多细节现在依然难以解释。你在书上读到过的有关生命所必需的条件，每种情况都包括了水——从达尔文认为的生命始发地“小水塘”，到现在最普遍认为的生命始发地冒着气泡的海洋喷气口。但他们都忽视了一个事实：把单体变成聚合体包含一种反应，即生物学上所谓的“脱水缩合”（换句话说，开始创造蛋白质）。正如一篇重要的生物学文章所说，说得也许有点儿令人不大舒服：“研究人员一致认为，由于质量作用定律，在原始的大海里，实际上在任何含水的媒体里，这样的反应在能量方面是不大有利的。”这有点像把砂糖放进一杯水里，指望它结成一块方糖。这不该发生，但在自然界却不知

怎的发生了。这一切的化学过程到底怎么样，这个问题已经超出了本书的宗旨。我们只要知道这样一点就够了：要是你弄湿了单体，单体就不会变成聚合体——除了在制造地球上的生命的时候。情况怎么是这样发生，为什么会发生，而不是那样发生？这是生物学上一个没有答案的大问题。

近几十年来，地球科学方面有许多极其令人感到意外的发现。其中之一，发现在地球史早期就产生了生命。直到20世纪50年代，还认为生命的存在不超过6亿年。到了70年代，几位大胆的人士觉得也许在25亿年前已经有了生命。但是，如今确定的38.5亿年确实早得令人吃惊。地球表面是到了大约39亿年前才变成固体的。

“我们只能从这么快的速度推断，细菌级的生命在有合适的条件的行星上演化并不‘困难’。”史蒂芬·杰·古尔德1996年在《纽约时报》上说，他在别的场合也说过，我们不得不下个结论：“生命一有可能就会产生，这是化学上势必会发生的事。”

实际上，生命出现得太快，有的权威人士认为这肯定有什么东西帮了忙——也许是帮了大忙。关于早期生命来自太空的观点已经存在很长时间，偶尔甚至使历史生辉。早在1871年，开尔文勋爵本人在英国科学促进协会的一次会议上也提出过这种可能性。他认为：“生命的种子可能是陨石带到地球上的。”但是，这种看法一直不过是一种极端的观点，直到1969年9月的一个星期天。那天，成千上万的澳大利亚人吃惊地听到一连串轰隆隆的声音，只见一个火球从东到西划过天空。火球发出一种古怪的噼啪声，还留下了一种气味，有的人认为像是甲基化酒精，有的人只是觉得难闻极了。

火球在默奇森上空爆炸，接着石块似雨点般地落下来，有的重达5千克以上。默奇森是个600人的小镇，位于墨尔本以北的古尔本峡谷。幸亏没有人受伤。那种陨石是罕见的，名叫碳质球粒陨石。镇上的人很帮忙，捡了90千克左右回来。这个时间真是最合适不过。不到两个月以前，“阿波罗11号”刚刚回到地球，带回来一满袋子月球岩石，因此全世界的实验室都在焦急地等着要——实际上是在吵着要——天外来的石头。

人们发现，默奇森陨石的年代已达45亿年，上面星星点点地布满着氨基酸——总共有74种之多，其中8种跟形成地球上的蛋白质有关。2001年底，在陨石坠落30多年以后，加利福尼亚的埃姆斯研究中心宣布，默奇森陨石里还含有一系列复杂的糖，名叫多羟基化合物。这类糖以前在地球之外是没有发现过的。

自 1969 年以来，又有几块碳质球粒陨石进入地球轨道——有一块于 2000 年 1 月坠落在加拿大育空地区的塔吉什湖附近，北美许多地方的人都亲眼目睹了那个景象——它同样证明，宇宙里实际上存在着丰富的有机化合物。现在认为，哈雷彗星的大约 25% 是有机分子。要是这类陨石经常坠落在一个合适地方——比如地球，你就有了生命所需的基本元素。

胚种说——生命源自天外的理论——的观点有两个问题。第一，它没有回答生命是如何产生的这个问题，只是把责任推给了别的地方。第二，连胚种说的最受人尊敬的支持者有时候也到了猜测的地步。肯定可以说，这是很轻率的。DNA 结构的两个发现者之一弗朗西斯·克里克和他的同事莱斯利·奥格尔认为“聪明的外星人故意把生命的种子”播在了地球。格里宾称这个观点“处于科学地位的最边缘”——换句话说，假如这个观点不是一位诺贝尔奖获得者提出的，人家会认为它简直荒唐透顶。我们已经在第三章里提到，弗雷德·霍伊尔和他的同事钱德拉·威克拉马辛格认为，外层空间不但给我们带来了生命，而且带来了许多疾病，如流感和腺鼠疫，这就进一步削弱了胚种说的影响。生物化学家们很容易驳斥那些观点。

无论是什么事导致了生命的开始，那种事只发生过一次。这是生物学上最非同寻常的事实，也许是我们所知道的最不寻常的事实。凡是有过生命的东西，无论是植物还是动物，它的始发点都可以追溯到同一种原始的抽动。在极其遥远的过去，在某个时刻，有一小囊化学物质躁动一下，于是就有了生命。它吸收营养，轻轻地搏动几下，经历了短暂的存在。这么多情况也许以前发生过，也许发生过多次。但是，这位老祖宗干了另一件非同寻常的事：它将自己一分为二，产生了一个后代。一小袋遗传物质从一个生命实体转移给了另一个生命实体，此后就这样延续下去，再也没有停止过。这是个创造我们大家的时刻。生物学家有时候将其称为“大诞生”。

“无论你到世界的什么地方，无论你看到的是动物、植物、虫子还是难以名状的东西，只要它有生命，它就会使用同一部词典，知道同一个代码。所有的生命都是一家。”马特·里德利说。我们都是同一遗传戏法的结果。那种戏法一代一代地传下来，经历了差不多 40 亿年，到了最后，你甚至可以学上一点人类遗传的知识，拼凑个错误百出的酵母细胞，真酵母细胞还会让它投入工作，仿佛它是自己的同类。实际上，它确实是其同类。

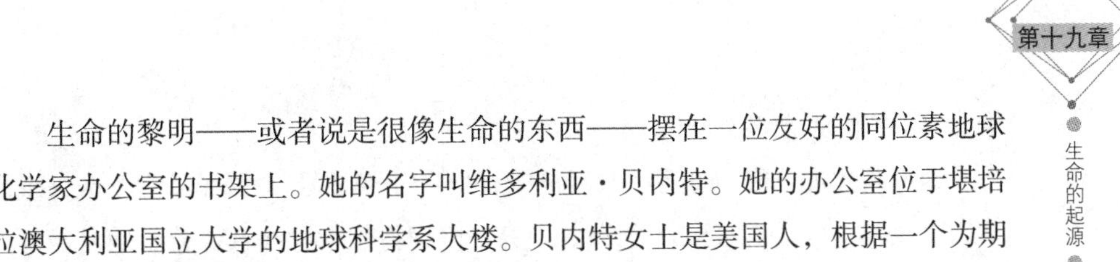

生命的黎明——或者说是很像生命的东西——摆在一位友好的同位素地球化学家办公室的书架上。她的名字叫维多利亚·贝内特。她的办公室位于堪培拉澳大利亚国立大学的地球科学系大楼。贝内特女士是美国人，根据一个为期两年的合同于1989年从加利福尼亚来到澳大利亚国立大学，此后一直留在那里。2001年底我去拜访她的时候，她递给我一块不起眼的又重又大的石头。它由带细条纹的白色石英和一种灰绿色的名叫斜辉石的材料组成。石头来自格陵兰的阿基利亚岛。1997年，那个岛上发现了极其古老的岩石。那些岩石的年代已达38.5亿年之久，代表了迄今为止发现过的最古老的海洋沉积物。

“我们没有把握，你手里拿着的玩意儿里过去是不是存在微生物。你非得将它敲碎了才能搞明白。”贝内特对我说，“但是，它来自过去掘到过最古老的生命的同一矿床，因此它里面很可能有过生命。”无论你怎么仔细搜寻，你也找不到真正的微生物化石。哎呀，任何简单的生物都会在海洋污泥变成石头的过程中被烘烤没了。要是我们把岩石敲碎，放在显微镜下面细看，只会看到微生物残留的化学物质——碳同位素以及一种名叫磷灰石的磷酸盐。二者一块儿表明，那块岩石里过去存在过生物的小天地。“至于那些生物是什么模样的，我们只能猜猜而已，”贝内特说，“它很可能是最基本的生命——不过，它毕竟也是生命。它活过。它繁殖过。”

最后，就到了我们这一代。

要是你打算钻进非常古老的岩石——贝内特女士无疑是这么做的，澳大利亚国立大学长期以来是个首选的去处。这在很大程度上要归因于一位名叫比尔·康普斯顿的足智多谋的人。他现在已经退休，但在20世纪70年代建立了世界上第一台“灵敏高清晰度离子显微探测器”——或者以它的首字母缩写更亲昵地被称为SHRIMP（小虾）。这种仪器用来测定名叫锆石的微小矿石里铀的衰变率。锆石存在于除玄武岩以外的大多数岩石，寿命极长，能够挺过除潜没以外的任何自然过程。绝大部分地壳已经在某个时刻滑回地球内部，但偶尔——比如在澳大利亚西部和格陵兰——地质学家们会发现始终留在地表的岩石。康普斯顿的仪器能以无与伦比的精确度测定这些岩石的年代。“小虾”的样机在地球科学系自己的车间里制造和定型，看上去是为了节省开支而用零件组装起来的，但效果相当不错。1982年进行了第一次正式测试，测定了从澳大利亚西部取回来的一块迄今为止发现的最古老的岩石的年代，得出的结果是43亿年。

“用崭新的技术那么快就发现了那么重要的东西，”贝内特对我说，“这在当时引起了一阵轰动。”

她把我领进走廊，去看一眼目前的型号：“小虾 2 号”。那是一台又大又重的不锈钢仪器，也许有 3.5 米长，1.5 米高，坚固得像个深海探测器。来自新西兰坎特伯雷大学的鲍勃坐在前面的操纵台，目不转睛地望着荧光屏上一串串不停变化的数据。他对我说，他从凌晨 4 点起一直守在那里。现在才上午 9 点，他要值班到中午。“小虾 2 号”一天运转 24 个小时。有那么多的岩石需要确定年代。要是你问两位地球化学家这工作是怎么进行的，他们会滔滔不绝地谈到丰富的同位素、离子化程度，等等，这些听上去很可爱，但不容易搞明白。然而，简单来说，他们通过用一串串带电的原子轰击样品，就能测定锆石样品中铅和铀的含量的细微差别，从而精确地确定岩石的年代。鲍勃对我说，识读一块锆石的数据大约要花 17 分钟；为了取得可靠的数据，每块锆石你得读上几十遍。实际上，这个过程很琐碎，也很乏味，就跟去自助洗衣店一样。然而，鲍勃似乎很快活。实际上，从新西兰来的人似乎都很快活。

地球科学系的院子是个古怪的组合——部分是办公室，部分是实验室，部分是仪器间。“过去什么东西都在里面制造，”她说，“我们甚至有一名自己的吹玻璃工，不过他已经退休了。但我们仍有两名敲石头的正式工。”她发现我脸上露出有点吃惊的神色，“我们有大批的石头要敲。你不得不做非常仔细的准备工作，确保那些石头没有被先前的样品污染——上面没有灰尘，干干净净。这是个相当严谨的过程。”她指给我看几台碎石机。那些机器确实很干净，虽然两名碎石工显然是喝咖啡去了。碎石机旁边有几个大箱子，里面放着各种形状、各种大小的岩石。澳大利亚国立大学确实在处理大批的岩石。

我们转完以后回到贝内特的办公室，我注意到她的墙上挂着一幅宣传画，以艺术家的丰富想象力展示了看上去很像是 35 亿年前的地球。当时，生命才刚刚起步。那个古老的年代在地球科学上叫作太古代。该画表现了一幅陌生的情景，上面有巨大的活火山，红得刺眼的天空，下面有一个冒着水蒸气的古铜色大海。前景的阴影里塞满了一种细菌寄生的岩石，名叫叠层石。它看上去不像是个很有希望产生和孕育生命的地方。我问她这幅画是否画得准确。

“哎呀，有个学派认为，当时其实很凉爽，因为太阳已经弱多了。（我后来获悉，生物学家们开玩笑时把这种看法称为‘中国餐馆问题’——因为我们有个光线暗淡的太阳。）要是没有大气，即使太阳很弱，紫外线也会撕碎早期的任何分子键。然而，在那儿，”她轻轻地拍了拍那几块叠层石，“生命几乎就在表

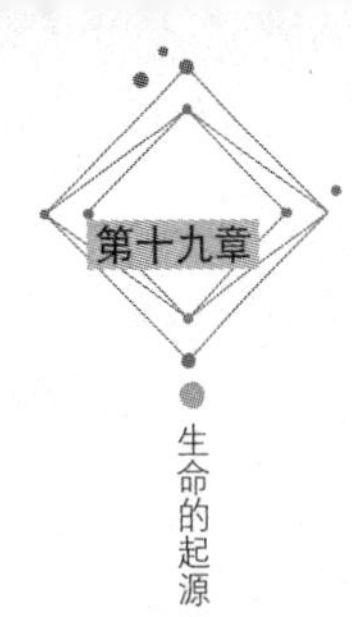

面。这是个谜。”

“那么，我们其实不知道当时的世界是什么模样的？”

“嗯。”她想了想，表示赞同。

“无论如何，反正对生命似乎不大有利。”

她和蔼地点了点头：“但是，肯定有适合于生命的东西，要不然我们不会来到这个世界上。”

那个环境肯定不适合我们。要是你从一台时间机器里出来，踏进那个古老的太古代世界，你会马上缩回去，因为当时的地球上与今天的火星上一样没有供我们呼吸的空气。而且，地球上还充满从盐酸和硫酸中散发出来的毒气，强烈得足以腐蚀衣服和使皮肤起泡。地球上也不会有维多利亚·贝内特办公室里那幅宣传画上所描绘的那种干净而又鲜艳的景色。当时的大气里都是混浊的化学物质，阳光几乎射不到地面。你只能借助经常掠过的明亮的闪电，在短时间里看见有限的东西。总之，这是地球，但我们不会认出那是我们自己的地球。

在太古代的世界里，结婚周年纪念日是完全没有的。在 20 亿年时间里，细菌是唯一的生命形式。它们活着，它们繁殖，它们数量增加，但没有表现出想发展到另一个更富挑战性的生存层面的特别倾向。在生命的头 10 亿年的某个时候，藻青菌，或称蓝绿藻，学会了利用大量存在的资源——存在于水中的特别丰富的氢。它们吸收水分子，吃掉了氢，排出了氧，在此过程中发明了光合作用。正如马古利斯和萨根指出的，“光合作用无疑是本星球的生命史上所创造的最重要的新陈代谢方法”——光合作用是由细菌而不是由植物发明的。

随着藻青菌的增多，世界开始充满 O_2，发现氧有毒的微生物深感吃惊——而在那个年代，那种微生物比比皆是。在一个厌氧的（或不使用氧的）世界里，氧是剧毒的。我们的白细胞实际上就是用氧来杀死入侵的细菌。氧从根本上说是很毒的，我们听了往往会大吃一惊，因为许多人觉得呼吸氧是很舒服的事，但那只是因为我们已经逐步进化到了能利用氧。对于别的东西来说，它是一种可怕的东西。它使黄油变质，使铁生锈。连我们对氧的耐受力也是有限度的。我们细胞里的氧气浓度，只有大气里的大约十分之一。

新的会利用氧的细菌有两个优势。氧能提高产生能量的效力，它打垮了与之竞争的微生物。有的撤退到厌氧而泥泞的沼泽和湖底世界里；有的也照此办理，但后来（很久以后）又移居到了你和我这样的有消化力的地方。有相当数

量的这类原始实体此时此刻就生活在你的体内，帮助消化你的食物，但厌恶哪怕是一丁点儿O_2。还有无数的其他细菌没有适应能力，最后死亡了。

藻青菌逃跑并取得了成功。起初，它们所产生的额外的氧没有积聚在大气里，而是与铁化合，成为氧化铁，沉入了原始的海底。有几百万年的时间，世界真的生锈了——这个现象由条形铁矿生动地记录了下来，今天却为世界提供了那么多的铁矿石。在几千万年时间里，发生的情况比这多不了多少。要是你回到那个太古代初期的世界，你发现不了很多迹象，说明地球上未来的生命是很有前途的。也许，你在这里和那里隐蔽的水塘里会遇上薄薄的一层有生命的浮渣，或者在海边的岩石上会看到一层亮闪闪的绿色和褐色的东西，但除此之外生命依然毫无踪影。

但是，大约在35亿年以前，更加坚强的东西变得显而易见。只要哪里的海水很浅，可见的结构就开始展现。在藻青菌完成惯常的化学过程的同时，它们开始带有点儿黏性。那个黏性粘住了微小的灰尘和沙粒，一起形成了有点古怪而又坚固的结构——浅水里的叠层石，维多利亚·贝内特办公室墙上挂的画里就是这类东西。叠层石有各种形状、各种大小。叠层石有时候看上去像巨大的花椰菜，有时候又像毛茸茸的地垫（叠层石在希腊语里就是地垫的意思）；有时候，叠层石呈圆柱状，戳出水面几十米——偶尔高达100米。从各种表现形式来看，叠层石都是一种有生命的岩石。叠层岩代表了世界上第一个合作项目，有的种类的原始生物就生活在表面，有的就生活在下面，一方利用了另一方创造的条件。世界有了第一个生态系统。

多少年来，科学家是从化石结构了解叠层石的。但是，在1961年，他们在遥远的澳大利亚西北海岸的沙克湾发现了一个有生命的叠层石社会，着实吃了一惊。这完全是出乎意料的事——太出乎意料了，因此科学家们实际上过了几年才充分意识到自己的发现。然而，今天，沙克湾成了个旅游胜地——至少是一个四望无际的地方有可能成为的那种旅游胜地。用木板架成的人行道伸进了海湾，游客们可以在水的上方漫步，好好看一眼，叠层石就在水面之下静静地呼吸。叠层石没有光泽，灰色，看上去很像大团的牛屎。但是，望着地球上35亿年前留下的生物，这是个令人眼花缭乱的时刻。正如理查德·福泰说的："这确实是跨越时间的旅行。要是世界意识到这是个真正的奇迹的话，这个景致会和吉萨的金字塔一样知名。"虽然你根本不会去猜，但这些晦暗的岩石上充满了生命，据估计（哎呀，显然是估计），每平方米岩石上生活着36亿个微生物。

要是你看得仔细的话，你有时候能看到一串串小气泡冒出水面。那是它们在释放氧气。在20亿年时间里，这种小小的努力使地球大气里的氧增加到了20%，为生命史的下一章，也是更复杂的一章铺平了道路。

据认为，沙克湾里的叠层石也许是地球上进化最慢的生物，也肯定是现在最稀有的生物之一。在为更复杂的生命形式创造好条件以后，它们接着几乎在哪里都被别的生物挤出局，而那些生物的存在恰恰是因为它们才成为可能（它们之所以存在于沙克湾，是因为那里的水对于通常会吃掉它们的生物来说含盐量太大）。

生命为什么花了很长时间才复杂起来？原因之一是，世界不得不等待，直到简单的生物已经在大气里充入了足够的氧。"生物们不会鼓足干劲来干这活儿。"福泰说。花了大约20亿年，即大约40%的地球历史，大气里氧的浓度才大体上达到了现在的水平。但是，一旦条件成熟，显然是在突然之间，一种崭新的细胞出现了——那个细胞里含有一个核和几个别的部分，统称"细胞器"（源自希腊语，意思是"小工具"）。据认为，该过程始于某个行为草率或敢于冒险的细菌。它不是受到了侵犯，就是被别的细菌俘虏。结果，双方都感到很满意。据认为，那个被俘的细菌变成了一个线粒体。这种线粒体入侵（生物学家喜欢将其称作"内共生事件"）使得复杂生命的出现成为可能。（在植物方面，一次类似的入侵产生了叶绿体，使植物能进行光合作用。）

线粒体支配着氧，释放食物中的能量。没有这种很有用处的戏法，今天地球上的生命不过是生活在污泥里的一大堆简单的微生物。线粒体极小——一粒沙子大小的空间里可以装上10亿个线粒体，而且老是肚子饿，你吸收的营养到头来都喂了线粒体。

要是没有线粒体，我们两分钟也活不到。然而，即使过了10亿年，线粒体的表现显示，它们似乎依然认为我们之间的问题有可能解决不了。它们保持了自己的DNA、RNA（核糖核酸）和核蛋白体。它们与寄主细胞在不同的时候繁殖。它们看上去像细菌，像细菌那样分裂，有时候对抗生素做出细菌会做出的那种反应。它们甚至不说寄主细胞说的那种基因语言。总之，它们老是把行李准备停当。这很像是你家里来了个陌生人，而这个陌生人已经在你的家里住了10亿年。

新的种类的细胞被称为真核生物（意思是"真具有核的"），与之相对的旧的种类的细胞被称为原核生物（意思是"在具有核之前的"）。它们似乎突然出

现在化石记录里。已知的最古老的真核生物，即所谓的卷曲藻，是1992年在密歇根州的铁沉积物中发现的。这种化石只发现过一次，接着在5亿年中杳无踪影。

地球已经朝着真正有意思的行星迈出了第一步。与新的真核生物相比，旧的原核生物——借用英国地质学家斯蒂芬·德鲁里的话来说——不过是“几囊化学物质”。真核生物比它们比较简单的堂兄弟要大——最后要大1万倍，能够多带1 000倍的DNA。由于这些突破，生命渐渐变得复杂，结果创造了两种生物——排斥氧的（比如植物）和接受氧的（比如你和我）。

单细胞的真核生物一度被称作原生动物（意思是“动物之前”），但那个名称越来越遭人鄙弃。今天，它们通常被叫作“原生生物”。与之前的细菌相比，原生生物在模式上和复杂程度上都是个奇迹。简单的变形虫只有一个细胞大，除了生存没有别的雄心壮志，但在它的DNA中包含着4亿条遗传信息——正如卡尔·萨根指出的，足以写出80本500页的书。

最后，真核生物学会了一种更加独特的把戏。这花去了很长时间——10亿年左右，但它们一旦成为专家，那还是个挺不错的把戏。它们学会了结合在一起，形成复杂的多细胞生物。由于这项新的发明，像我们这样大而复杂的、可见的实体终于成为可能。地球这颗行星已经准备好进入下一个雄心勃勃的阶段。

但是，在为此感到过分激动之前，应该记住，我们将会看到，世界仍然是小生物的世界。

第二十章

小生物的世界

要是你对身边的微生物过于在意，这很可能不是个好习惯。法国大化学家、微生物学家路易·巴斯德对他身边的微生物如此小心，连放到面前的每盆菜肴都要用放大镜仔细看一眼。由于他的这种习惯，很多人有可能不会再邀请他吃饭。

实际上，你也无须回避细菌，因为你的身上和周围总是有很多细菌，多得简直无法想象。即使你身体很健康，而且总的来说很注意卫生，也大约有 1 万亿个细菌在你的皮肤上进食——每平方厘米上有 10 万个左右。它们在那里吃掉 100 亿片左右你每天脱落的皮屑，再加上从每个毛孔和组织里流出来的味道不错的油脂，以及强身壮体的矿物质。你是它们举行冷餐会的场所，还具有暖暖和和、不停地移动的便利条件。为了表示感激，它们给你体臭。

上面说的只是寄生在你皮肤上的细菌。还有几万亿个细菌钻进你的肠胃里和鼻孔里，粘在你的头发和睫毛上，在你的眼睛表面游泳，在你的牙龈上打孔。光你的消化系统就是 100 万亿个以上细菌的寄主，至少有 400 多个品种。有的

分解糖，有的处理淀粉，有的向别的细菌发起攻击。许多细菌没有明显的作用，比如无处不在的肠内螺旋体。它们似乎只是喜欢跟你在一起。每个人体大约由1亿亿个细胞组成，但它却是大约10亿亿个细菌细胞的寄主。总而言之，细菌是我们的一个很大的组成部分。当然，从细菌的角度来看，我们只是它们的一个很小的组成部分。

我们人类个儿大，又聪明，能生产使用抗生素和杀菌剂，因此很容易认为自己快要把细菌灭绝了。别相信那种看法。细菌也许不会建立城市，不会过有意思的社交生活，但它们到太阳爆炸的时候还会在这里。这是它们的行星，我们之所以在这里，是因为它们允许我们在这里。

千万不要忘记，细菌已经在没有我们的情况下生活了几十亿年。而要是没有它们，我们一天也活不下去。它们处理我们的废料，使其重新有用；没有它们的辛勤咀嚼，什么也不会腐烂。它们净化我们的水源，使我们的土壤具有生产力。它们合成我们肠胃中的维生素，将我们吃进去的东西变成有用的糖和多糖，向溜进我们肠胃系统的外来细菌开战。

我们完全依靠细菌来采集空气里的氮，将氮转化为对我们有用的核苷酸和氨基酸。这是个令人惊叹而又让人满意的业绩。正如马古利斯和萨根指出的，在工业上要干同样的事（比如在生产肥料的时候），工厂必须把原材料加热到500摄氏度，挤压到300倍于普通的大气压。而细菌一直在不慌不忙地干这件事。谢天谢地，要是没有它们来传送氮，大的生物就活不下去。尤其重要的是，细菌们不断为我们提供我们所呼吸的空气并使大气保持稳定。包括现代型的藻青菌在内的细菌，提供了地球上供呼吸用的大部分氧。海藻和海里的其他微生物每年大约吐出1 500亿千克那种气体。

而且，细菌的繁殖力极强。其中劲头大的在不到10分钟里便能产生新的一代；那种引起坏疽的讨厌的小生物"产气荚膜梭菌"在9分钟里就可以繁殖，接着又马上开始分裂。以这种速度，从理论上说，一个细菌两天内产生的后代比宇宙里的质子还多。据比利时生物化学家、诺贝尔奖获得者克里斯蒂安·德迪夫说："要是给予充分的营养，一个细菌细胞在一天之内可以产生280万亿个个体。"而在同样的时间里，人的细胞大约只能分裂一次。

大约每分裂100万次，便会产生一个突变体。这对突变体来说通常是很不幸的——对生物来说，变化总是蕴藏着危险——只是在偶然的情况下，一个新的细菌会碰巧具有某种优势，比如摆脱或抵御抗生素的能力。有了这种能力，另一种更加吓人的优势会很快产生。细菌能共享信息，任何细菌都能从任何别的细菌那里接到几条遗传密码。正如马古利斯和萨根所说，实际上，所有的细菌都在同一基因池里游泳。在细菌的宇宙里，一个区域发生的适应性变化，很快会扩展到任何别的区域。这就好像人可以从昆虫那里获得长出翅膀或在天花板上行走所必需的遗传密码一样。从遗传角度来看，这意味着细菌已经成为一种超级生物——又小，又分散，但又不可战胜。

无论你吐出、滴下或泼出任何东西，细菌几乎都能在上面生活和繁殖。你只要给它们一点儿水汽——比如用湿抹布擦一擦柜子——它们就能滋生，仿佛从无到有。它们会侵蚀木头、墙纸里的胶水、干漆里的金属。澳大利亚科学家发现，有一种名叫蚀固硫杆菌的细菌生活在浓度高得足以溶解金属的硫酸里——实际上，它们离开了浓硫酸就活不成。据发现，有一种名叫嗜放射微球菌的细菌在核反应堆的废罐里过得怪舒服的，吃着钚和别的残留物过日子。有的细菌分解化学物质，而据我们所知，它们从中捞不到一点儿好处。

我们还发现，细菌生活在沸腾的泥潭里和烧碱池里，岩石深处，大海底部，南极洲麦克默多干谷隐蔽的冰水池里，以及太平洋的 11 公里深处——那里的压力比海面上高出 1 000 多倍，相当于被压在 50 架大型喷气客机底下。有的细菌似乎真的是杀不死的。据美国《经济学人》杂志说，嗜放射微球菌“几乎不受放射作用的影响”。要是你用放射线轰击它的 DNA，那些碎片几乎会立即重新组合，“就像恐怖电影里一个不死的人到处乱飞的四肢那样”。

迄今为止发现的生存能力最强的也许要算是链球菌。它在摄影机封闭的镜头里在月球上停留了两年仍能恢复生机。总而言之，很少有什么环境是细菌生存不下去的。维多利亚·贝内特对我说：“他们发现，当把探测器伸进灼热的海底喷气孔里，连探测器都快熔化的时候，那里也还有细菌。”

20 世纪 20 年代，芝加哥大学的两位科学家埃德森·巴斯廷和弗兰克·格里尔宣布，他们已经把一直生活在 600 米深处的油井里的细菌分离出来。这个观点被认为压根儿是荒唐的——600 米深处没有东西能活下去——在 50 年时间里，大家一直认为他们的样品受到了地面细菌的污染。我们现在知道了，有大量微生物生活在地球内部的深处，其中许多与普通的有机世界毫无关系。它们吃的是岩石，说得更确切一点儿，岩石里的东西——铁呀，硫呀，锰呀等等。它们吸入的也是怪东西——铁呀，铬呀，钴呀，甚至是铀。这样的过程也许对浓缩金、铜等贵重金属，很可能还对石油和天然气的贮存起了作用。甚至还有人认为，通过这样不知疲倦地慢咬细嚼，它们还创建了地壳。

现在有的科学家认为，生活在我们脚底下的细菌很可能多达 100 万亿吨，那个地方被称为“地表下的岩石自养微生物生态系统”——英文缩写是 SLiME。康奈尔大学的托马斯·戈尔德估计，要是你把地球内部的细菌统统取出来堆在地球表面，那么就可以把这颗行星埋在 15 米深处——相当于四层楼的高度。如果这个估计是正确的话，地球底下的生命有可能比地球表面的还要多。

在地球深处，微生物个儿缩小，极其懒怠。最活泼的也许一个世纪分裂不到一次，有的也许 500 年分裂不到一次。正如《经济学人》杂志所说：“长寿的关键似乎在于无所事事。”当情况相当恶劣时，细菌们就关闭所有系统，等待好的年景。1997 年，科学家们成功地激活了已经在挪威特隆赫姆博物馆休眠了 80 年之久的一些炭疽细胞。有一听 118 年的陈年肉罐头和一瓶 166 年的陈年啤酒，刚一打开，有的微生物就一下子活了过来。1996 年，俄罗斯科学院的科学家们声称，他们使在西伯利亚永久冻土里冻结了 300 万年的细菌恢复了生机。迄今为止，耐久力最长的纪录，是2000年由宾夕法尼亚州西切斯特大学的拉塞尔·弗里兰和他的同事们宣布的，他们声称使 2.5 亿岁的细菌苏醒了过来。那种细菌名叫“二叠纪芽孢杆菌”，一直被困在新墨西哥州卡尔斯巴德地下 600 米深处的盐层里。果真如此的话，这种微生物比大陆还要古老。

那个报告受到一些人的怀疑，这是可以理解的。许多生物化学家认为，在那么长的时间里，细菌的成分会退化，从而失去作用，除非细菌不时自我苏醒过来。然而，即使细菌真的不时苏醒，体内的能源也不可能持续那么长的时间。怀疑更深的科学家们认为，样品也许已经受到污染，如果不是在收集的过程中被污染的，那么也许是埋在地下的时候被污染的。2001 年，以色列特拉维夫大学的一个小组认为，二叠纪芽孢杆菌与一种现代的细菌几乎相同。那种细菌名叫原古芽孢杆菌，是在死海里发现的。两者之间只有两种基因顺序不同，而且也只是稍稍不同。

“我们该不该相信，”以色列研究人员写道，“二叠纪芽孢杆菌在 2.5 亿年里积累的基因变化之量，在实验室只要花 3—7 天时间就能完成？”弗里兰的回答是：“细菌在实验室里要比在野地里进化得快。”

也许如此。

直到太空时代，大多数学校的教材仍然把生物世界分为两类——植物和动

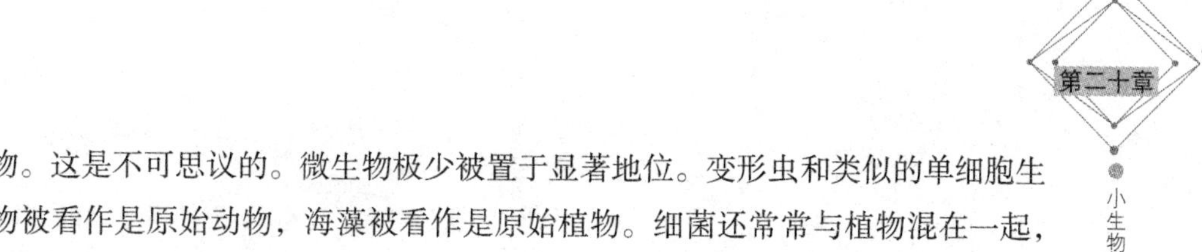

物。这是不可思议的。微生物极少被置于显著地位。变形虫和类似的单细胞生物被看作是原始动物，海藻被看作是原始植物。细菌还常常与植物混在一起，尽管大家都知道细菌不是植物。早在19世纪末，德国博物学家恩斯特·海克尔已经提出，细菌应该归于一个单独的界，他将其称为“原核生物”。但是，直到20世纪60年代，那个观点才被生物学家们接受，而且也只是被有的生物学家接受。（我注意到，1969年出版的袖珍《美语词典》里没有承认这个名称。）

传统的分类法也不大适用于可见世界里的许多微生物。真菌这个群涵盖了蘑菇、霉、霉菌、酵母和马勃菌，几乎总是被看作植物体，而实际上，它们身上几乎没有任何特点——它们的繁殖方式、呼吸方式、成长方式——是与植物界相吻合的。从结构上说，它们与动物有着更多的共同点，因为它们是用几丁质构建自己的细胞的。那种材料使其质地与众不同。昆虫的外壳和哺乳动物的爪子都是由那种材料构成的，虽然鹿角锹甲的味道远不如蘑菇那么鲜美。尤其，真菌不像所有的植物那样会产生光合作用，所以它们没有叶绿素，因此不是绿色的。恰恰相反，它们是直接吃东西长大的。它们几乎什么东西都吃。真菌会侵蚀混凝土墙上的硫或你脚趾间的腐败物质——这两件事植物都干不了。它们差不多只有一种植物特性，那就是它们有根。

那种分类法更不适用于一种特殊的微生物群，那种微生物就是黏菌。它们的默默无闻无疑与这个名字有关。要是这个名字听上去更有活力——比如，“流动自我激活原生质”——而不大像是你把手伸到阴沟深处会发现的那种东西，这种非同寻常的实体几乎肯定会马上受到应有的重视，因为黏菌无疑属于自然界最有意思的微生物。当年景好的时候，它们以单细胞的形式独立存在，很像是变形虫；而当条件变得恶劣的时候，它们就爬着集中到一个中心地方，几乎奇迹般地变成了一条蛞蝓。那条蛞蝓看上去并不漂亮，也移动不了多远——通常只是从一堆树叶的底部爬到顶上，处于比较暴露的位置——但在几百万年时间里，这很可能一直是宇宙中最绝妙的把戏。

事情并不到此为止。黏菌爬到上面一个比较有利的位置以后，再一次变换自己的面目，呈现出了植物的形态。通过某种奇妙而有序的过程，那些细胞改变了外形，就像一支行进中的小乐队那样，伸出了一根梗，顶上形成了一个花蕾，名叫“子实体”。子实体里面有几百万个孢子。到了适当的时刻，那些孢子随风而去，成为单细胞微生物，从而开始重复这一过程。

多年来，黏菌被动物学家们称为原生动物，被真菌学家们称为真菌，虽然

大多数人都可以明白，它们其实不属于任何哪个群。发明基因检测法以后，实验人员吃惊地发现，黏菌如此与众不同，无比奇特，与自然界的任何别的东西都没有直接关系，有时候连互相之间也毫无关系。

1969 年，为了整理一下越来越显得不足的分类法，康奈尔大学一位名叫 R.H. 魏泰克的生态学家在《科学》杂志上提出了一个建议，把生物分成五个主要部分——所谓的“界”——动物界、植物界、真菌界、原生生物界和原核生物界。原生生物界原先是由苏格兰生物学家约翰·霍格提出来的，用来描述非植物、非动物的任何生物。

虽然魏泰克的新方案是个很大的改进，但原生生物界的含义仍没有明确界定。有的分类学家把这个名称保留起来指大的单细胞微生物——真核生物，但有的把它当作生物学放单只袜子的抽屉，把任何归在哪里都不合适的东西塞到里面，其中包括（取决于你查阅的是什么资料）黏菌、变形虫，甚至海藻。据有人计算，它总共包括了多达 20 万种不同的生物。那可是一大堆单只袜子呀。

具有讽刺意味的是，正当魏泰克的五界分类法开始被写进教材的时候，伊利诺伊大学一位脚踏实地的学者即将完成一个发现。这项发现将向一切提出挑战。他的名字叫卡尔·沃斯，自 20 世纪 60 年代以来——或者说，早在有可能办这种事的时候——他一直在默默地研究细菌的遗传连贯性。早年，这是个极费力气的过程。研究一个细菌就可能一下子花掉一年时间。据沃斯说，那个时候，已知的细菌只有大约 500 种。这比你嘴巴里的细菌种类还要少。今天，这个数字大约是那个数字的 10 倍，虽然还远远比不上 26 900 种海藻、70 000 种真菌和 30 800 种变形虫，以及相关的微生物。生物学的编年史上都记载着它们的故事。

细菌总数那么少，并不完全是因为人们对它们不重视。细菌的分离和研究工作有可能是极其困难的，只有大约 1%能通过培养繁殖。考虑到它们在自然环境里强大的适应能力，有个地方它们似乎不愿意去生活，这是很怪的，那就是在皮氏培养皿里。要是你把细菌扔在琼脂培养基上，无论你怎么爱抚它们，其中大多数就躺在那里，怎么也不肯繁殖。任何在实验室里繁殖的细菌都只能说是个例外，而这一些几乎全都是微生物学家们研究的对象。沃斯说，这就“好像是一面在参观动物园，一面在了解动物”。

然而，由于基因的发现，沃斯可以从另一个角度去研究微生物。他在研究过程中意识到，微生物世界可以划分成更多的基本部分。许多小生物看上去像细菌，表现得像细菌，实际上完全是另一类东西——那类东西很久以前已经从细菌中分离出去。沃斯把这种微生物叫作古菌。

不得不说，古菌区别于细菌的特性只会令生物学家感到激动。这些特性大多体现在脂质的不同，还缺少一种名叫肽聚糖的东西。而实际上，这就形成了天壤之别。古菌对于细菌，比之你和我对于螃蟹或蜘蛛还要不同。沃斯独自一人发现了一种未知的基本生命种类。它高于“界”的层面，位于被相当尊敬地称为世界生命树之巅的地方。

1976 年，他重绘了生命树，包括了不是 5 个而是 23 个主要“部”，令世界——至少令关注这件事的少部分人——大吃一惊。他把这些部归在他称之为“域”的 3 个新的主要类别下面——细菌、古菌和真核细胞。新的安排是这样的——细菌域：藻青菌、紫色细菌、革兰氏阳性细菌、绿色非硫细菌、黄杆菌和栖热袍菌等；古菌域：嗜盐古菌、甲烷八叠球菌、甲烷杆菌、甲烷球菌、热变形菌和热网菌等；真核域：小孢子虫、滴虫、鞭毛虫、内变形虫、黏菌、纤毛虫、植物、真菌和动物等。

沃斯的新分类法在生物学界没有引起轰动。有的人对他的体系不屑一顾，认为它过分偏向于微生物。许多人完全不予理睬。据弗朗西丝·阿什克罗夫特说，沃斯“感到极其失望”。但是，他的新方案渐渐开始被微生物学家们接受。植物学家和动物学家要过长得多的时间才会看到它的优点。原因不难明白，按照沃斯的模式，植物界和动物界都被挂在真核生物这根主枝最外缘分枝的几根小枝上。除此以外，别的一切都属于单细胞生物。

“这些人向来就是完全按照形态上的异同来进行分类的，”沃斯 1966 年在接受采访时说，“对许多人来说，按照分子顺序来分类的观点是不大容易接受的。”总而言之，要是他们不亲眼看到有什么不同之处，他们就不会喜欢。因此，他们坚持比较普通的五界分类法。对于这种安排，沃斯在脾气好的时候说是“不大有用”，更经常说是“完全把人引入歧途”。“像之前的物理学一样，”沃斯写道，“生物学已经发展到一个水平，有关的物体及其相互作用往往不是通过直接观察所能看到的。”

1998 年，哈佛大学伟大的动物学家恩斯特·迈尔（他当时已经 94 岁高龄；到我写这本书的时候，他快到 100 岁了，依然身强力壮）更是唯恐天下不乱，宣称生命只要分成两大类——他所谓的“帝国”。迈尔在《国家科学院公报》上发表的一篇论文中说，沃斯的发现很有意思，但绝对是错误的，并指出，“沃斯

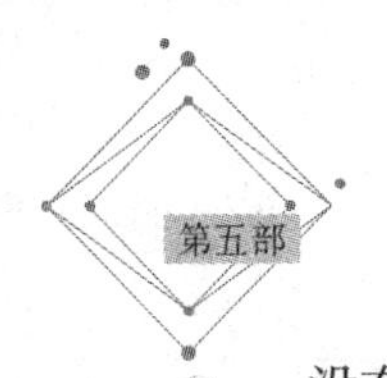

没有接受过当生物学家的训练，对分类原则不大熟悉，这是很自然的"。一位杰出的科学家对别人发表这样的一番评论，差不多是在说，那个人简直不知道自己在说些什么。

迈尔的评论的具体内容技术性很强——其中包括什么减数分裂性行为呀，什么亨尼希分支系统呀，什么对嗜热自养甲烷杆菌的基因组有争议的解释呀——但从根本上说，他认为沃斯的安排使生命树失去了平衡。迈尔指出，细菌界只由几千种组成，而古菌只有 175 种已经命名的样本，也许还有几千种未被发现——"但不大会多于那个数字"。而真核生物界——像我们这种有核细胞复杂生物——已经多达几百万种。鉴于"平衡原则"，迈尔主张把简单的微生物归于一类，叫作"原核生物"，而把其余比较复杂的、"高度进化的"生物归于"真核生物"，与原核生物处于同等地位。换句话说，他主张大体上维持以前的分类法。简单细胞和复杂细胞的区别在于"生物界的重大突破"。

如果说我们从沃斯的新安排中学到了什么，那就是生命确实是多种多样的，而大多数都是我们所不熟悉的单细胞小生物。人们自然会不由自主地想到，进化是个不断完善的漫长过程，一个朝着更大、更复杂的方向——一句话，朝着形成我们的方向——永远前进的过程。我们是在自己奉承自己。在进化过程中，实际差异在大多数情况下向来是很小的。出现我们这样的大家伙完全是一种侥幸——是一种有意思的次要部分。在 23 种主要生命形式中，只有 3 种——植物、动物和真菌——大到人的肉眼能看得见的程度。即使在它们中间，有的种类也是极小的。据沃斯说，即使你把植物的全部生物量加起来——包括植物在内的每一生物——微生物至少也要占总数的 80%，也许还多。世界属于很小的生物——很长时间以来一直如此。

因此，到了生命的某个时刻，你势必会问，微生物为什么那样经常地想要伤害我们？把我们弄得发烧，或发冷，或满身长疮，或最后死掉，对微生物来说到底会有什么好处？毕竟，一个死去的寄主不大能提供长期而适宜的环境。

首先，我们应当记住，大部分微生物对人体健康是无害的，甚至是有益的。地球上最具传染性的生物，一种名叫沃尔巴克体的细菌，根本不伤害人类，或者可以说根本不伤害任何脊椎动物——不过，要是你是个小虾、蠕虫或果蝇，你遇到它时会但愿自己真没有被生出来。据《美国国家地理》杂志称，总的来说，大约每 1 000 种微生物当中，只有一种是能使人类患病的——虽然我们知道

其中还会有一些能干坏事，情有可原地这么认为就够了。即使大多数微生物是无害的，微生物仍是西方世界的第三杀手——虽然许多不要我们的命，但也弄得我们深深地后悔来到这个世界上。

把寄主弄得很不舒服，对微生物是有某些好处的。病症往往有利于传播细菌。呕吐、打喷嚏和腹泻是细菌离开一个寄主，准备入住另一寄主的好办法。最有效的方法是找个移动的第三者帮忙。传染性微生物喜欢蚊子，因为蚊子的螫针可以把它们直接送进流动的血液，趁受害者的防御系统尚未搞清受到什么攻击之前，它们可以马上着手干活。因此，许多A级疾病——疟疾、黄热病、登革热、脑炎，以及100多种其他不大著名而往往又很严重的疾病——都是以被蚊子叮咬开始的。对我们来说，很侥幸的是，艾滋病的介体——人体免疫缺陷病毒——不在其中，至少目前还不在其中。蚊子在叮咬过程中吸入的人体免疫缺陷病毒被蚊子自身的代谢作用分解了。如果哪一天那种病毒设法战胜了这一点，我们可真的要遭殃了。

然而，要是从逻辑的角度把事情想得过于细致入微，那是错误的，因为微生物显然不是很有心计的实体。它们不在乎自己对你干了些什么，就像你不在乎你用肥皂洗个澡或擦一遍除臭剂杀掉了几百万个微生物会对它们造成了什么样的痛苦一样。对病原菌来说，在它把你彻底干掉的时候，顾及它自己的继续安康也是很重要的。要是它们在消灭你之前没能转移到另一个寄主，它们很可能自己会死掉。贾里德·戴蒙德指出，历史上有许许多多疾病，这些疾病“一度可怕地到处传播，然后又像神秘地出现那样神秘地消失了”。他举了厉害而幸亏短暂的汗热病，那种病在1485—1552年间流行于英国，致使成千上万人丧了命，然后也烧死了病菌自己。对于任何传染病菌来说，效率太高不是一件好事情。

大量的疾病不是因为微生物对你的作用而引起，却是因为你的身体想要对微生物产生作用而引起的。为了使你的身体摆脱病原菌，你的免疫系统有时候摧毁了细胞，或破坏了重要的组织。因此，当你身体不舒服的时候，你感觉到的往往不是病原菌，而是你自己的免疫系统产生的反应。生病正是对感染的一种能感觉到的反应。病人躺在病床上，因此减少了对更多人的威胁。

由于外界有许多东西可能会伤害你，因此你的身体拥有大量各种各样的白细胞——总共大约有1 000万种之多，每一种的职责分别是识别和消灭某种特定的入侵者。要同时维持1 000万支不同的常备军，那是不可能的，也是无效率的，因此每种白细胞只留下几名哨兵在服现役。一旦哪个传染性介体——所

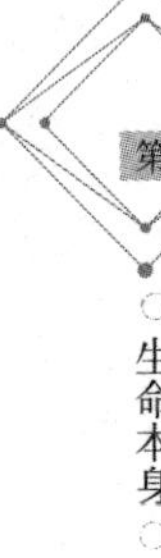

谓的抗原——前来侵犯，有关的哨兵认出了入侵者，便向自己的援军发出请求。当你的身体制造那种部队的时候，你就可能会觉得很不舒服。而当那支部队终于投入战斗的时候，康复就开始了。

白细胞是毫不留情的，会追击每个被发现的病原菌，直到把它们最后消灭。为了避免覆灭的命运，进攻者已经具有两种基本的策略。它们要么快速进攻，然后转移到一个新的寄主，就像感冒这样的常见传染病那样；要么乔装打扮，使白细胞无法识别自己，就像导致艾滋病的人体免疫缺陷病毒那样。那种病毒可以在细胞核里无害地停留几年而不被发觉，然后突然之间投入行动。

感染有许多古怪的方面。其中之一是，有些在正常情况下完全无害的微生物，有时候会进入人体本来不该它们去的部分——用新罕布什尔州莱巴嫩城达特茅斯–希契科克医疗中心的传染病专家布赖恩·马什的话来说——“有点儿发了狂”。“这种情况总是出现在发生了车祸，有人受了内伤的时候。通常情况下肠胃里面无害的微生物就会进入身体的其他部分——比如流动的血液，产生严重的破坏作用。”

眼下，最罕见的也是最无法控制的细菌引起的疾病，是一种会导致坏死病的筋膜炎。细菌吞噬内部组织，留下一种糨糊状的有毒残渣，实际上把病人从里到外吃掉。起初，病人往往只是稍有不舒服——通常是身上出疹，皮肤发热——但接着就急剧恶化。打开一看，往往发现病人正被完全吃掉。唯一的治疗办法是所谓的“彻底切除手术”——把所有的感染部位全部切除。70%的病人死亡，许多幸存者最后被严重毁形。感染原是一种名叫A群链球菌的普通细菌家族，通常不过引起链球菌咽喉炎。在极少情况下，由于不明原因，这类细菌有的会钻进咽喉壁里，进入人体本身，造成最严重的破坏作用。它们完全能抵御抗生素。这种情况美国每年发生大约1 000例，谁也说不准情况是不是会变得更严重。

脑膜炎的情况完全一样。至少有10%的年轻人和也许30%的少年携带着致命的脑膜炎球菌，但脑膜炎球菌完全无害地生活在咽喉里。在非常偶然的情况下——大约10万个年轻人中间的1个——脑膜炎球菌会进入血液，害得他们生大病。在最严重的情况下，人可以在12个小时内死亡。速度是极快的。“一个人吃早饭时还是好好的，到晚上就死了。”马什说。

要是我们不是那样滥用对付细菌的最佳武器——抗生素，我们本来会取得更大的胜利。值得注意的是，据一项估计，在发达世界使用的抗生素当中，有大约70%往往经常用于饲料中，只是为了促进生长或作为对付感染的预防措施。因此，细菌就有了一切机会来产生抗药性。它们劲头十足地抓住这样的机会。

1952年，用青霉素来对付各种葡萄球菌完全有效，以致美国卫生局局长威廉·斯图尔特在20世纪60年代初敢说："现在是该结束传染病时代的时候了。我们美国已经基本上消灭了传染病。"然而，即使在他说这番话的时候，大约有90%的这类病菌已经在对青霉素产生抗药性。过不多久，一种名叫抗甲氧苯青霉素葡萄球菌的新品种葡萄球菌开始在医院里出现。只有一种抗生素——万古霉素，用来对付它还有效果。但1997年东京有一家医院报告说，葡萄球菌出现了一个新品种，对那种药也有抗药性。不出几个月，那种葡萄球菌已经传播到6家别的日本医院。在世界各地，微生物又开始赢得这场战争的胜利：光在美国的医院里，每年大约有14 000人死于在当地感染的传染病。詹姆斯·苏罗威基在《纽约客》杂志的一篇文章里指出，要是让制药公司在研制每天都服、连服两周的抗生素和永远每天都服的抗抑郁药之间做出选择，制药公司会选择后者，这是不足为怪的。虽然有几种抗生素被强化了一点儿，但自20世纪70年代以来，制药工业还没有向我们提供过一种全新的抗生素。

我们发现，许多别的疾病很可能是由细菌引起的，因此我们的马虎草率态度更是显得令人吃惊。这个发现过程始于1983年。当时，西澳大利亚珀斯的巴里·马歇尔医生发现，许多胃癌和大多数胃溃疡为一种名叫幽门螺旋杆菌的细菌所致。虽然他的发现结果很容易得到鉴定，但那种观点是如此激进，过了10多年才被大家接受。例如，美国国家卫生研究所到了1994年才正式接受那种看法。"成百甚至成千的人可能死于溃疡，而他们本来是不会死的。"马歇尔1999年对《福布斯》杂志的一名记者说。

自那以来，进一步的研究表明，在所有别的疾病——心脏病、哮喘、关节炎、多发性硬化、几种精神病、多种癌症，甚至有人提出（反正在《科学》杂志上是这样写的），糖尿病中都有或很可能有某种细菌的份儿。我们迫切需要而又弄不到一种有效的抗生素的日子也许已经为期不远。

我们知道细菌本身也会得病，这也许是个小小的安慰。它们有时候会被一种名叫噬菌体的病毒所侵害。病毒是一种古怪而又讨厌的实体——用诺贝尔奖获得者彼得·梅达沃的话来说——是"身边都是坏消息的一点儿核酸"。病毒比细菌还小，还简单，本身没有生命。在孤立状态中，病毒是中性的，没有害处。但是，要是进入一个适当的寄主，它们就马上忙个不停——有了生命。已知的

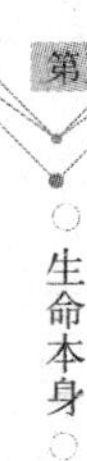

病毒大约有 5 000 种，它们致使我们患好几百种疾病——从流行性感冒和普通感冒，到对人类健康极其有害的疾病：天花、狂犬病、黄热病、埃博拉热、脊髓灰质炎和艾滋病。

病毒掠夺活细胞的遗传物质，用来制造更多的病毒，从而大量生长。它们以疯狂的形式繁殖，接着拼命寻找更多的细胞作为入侵对象。由于它们本身不是生物，所以它们可以保持非常简单的形态。包括人体免疫缺陷病毒在内的许多病毒只有 10 个或更少的基因，而连最简单的细菌也要有几千个。它们还小不可言，用普通的显微镜根本看不到。直到 1943 年发明了电子显微镜，科学家才首次见到了它们。但是，它们可以起巨大的破坏作用。据估计，20 世纪光死于天花的人就达 3 亿。

病毒还具有一种令人吃惊的本事，能以某种新的形式突然在世界上出现，然后像很快出现那样再次很快消失。举个有关的例子，1916 年，欧洲和美洲有些人开始患上一种古怪的昏睡病，后来被称为“昏睡性脑炎”。病人睡过去，自己醒不过来。他们很容易被唤醒，起来进食或上厕所，还能理智地回答问题——他们知道自己是谁，在什么地方，虽然他们的样子总是很漠然。然而，一旦你让他们去休息，他们便马上会再次陷入昏睡，长时间保持那种状态。有的几个月处于那种状态，然后死去。极少的人幸免于难，恢复了知觉，但不再像以往那样充满活力。他们处于没精打采的状态，用一位医生的话来说，“犹如一座座死火山”。这种病在 10 年时间里致使大约 500 万人死亡，然后悄悄地消失了。它没有引起太久的重视，因为同时另一种更可怕的流行病——实际上是历史上最可怕的流行病——正在世界各地传播。

那种病有时候被称为“猪大流感”，有时候被称为“西班牙大流感”，但无论如何是很凶猛的。第一次世界大战在 4 年内使 2 100 万人丧生，猪大流感在头 4 个月里就造成了同样的结果。第一次世界大战期间，在美军的伤亡人数中，差不多 80% 不是敌人的炮火而是流感造成的，有的部队死亡率高达 80%。

1918 年春天，猪大流感以一种不致命的普通流感的症状出现，然而在随后的几个月里，不知怎的——谁也不知道以什么方式，在什么地方——那种疾病变得严重起来。五分之一的病人只有很轻的症状，但其余的病得很重，许多人死亡。有的在几个小时里就倒下了，有的只坚持了几天。

据记载，美国的第一批死者是波士顿的海员，那是在 1918 年 8 月末。流行病很快就传播到全国各地。学校停课，公共娱乐场所关门，人们都戴着口罩。

这么做没有起多大作用。1918 年秋天到次年春天，美国有 548 452 人死于流感。英国的死亡人数达到 22 万，法国和德国的数字也差不多。谁也不清楚全球的死亡人数到底是多少，因为第三世界的记录往往很不完整，但不会少于 2 000 万，更可能是 5 000 万，还有人估计，全球的死亡人数高达 1 亿。

为了研制一种疫苗，医疗当局在波士顿港鹿岛上的一所军事监狱对志愿者进行实验。要是犯人能从一系列的实验中挺过来，就保证他们获得赦免。这些实验即使轻描淡写地说也是很严酷的。首先，从死者身上取下感染的肺组织注射到实验对象的身上，然后用传染性的气雾剂喷在他们的眼睛里、鼻子里和嘴里；要是他们仍没有倒下去，就从病人和临终病人身上直接取来排泄物，抹在他们的咽喉里；要是所有别的办法都告失败，就要求他们张开嘴巴坐着，同时让重病人稍稍坐起身来，朝着他们的脸咳嗽。

从总共 300 名——这是个惊人的数字——志愿做实验的男犯人当中，医生们挑选了 62 人。没有人感染流感——一个人也没有感染。唯一病倒的是病室医生，他很快就死了。原因很可能是，流感在几个星期前已经通过监狱，那些志愿者都已从那次侵袭中挺过来，因此有了一种自然免疫力。

对于 1918 年的那场流感，人们了解甚少，或者根本不了解。在由海洋、山脉和其他天然屏障阻隔的许多地方，流感为什么突然到处暴发，这是一个谜。在寄主身体之外，病毒只能存活几个小时，它怎么会同一个星期在马德里、孟买和费城同时出现？

答案很可能是，它是由人培养和传播的，他们只有轻微的症状或毫无症状。即使在正常暴发的时刻，在任何特定的人口当中，有大约 10% 的人患有流感而又没有察觉，因为他们没有不舒服的感觉。由于他们仍在不停流动，他们往往是那种疾病的最主要的传播者。

这可能说明了 1918 年这场暴发的广泛性，但这仍不能解释为什么流感能潜伏几个月，然后才差不多同时在世界各地猛烈暴发。它对青壮年的伤害最大，这更是个谜。在通常情况下，孩子和老人最容易感染流感，但在 1918 年这场暴发中，死者绝大部分是 20—40 岁的人。老年人也许早先接触过那种疾病，因此受益于已经获得的抵抗力，但为什么少年儿童同样幸免于难，这是个未解之谜。最大的谜团是，为什么 1918 年的流感那样致命，而大多数流感却不是那样的。我们仍然搞不明白。

有几种病毒不时重复出现。一种名叫 H1N1 的讨厌的俄罗斯病毒分别于

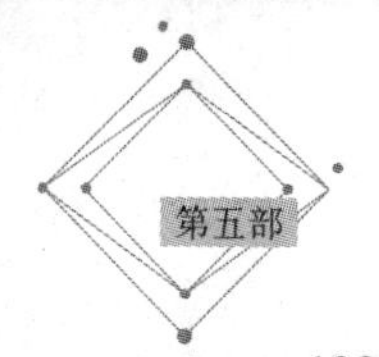

1933年、20世纪50年代和70年代在广大地区猛烈暴发。在每次暴发的间歇期间，那种病毒去了哪里，我们仍不清楚。有的人认为病毒藏在野兽体内，不为人们所察觉，然后把黑手伸向新一代人类。谁也无法排除这种可能性：猪大流感会再度出现。

即使猪大流感不出现，别的流感也很可能出现。骇人的新病毒在不断地产生。埃博拉热、拉沙热和马尔堡病经常暴发，然后再度消失，但谁也说不准这些病毒是悄悄隐伏在什么地方，还是仅仅在等待合适的机会以灾难性的方式暴发。现在已经很明显，艾滋病在我们中间停留的时间之长，已经超过了任何人原先的想象。曼彻斯特皇家医院的研究人员发现，1959年死于神秘的不治之症的那名海员，实际上是患了艾滋病。然而，不管什么原因，那种疾病总的来说是悄无声息地潜伏了随后的20年。

别的这样的疾病没有变得那么猖獗，这是个奇迹。直到1969年，拉沙热才在西非首次发现，那是一种高致命性疾病，我们对其了解甚少。1969年，设在康涅狄格州纽黑文的耶鲁大学实验室里的一名医生在研究拉沙热的过程中倒下了，然而他活了下来。但更加令人吃惊的是，附近有个实验室的一名技术人员虽然没有直接接触病毒，但也感染上了那种疾病，他死了。

幸亏这次暴发就到此为止，但我们不能指望老是那么幸运。我们的生活方式招致传染病。空中旅行使传染病病原体轻而易举地在全球传播成为可能。比如说一个埃博拉病毒可以在一天内从非洲贝宁启程，最后抵达纽约，或汉堡，或肯尼亚内罗毕，或同时三个地方。这还意味着，医疗当局需要非常熟悉存在于每个地方的每一种疾病，但这当然是不可能的。1990年，一个家住芝加哥的尼日利亚人在访问故乡的过程中接触了拉沙热，但是回到美国以后才出现症状。他未经诊断就死在一家芝加哥的医院里。在治疗他的过程中，谁也没有采取预防性措施，因为谁也不知道他患的是世界上最致命、最容易传染的一种疾病。令人称奇的是，别人都没有感染。下一次我们也许就不会那样走运了。

说到这里，我们的话题该回到肉眼可见生物的世界来了。

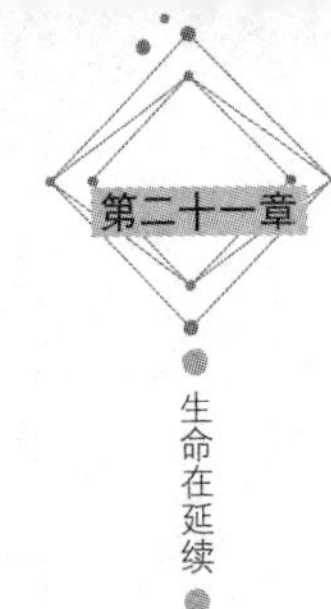

第二十一章
生命在延续

要变成化石可不容易。几乎所有的生物——其中的99.9%以上——的命运是化为乌有。你的生命火花一旦熄灭，你曾拥有的每个分子都将被啃掉或被冲走，用来形成另一个体系。事情就是那样。即使你把它变成不足千分之一的一小摊微生物而没有被吃掉的话，变成化石的可能性也很小。

若要变成化石，必须具备几个条件。首先，你得死在恰当的地方。只有大约15%的岩石能够保存化石，因此倒在一个未来的花岗岩所在地是没有用处的。实际上，死者必须埋在沉积物里，在那里留下个印子，就像泥泞里的一片叶子那样，或者在不接触氧气的情况下腐烂，让骨头和坚硬的部分（在极少数情况下还有较软的部分）里的分子由溶解的矿物质取而代之，按原件创造出一个石化的翻版。接着，在化石所在的沉积物经受地球运动的随意挤压、折叠和推动的过程中，化石必须设法保持一种可以识别的形状。最后，尤其重要的是，在藏匿几千万或几亿年以后，还得有人发现，认为这是值得收藏的东西。

据认为，在10亿根骨头当中，只有大约1根能变成化石。要是那样的话，

这意味着今天所有活着的美国人——每人都有206根骨头的2.7亿美国人——所能留下的全部化石不过是50根左右，即一副完整骨骼的四分之一。当然，这还不等于说，其中任何一块骨头化石将来真的会被发现。记住，它们可以被埋在930多万平方公里国土的任何地方，而这些土地只有很小的一部分会被翻动，小得多的部分会被仔细查看。因此，要是这几根骨头的化石能被发现，那简直是个奇迹。从任何一种意义上说，化石越来越稀有了。在地球上生活过的生物当中，大多数都已无影无踪。据估计，在1万个物种当中，不足1种有化石记录。这本身就是个极其微小的部分。然而，要是你接受普遍认为的关于地球产生过300亿种生物的估计，以及理查德·利基和罗杰·卢因（在《第六次大灭绝》中）关于25万种生物有化石记录的说法，那么那个比例就减少到了只有1 ∶ 120 000。无论如何，我们掌握的只是地球所产生的所有生命的最起码的样品。

而且，我们掌握的记录是极不平衡的。大多数陆生动物当然不会死在沉积物里。它们倒在旷野中，不是被吃掉，就是任凭腐烂或被风雨剥蚀得一干二净。结果，化石记录极其有利于海生动物，有利到了近乎不可思议的程度。在我们所掌握的化石当中，大约有95%是曾经生活在水下，大部分在浅海里生活的动物的化石。

我提这一切，是为了解释为什么我在阴沉沉的一天前往伦敦的自然博物馆，会见一位性格开朗、有点不修边幅、非常讨人喜欢的古生物学家。他的名字叫理查德·福泰。

福泰的知识面极广。他是一本幽默而又精彩的书的作者，书名叫作《生命：一部未经授权的传记》。该书涉及创造生命的全过程。但是，他最钟爱的是一种名叫三叶虫的海生动物。那种动物一度充满奥陶纪的海洋，但早已不复存在，除了以化石的形式。三叶虫的身体都有个相同的基本结构，分为三个部分或三片叶——头、尾和胸，三叶虫的名字由此而来。福泰在孩提时代就发现了第一个三叶虫化石，当时他正攀越威尔士圣戴维海湾的岩壁。结果，他一生都对三叶虫着迷。

他把我带到一个四周都是高高的金属柜子的陈列室。每个柜子上都有许多不深的抽屉，每个抽屉里都塞满了三叶虫化石——总共有2万件标本。

“看来真是不少，”他表示同意，“不过，你要记住，亿万只三叶虫在古代的海洋里生活了亿万年，因此2万这个数字不算多。而其中大部分仅仅是不完整

的标本。发现一块完整的三叶虫化石对古生物学家来说，仍是一件大事。”

三叶虫最初出现在大约5.4亿年以前，接近复杂生命大爆发即通常所谓的寒武纪大爆发的起始时刻。它们已经完全成形，仿佛从天而降。然后，在3亿年以后，三叶虫跟许多别的生物一起在二叠纪大灭绝的时候消失了。那次大灭绝至今仍是个谜。与别的灭绝的生物一样，人们很自然会认为它们是失败者，其实它们是生活过的最成功的动物之一。它们统治了3亿年——是恐龙存在时间的两倍，而恐龙本身也是历史上存在时间最长的动物之一。福泰指出，迄今为止，人类的存在时间只有其千分之五长。

三叶虫有那么漫长的支配时间，因此数量急剧增加。大多数个儿始终很小，大约是现代甲虫的大小，但有的大得像盘子。它们总共至少有5 000属，6万种——然而新的品种不断出现。福泰最近出席了在南美召开的一次会议，一位来自阿根廷某个地方大学的学者同他取得了联系。“她有个盒子，里面装满了有意思的东西——在南美从未见过的，实际上在哪儿也没有见过的三叶虫以及许多别的东西。她没有必要的设备来研究三叶虫，也没有资金来寻找更多的三叶虫。世界的很大部分地区还没有考察过。”

“你是指三叶虫？”

“不，指一切。”

在整个19世纪，三叶虫几乎是唯一已知的早期复杂生命形式，因而进行了大力的采集和研究。三叶虫的最大之谜是它们出现得很突然。福泰说，即使现在，要是你来到合适的岩石结构，一个又一个漫长的历史时期地往里发掘，没有发现可见的生命，然后突然之间，“一个螃蟹大小的完整的Profallotaspis或Elenellus跳进了你那等候的手里”，这仍可能是一件令人惊喜的事。它们是有肢、有鳃、有神经系统、有触角、“有某种大脑”（用福泰的话来说）、有最古怪眼睛的动物。那种眼睛是由形成石灰岩的同一种材料即方解石杆状体形成的，是已知的最早的视觉系统。不仅如此，最早的三叶虫不是只有一个好冒险的品种，而是有几十个品种；不是只出现在一两个地方，而是无处不在。19世纪的许多思想家以此来证明这是上帝的杰作，用来驳斥达尔文的进化论。他们责问，假如进化是很缓慢的话，他怎么解释那些复杂而又完全成形的动物会出现得如此突然？事实是，他无法解释。

因此，问题似乎永远无法解决，直到1909年的某一天，也就是距离达尔文出版《物种起源》50周年还有3个月的时候，一位名叫查尔斯·杜利特尔·沃

尔科特的古生物学家在加拿大境内的落基山脉有了一项重大的发现。

沃尔科特生于 1850 年，在纽约州尤蒂卡附近长大。由于父亲在查尔斯小时候突然去世，本来不大富裕的家境变得更不富裕。沃尔科特还是个孩子的时候就发现自己具有寻找化石的本领，尤其是三叶虫。他收藏了一大堆相当不错的标本。路易斯·阿加西斯把标本买了下来，放在自己在哈佛大学的博物馆里，使沃尔科特发了一笔小财——相当于今天的 7 万美元。虽然他只是勉强受过中学教育，在科学方面完全自学成才，但他成了三叶虫问题的一名重要权威。他最先确定三叶虫是节肢动物，该类群包括当代的昆虫和甲壳纲动物。

1879 年，沃尔科特任职于新成立的美国地质勘测局，担任野外研究员。他干得非常出色，15 年内升到了局长的位置。1907 年，他被任命为史密森研究院的秘书，在这个岗位一直干到 1927 年去世。尽管他忙于许多行政事务，但他仍然做野外工作，写出了大量作品。“他的著作塞满了图书馆里的一个书架。”福泰说。需要提一句的是，他还是美国航空学顾问委员会的创始理事，该委员会后来成为美国国家航空航天局，因此他完全有理由被认为是太空时代的鼻祖。

但是，现在人们之所以记得他，是因为 1909 年夏末他在加拿大不列颠哥伦比亚省菲尔德小镇高处的那项敏锐而又幸运的发现。通常的说法是这样的：沃尔科特在他妻子的陪同下正骑马顺着一条山路走去，突然他妻子的马在碎石上滑了一下跌倒了。沃尔科特跳下马来扶她，却发现马将一块页岩翻了个身。页岩里有一种特别古老、特别罕见的甲壳纲动物的化石。天正下着雪——在加拿大的落基山脉，冬天来得很早——因此他们没有久留。但是，到了第二年，沃尔科特一有机会就回到了现场。他沿着岩石滚落下来可能会经过的路线攀登了 200 多米，爬到接近山顶的位置。在海拔 2400 多米的地方，他发现了一个页岩露头，长度大约相当于城市的一个街区，里面蕴藏着一大批化石，远自复杂生命大爆发——著名的寒武纪大爆发——之后不久的时候。沃尔科特发现的实际上是古生物学的圣杯。那片露头后来被称为布尔吉斯页岩，取自它所在的山冈的名字。在很长时间里，正如已故的史蒂芬·杰·古尔德在他深受欢迎的著作《奇妙的生命》中所说的，它是“唯一向我们充分展示现代生命起端的地方”。

在阅读沃尔科特日记的过程中，向来细心的古尔德发现，有关发现布尔吉斯页岩的故事似乎有点儿添油加醋——沃尔科特既没有提及马失前蹄，也没有谈到天下着雪——但那是一项非同寻常的发现，这是无可争议的。

我们在地球上只能存在短短的几十年，因此几乎不可能体会到寒武纪大爆

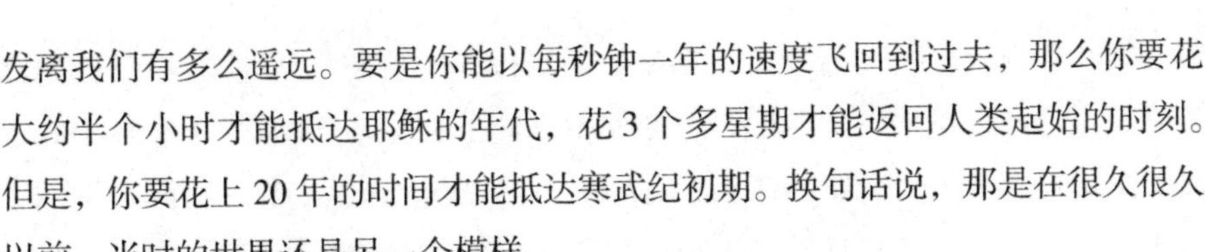

发离我们有多么遥远。要是你能以每秒钟一年的速度飞回到过去，那么你要花大约半个小时才能抵达耶稣的年代，花 3 个多星期才能返回人类起始的时刻。但是，你要花上 20 年的时间才能抵达寒武纪初期。换句话说，那是在很久很久以前，当时的世界还是另一个模样。

首先，当 5 亿多年前布尔吉斯页岩形成的时候，它不在山顶上，而是在山脚下。具体来说，它是在一座陡峭悬崖脚下的浅海里。那个时候的大海里充满了生命，但在通常情况下动物没有留下记录，因为它们是软体动物，一死就腐烂了。然而，在布尔吉斯，悬崖崩塌下来，下面的生物被泥石流所埋葬，像压在书里的花朵那样被紧紧压住，从而极其详尽地保留了它们的特征。

从 1910 年到 1925 年（那时候沃尔科特已经 75 岁），沃尔科特每年夏天都要出门考察，发掘了成千上万件标本（古尔德说是 8 万件，《美国国家地理》杂志那些通常可靠的事实核对人员说是 6 万件），将其带回华盛顿做进一步研究。无论在数量上还是在品种上，他的收藏品都是无与伦比的。有的布尔吉斯化石带壳，许多不带。品种是极其繁多的，有人统计是 140 种。“布尔吉斯页岩化石所包含的生物结构的种类是独一无二的，今天世界海洋里所有的生物加起来也无法与之匹敌。”古尔德写道。

不幸的是，据古尔德说，沃尔科特没有看到自己的发现的重要意义。“沃尔科特把到手的胜利丢了，”古尔德在另一部作品《八只小猪》中写道，“接着便对这些了不起的化石做出了最错误的解释。”沃尔科特用现代的办法来对它们进行分类，把它们看成今天的蠕虫、水母和其他生物的祖先，因此没有认识到它们的不同之处。“按照这种解释，”古尔德叹息说，“生命以最简单的形式开始，然后不可阻挡地、可以预测地朝着更多、更好的方向发展。”

沃尔科特于 1927 年去世，有关布尔吉斯化石的事在很大程度上已经被人遗忘。在将近半个世纪的时间里，那些化石被锁在华盛顿美国自然博物馆的抽屉里，很少有人去查看，根本无人问津。1973 年，剑桥大学一位名叫西蒙·康韦·莫里斯的研究生参观了那批收藏品。他被眼前的化石惊呆了。这些化石要比沃尔科特在他著作中提到的壮观得多，品种也多得多。在分类系统中，描述生物体基本结构的类别是门。而在这里，莫里斯得出结论，是一抽屉又一抽屉如此奇特的结构——都是那位发现者不知何故没有认识到的，真是令人不可思议。

在随后的几年里，莫里斯与他的导师哈里 · 惠廷顿和同学德里克 · 布里格斯一起，对全部收藏品重新进行了系统的分类。他们注意到一个又一个新的发

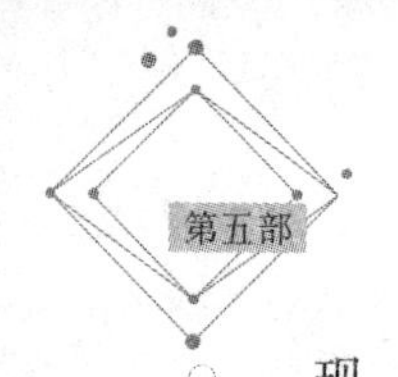

现，发出一阵又一阵惊叹声。许多生物的结构是以前和之后完全没有见过的，简直是奇形怪状。比如，欧巴宾海蝎（*Opabinia*）长着五只眼睛和一个鼻子似的喙，末端还有爪子。又如，有个名叫 *Peytoia* 的家伙呈盘形，样子滑稽得像一片菠萝。再如，有一个显然曾经用一排排高跷似的腿走过路，样子如此古怪，他们把它命名为怪诞虫（*Hallucigenia*）。这些收藏品中有许许多多不曾认识的新东西，以至于有一次打开另一个抽屉的时候，有人听见莫里斯竟然在说："哦，真该死，这里面没有一个新的门呀！"

这个英国小组的重新分类表明，寒武纪在动物体形方面是个无与伦比的创新和实验的时代。在差不多 40 亿年的时间里，生命一直是慢腾腾的，看不出有任何朝着复杂方向前进的雄心壮志；接着，在仅仅 500 万—1 000 万年的一段时间里，它创造了所有今天在用的基本体形。你可以点出任何一种动物，从线虫到卡梅伦 · 迪亚斯，它们使用的都是在寒武纪派对上首创的架构。

然而，最令人吃惊的是，如此之多的体形，打个比方说，却缺少深度，没有留下后代。据古尔德说，在布尔吉斯动物群当中，总共至少有 15 种，也许多达 20 种，不属于任何已经确认的门（在有的通俗读物中，这个数字很快增加到 100 种之多——远远超过了剑桥大学的科学家们实际宣布的数字）。"生命史，"古尔德写道，"是一个大规模淘汰的故事，接着是少数幸存的品种的分化，而不是个通常认为的不断优化、不断复杂化、不断多样化的故事。"看来，进化的成功真是像玩彩票。

然而，有一种动物确实成功地溜过了关，那是一种蠕虫状的小家伙，名叫皮卡虫（*Pikaia gracilens*）。据发现，它有一根原始的脊柱，从而成了包括我们在内的所有后来脊椎动物的已知的最早祖先。皮卡虫在布尔吉斯化石中根本不多，因此天知道它们是差多么一点儿走向灭绝。古尔德有一句名言，明确说明他认为我们家系的成功是一件十分侥幸的事："要是把生命的磁带倒回到布尔吉斯页岩的早期，从同一起点把它再放一遍，任何像人类智慧这样的东西会使其重放异彩的可能性极小。"

古尔德的《奇妙的生命》于 1989 年出版，旋即引起议论纷纷，在商业上是个巨大的成功。大家不知道的是，许多科学家根本不同意古尔德的结论，过不多久情况就变得很不像话。联系到寒武纪的氛围，"爆发"很快跟现代人的脾气，而不是跟古代生物上的事实更有关系。

实际上，现在我们知道，复杂的生物至少在寒武纪之前1亿年已经存在。我们本该早就知道。沃尔科特在加拿大的发现过去差不多40年以后，在地球另一侧的澳大利亚，一位名叫雷金纳德·斯普里格的年轻地质学家发现了更加古老、同样不可思议的东西。

1946年，斯普里格还是南澳大利亚一名年轻的政府助理地质工作者的时候，被派往弗林德斯山脉的埃迪亚卡拉山区调查废弃的矿区。那是阿德莱德以北大约500公里处一大片干旱的内陆地区。目的是想看看那里是不是还有利用新技术可以重新开采的有利可图的旧矿井，因此他根本不是去研究地表岩石，更不是去研究化石的。但是，有一天在吃午饭的时候，斯普里格无意中翻动一块砂岩，说得轻一点也是很吃惊地发现，石头的表面上布满了细微的化石，很像是叶子在泥土里留下的印子。这些岩石比寒武纪大爆发还要早。他看到了起步阶段的可见生命。

斯普里格给《自然》杂志写了一篇论文，但是没有被采用。他转而把论文在澳新科学促进协会的下一次年会上宣读，但没有博得协会头儿的欢心。那位头儿说，埃迪亚卡拉印子只是“由非生物偶然留下的记号”——即不是由生物形成的，而是由风吹雨打或潮汐运动形成的图案。斯普里格的希望并没有完全破灭，他来到伦敦，把自己的发现提交给1948年国际地质学大会，但既没有引起兴趣，也没有人相信。最后，在没有更好的出路的情况下，他把自己的成果发表在《南澳大利亚皇家学会学报》上。接着，他辞去了政府里的职务，开始从事石油勘探工作。

9年之后，1957年，一位名叫罗杰·梅森的小学生在穿越英格兰中部查恩伍德森林的时候，发现一块岩石里有一种古怪的化石，样子很像现代的海笔，跟斯普里格发现的、此后一直想告诉大家的有些标本完全相同。那位小学生把化石交给了莱斯特大学的一位古生物学家。他马上认出那是寒武纪之前的东西。小梅森的照片被刊登在报纸上，他被当作一名早熟的英雄，直到现在，许多书里仍然提到他的事迹。为了纪念他，那个标本被命名为梅森查恩海笔（*Charnia masoni*）。

今天，斯普里格的埃迪亚卡拉标本原件，与自那以后在整个弗林德斯山脉所发现的其他1 500件标本中的许多标本一起，陈列在阿德莱德南澳大利亚博物馆楼上的一个玻璃柜里，但是没有吸引多少注意力。上面蚀出的精美图案不大清楚，对没有受过训练的人来说没有多大吸引力。它们大多很小，呈圆盘形，

偶尔带有隐约的条纹。福泰把它们称为“软体怪物”。

关于这些是什么东西，它们是怎么生活的，人们的看法远非一致。从表面看来，它们没有用来进食的嘴巴，也没有用来排泄废物的肛门，根本没有用来消化食物的内脏器官。“在生活中，”福泰说，“它们大多数很可能就趴在砂质沉积物的表面，就像没有固定形状、毫无生气、软绵绵的比目鱼那样。”在最活泼的时候，它们也不会比水母更复杂。埃迪亚卡拉动物都是双胚层的，即它们由两层组织构成。除了水母以外，今天所有的动物都是三胚层的。

有的专家认为，它们根本不是动物，而更像是植物或真菌。即使现在，植物和动物的界限也并不总是很分明。现代海绵一辈子固定在一个地方，既没有眼睛，也没有大脑，更没有搏动的心脏，然而它是动物。“要是我们回到寒武纪之前，植物和动物的区别很可能更不明确，”福泰说，“没有任何规定说，你非得明确不是植物就是动物。”

关于埃迪亚卡拉动物群究竟是不是今天活着的哪种动物（可能除了水母以外）的祖先的问题，意见也很不统一。许多权威把它们看作是一种失败的尝试，想要变成复杂动物而又没有成功，可能是因为懒散的埃迪亚卡拉动物群给吃了个干净，或者在竞争中输给了寒武纪的比较灵活、比较复杂的动物。

“今天活着的没有很类似的动物，”福泰写道，“它们很难被解释成是哪种后来出现的动物的祖先。”

我们觉得，它们对地球上生命的发展最终没有起多大作用。许多权威人士认为，在前寒武纪和寒武纪之交，存在大规模的灭绝现象，埃迪亚卡拉动物群（除了水母不大确定以外）都没有能进入下一阶段。换句话说，正经八百的复杂生命始于寒武纪大爆发。反正古尔德是这么看的。

至于布尔吉斯页岩化石的重新分类，人们几乎马上对那些解释提出质疑，尤其是对古尔德对那些解释进行的解释。“从一开始，许多科学家就对史蒂芬·杰·古尔德的陈述表示怀疑，尽管他们对他陈述的方法表示赞赏。”福泰在《生活》杂志中写道。这是一种婉转的说法。

“要是史蒂芬·古尔德想的像他写的一样清楚就好了！”牛津大学学者理查德·道金斯在一篇评《奇妙的生命》的文章（刊登于《星期日电讯报》）的开头一行中就说。道金斯承认那本书“令人爱不释手”，是一部“精心杰作”，但指责古尔德在“夸夸其谈，以极不恳切的言辞”歪曲事实，认为布尔吉斯重新分类震惊了古生物学界。“他所攻击的那个观点——进化不可阻挡地朝着顶峰前进，比如人类——50 年来无人相信。”道金斯气呼呼地说。

许多普通的评论员就是那样不大注意分寸。有一位给《纽约时报书评》写文章的人兴高采烈地认为，由于古尔德的作品，科学家们“正抛弃多少代人以来未经仔细审度的先入之见。他们像接受关于人类是有序发展的产物那样，勉勉强强地或热情洋溢地接受关于人类是大自然中的偶然事件的观点”。

但是，对于古尔德的真正批评出于这样的信念：他的许多结论是完全错误的或者是随心所欲地夸大的。道金斯在《进化》杂志上的文章里，攻击古尔德关于“寒武纪的进化不同于今天的进化”的观点，对古尔德反复强调的下述观点表示极大的不满：“寒武纪是个进化‘实验’、进化‘试错’、进化‘起步错误’……的时期……那是个发明了所有重大‘基本体形结构’的丰产时期。如今，进化只是按照老的体形结构修修补补。而在寒武纪，新的门和新的纲不断产生。如今我们只有新的种！”

道金斯注意到，经常有人谈论没有新的体形结构，便说：“这就好像有一名园丁望着一棵栎树，惊讶地说：‘真怪呀，这棵树怎么多年来长不出一根新主干？如今，新长出来的都是一些细枝。’”

“这真是个古怪的时代，”福泰这时候说，“尤其是你想到这一切都发生在 5 亿年以前，而人们的情绪却如此之大。我在一本书里开玩笑说，我觉得在写到寒武纪的事之前应当先戴个安全帽，不过我就是有点儿这样的感觉。”

最古怪的反应来自《奇妙的生命》中的一位英雄西蒙·康韦·莫里斯。他在自己的一本书《创造的熔炉》里突然对古尔德翻脸，令古生物学界的许多人大吃一惊。“一位专业人员在书里竟然如此怒气冲冲，我可从来没有碰到过，”福泰后来写道，“《创造的熔炉》的普通读者要是不了解历史，绝不会知道作者的观点一度如此接近（如果不是完全相同的话）古尔德的观点。”

当我向福泰问起这件事时，他说：“哎呀，这是很怪的，真的令人吃惊，因为古尔德还是挺器重他的。我只能猜测，西蒙的处境比较尴尬。你要知道，科学是不断变化的，只有书本是永久的。我估计，他后悔跟他现在完全不再持有的观点有着不可抹去的联系。他说过‘哦，真该死，这里面没有一个新的门呀’这类话。我估计他后悔因此出了名。他的观点曾经与古尔德的观点几乎完全相同，你从西蒙的书里根本看不出来。”

结果，早先寒武纪的化石开始被吹毛求疵地重新评估。福泰和德里克·布

里格斯——古尔德书里的另一位重要人物——使用了一种所谓支序分类学的方法，把各种布尔吉斯化石进行比较。简单来说，支序分类学就是按照共同的特点将动物进行分类。福泰把鼩鼱和大象进行比较来作为例子。要是你考虑大象个儿一章很大，鼻子醒目，你就会得出结论，它与小小的、以鼻吸气的鼩鼱毫无共同之处。但是，要是你把二者与蜥蜴进行比较，你就会发现大象和鼩鼱实际上是按照基本相同的结构来构建的。实际上，福泰是在说，古尔德看待大象和鼩鼱，就像他和布里格斯看待哺乳动物一样。他们认为，布尔吉斯动物群并不像初看起来那么古怪，那么多种多样。"它们往往不比三叶虫更古怪，"福泰这时候说，"问题仅仅在于，我们已经花了一个多世纪来习惯三叶虫。你要知道，熟悉了，也就不觉得怪了。"

我应当指出，这不是因为马虎或不重视。根据往往是变了形的和支离破碎的证据来解释古代动物的形态和关系，显然是一件很难办的事。爱德华·O.威尔逊指出，要是你挑选几种现代昆虫，把它们充作布尔吉斯化石，那么谁也猜不着它们都是属于同一门的，因为它们的体形结构是如此不同。现在，又发现了两处寒武纪初期的遗址，一处在格陵兰，一处在中国，再加上一些零星的发现，又获得了许多往往是更好的标本，这些对重新分类也是很有利的。

结果发现，布尔吉斯化石并非差别很大。原来，怪诞虫在修复过程中给颠倒了，它的高跷似的腿实际上是它背部的刺。而那种样子像一片菠萝的怪物被发现并不是一种与众不同的动物，只是一种名叫奇虾（*Anomalocaris*）的较大动物的组成部分。许多布尔吉斯标本现在已经归到活着的动物的门里——就是沃尔科特最初放置它们的地方。怪诞虫和几种别的动物被认为与有爪类动物有关系，那是一群毛虫模样的动物。别的已经被重新归类于现代环节动物的先驱。实际上，福泰说："寒武纪造型只有几种是完全新的。它们往往被证明只是已经确认的形态的有意思的发挥。"他在《生活》杂志上写道："再奇也奇不过今天的藤壶，再怪也怪不过白蚁蚁后。"

所以，布尔吉斯页岩标本原来并非那么不可思议。福泰写道，尽管如此，它们"依然很有意思，依然很古怪，只是能解释得比较清楚了"。它们古怪的体形结构只是处于一种生气勃勃的青春期——在某种程度上就像是进化中的"爆炸头"和"舌钉"。最后那些形态进入了固定、稳定的中年阶段。

但是，这些动物到底来自何方——它们是怎么突然从无到有的，这仍然是个难以解答的问题。

哎呀！寒武纪大爆发被证明也许并非爆发得那样厉害。现在认为，寒武纪的动物很可能早就存在，只是小得看不见罢了。又是三叶虫提供了线索——尤其是，不同种类的三叶虫似乎神秘地散布在全球的广大地区，而且差不多在同一时期出现。

表面看来，大量完全成形而又多种多样的动物的突然出现，似乎能增加寒武纪大爆发的奇妙程度，实际上恰恰相反。一种完全成形的动物，比如三叶虫，突然孤立地出现是一回事——这确实是个奇迹，但许多动物在相隔万里的中国和美国纽约的化石记录中同时出现，显然表明我们缺少它们的一大部分历史。这是最强有力的证明，表明它们必定有个祖先——某个老祖宗物种，它在早得多的过去开创了那个家系。

现在认为，我们之所以没有发现那些早先的物种，是因为它们太小，无法保存下来。福泰说："机能俱全的复杂动物不一定个儿很大。今天，海洋里充满着微小的节肢动物，它们没有留下化石记录。"他以小小的桡足动物为例，在现代海洋里数以万亿计，群集在浅滩上，它们多得足以使大片海域变黑，而我们对其祖先的全部了解只有一个标本，那是在一条古老的变成了化石的鱼肚子里找到的。

"寒武纪大爆发，如果可以这么称呼的话，更可能是个儿变大，而不是新体形的突然出现，"福泰说，"这种情况可能发生得很快，因此在那个意义上可以说是一次爆发。"这话的意思是，像哺乳动物那样磨蹭了 1 亿年，直到恐龙让道，然后才似乎突然之间在全球大量增加。节肢动物和别的三胚层动物也是一样。它们以半微生物的形态默默地等待，等着占支配地位的埃迪亚卡拉动物群没落。福泰说："我们知道，恐龙一走，哺乳动物的个儿戏剧性地变大了——虽然我说相当突然，但我当然是从地质学的意义上说的。我们说的是几百万年的事。"

顺便说一句，雷金纳德·斯普里格最后还是得到了一份荣誉，虽然来得晚了一点。有个早期的主要的"属"像几个物种那样以他的名字命名，被称为斯普里格属。整个发现在后来被叫作埃迪亚卡拉动物群，以他寻找化石的山区名字命名。然而，到那个时候，斯普里格寻找化石的年代早已过去。他离开地质学以后建立了一家很成功的石油公司，最后隐退到他心爱的弗林德斯山脉中的一处庄园并在那里创建了一个野生生物保留地。他 1994 年去世时已经是个富豪。

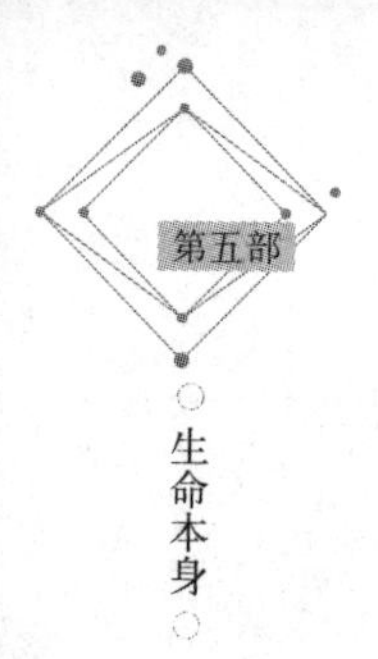

第二十二章
多灾多难的生命进程

要是你从人的角度去考虑生命这个问题，显然我们也很难不这么做，生命是个古怪的东西。它迫不及待地起步，但起步以后又似乎不大急着往前走。

想一想地衣。地衣大概是地球上最坚强的可见生物，也是最没有雄心壮志的生物之一。它们会很乐意生长在阳光明媚的教堂墓地里，但它们尤其乐意在别的生物都不愿意去的环境里茂盛生长——在风吹雨打的山顶上，在北极荒原，那里除了岩石、风雨和寒冷以外几乎什么也没有，也几乎没有竞争。在南极洲的许多地区，那里实际上别的什么也不长，你却可以看到大片大片的地衣——有 400 种——忠诚地依附在每一块风吹雨打的岩石上。

在很长时间里，人们无法理解它们是怎么办到的。由于地衣长在光秃秃的岩石上，既没有明显的营养，也不结出种子，许多人——许多受过教育的人——认为它们是正在变成植物的石头。“无生命的石头自动变成了有生命的植物！”一位名叫霍恩舒克的博士观察者在 1819 年高兴地说。

要是更仔细地观察一下，你便会发现，地衣与其说是具有魔力，不如说是

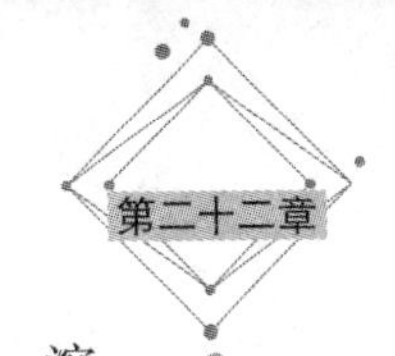

很有意思。它们实际上是真菌和藻类之间的一种伙伴关系。真菌分泌出酸，溶解岩石表面，把矿物质释放出来；藻类将矿物质转变成足够的食物来维持二者。这不是个很激动人心的安排，但显然是个成功的安排。世界上有2万多种地衣。

像大多数在恶劣条件下茁壮成长的东西一样，地衣长得很慢。地衣也许要花半个多世纪时间才能长到衬衫纽扣大小。大卫·艾登堡写道，因此那些长到餐盘大小的地衣“很可能已经生长了几百年，如果不是几千年的话”。很难想象还有比这成就更小的生存。“它们只是存在，”艾登堡接着说，“证明一个感人的事实：连最简单层次的生命，显然也只是为了自身而存在。”

生命只有这点考虑，这点很容易被忽略。作为人类，我们往往觉得生命必须有个目的。我们有计划，有志向，有欲望。我们想要不断利用赋予我们的整个令人陶醉的生命。但是，生命对于地衣来说是什么？它的生存冲动、活着的欲望和我们一样强烈——有可能更加强烈。要是我被告知，我不得不当几十年林中岩石上的地衣，我认为我会失去继续活下去的愿望。地衣不会。实际上像所有生物一样，它们蒙受苦难，忍受侮辱，只是为了多活一会儿。总之，生命想要存在。但是——这一点很有意思——在大多数情况下，它不想大有作为。

这也许有点儿怪，因为生命有很多时间来施展自己的雄心壮志。请你想象一下，把地球的45亿年历史压缩成普通的一天。那么，生命起始很早，出现第一批最简单的单细胞生物大约是在凌晨4点钟，但在此后的16个小时里没有取得多大进展。直到晚上差不多8点30分，这一天已经过去六分之五的时候，地球才向宇宙拿出点成绩，但也不过是一层静不下来的微生物。然后，终于出现了第一批海生植物。20分钟以后，又出现了第一批水母以及雷金纳德·斯普里格最先在澳大利亚看到的那个神秘的埃迪亚卡拉动物群。晚上9点4分，三叶虫登场了，几乎紧接着出场的是布尔吉斯页岩那些形状美观的动物。快到10点钟的时候，植物开始出现在大地上。过不多久，在这一天还剩下不足两个小时的时候，第一批陆生动物接着出现了。由于10分钟左右的好天气，到了10点24分，地球上已经覆盖着石炭纪的大森林，它们的残留物变成了我们的煤。第一批有翼的昆虫亮了相。晚上11点刚过，恐龙迈着缓慢的脚步登上了舞台，支配世界达三刻钟左右。午夜前21分钟，它们消失了，哺乳动物的时代开始了。人类在午夜前1分17秒出现。按照这个比例，我们全部有记录的历史不过几秒钟长，一个人的一生仅仅是刹那工夫。

在这大大压缩的一天中，大陆到处移动，以似乎不顾一切的速度砰地撞在

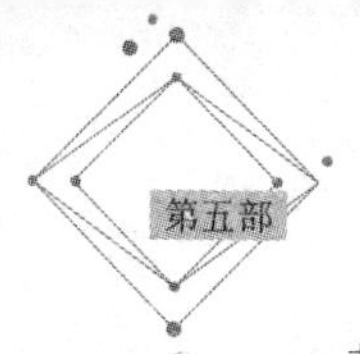

一起。大山隆起又变平，海洋出现又消失，冰原前进又后退。在整个这段时间里，每分钟大约三次，在这颗行星的某个地方亮起一道闪光，显示曼森尺度的或更大的陨石撞击了地球。在陨石轰击、很不稳定的环境里，竟然还有东西能存活下来，这是令人惊叹的。实际上，没有很多东西能挺过很长时间。

要了解“我们在这部45亿年长的电影里登场还没有多久”这件事，也许还有一种更有效的方法。你把两条手臂伸展到极限，然后想象那个宽度是整个地球史。按照这个比例，据约翰·麦克菲在《盆地和山岭》一书中说，一只手的指尖到另一只手的手腕之间的距离代表前寒武纪。全部复杂生命都在一只手里，“你只要拿起一把中度粒面的指甲锉，一下子就可以锉掉人类历史”。

幸亏那种事情没有发生，但将来很可能会发生。我不想在这个时刻散布悲观论调，但地球上的生命有着另一个极其相似的特点：生命会灭绝。而且很常见。尽管物种们费了九牛二虎之力聚集起来保存自己，但它们经常崩溃和死亡。它们变得越复杂，好像灭绝得越快。为什么那么多生命没有雄心壮志，这也许是一个原因。

因此，只要生命干出勇敢的事，都是一件大事。我们将要讲到，生命向前迈入另一阶段，离开了海洋。这就是极少的大事之一。

陆地是个可怕的环境：炎热，干燥，笼罩在强烈的紫外线辐射之中，没有在水中移动的那种相对轻松的浮力。在陆地上生活，动物们不得不彻底修正它们的结构。要是你用手拿住一条鱼的两端，它的中部就会弯下去，因为它的脊骨不结实，无法支撑自己。为了在离开水以后生存下去，海生动物需要有个新的能够负重的内部架构——这不是一夜之间能调整过来的。尤其重要的，也是最明显的是，任何陆生动物必须学会直接从空气里摄取氧气，而不是从水里过滤氧气。这些都不是微不足道的困难，都需要克服。另一方面，动物们对于离开水有着强大的动力：水底下的环境正变得越来越危险。大陆渐渐合并成一个陆块——泛古陆，这意味着海岸线比以前短多了，因而沿海的栖息地也少了。于是，竞争很激烈。而且，出现了一种新的无所不吃的、令人不安的捕食者。这种动物的体形完全适合攻击。自出现以来，它在漫长的历史时期里几乎没有变化。它就是鲨鱼。因此，找一个取代水的环境的最佳时刻终于到了。

大约4.5亿年以前，植物开始了占领陆地的进程。与其为伴的还有必不可少的小螨虫和其他动物。植物需要它们来为自己分解死去的有机物质，使之再

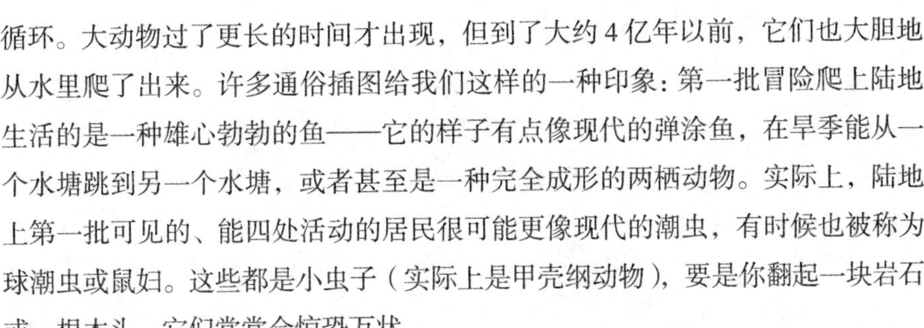

循环。大动物过了更长的时间才出现，但到了大约 4 亿年以前，它们也大胆地从水里爬了出来。许多通俗插图给我们这样的一种印象：第一批冒险爬上陆地生活的是一种雄心勃勃的鱼——它的样子有点像现代的弹涂鱼，在旱季能从一个水塘跳到另一个水塘，或者甚至是一种完全成形的两栖动物。实际上，陆地上第一批可见的、能四处活动的居民很可能更像现代的潮虫，有时候也被称为球潮虫或鼠妇。这些都是小虫子（实际上是甲壳纲动物），要是你翻起一块岩石或一根木头，它们常常会惊恐万状。

对于那些学会了从空气中呼吸氧气的动物来说，日子是不错的。在陆地生命大幅度增加的泥盆纪和石炭纪，空气中的氧的浓度高达 35%（现在是将近 20%）。因此，动物能以惊人的速度长到惊人的个儿。

你也许想知道，科学家们怎么会知道几亿年以前的氧气浓度？答案在于同位素地球化学，这是个不大知名而又十分奇妙的领域。泥盆纪和石炭纪的古代海洋里生活着大批微小的浮游生物，它们躲在小小的保护壳里。当时和现在一样，浮游生物从大气里吸收氧气，将其与别的元素（尤其是碳）化合，形成了碳酸钙这样的耐久化合物，构筑了自己的壳。在长期碳循环中——这个过程讲起来不大激动人心，但对于把地球变成一个适居的地方却是至关重要的——不停进行的就是这种化学戏法（这种戏法已经在别处讨论过）。

在此过程中，这些微小的生物最后都死了，沉到了海底，慢慢地被压缩成石灰岩。在浮游生物带进坟墓的小小原子结构中，有两种非常稳定的同位素——O-16 和 O-18。（要是你忘了什么是同位素，那也不要紧。你只要记住，质子数相同但中子数不同的原子互为同位素。）地球化学家就利用了这一点，因为同位素以不同的速度积聚，取决于同位素形成之时大气里有多少氧或二氧化碳。地球化学家把这两种同位素在古代的储存速度进行比较，就可以知道古代世界的情况——氧气的浓度、空气和海洋的温度、冰期的程度和时间，以及许多别的情况。把同位素的测量结果和能够说明其他情况（如花粉浓度等）的别的化石残留物结合起来，科学家就能很有把握地重新构筑人类没有见过的整个场景。

氧气之所以能在整个早期陆地生命的时期积聚到十分充足的浓度，主要是因为世界上许多地方存在大量高大的树蕨和大片沼泽地，它们天生就能打乱正常的碳再循环过程。落叶和其他死去的植物性物质不是完全腐烂，而是积聚在肥沃而又潮湿的沉积物之中，最后被挤压成大片的煤层。即使到了现在，那些

煤层仍然支撑着大量的经济活动。

高浓度的氧气显然促使生物长得高大。迄今发现的能表明陆地动物最古老的迹象的，是3.5亿年前由一个节肢动物似的家伙留在苏格兰一块岩石上的一条痕迹。它有1米多长。在那个时代结束之前，有些节肢动物的身长会超过那个长度的两倍。

由于存在这种悄悄觅食的动物，那个时期的昆虫渐渐设计出一种对策，能够躲开飞快伸过来的舌头：它们学会了飞行。这也许是不足为怪的。有的昆虫渐渐习惯于这种新的活动方式，而且达到了非常熟练的程度，自那时以来一直没有改变这种技术。当时和现在一样，蜻蜓能以每小时50多公里的速度飞行，能快停，能悬停，能倒飞。要是按照比例的话，蜻蜓能升到的高度比人类的任何飞行器所能达到的要高得多。"美国空军，"有一位评论员写道，"把它们放在风洞里，看看它们是怎么表现的，结果感到望尘莫及。"它们也吞噬浓郁的空气。在石炭纪的森林里，蜻蜓长到大得像乌鸦。树木和别的植物同样长得特别高大，木贼和树蕨类长到15米的高度，石松长到40米的高度。

第一批陆地脊椎动物——我们从其演变而来的第一批陆地动物——在一定程度上还是个谜。部分原因是缺少有关的化石，但也要怪一个名叫埃里克·贾维克的脾气怪僻的瑞典人，他的古怪解释和讳莫如深的表现使这方面的进展延误了差不多半个世纪。贾维克是一个瑞典学者考察小组的成员，他们于20世纪30—40年代来到格陵兰寻找鱼化石。他们尤其要寻找一种总鳍鱼。据推测，那种鱼是所谓的四足动物，即我们和其他所有会行走的动物的祖先。

大多数动物是四足动物，活着的四足动物都有个共同点：有四肢，每肢的尽头最多有五个指或趾。恐龙、鲸、鸟、人甚至鱼都是四足动物。这显然表明，它们出自一个共同的祖先。据认为，这个祖先的线索要在大约4亿年以前的泥盆纪寻找。在此之前，陆地上没有行走的动物。在此之后，许多动物在陆地上行走。很走运，那个小组恰好发现一个这样的动物，一个1米长的名叫鱼甲龙的动物。分析那个化石的任务落在贾维克身上。他于1948年开始研究，这项研究持续了48年。不幸的是，贾维克不让别人插手他的研究工作。世界上的古生物学家不得不满足于两篇简短的临时性论文。贾维克在论文中指出，那种动物有四肢，每肢有五个指头，确认了它的祖先地位。

贾维克于1998年去世。他死了以后，别的古生物学家连忙对那件标本做了仔细研究，发现贾维克把指头或脚趾的数目大大地数错了——每肢其实有八

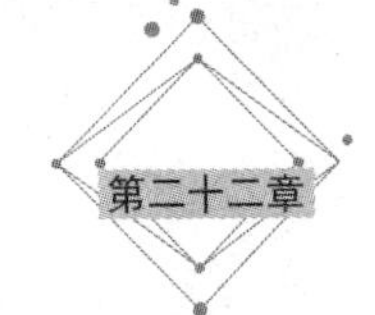

个——而且没有注意到那种鱼很可能不会走路。从鳍的结构来看，它支撑不起自身的重量。不用说，这对增进我们对第一批陆地动物的了解没有做出多大贡献。今天，已经知道早期有三种四足动物，但没有一种跟数字五有关系。总之，我们不大清楚我们是从哪儿来的。

但是，我们毕竟还是来了，虽然达到我们目前这样的卓越状态肯定不总是一帆风顺的。自从陆地上开始有生命以来，它由四个所谓的大王朝组成。第一个大王朝包括行动缓慢的有时候又相当笨重的原始两栖动物和爬行动物。这个年代最著名的动物是异齿龙，那是一种背部有翼的动物，常常与恐龙相混淆（我注意到，包括卡尔·萨根《彗星》一书中的一处图片说明在内）。异齿龙实际上是一种下孔亚纲动物。我们从前曾经也是下孔亚纲动物。下孔亚纲是早期爬行动物的四个主要部之一，其他三个部分别是缺孔亚纲、调孔亚纲和双孔亚纲。这些名字只是指在它们的颅骨侧面发现的小孔的数量和位置。下孔亚纲在颞颥下部有一个孔；双孔亚纲有两个孔；调孔亚纲只有上部一个孔。

后来，每个主要的部又分成若干分部。其中有的兴旺，有的衰落。缺孔亚纲产生了鳖。鳖一度似乎快要处于主宰地位，成为这个星球上最先进、最致命的物种，虽然这有点儿荒唐可笑。但是，由于进化突变，它们虽然生存了很久，但是没有占据统治地位。下孔亚纲分成四支，只有一支闯过了二叠纪。幸运的是，我们恰好属于这一支。它进化成为一个原始哺乳动物家族，被称为兽孔目爬行动物。这类爬行动物构成了第二大王朝。

兽孔目爬行动物的运气不佳，它们的表亲双孔亚纲在进化过程中繁殖力也很强，有的进化成了恐龙。兽孔目爬行动物渐渐被证明不是恐龙的对手。它们无力与这种凶猛的新动物展开势均力敌的竞争，基本上从记录中消失了。然而，少量进化成了毛茸茸的穴居小动物，在很长时间里作为小型哺乳动物存在，等待合适时机的到来。其中最大的也长不到家猫的大小，大多数的个儿不超过老鼠。最后，这将证明是一条活路。但是，它们还得等待将近 1.5 亿年，等着第三大王朝即恐龙时代突然告一段落，为第四大王朝和我们自己的哺乳动物时代让路。

每一次大规模的转化，以及其间和其后的许多较小规模的转化，都取决于那个说来矛盾的重要原动力：灭绝。在地球上，说句实在话，物种死亡是一种生活方式。这是个很有意思的事实。谁也不清楚自生命起步以来究竟存在过多少种生物。一般引用的数字是 300 亿种，但是有人估计那个数字高达 4 万亿种。

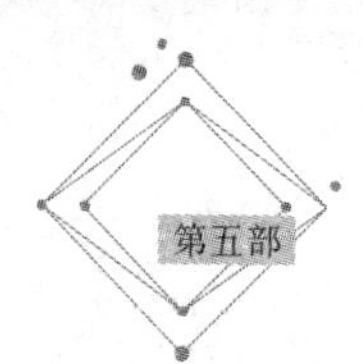

不论其总数是多少，99.9%存在过的物种已经不再和我们在一起。“基本上可以说，”芝加哥大学的戴维·劳普喜欢说，“所有的物种都已灭绝。”对于复杂动物来说，一个物种的平均寿命只有大约400万年——大致相当于我们人类迄今存在的时间。

当然，灭绝对于受害者来说总是坏消息，但对于一颗有活力的行星来说似乎是一件好事情。“与灭绝相对的是停滞，”美国自然博物馆的伊恩·塔特萨尔说，“停滞在任何领域都很少是一件好事情。”（我也许应当指出，我们在这里谈论灭绝，指的是一个漫长的自然过程。由于人类的粗心大意而造成的灭绝完全是另一回事。）

地球史上的危机总是与随后的大跃进有关系。埃迪亚卡拉动物群的没落之后是寒武纪的创造性爆发。4.4亿年以前的奥陶纪灭绝为大海清除了大量一动不动而靠过滤来进食的动物，为快速游动的鱼类和大型水生爬行动物创造了有利条件。那些动物转而又处于理想地位；当泥盆纪末期又一次灾难给生命又一次沉重打击的时候，它们把殖民者派上了陆地。在整个历史上，不时发生这样的事。要是这些事件不是恰好以它们发生的方式发生，不是恰好在它们发生的时间发生，现在我们几乎肯定不会在这里。

地球已经经历了五次大的灭绝事件——依次在奥陶纪、泥盆纪、二叠纪、三叠纪和白垩纪——以及许多小的灭绝事件。奥陶纪（4.4亿年以前）和泥盆纪（3.65亿年以前）分别消灭了80%—85%的物种。三叠纪（2.1亿年以前）和白垩纪（6 500万年以前）分别消灭了70%—75%的物种。但是，真正厉害的是大约2.45亿年前的二叠纪灭绝，它为漫长的恐龙时代揭开了序幕。在二叠纪，至少95%从化石记录中得知的动物退了场，再也没有回来。连大约三分之一的昆虫物种也消失了——这是它们损失最惨重的一次。这也是我们最接近全军覆没的一次。

“这确实是一次大规模的灭绝，一次大屠杀，是地球上以前从来没有发生过的。”理查德·福泰说。二叠纪事件对海洋动物的破坏性尤其严重。三叶虫完全消失了。蛤蜊和海胆几乎灭绝。实际上，所有的海生动物都七零八落。据认为，总体来说，在陆地和水里，地球损失了52%的“科”——那个层次在生命的大等级表上高于“属”，低于“目”（这是下一章的内容）——以及大约多达96%的全部物种。要过很长时间——有人估计，要过长达8 000万年，物种的总量才会得以恢复。

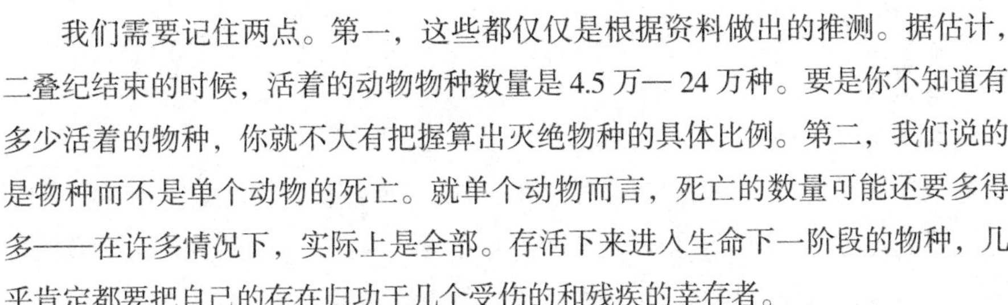

我们需要记住两点。第一，这些都仅仅是根据资料做出的推测。据估计，二叠纪结束的时候，活着的动物物种数量是4.5万—24万种。要是你不知道有多少活着的物种，你就不大有把握算出灭绝物种的具体比例。第二，我们说的是物种而不是单个动物的死亡。就单个动物而言，死亡的数量可能还要多得多——在许多情况下，实际上是全部。存活下来进入生命下一阶段的物种，几乎肯定都要把自己的存在归功于几个受伤的和残疾的幸存者。

在几次大屠杀之间，还有许多较小的、不大知名的灭绝事件——亨菲利世事件、弗拉尼世事件、法门尼世事件、兰乔拉布里世事件，以及10多个别的事件——它们对物种总量的破坏程度不是很大，但对某些种群往往是个沉重的打击。发生在大约500万年以前的亨菲利世事件中，包括马在内的食草动物差一点儿被一扫而光。马只剩下一个物种，时而出现在化石记录中，表明它一度到了灭绝的边缘。请你想象一部没有马、没有食草动物的人类历史。

对于差不多每种情况，无论是大规模的灭绝还是中等规模的灭绝，我们都感到迷惑不解，不大清楚到底是什么原因。即使去掉了不大切合实际的观点以后，解释灭绝事件原因的理论依然多于事件本身。至少有20来只可能的黑手被认为是原因或者主要帮手，包括全球变暖、全球变冷、海平面变化、海洋氧气大幅度减少（所谓的缺氧）、传染病、海床大量甲烷泄漏、陨石和彗星撞击、一种所谓“超强”的猛烈飓风、强烈的火山喷发，以及灾难性的太阳耀斑。

太阳耀斑是一种尤其令人感兴趣的可能性。谁也不知道太阳耀斑会变得多大，因为我们只是从太空时代才开始观测太阳耀斑。但是，太阳是一台大马达，它兴起的风暴是极其巨大的。一次普通的太阳耀斑——我们在地球上甚至还注意不到——释放出相当于10亿颗氢弹的能量，向太空抛出1 000亿吨危险的高能粒子。电磁层和大气层通常会把这些反射回太空，或者把它们安全地引向两极（它们在那里产生地球美丽的极光）。据认为，一次极大的爆发，比如100倍于普通耀斑的耀斑，可以毁坏我们稀薄的防御层。那道光华是很壮丽的，但几乎肯定会使暴露在光里的很大部分生物丧命。而且，令人寒心的是，据美国国家航空航天局喷气推进实验室的布鲁斯·楚鲁塔尼说：“它在历史上不会留下痕迹。”

这一切留给我们的，正如一位研究人员所说，“是大量的猜测和很少的证据”。变冷似乎至少与三次大灭绝事件有关——奥陶纪事件、泥盆纪事件和二叠纪事件——但是，除此以外，大家几乎没有共识，包括某次事件是快速发生的还是缓慢发生的。比如，泥盆纪灭绝事件——那个事件以后，脊椎动物迁移到

了陆地——是在几百万年里发生的，还是在几千年里发生的，还是在热热闹闹的一天里发生的，科学家们的看法不一。

对灭绝提出令人信服的解释的难度如此之大，原因之一是，要大规模灭绝生命是非常困难的。我们从曼森撞击事件中已经看到，你可能受到猛烈的一击，但仍可以充分恢复过来，虽然觉得有点挺不住。因此，地球已经忍受了几千次撞击，为什么偏偏6 500万年前的KT事件的破坏性那么大，足以使恐龙遭受灭顶之灾呢？哎呀，首先，它确实厉害。它的撞击力达到100万亿吨。这样的爆炸是不容易想象的，但正如詹姆斯·劳伦斯·鲍威尔指出的，即使爆炸与今天地球总人口数量相等的广岛型原子弹，离KT撞击的威力仍相差大约10亿颗这类炸弹。然而，仅此一项也许仍不足以消灭地球上70%的生命，包括恐龙在内。

KT陨石还有一个优势——如果你是个哺乳动物的话，那是个优势——它撞在只有10米深的浅海里，角度很可能恰好合适，当时的氧气浓度又比现在高10%，因此世界比较容易着火。尤其是，撞击地区的海底是由含硫丰富的岩石构成的。结果，那个撞击把一片比利时大小的海底变成了硫酸气雾。在此后的几个月里，地球遭受酸雨的袭击，酸的浓度足以烧伤皮肤。

在某种意义上，还有一个比“是什么毁灭了当时存在的70%的物种”更大的问题，那就是“剩下的30%是怎么存活下来的”。为什么那个事件对恐龙是个灭顶之灾，而别的像蛇和鳄这样的爬行动物却能安然度过劫难？就我们所知，北美的蟾蜍、水螈、蝾螈，以及别的两栖动物没有一个物种灭绝。“为什么这些纤弱的动物能安然无恙地逃过这场空前的灾难？”提姆·弗兰纳里在他精彩的描述史前美国的著作《永久的边疆》里发问。

海洋里的情况十分相似。菊石统统消失了，但它们的表亲鹦鹉螺目软体动物却存活下来，尽管它们有着相似的生活方式。在浮游生物中，有的物种实际上全部覆灭——比如，有孔虫丧失了92%——而像硅藻这样的生物尽管体形相似，还同有孔虫在一起生活，却受伤害较轻。

这些都是难以解释的矛盾之处。正如理查德·福泰所说：“仅仅把它们称作‘幸运儿’，这似乎总是不大令人满意。”如果在事件发生之后几个月里到处都是乌黑呛人的烟雾，而情况似乎正是这个样，那么你很难解释许多昆虫竟能存活下来。“有的昆虫，比如甲虫，”福泰指出，“可以在木头或周围别的东西上生活。但是，像蜜蜂这样的在阳光里飞舞、需要花粉的动物怎么办？说清楚它们幸存的原因是不大容易的。”

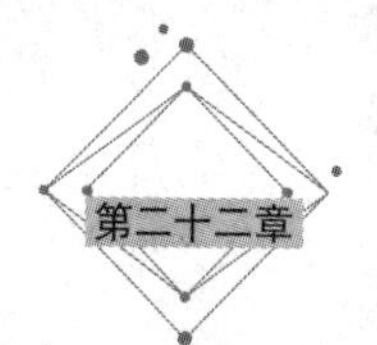

尤其是珊瑚。珊瑚需要藻类维持生命，而藻类需要阳光。二者都需要稳定的基本温度。在过去几年里，已经有大量关于珊瑚因海水温度变化了1摄氏度左右而死亡的报道。要是它们连小小的变化都受影响，它们是怎么挺过撞击造成的漫长的冬天的？

还有许多难以解释的区域性差异。灭绝在南半球似乎远不如在北半球那么严重。在很大程度上，尤其是新西兰好像完好无损地挺了过来，而它又几乎没有穴居动物，连它的植物也绝大部分幸免于难，而别处的大火烈度表明，灾难是全球性的。总之，还有许多问题我们搞不清楚。

有的动物再次呈现一片兴旺的景象——包括鳖，真有点儿令人感到意外。弗兰纳里指出，恐龙灭绝之后的时期，很可以称为鳖时代。16个物种在北美存活下来，过不多久又出现了3个。

显而易见，家住水里很有好处。KT撞击消灭了将近90%的陆基物种，而生活在淡水里的物种只有10%遭殃。水显然起了防热和防火的作用，还可能在随后的萧条岁月里提供了食料。凡是存活下来的陆基动物，都有在危险时刻退缩到安全环境的习惯——钻进水里或地下——二者都能在相当程度上抵御外面的灾难。食腐动物也有个优势。蜥蜴基本不受腐烂尸体里的细菌的伤害，过去如此，现在依然如此。实际上，它们还往往对其怀有好感。在很长时期里，蜥蜴周围显然存在着大量腐烂的尸体。

经常有人提出错误的看法，认为只有小动物才挺过了KT撞击。实际上，在幸存者当中有鳄鱼，它们不仅很大，而且比今天的鳄鱼还大3倍。不过，总的来说，没错，大部分幸存者是行动诡秘的小动物。当世界一片漆黑、布满危险的时候，对于出没于夜间、不挑食物、生性谨慎的小恒温动物来说，确实是适得其所。而这些正是我们的哺乳动物祖先所具备的高招。假如我们进化得更加先进，我们很可能已经不复存在。相反，与任何活着的生物一样，哺乳动物觉得自己非常适应那个环境。

不过，情况似乎不像是哺乳动物一哄而上去抢占每一块地盘。“进化可能讨厌出现空缺，”古生物学家斯蒂芬·M.斯坦利写道，“但空缺往往要花很长时间才能填补。”在可能长达1 000万年的时间里，哺乳动物小心翼翼，保持很小的体形。在第三纪初期，要是你有红猫的个儿那么大，你就可以称王称霸了。

但是，一旦起步，哺乳动物就大大地增大了自己的个儿——有时候大到了不可思议的地步。一时之间，出现了犀牛大的豚鼠和二层楼房大的犀牛。食肉

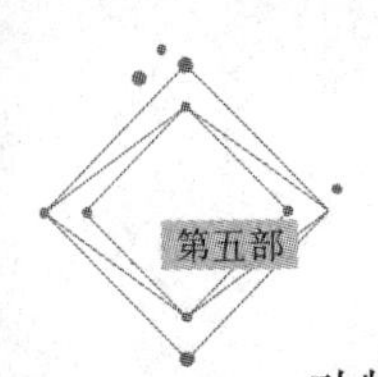

动物链里哪里有空缺，哺乳动物马上挺身而出去填补。早年的浣熊家族成员迁移到南美，发现了一个空缺，便演变成熊一般大小和凶猛的动物。鸟类的样子也长得大得失去了比例。有几百万年时间，一种名叫“泰坦鸟”的不会飞的食肉大鸟可能是北美最凶猛的动物。它肯定是存在过的最威武的鸟。它身高 3 米，体重 350 千克以上，它的喙能把差不多任何令它讨厌的动物的脑袋扯掉。它的家族横行霸道地存在了 5 000 万年。然而，1963 年在美国佛罗里达州发现一副它的骨骼之前，我们压根儿不知道它存在过。

这就引出了我们对灭绝原因缺少把握的另一个原因：贫乏的化石记录。我们已经简单谈到任何一副骨骼变成化石的不可能性，但这类记录的贫乏程度比你想象的还要严重。以恐龙为例，实际上，绝大部分的博物馆展品都是人造的。显赫地放在伦敦自然博物馆入口处的、为几代游客带来快乐和增长知识的巨大梁龙，完全是用塑料做的——该模型 1903 年在匹兹堡建成，由安德鲁·卡内基赠送给该博物馆。纽约的美国自然博物馆的门厅里有个更加气势宏大的场面：一副巨大的巴罗龙骨骼，在保护自己的幼崽不受一头正张牙舞爪扑过来的异龙的伤害。这是一件令人印象深刻的展品——巴罗龙朝着高高的天花板伸到也许 9 米的高度——但也完全是赝品。展出的几百根骨头根根都是模型。要是你参观世界上的几乎任何自然博物馆——无论是巴黎的、维也纳的、法兰克福的、布宜诺斯艾利斯的，还是墨西哥城的——你看到的都是古老的模型，而不是古老的骨头。

实际情况是，我们其实对恐龙了解不多。在整个恐龙时代，已经识别的还不足 1 000 种（其中差不多半数是从一件标本得知的），大约相当于现在活着的哺乳动物物种数的四分之一。不要忘记，恐龙统治地球的时间差不多是哺乳动物统治地球时间的 3 倍。因此，要么恐龙的种类特别少，要么我们对恐龙才知道点儿皮毛（我禁不住使用这句合适的套话）。

在恐龙时代，有几百万年一件化石也没有找到。即使在白垩纪末期——由于我们对恐龙和它们的灭绝怀有持久的兴趣，那是我们研究得最多的史前时期——在当时存在过的物种当中，大约四分之三也许还没有被发现。几千头比梁龙更大或比霸王龙更威武的动物也许在地球上游荡过，而我们也许永远不会知道了。直到最近，我们对这个时期的恐龙的全部认识，都出自仅有的大约 300 件标本，仅仅代表了 16 个物种。由于缺少化石记录，许多人认为，恐龙在 KT 撞击发生的时候已经在走向没落。

20 世纪 80 年代末，美国密尔沃基公共博物馆的古生物学家彼得·希恩决定搞一项实验。他在蒙大拿州著名的赫尔克里克地层划出了一片区域，选用 200 名志愿者进行一次仔细的普查。志愿者们精心筛选，捡起了剩下的每一颗牙齿、每一根脊骨和每一片其他骨头——反正是以前的发掘者留下的一切东西。这项工作花了 3 年时间。当工作结束的时候，他们发现自己已经——为这颗行星——把白垩纪末期的恐龙化石增加了两倍多。这次调查确认，到发生 KT 撞击事件的时候，恐龙的数量还相当多。“没有理由认为，在白垩纪的最后 300 万年里恐龙在渐渐消失。”希恩在报告里说。

我们习惯于认为，我们自己成为生命的主导物种是不可避免的，因此无法理解我们之所以在这里，仅仅是因为来自天外的撞击发生得适时以及其他无意中的侥幸事件。我们与其他生物只有一个共同点，那就是，在将近 40 亿年时间里，在每个必要的时刻，我们的祖先成功地从一系列快要关上的门里钻了进去。史蒂芬·杰·古尔德有句名言，简要地表达了这个意思：“今天人类之所以存在，是因为我们特定的家族从来没有中断过——在 10 亿个有可能把我们从历史上抹掉的关键时刻一次也没有中断过。”

我们在本章开头部分提出了三点：生命想存在；生命并不总是想大有作为；生命不时灭绝。我们也许可以再加上一点：生命在延续。我们将会看到，生命往往以极其令人吃惊的方式延续着。

第二十三章

丰富多彩的生命

在伦敦自然博物馆的很多地方，在灯光昏暗的走廊里，在陈列矿物和鸵鸟蛋以及一个多世纪的其他生产性杂物的玻璃柜之间，幽深之处有几扇秘密的门——说秘密，至少是在这样的意义上：那里没有什么值得引起参观者注意的地方。偶尔你会看到一个人从一扇门里走出来，一副想着什么事的样子，乱蓬蓬的头发，看上去像个学者。他脚步匆匆地顺着走廊走去，很可能消失在前面另一扇门里。但是，这种事情是很少发生的。在大多数情况下，那些门一直关着，看不出里面还有一个相似的——同样庞大的，在许多方面比公众知道和热衷的那个博物馆还要精彩的自然博物馆。

自然博物馆里存放着大约 7 000 万件物品，涵盖生命的每个范畴，这颗行星的每个角落。每年这里还会增添 10 万件左右藏品。但是，实际上你只有亲眼看看，你才会感受到这是个什么样的宝库。在大柜小橱里，在设有一排排架子的长长的房间里，瓶子里浸泡着成千上万件动物标本，方方的卡纸本里别着几百万只昆虫，抽屉里塞满了亮闪闪的软体动物、恐龙骨头、早期人类的颅骨，

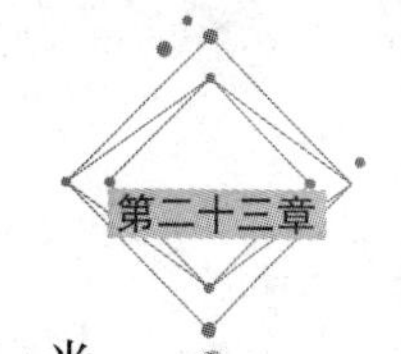

以及无数被夹子压得很平整的植物。你简直有点儿像在漫游达尔文的大脑。光贮藏室里就有 20 多公里长的架子，上面放着一罐接一罐的动物，保存在甲基化酒精里。

这里放着约瑟夫·班克斯在澳大利亚采集的标本，亚历山大·冯·洪堡在亚马孙河流域采集的标本，以及达尔文乘“贝格尔号”船远航时采集的标本——还有其他大量标本，不是非常稀有的，就是具有重要历史意义的，或者二者兼有。许多人会喜欢伸出手去摸一摸，有的还真的这么做了。1954 年，博物馆从一位名叫理查德·迈纳茨哈根的热心收藏家那里获得了一批出色的鸟类标本。迈纳茨哈根是《阿拉伯半岛的鸟类》的作者，还写过许多别的学术著作。在许多年里，他一直是博物馆的一名忠实的参观者，为了写自己的书和专著差不多每天都来做笔记。箱子到达以后，管理人员连忙撬开来看看里面是什么东西，说得婉转点儿也是吃惊地发现，大批标本上贴着博物馆自己的标签。原来，迈纳茨哈根多年来一直在为他们“收藏”标本。这就解释了为什么他有穿大衣的习惯，即使在暖和的天气里。

几年以后，软体动物部门的一位可爱的老常客——人家告诉我，他“还是一位挺杰出的绅士”——在把价值连城的海贝壳塞进他的齐默助行架的空心腿里时，被当场发现。

“我认为，总是有人对这里的东西垂涎三尺。”理查德·福泰一面领着我参观博物馆的不对外开放部分，一面若有所思地说。我们漫步穿过一个又一个部门，只见人们坐在大桌子跟前，仔细研究着节肢动物、棕榈叶子和成箱的发了黄的骨头。到处可见人们在不慌不忙地从事一个宏大的事业，这个事业是永远也完不成的，因此没有必要匆匆忙忙。1967 年，博物馆发表了一份关于约翰·默里探险的报告，那是一次对印度洋的考察，这时候距离探险结束已经 44 年。在那个天地里，人们是以自己的速度来办事的，包括福泰和我乘坐的那部小小的电梯。电梯里有个学者模样的老头儿。电梯以大约沉积物下落的速度慢腾腾地往上移动，福泰和老头儿亲切地聊开了天。

那个人走了以后，福泰对我说：“他是个很可爱的家伙，名叫诺曼，42 年来一直在研究一种名叫金丝桃的植物。他于 1989 年退休，但仍然每个星期都过来。”

“怎么研究一种植物要花 42 年？”我问。

“有点儿不可思议，对吗？”福泰表示赞同，他想了片刻，“他显然研究得很透彻。”电梯门开了，只见面前是一个用砖头砌成的出口，福泰显得有点不

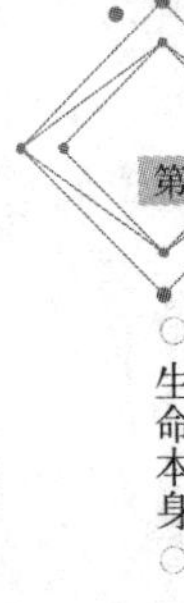

知所措。“这就怪了，”他说，“过去这儿是植物部。”他按了按电钮再上一层楼。我们爬上后楼梯，小心翼翼地穿过几个别的部，只见研究人员在不辞辛劳地研究曾经有过生命的物品，终于找到了通往植物部的路。于是，我被介绍给莱恩·埃利斯，以及那个静悄悄的苔藓世界。

当爱默生富有诗意地谈到苔藓喜欢生长在树木的北侧的时候（“在漆黑的夜晚，树干上的苔藓就是北极星”），他指的其实是地衣，因为苔藓和地衣在 19 世纪是不分的。真正的苔藓实际上对生长的地方并不挑剔，因此它们不能充当天然的指北针。实际上，苔藓什么也充当不了。“也许没有哪一大群植物像苔藓那样几乎毫无用处，无论在商业上还是在经济上。”亨利·S. 科纳德写道。这话是在《怎么识别苔藓和叶苔》一书中说的，里面不无心酸的味道。该书于 1956 年出版，现在许多图书馆的书架上仍找得到，几乎是试图普及这个课题的唯一作品。

然而，苔藓是一种繁殖力很强的植物。即使不算地衣，苔藓仍是个兴旺的王国，大约有 700 个属，1 万多个种。A.J.E. 史密斯写的那本厚厚的《英国和爱尔兰的苔藓群》长达 700 页，但英国和爱尔兰绝不是突出的苔藓之乡。“到了热带你才会知道苔藓之繁多。”莱恩·埃利斯对我说。他身材瘦高，是个文静的人，在自然博物馆已经干了27年，从1990年以来一直担任这个部门的主任。“要是你去比如马来西亚的雨林，你很容易发现新的物种。不久以前我自己也去过。我往下一看，就看到一个从来没有记录的物种。”

“因此，我们不知道还有多少个物种没有被发现？”

“哦，没错。大家都没谱儿。”

你或许会认为，世界上不会有多少人愿意花毕生的心血来研究那个不起眼儿的东西，但实际上研究苔藓的有好几百人，他们对自己的课题怀有强烈的感情。“哦，是的，”埃利斯对我说，“会议往往开得还很活跃。”

我请他举个有争议的例子。

“哎呀，这儿就有一个，是你的一位同胞挑起来的。”他微微一笑，翻开一本厚重的参考书，里面包含几幅苔藓的插图。在外行人看来，这些苔藓最醒目的特点是彼此看上去都差不多。“那个，”他指了指一种苔藓说，“它们原本是一个属，镰刀藓属。现在重新分成了三个属：镰刀藓属、范氏藓属和 *Hamatacoulis*。”

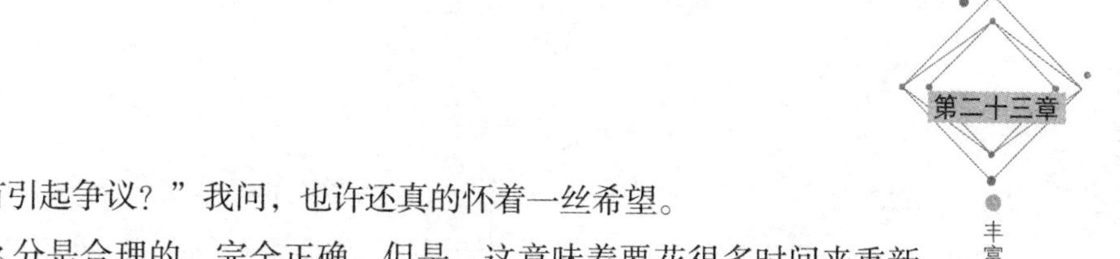

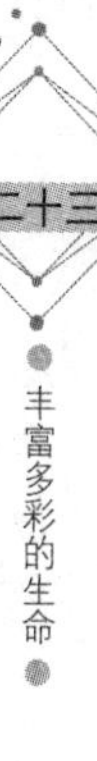

“这有没有引起争议？”我问，也许还真的怀着一丝希望。

“呃，这么分是合理的，完全正确。但是，这意味着要花很多时间来重新整理收藏品，所有相关的书也都将过时，因此大家有一点牢骚，你知道的。”

他对我说，苔藓也有好多谜。有个著名的例子——反正对于研究苔藓的人来说是很著名的——有一种离群索居的苔藓，名叫斯坦福湿地藓，是在加利福尼亚州的斯坦福大学校园里发现的，后来又发现它生长在英国康沃尔半岛的一条小路边，但在中间的哪儿也没有遇到过。它怎么会存在于天各一方的两个地方，这是个谜。“现在，它被称为斯坦福棕色藓。”埃利斯说，“又是一次修正。”

我们若有所思地点了点头。

要是发现了一种新的苔藓，就要把它和所有别的苔藓进行比较，看看是不是已经有过记录。接着，你就要写出正确的描述，准备好插图，把结果刊登在体面的杂志上。对于苔藓分类学来说，20 世纪算不上是个丰收时代。该世纪的许多工夫都花在清理 19 世纪留下的混乱和重复的摊子上。

那是个采集苔藓的黄金时代。（你也许还记得，查尔斯·莱尔的父亲就是个研究苔藓的大人物。）有个名叫乔治·亨特的英国人孜孜不倦地寻找英国的苔藓，他很可能对几种苔藓的灭绝负有部分责任。但是，多亏了这样的努力，莱恩·埃利斯的收藏品才成为世界上最全的收藏品之一。他总共有 78 万件标本，压在又大又厚的纸本里。有的非常古老，维多利亚时代的人在上面蛛丝般地写满了说明，就我们所知，有些可能是罗伯特·布朗的手迹。布朗是维多利亚时代伟大的植物学家，曾揭示布朗运动和细胞核。他创建了该博物馆的植物部，并在最初的 31 年里主持这个部门，直到他 1858 年去世。所有的标本都保存在油光光的旧红木柜子里。这些柜子非常精美，我发了几句感慨。

“哦，那是约瑟夫·班克斯爵士的东西，是从他在索荷广场的家里搬来的。”埃利斯漫不经心地说，仿佛是在鉴定刚从宜家家居买来的家具，“他做这些柜子是为了存放从‘奋进号’航行中搜集来的标本。”他若有所思地打量着那些柜子，好像是很长时间以来第一次看到。“我不知道我们最后怎么在苔藓学领域跟它们打上了交道。”他接着说。

这句话里包含着丰富的历史内容。约瑟夫·班克斯是英国最伟大的植物学家，“奋进号”航行——1769 年库克船长绘制金星凌日图、宣布澳大利亚为皇家殖民地的那次航行——是历史上最伟大的植物探险。班克斯支付了 1 万英镑，相当于今天的 100 万美元，带着另外 9 个人——1 名博物学家、1 名秘书、3 名

美术家和4名仆人——加入了这次为期3年的环球探险活动。天知道性格粗率的库克船长是怎么和这帮子文绉绉的、娇生惯养的人相处的，但他似乎非常喜欢班克斯，禁不住钦佩他在植物学方面的才能——后辈们也怀有同样的感情。

没有哪个植物考察小组取得过那么大的成就，过去没有，此后也没有。这在一定程度上是因为这次航行将许多不大知名的新地方——火地岛、塔希提岛、新西兰、澳大利亚、新几内亚——占为殖民地，但更主要的是因为班克斯是个敏锐和天才的采集家。即使由于检疫规定而未能在里约热内卢上岸，他还是为船上的牲口偷偷弄来一包饲料，做出了新的发现。似乎什么也逃不过他的目光。他总共带回来3万件植物标本，包括1 400件以前没有见过的——将使世界上已知的植物总数增加大约四分之一。

但是，在一个对知识的渴求几乎到了荒唐程度的时代，班克斯的巨大收获只是总收获的组成部分。采集植物在18世纪成了一种国际性的狂热。荣誉和财富都在等着能发现新物种的人。植物学家和冒险家们竭尽全力来满足世人对新奇植物的渴求，达到了令人难以置信的地步。托马斯·纳托尔，即那个以卡斯帕·威斯塔的名字来命名紫藤的人，来到美国的时候还是个未受过教育的印刷工，但他发现自己对植物很感兴趣，徒步来回穿越半个美国，采集到了几百种以前没有见过的植物。约翰·弗雷泽——福莱氏冷杉就是以他的名字命名的——花了几年时间在荒野里为叶卡捷琳娜女皇采集标本，最后发现俄罗斯已经换了新沙皇。新沙皇认为弗雷泽是在发疯，拒绝兑现他的合同。弗雷泽把全部东西带回切尔西，在那里办了个苗圃，向英国乡绅们出售杜鹃花、木兰、爬山虎、紫菀，以及其他来自殖民地的奇花异草，令他们欣喜万分，他自己也挣了不少钱。

只要有合适的发现，就能挣到大钱。业余植物学家约翰·莱昂花了艰苦而又危险的两年时间采集标本，收到了相当于今天20万美元的回报。然而，许多干这种事的人完全是出于对植物学的热爱。纳托尔把自己找到的大部分标本赠给了利物浦植物园。最后，他成为哈佛植物园的主任，百科全书般的《北美植物志》的作者（这本书不仅是他写的，而且大部分还是他排字的）。

那还只是植物部分。还有新世界的全部动物群——袋鼠呀，鹬鸵呀，浣熊呀，红猫呀，蚊子呀，还有别的难以想象的奇特东西。地球上的生命量似乎是永无尽头的，正如乔纳森·斯威夫特在一首著名的诗里指出的：

> 所以，博物学家注意到，一个跳蚤

捕食较小的跳蚤；

较小的跳蚤还有更小的跳蚤可以咬。

哪是尽头谁知晓。

所有这些新的信息都需要归档、整理并与已知的信息进行比较。世界迫切需要一个可行的分类体系。幸亏瑞典已有人准备妥当。

他的名字叫卡尔·林奈（后来经过允许又改名为更有贵族味的冯·林奈），但现在人们只记得他已经拉丁化的名字 Carolus Linnaeus。他生于瑞典南部的拉舒尔特村，父亲是个贫穷而又雄心勃勃的路德教助理牧师。他在学业上很懒惰，因此他的父亲又气又恼，把他送到（据有的说法，是差一点把他送到）补鞋匠那里去当学徒。想到自己一辈子要往皮子里敲钉子，小林奈不寒而栗，恳求再给他一次机会。他的要求得到满足。此后，他坚持要在学术上做出成绩。他在瑞典和荷兰攻读医学，然而他渐渐对大自然产生了兴趣。18 世纪 30 年代，他用自己制定的体系，开始为世界上植物和动物的物种编制目录，从此声名鹊起。

很少有人像他那样心安理得地对待自己的名气。他花了很多业余时间来调色和美化自己的肖像，宣称从来没有出过“一个更伟大的植物学家或动物学家”，他的分类体系是“科学领域最伟大的成就”。他还谦虚地提出，他的墓碑上应当写上“植物王子”的墓志铭。对他充满溢美之词的自我评估提出质疑绝对不是一件明智的事。这么做的人往往发现自己的名字被用来命名野草。

林奈的另一个鲜明特点是他持久不变地——有时候可以说是狂热地——对性感兴趣。某些双壳类动物和女性外阴的相似性给他留下了尤其深刻的印象。有一种蛤蜊的一些部位他给起名为“外阴”“阴唇”“阴毛”“肛门”，以及“处女膜”。他按照生殖器官来对植物进行分类，把它们描述得会像人那样谈情说爱。他在描述花朵及其行为时，经常提到“乱交”“不能生育的情妇”和“新婚之床”。到了春天，他在一段后来经常被引用的话里写道：

爱情甚至来到植物中间。男男女女……举行婚礼……以性器官来显示谁是男的，谁是女的。花儿的叶子当作新婚之床，这一切造物主已经做了极好的安排，挂起了如此高雅的床幔，洒上各种各样淡雅的香水，新郎和他的新娘可以在那里更庄严地庆祝婚礼。一旦床铺这样准备停当，接着就到了新郎拥抱新娘，拜倒在她裙下的时候。

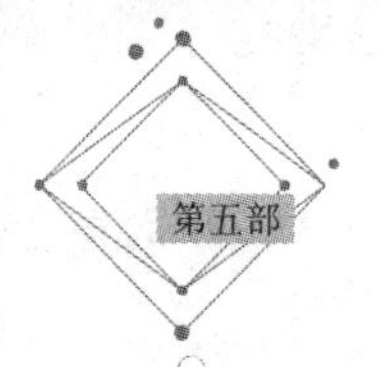

他把一种植物命名为“阴蒂”（即蝶豆属）。许多人认为他很古怪，这是不足为怪的。然而，他的分类体系极富魅力。在林奈之前，植物的名字过分重于描述，长得不可开交。一种普通的酸浆属植物被叫作 *Physalis amno ramosissime ramis angulosis glabris foliis dentoserratis*。林奈把它缩短为 *Physalis angulata*（灯笼草）。这个名字现在依然沿用。由于名称不一，植物界简直一片混乱。一位植物学家不知道 *Rosa sylvestris alba cum rubore*，*folio glabro* 是不是就是指别的植物学家称之为 *Rosa sylvestris inodora seu canina* 的同一种植物。林奈干脆把它叫作 *Rosa canina*（狗蔷薇），从而解决了这个难题。这样大刀阔斧地缩短植物名称，使这些名称更易于使用并为大家接受。这需要的不仅是果断，还需要一种本能——实际上是一种天分，能够发现一个物种的显著特点。

林奈分类系统的地位已经牢固确立，我们很难想象还能有别的体系来取而代之。而在林奈之前，分类体系是极其随意的。动物的分类标准可以是野生的还是家养的，陆生的还是水生的，大的还是小的，甚至还按是漂亮、高贵还是平凡无奇来分类。布丰根据动物对人的用途大小来进行分类，几乎不考虑解剖学上的特点。林奈按照生理特征来进行分类，把纠正上述不足作为自己毕生的事业。分类学——分类的科学——再也没有走回头路。

这一切当然都要花时间。他的大作《自然体系》在 1735 年的第一版只有 14 页。但是，它越来越长，越来越长，到了第 12 版——林奈活着见到的最后一版——已经扩展到 3 卷，长达 2 300 页。最后，他命名或记录了大约 13 000 种植物和动物。虽然别的著作覆盖面还要更广泛——约翰 · 雷在一代人以前完成的 3 卷本英格兰的《植物通史》仅植物就包括了不少于 18 625 种——但是，林奈有着无可比拟之处：连贯、有序、简洁、及时。虽然他的作品早在 18 世纪 30 年代已经问世，但到 18 世纪 60 年代才在英格兰闻名遐迩，使林奈在英国博物学家的眼里成为元老级的人物。别处都没有那样热情高涨地采用他的体系（这就是林奈学会设在伦敦而不是设在斯德哥尔摩的原因之一）。

林奈不是完美无瑕的。他轻信水手和其他想象力丰富的旅行家的描述，在作品里记录了怪兽和“怪人”。其中有一种野人以四肢走路，还没有掌握语言艺术，是“一种长着尾巴的人类”。但是，我们不该忘记，当时是个很容易受骗上当的时代。18 世纪末，接连传说有人在苏格兰沿海看到了美人鱼，连大人物约瑟夫 · 班克斯也对此很感兴趣，深信不疑。不过，总的来说，林奈的差错被他那健全而往往又英明的分类方法抵消了。他取得了许多别的成就。其中，他认为鲸与牛、鼠和其他普通的陆生动物同属四足哺乳动物这个目（后来又改名为哺乳动物）。这是以前没有人做过的。

开头的时候，林奈打算以一个属名和一个数字来记录每一种植物——如旋花 1 号、旋花 2 号等等，但很快发现这种办法不大令人满意，接着又想出了以双名来分类的办法。直到今天，双名分类法仍是该体系的核心。他本打算把双名体系用于自然界中的一切，如岩石、矿物质、疾病、风等等。然而，不是人人都热情地拥护这种体系。许多人因为这个体系常见的粗俗而感到不安。这有点儿讽刺意味，因为在林奈之前，许多植物和动物的俗名也是很低级的。蒲公英被认为具有利尿作用，因此在很长时间里被人们称作“尿壶”。常用的名称还有母马屁、裸体女人、抽动的睾丸、猎狗尿、光屁股和大便巾。一两个这类粗俗的名称也许无意中还保留在英语里。比如，少女之发苔藓（蕨叶凤尾藓）中的“少女之发”并不是指少女头上的头发。总之，长期以来人们觉得，自然科学里有的名称应当以传统的方式来重新命名，使之更加严肃。因此，当他们发现那位自封的植物王子竟然在他的作品里不时插入阴蒂属、性交属和外阴属这类名称时，不免觉得有点儿不快。

此后的年月里，许多这类名称渐渐被弃之不用（虽然不是全部，例如普通的笠贝在正式场合仍被称作性交履螺属），为了满足自然科学越来越专门化的需要，又引入了许多别的高雅名称。尤其是，那个体系又渐渐采纳了一批等级名称作为基本架构。“属”和“种”，博物学家们在林奈之前已经使用了 100 多年；在 18 世纪 50—60 年代，生物学意义上的“目”、“纲”和“科”开始使用；而“门”是 1876 年才（由德国人恩斯特·海克尔）创造出来的；直到 20 世纪初，“科”和“目”一直被认为可以替换使用。植物学家使用“目”的地方，动物学家一度使用“科”，有时候把大家搞得很糊涂。①

林奈曾把动物界分为六类：哺乳动物类、爬行动物类、鸟类、鱼类、昆虫类和蠕虫类，凡是不能放在前五类的都放在第六类。从一开始就很明显，把龙虾和小虾都放在蠕虫类难以令人满意，于是就创建了许多新的种类，如软体动

① 比如，人类属于真核域，动物界，脊索动物门，节肢动物亚门，哺乳动物纲，灵长动物目，人科，人属，智人种。有的分类学家还要细分：族、亚目、小目和下目。

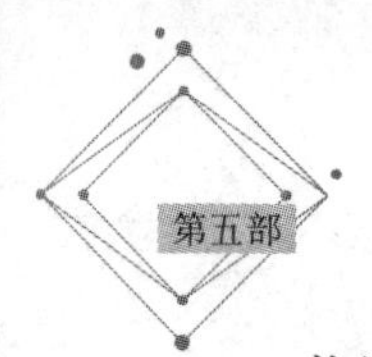

物类和甲壳动物类。不幸的是，这种新的分类在各国用得很不统一。为了重新统一步调，英国人于1842年宣布了一套新的规则，叫作斯特里克兰法则，但法国人把这看成是专横独断，动物学会马上予以反击，提出了自己的与之相矛盾的法则。与此同时，美国鸟类学会决定把1758年版的而不是别处使用的1766年版的《自然体系》作为所有命名的基础，原因不明。这意味着，在19世纪，许多美国鸟儿被归于与它们的欧洲兄弟鸟儿不同的属。直到1902年，在国际动物学代表大会的一次会议上，博物学家们才终于开始显示出妥协精神，采用了统一的法则。

分类学有时候被描述成一门科学，有时候被描述成一种艺术，但实际上那是一个战场。即使到了今天，那个体系比许多人认为的还要混乱。以描述生物基本结构的门的划分为例，有几个门是大家都很熟悉的，如软体动物（包括蛤蜊和蜗牛）、节肢动物（包括昆虫和甲壳虫）和脊索动物（包括我们以及所有有脊骨或原始脊骨的动物）；除此以外，情况很快变得越来越模糊。在模糊不清的门当中，我们可以列举颌胃门（海洋蠕虫）、刺胞亚门（水母、水螅水母和珊瑚）和锯棘门（或称小小的“阴茎蠕虫”）。不管熟悉不熟悉，这些都是基本的门类。然而，令人吃惊的是，在关于有多少门或该有多少门的问题上，人们的看法大相径庭。许多生物学家坚持认为总数大约是30个门，但有的认为20来个门比较合适，而爱德华·威尔逊在《生命的多样性》一书里提出的数字高达令人吃惊的89门。这取决于你以什么立场来进行分类——即生物学界人士所说的，取决于你究竟是个“聚合分类学家”还是个“分离分类学家”。

在更一般的层面上，对物种叫法不一的可能性更大。一种山羊草究竟应该被叫作*Aegilops incurva*，*Aegilops incurvata*还是*Aegilops ovata*，也许不是个大问题，不会激起许多非植物学家的热情，但在有关人士当中可以引发非常激烈的争辩。问题在于，世界上总共有5 000种草，其中许多连懂草的人看起来也极其相像。结果，有几种至少被发现和命名了20次，几乎没有哪种草不是被独立发现至少两次的。两卷本的《美国草志》用了密密麻麻的200页来清理所有的同义词，都是植物学界漫不经心地经常使用的重复名称。那还仅仅是一个国家的草类。

为了解决全球范围的差异，一个名叫国际植物分类学协会的组织对次序和重复的问题做出了裁决。它不时下达命令，宣布从今以后加州倒挂金钟（一种普通的假山庭园植物）要被称作柳叶菜，丽丝藻属的一种藻类*Aglaothamnion*

tenuissimum 现在可以被视为 *Aglaothamnion byssoides* 而不是 *Aglaothamnion pseudobyssoides* 的同一种类。在通常情况下，这些都是把植物归拢归拢的小问题，不会引起多少注意。但是，要是他们触犯了人们心爱的庭园植物，就不可避免地会引发一片愤怒的尖叫声。20 世纪 80 年代末，普通的菊花（根据表面看来是合理的原则）被逐出了同名的属，归到了不大有意思的一个属：*Dendranthema*。

种植菊花的可是一批自尊心很强的人，而且人数很多。他们向种子植物委员会提出抗议。这个委员会听上去很别扭，但实际上是存在的（别的还包括蕨类植物委员会、苔藓植物委员会和真菌委员会，都对所谓的“总报告人”执行官负责；这样的机构真是值得爱惜）。虽然关于命名的一些规定应该严格遵守，但植物学家们对情绪不是无动于衷，于是在 1995 年撤销了那个决定。出于类似考虑，碧冬茄属、卫矛属植物，以及一种常见的朱顶兰属没有遭受降格的命运。但是，许多老鹳草属植物不在其列，几年以前，那些植物在一片抗议声中被转到了天竺葵属。这些争论在查尔斯·埃利奥特的《盆栽棚文献》一书中都得到了有趣的描述。

同样的争吵，同样的重新分类，也发生在所有别的生物领域，因此要得出个总数完全不是你想象的那么容易。结果，究竟有多少东西生活在我们这颗行星上，我们心里没数——用爱德华·O. 威尔逊的话来说，“连个最接近的大概数字”都不知道。这是个非常令人吃惊的事实。据估计，这个数字从 300 万到 2 亿都有可能。更加不可思议的是，据《经济学人》杂志的一篇报道说，世界上多达 97% 的植物和动物物种尚待发现。

在已知的生物中，100 种当中有 99 种以上只有一个简单的描述——“一个科学名称，博物馆里的几个样品，科学杂志上的零星说明。”威尔逊是这样描述我们的知识状态的。在《生命的多样性》一书中，他估计已知的各类物种——植物、昆虫、微生物、藻类以及其他一切——为 140 万种，但接着说那只是一个推测。别的权威认为已知的物种数量要稍稍多一点儿，大约在 150 万—180 万种不等，但这些东西没有集中记录的地方，因此无法去哪里核对数字。总之，我们实际上不知道我们实际上知道些什么。这就是我们目前的状态，真是匪夷所思。

原则上，我们可以去找一找每个专门领域的专家，问一问他们的领域里有多少个物种，然后加起来得出个总数。许多人实际上也那么做了。问题在于，

任何两人得出的总数很难彼此吻合。有的得出的已知的真菌有7万种，有的得出的是10万种——相差近50%。你可以找到很有把握的断言称已被描述过的蚯蚓是4 000种，也可以找到同样很有把握的断言说是1.2万种。就昆虫而言，数量在75万—95万种不等。你知道，这些是推测而来的物种数量。至于植物，公认的数量在24.8万—26.5万种之间。这个误差看起来不算很大，但却是整个北美有花植物数量的20倍以上。

把东西整理得有条不紊并非易事。20世纪60年代初，澳大利亚国立大学的科林·格罗夫斯开始系统研究250多种已知的灵长目动物。结果发现，同一种动物往往被描述了两次以上——有时候是七次，而那位发现者还不知道自己正在研究的动物在科学界早已为人所知。格罗夫斯花了40年时间才把这一切整理出来，那还是个比较小的群的动物，而且容易区分，总的来说也没有争议。要是有人试图对这颗行星上的大约2万种地衣、5万多种软体动物或40万种以上甲虫做类似的工作，天知道会有什么结果。

有一点是肯定的，世界上存在着大量生命，虽然实际数量只能根据推断——有时候是漫无边际的推断——来进行估计。20世纪80年代，在一次著名的实验当中，史密森研究院的特里·欧文在巴拿马雨林里用杀虫剂喷洒了19棵树，然后捡起从树上掉进他网里的一切东西。在他的捕获品之中（实际上是几次捕获品，因为他按季节重复了这个实验，以确保逮住迁移的物种），有1 200种甲虫。根据别处甲虫的分布情况、森林里别的树生物种的数量、世界上森林的数量、别的昆虫的种数等等变量，他估计整个地球上有3 000万种昆虫——他后来说，这个数字还很保守。别人利用同样的或类似的数据得出的昆虫数量是1 300万种、8 000万种或1亿种。这清楚地说明，无论多么仔细地得出一个结论，这些数字少说也是推测和科学参半的结果。这是必然的。

据《华尔街日报》说，世界上"大约有1万名活跃的分类学家"——考虑到有那么多的东西需要做记录，这个数目不算大。但是，该报接着又说，由于成本（大约每个物种2 000美元）和文字工作的原因，每年只有大约1.5万个各个类型的新物种登记入册。

"目前面临的不是生物多样性危机，而是分类学家危机！"柯恩·梅斯大声疾呼。梅斯生于比利时，目前是内罗毕肯尼亚国家博物馆脊椎动物部的主任。2002年秋，我在访问那个国家时与他见过一面。他对我说，整个非洲没有专门的分类学家。"象牙海岸过去有一个，但我认为他已经退休了。"他又说。培养一名分类学家要花 8—10 年时间，而在非洲没有接班人。"他们是真正的化石。"梅斯接着说。他说，他自己到年底也要走了。他在肯尼亚待了 7 年，不会再续签合同。"没有资金。"梅斯解释道。

英国植物学家 G.H. 戈弗雷不久前在为《自然》杂志写的一篇文章里指出，各处的分类学家都常常"缺少地位和资源"。结果，"不知名的出版物里对许多物种的描述都很蹩脚，没有人会努力把一个新的分类单元[①]与现存的物种和分类联系起来"。而且，分类学家的许多时间不是用于描述新的物种，而是完全用于整理旧的物种。据戈弗雷说，许多人"把大部分职业生涯用来解释 19 世纪分类学家的成就：拆析他们已经发表的、往往是很不充分的描述，或者跑世界上的博物馆寻找资料，而那些资料又往往处于很糟糕的状态"。戈弗雷尤其强调对使用互联网来分类的可能性不够重视。实际情况是，总的来说，分类学仍按老一套停留在纸上。

为了使事情跟上时代，《连线》杂志两位主办人之一凯文·凯利于 2001 年发起成立一个组织，名叫"所有物种基金会"，旨在发现每一种生物并把它记录在数据库里。据估计，每个地方这么搞一下的费用从 20 亿美元到高达 500 亿美元不等。到 2002 年春，这个基金会只有 120 万美元资金，4 名全职人员。

这些数字表明，要是有 1 000 万种昆虫尚待发现，若发现的速度还是停留在现在的水平，要确切搞清全部昆虫的种类就需要 15 000 多年。要搞清动物界的其他部分则需要更长的时间。

那么，我们为什么只掌握了那么一点儿情况呢？原因差不多与有待清点的动物数量一样多，下面列出几个主要原因。

大多数生物很小，容易被忽略。实际上，这不总是一件坏事。要是你知道你的床垫是大约 200 万个只有在显微镜下才看得见的螨虫的家园，它们在凌晨一两点钟钻出来，一小口一小口地喝着你的皮脂，美美地吃着你在打盹儿或翻身时掉下来的又香又脆的皮屑，你也许不会睡得那么香。光你的枕头上就可能生活着 4 万个只有在显微镜下才看得见的螨虫。（对于它们来说，你的头只是一块油汪汪的大软糖。）别以为换了个干净枕套会起什么作用，在床上螨虫大小的

---

① 动物学表示一类的正式用词，如门或属。

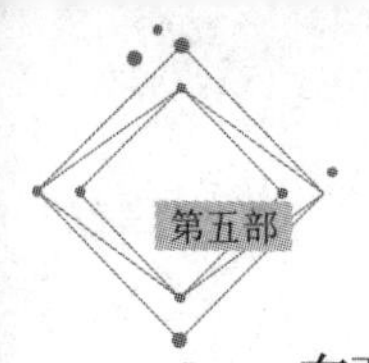

东西看来，人类织得再紧密的物品看上去也只是像船上的索具。实际上，要是你的枕头已经用了6年——这显然大约是一个枕头的平均寿命——据估计，用一位计算过的人，英国医学昆虫学中心的约翰·蒙德博士的话来说，它十分之一的分量来自“脱下来的皮屑、活的螨虫、死的螨虫和螨虫的屎”。（但是，至少它们是你身上的螨虫。想象一下，每次你爬上一家旅馆的床铺，你会跟什么依偎而睡。）[①]这些螨虫自古以来就和我们在一起，但是直到1965年才被发现。

要是直到彩色电视时代我们才注意到像床里的螨虫这样的与我们关系密切的动物，那么我们对大多数别的小生物几乎不了解就不足为怪了。要是你走进森林——任何森林——俯下身去抓起一把土，你就会抓起100亿个细菌，其中大多数是科学界不知道的。你的样品里还会有大约100万个胖乎乎的酵母菌，大约20万个毛茸茸的名叫霉菌的小真菌，大约1万个原生动物（其中最熟悉的是变形虫），以及总称潜隐体的各种轮虫、扁虫、线虫和其他微生物。其中很大的一部分也还不甚清楚。

最全面的微生物手册《伯吉氏系统化细菌学手册》列出了大约4 000种细菌。20世纪80年代，在卑尔根，约斯泰因·戈克瑟尔和维格迪丝·托斯维克两位挪威科学家在实验室附近的山毛榉林里随意采集了1克泥土，仔细分析了里面的细菌含量。他们发现，这个小小的样品里就有4 000—5 000种不同的细菌，比《伯吉氏手册》里收录的全部数量还要多。接着，他们来到几公里外的海边，又抓起1克泥土，发现里面有4 000—5 000种别的细菌。正如爱德华·O.威尔逊说的：“要是9 000多种细菌存在于挪威两个不同地方的两撮土里，那么别的完全不同的地方又有多少种有待发现呢？”哎呀，据有人估计，很可能多达4亿种。

我们没有找对地方。在《生命的多样性》一书中，威尔逊描述了一位植物学家，花了几天时间在婆罗洲1万平方米的丛林里转了转，就发现了1 000种新的开花植物——比整个北美洲发现的还要多。那些植物不难发现，只是以前没有人去那里找过。肯尼亚国家博物馆的科恩·梅斯对我说，他去了一处云林——

---

① 实际上，我们有些卫生条件越来越差。蒙德博士认为，使用低温洗衣机洗涤剂的趋势，已经鼓励了虫子的繁殖。他指出：“要是在低温下洗脏衣服，你得到的是比较干净的虱子。”

肯尼亚的山顶森林是这么叫的，花了半个小时“不大仔细找”就发现了4种新的倍足纲节肢动物，其中3种代表新的属，以及一种新的树。“大树呀！”他接着说，伸出胳膊做了个样子，好像要跟个大块头舞伴跳舞似的。云林生长在高原顶部，有时候几百万年无人问津。“它们为生物提供了理想的气候，几乎没有人去研究过。”他说。

热带雨林总共只覆盖地球表面的大约6%，但是它们是一半以上的动物和大约三分之二的开花植物的生活场所——这部分生命绝大部分是我们所不了解的，因为极少有研究人员在它们身上花时间。这里特别要提一句，其中许多很可能非常宝贵。至少有99%的开花植物的药用特性从未得到测试。由于无法逃脱食草动物，植物不得不想出复杂的化学防御手段，因此尤其含有丰富的化合物。即使现在，差不多四分之一的处方药来自仅仅40种植物，还有16%来自动物或微生物，因此每砍伐1万平方米森林，失去重要的药用发展前景的风险就增加一分。化学家们使用一种名叫组合化学的方法，在实验室里一次可以产生出4万种化合物，但这些产品规格不一，没有多大用处，而自然界的每个分子都已经经过《经济学人》杂志所说的“最终的审查过程：35亿多年的进化”。

然而，寻找未知的东西不一定要去偏远的地方。在《生命：一部未经授权的传记》一书中，理查德·福泰指出，有一种古老的细菌是在一家乡村酒店的墙上发现的，“世世代代的男人都在那儿撒尿”——这一发现似乎包含几个因素：罕见的运气和专心，可能再加上某种别的不明确的因素。

专门人才不足。需要发现、研究和记录的东西实在太多，干这活儿的科学家供不应求。以名叫吸螨的那种生命力很强而又鲜为人知的微生物为例，那种微生物几乎可以在任何环境里生存。条件恶劣的时候，它们就缩成一团，关闭新陈代谢系统，等待好的年景。在这种状态下，你可以把它们扔进沸水里或把它们冷冻到接近绝对零度——连原子都受不了的程度。当这番折磨结束，把它们重新放到比较舒适的环境里的时候，它们马上舒展身子，继续活下去，仿佛什么事也没有发生。这种微生物迄今已经发现了500种（有的资料说是360种），但谁也不知道，一点儿也不知道，总共究竟有多少种。在过去几年里，几乎所有的已知种类都归功于一位热心的业余人员的努力。他是伦敦的一位办事员，名叫戴维·布赖斯，在业余时间研究吸螨。吸螨世界各地都有，但你可以请世界上所有的吸螨专家到家里吃饭，而用不着向邻居借盘子。

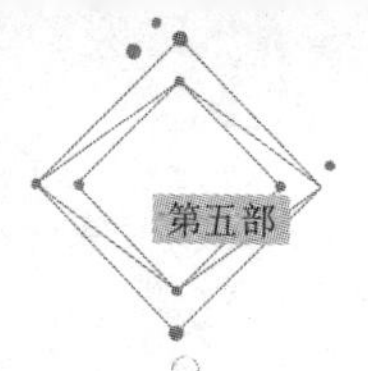

连真菌这样非常重要而又无处不在的生物（真菌是既非常重要又无处不在的），也没有引起多大重视。真菌无处不在，形式多样——略举几例，如蘑菇、霉菌、酵母、马勃。它们大量存在，这点我们大多数人都不会怀疑。要是你把 1 万平方米普通草地上的真菌全部集中在一起，你会有 2 800 千克的收获。它们不是不重要的生物。没有真菌，虽然没有了马铃薯枯萎病、荷兰榆树病、股癣和足癣，但也没有了酸奶、啤酒和奶酪。已经发现的真菌总共有 7 万种左右，但据说总数可能达到 180 万种。许多真菌学家效力于工业，制造奶酪、酸奶等等，因此很难说有多少人在积极从事研究，而有待发现的真菌品种肯定多于发现者的数量。

世界的确是个大地方。由于便捷的空中旅行和其他形式的交通工具，我们错误地认为世界其实不那么大，但在研究人员必须工作的地面上，世界其实很大——大得充满了新奇的东西。现在知道，长颈鹿活着的近亲㹢狓在扎伊尔的雨林里的数量很多——据估计，总数大约有 3 万只——然而，它的存在在 20 世纪之前连想也没有想到过。新西兰有一种不会飞的大鸟，名叫短翅水鸡，被认为已经在 200 年前灭绝，接着发现它们生活在该国南岛的荒山野岭。1995 年，一个法国和英国科学家考察队在西藏一个偏僻的山谷里迷了路，偶尔碰上了一种新的马，名叫类乌齐马（Riwoche），这种马以前只是从史前的山洞壁画上看到过。那个山谷的居民吃惊地获悉，那种马在外面的世界被认为是一种珍品。

有人认为，更令人吃惊的事还在等着我们。“一位著名的英国民族生物学家认为，”《经济学人》杂志 1995 年写道，“有一种高如长颈鹿的大地懒，有可能出没在亚马孙河流域僻静的丛林里。”也许有意思的是，杂志没有提到该民族生物学家的名字；也许更有意思的是，此后再也没有他的音信，也再也没有那种大地懒的音信。然而，在调查过每一片林中空地之前，谁也不敢肯定地说那里没有这种动物，而我们距离实现那个目标还很遥远。

但是，即使我们培养出几千名野外考察工作者，把他们派到天涯海角，这可能还不够，因为凡是能有生命的地方都有生命。生命的丰富程度是令人惊讶的，更是令人满意的，但也是问题众多的。若要统统考察一遍，你得翻转每一块岩石，过滤每一片森林地面上的垃圾，筛掉无数沙子和泥土，深入每一个丛林地带，想出有效得多的办法来调查海洋。即使那样，你还会漏掉整个生态体系。20 世纪 80 年代，业余洞穴探索者们钻进罗马尼亚一个已经跟外界隔绝很久

而又不知道多久的深洞，发现了33种昆虫和别的小动物——蜘蛛啦，蜈蚣啦，虱子啦——全都是瞎眼的，无色的，科学界不知道的。它们靠水塘浮渣里的微生物来维持生命，而那些微生物又以温泉里的硫化氢为食料。

我们也许会本能地认为，我们不可能发现世界上的一切，这是一件令人泄气的事，甚至是一件糟糕的事，但这同样可以被看成是一件极其激动人心的事。我们所生活的这颗行星，几乎有着给人无限惊喜的本事。哪个有理性的人不愿意这样呢?

在浏览现代科学支离破碎的学科的时候，最引人注目的几乎总是发现许多人愿意花费毕生的心血来探索最耗时间的冷门领域。史蒂芬·杰·古尔德在一篇散文中指出，一位名叫亨利·爱德华·克兰普顿的主人公花了50年时间，从1906年直到1956年去世，不声不响地研究波利尼西亚的一种名叫柄眼蜗牛的陆地蜗牛。年复一年，克兰普顿把数不清的柄眼蜗牛的螺层、弧度以及和缓的弯曲度一遍又一遍地测量到最精细的程度——到小数点后面8位——把结果编成了许多详细的表。克兰普顿表格里的一行字都可能代表几个星期的测量和计算。

虽然没有那么潜心，但更加出人意料的是，在20世纪40—50年代，艾尔弗雷德·C. 金西以研究人类的性活动名声大噪。可以说，在脑子里充满性问题之前，金西是一位昆虫学家，而且是一位执着的昆虫学家。在一次历时两年的探险活动中，他跋涉了4 000公里，采集了30万件黄蜂标本。在此过程中他被蜇过多少次，哎呀，没有记录下来。

令我感到费解的是，在这种冷门的领域，你怎么能确保有接班人。显而易见，需要或愿意支持藤壶专家或太平洋蜗牛专家的机构并不多。我们在伦敦自然博物馆分手的时候，我问理查德·福泰，当一个人离去的时候，科学界是怎么确保有人来接他的班的。

听了我的幼稚问题以后他纵情地咯咯一笑:“恐怕不像是有替补队员坐在板凳上等着被叫上场的情况。要是有一名专家退休或不幸去世，那个领域的工作有可能中断，有时候要中断很长时间。”

“我想，正是由于这个原因，要是有人花了42年时间来研究一种植物，即使没有出什么很新的成果，你们也会觉得很宝贵，对吗？”

“一点儿不错，”他说，“一点儿不错。”他说的确实好像是真话。

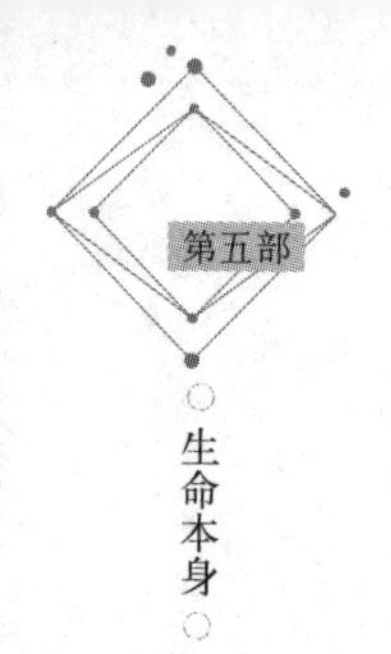

第二十四章
令人惊叹的细胞

生命开始于一个细胞。第一个细胞一分为二,二又分为四，以此类推，仅仅到第 47 次加倍以后，你就有了 1 亿亿，10 000 000 000 000 000 个细胞，并做好了最终形成一个人的准备。①从卵子受精的那一刻起，一直到你离开人世，为了维持和保护你，这些细胞中的每一个都完全知道自己的职责。

对于你的细胞来说，你无任何秘密可言，它们对于你的了解，远远超过你对自己的了解。每一个细胞都带有一整套基因密码——你身体的指令手册，因此它不仅知道怎样做自己的工作，而且对于你体内的其他任何一项工作，它都了如指掌。在你的一生中，你永远没有必要提醒任何一个细胞，要它随时注意其腺嘌呤核苷三磷酸盐的情况，或是找到存放不期然出现的多余叶酸的地方。

① 事实上，在你的一生中，有许多细胞中途离你而去，因此你身上的细胞数只是一种估计。根据资料来源的不同，这个数字可能相差好几个数量级。1 亿亿（或 10^{16}）这个数字取自马古利斯和萨根的《微观世界》。

它将会为你做这样的一些事，以及几百万件别的事。

每个细胞都是自然界的一个奇迹。即便是最简单的细胞，其构造的精巧程度也是人类的智慧永远无法企及的。举个例子，即便是制造一个基本的酵母细胞，你所需要的零部件就和一架波音777喷气式飞机的一样多，而且还必须在直径仅有5微米的球体内将它们组装起来，然后还得以某种方式驱使那个球体进行繁殖。

但是，与人体细胞比起来，无论其多样性还是复杂性，酵母细胞简直不值一提。然而，酵母细胞有着复杂的互动性，因此更有意思。

你的细胞是一个有着1亿亿个公民的国度，每一个公民都以某种特有的方式全心全意地为你的整体利益服务。它们为了你什么都干，它们让你感觉快乐，产生思想。它们使得你能够站立、伸懒腰和蹦蹦跳跳。当你吃东西的时候，它们摄取养分，供给能量，排除废物——干所有你在高中生物学中所了解到的事情，而且它们还不忘记先使你有一种饥饿感，并使你在就餐后产生舒适的感觉，以后就不会再忘记吃东西。它们使你的头发生长，耳朵产生耳垢，大脑悄无声息地运转。它们管理你身上的每一个角落：当你受到威胁时，它们会挺身而出保护你。它们会毫不犹豫地为你而献身——每天有多达数十亿个细胞在这么做，可是终其一生你从未向它们中的任何一个表达过谢意。因此，现在就让我们肃立片刻，向它们表示我们的敬佩与赞赏之意。

细胞怎样完成它们所做的一切——它们怎样储存脂肪，怎样制造胰岛素，怎样参与维持你这样复杂的实体所必需的其他活动，我们也许了解一点点——但仅仅是一点点。你的身体内活跃着至少20万种不同类型的蛋白质。可是到目前为止，我们对它们的了解不超过2%。有人将这一数字调高到50%左右。显然，这取决于你如何界定“了解”这个词的含义。

细胞世界所发生的令人惊讶的事总是层出不穷。在大自然中，一氧化二氮是一种极为可怕的有毒气体，它是造成空气污染的罪魁之一。20世纪80年代科学家们发现人类细胞中不断产生这种气体的时候，自然感到有点儿吃惊。一开始，科学家对它的作用感到很困惑，但接着就发现它无处不在——控制血液的流量和细胞的能量水平呀，对抗癌症及其他病原体呀，调节嗅觉呀，甚至帮助阴茎勃起。这也解释了为什么硝酸甘油，即人们所熟知的炸药，能够缓解心绞痛（它在血液中转换为一氧化二氮，使得血管内壁的肌肉放松，血液就可更顺畅地通过了）。在不到10年的时间里，这种气体从大自然中的一种外在毒素成

了人体内无处不在的灵丹妙药。

根据比利时生物化学家克里斯蒂安·德迪夫的统计，你拥有“约几百种”不同的细胞，它们的大小和形状有显著的不同：神经细胞呈线状，可以伸展到1米长；红细胞呈盘状；而帮助给我们视觉的光电细胞呈杆状。细胞的大小也差别很大——给人印象最深刻的莫过于怀孕的那一刻，一个不甘示弱的精子竟然迎向比它大85 000倍的卵子（这是男人征服欲的形象化表现）。不过，一个人体细胞的平均宽度不过20微米左右——也就是1毫米的大约2%，小到几乎看不见，但大得足以容纳数以千计的像线粒体这样的复杂结构，以及亿万个分子。从最基本的方面来说，细胞的活力也各不相同。你的皮肤细胞都是死的。想到自己身体表面的每一部分都是死的，你也许会感到有点屈辱。如果你是个中等个儿的成年人，你身上裹着大约2千克的死亡皮肤，其中每天都有几十亿的微小组织从你身上脱落。如果你将一根手指从布满灰尘的搁架上划过，那个痕迹在很大程度上是用你死去的皮肤划成的。

大多数细胞的存活时间很少超过一个月，但也有一些明显的例外，肝脏细胞可以存活几年，虽然它们的内部成分每隔几天就更新一次。大脑细胞和你的寿命一样长。从你出生起，你拥有大约1 000亿个细胞，这也就是你所能拥有的细胞数的最高值。据估计，你每小时大约丢失500个细胞。因此，要是你认真想一想的话，你真的是一刻光阴也不该浪费。令人欣慰的是，你脑细胞的组成部分总是在不断更新，因此，与肝脏细胞相类似，你的大脑细胞实际上只存活一个月左右。事实上，据认为，我们身上的任何一个部位——还不如说是一个迷途分子——都与9年前不同。这听起来似乎有些玄乎，但从细胞的层面上讲，我们都是年轻人。

最先描述细胞的是罗伯特·胡克，我们在前面提到过他。他为行星运行平方反比律的发现权和艾萨克·牛顿产生过争执。胡克活了68岁，一生中取得了许多成就——他不仅是一个颇有造诣的理论家，同时还是一位制作精密仪器的高手——但是使他赢得最大声誉的还是他完成于1665年的畅销书《显微图谱：或关于使用放大镜对微小实体做生理学描述》。他向心驰神往的公众展示了一个微观世界，在这个世界中，其纷繁复杂的多样性，熙熙攘攘的热闹程度，巧妙绝伦的结构方式，都远远超出了此前任何人的想象。

胡克最先发现了许多微观情景，其中有植物身上的小空洞。他给这些空洞取了一个名字——“细胞”，因为它们使他联想起修道士的单人小室。胡克计算出1平方厘米软木片大约包含195 255 750个这样的小空洞——如此巨大的数字在科学领域还是第一次出现。显微镜的发明到这个时候已经有一代人左右的时间，但不同的是，胡克的显微镜达到了高超的水平。它们可以放大30倍，在17世纪的光学技术中鹤立鸡群。

因此，仅仅10年以后，当胡克和伦敦皇家学会的其他成员收到由荷兰代尔夫特一个布料商寄来的用275倍率显微镜观察所得的图像和报告时，他们不免感到有些吃惊。这个布料商名叫安东尼·范·列文虎克。尽管他几乎没有受过正规教育，也无任何科学背景，但却是一个敏锐的专心致志的观察者和技术天才。

直到今天，我们也不知道他是怎样通过简陋的手工装置制造出如此高倍率的显微镜的。它无非就是将一小块玻璃嵌入木榫而成。他的显微镜更像是放大镜，而不像我们大多数人认为的显微镜，但其实二者都不大像。列文虎克每做一个实验都要制作一件新的仪器。可是，对于自己的技术，他却总是守口如瓶，不过他倒是就怎样提高分辨率而向英国人透露过情况。[①]

在长达50年的时间里——不可思议的是，从他40多岁后才开始——他向皇家学会提交了近200份报告，全都用低地荷兰语写成，他只会这种语言。列文虎克罗列了他所发现的一些事实，并配以一些精美的绘图，却没有任何解释和说明。他所提交的报告几乎包括了所有可以用于检测的事物——面包霉、蜜蜂螫针、血细胞、牙齿、头发，他自己的唾液、精液甚至大便，提及后面两样时，他还说了为它们的恶臭表示歉意的话——所有这些以前几乎都没有用显微镜观察过。

1676年，列文虎克在一份报告中声称，他在一份胡椒水试剂中发现了“微生动物”。皇家学会动用了英国所能生产的一切先进设备来寻找这种“小动物”，

---

① 列文虎克是另一位代尔夫特名人，著名画家简·弗美尔的密友。弗美尔一直是个有些才干，但不怎么出色的画家。17世纪60年代中期，突然之间，他精通了一种光线和透视技法，从此声名远扬。尽管未经证实，但是很长一段时间以来人们怀疑他使用了一个暗箱，即一种通过透镜将图像投射到平面上的装置。弗美尔死后，这种装置并没有列入弗美尔的个人财产中，但是巧合的是弗美尔的财产的指定遗产执行人不是别人，正是安东尼·范·列文虎克，即那个时代最守口如瓶的透镜制作者。

直到一年以后才最终解决了放大倍率的问题。列文虎克发现的是原虫。据他计算，一滴水中有 8 280 000 个这样的微生物，比荷兰的人口还多。世界充斥着这样的生命，其生存方式和数目远远超出了以前人们的想象。

在列文虎克惊人发现的鼓舞下，其他人开始目不转睛地盯着显微镜从事研究，他们的目光有时是过于敏锐了，以致有时他们发现了一些实际上不存在的事物。一位令人尊敬的荷兰研究人员尼古拉·哈茨奥克声称，他在精子细胞中看到了"预先成形的小人"，他为这些小生物取名为"侏儒小人"。有一段时间，许多人相信所有的人——事实上，所有生物——都不过是小而完整的母体的放大体。列文虎克自己偶尔也沉湎于个人兴趣。在一次最不成功的实验中，他试图通过近距离观察一次小型爆炸来研究火药的爆炸特性，结果差一点炸瞎自己的眼睛。

1683 年列文虎克发现了细菌——可是由于显微镜技术的限制，在此后的一个半世纪里，一直停留在那个水平。直到 1831 年，才有人第一次看到细胞核——它是由苏格兰人罗伯特·布朗发现的。布朗是一位植物学家，对科学史怀有兴趣，尽管始终不为人所知。他生活的年代是 1773—1858 年。他根据拉丁语 *nucula*，意思是小坚果，将他的发现取名为细胞核。到了 1839 年，才有人真正认识到细胞是一切生命的基质。他就是具有这种洞察力的德国人索多·施万。就科学洞察力而言，这一发现不仅相对较晚，而且一开始也没有被广泛接受。直到 19 世纪 60 年代，由于法国人路易·巴斯德完成的具有里程碑意义的工作，才彻底地证明生命不能自发地产生，而必须来自一个事先存在的细胞。这一理论被称为"细胞学说"，它是整个现代生物学的基础。

细胞被比喻成许多事物，从"一个复杂的化学精炼厂"（物理学家詹姆斯·特菲尔）到"一个人口稠密的大都市"（生物学家盖伊·布朗）。细胞二者都是，而又都不是。说它像个精炼厂，是因为在其内部进行着规模巨大的化学活动；说它像个大都市，是因为里面拥挤不堪，忙忙碌碌，充满互动，貌似纷繁混乱，却有着自成一体的结构。不过，实质上它比你所见过的任何城市或工厂都要可怕得多。首先，在细胞内部没有上下之分（引力对细胞大小的东西几乎不起任何作用），它的每一处原子大小的空间都被充分地利用。活动到处存在，电流不停流动。你也许并不觉得自己带很多电，实际上是带的。我们吃的东西、呼吸的氧气在细胞里被合成电流。那么，我们为什么在相互接触时没有把对方击倒，或者我们坐在沙发上时又为什么没有将沙发烧焦呢？原因在于这一切都是以非

常小的规模发生的：电压仅仅是0.1伏，传输的距离要以纳米来计算。然而，如果将其按比例扩大，它所产生的冲击力相当于每米2 000万伏，与一次雷电核心区所产生的电荷一样多。

不论其形状和大小如何，你身上所有细胞的构造大体相同：它们都有一层外壳或细胞膜，一个细胞核，里面存储着你正常运转所必需的基因信息。两者之间有一层繁忙的空间，叫作细胞质。细胞膜并不像我们大多数人所想象的那样是一层你用别针能刺穿的耐久胶状物，相反，它是由一种叫作脂质的脂肪物质所构成的，用舍温·B.努兰的话说，它和“轻度机油”大体相像。如果你觉得这些东西似乎很不坚实，请记住：在显微镜下，事物的表现形式是不同的。在分子的层面上，对于任何东西而言，水成了重型凝胶，而脂质简直就像钢铁一样。

如果你有机会去访问一个细胞，你一定不会喜欢它的。若是将原子放大到豌豆一样大小，那么一个细胞就会变成直径达800米的球体，由一个名叫细胞骨架的大梁似的复杂架子支撑着。在它里面，亿万个物体——有的大如篮球，有的大如汽车——像子弹一样呼啸而过。在这里你简直难以找到立足的地方，每一秒钟都会遭到数千次来自四面八方的物体的撞击和撕扯。即使对长期待在细胞里面的成员来说，这里也是一个险象环生的地方。每一段DNA链平均每8.4秒就要遭到一次袭击或损害——每天要遭到1万次——被化学物质或是其他物质撞击或撕成碎片，所有这些伤口必须很快被缝合，除非细胞不想再活下去。

蛋白质极为活跃，它们总是处于不停旋转、颤动和飞舞的状态之中，每秒钟它们都要彼此撞击10亿次。酶本身也是一种蛋白质，它们到处横冲直撞，每秒钟要完成1 000件任务，就像快镜头里的工蚁，它们不断地建立和重建分子，为这个减去一小块，为那个增加一小块。一些酶随时监控路过的蛋白质，为那些已损坏得无法修补的或有缺陷的蛋白质标上化学记号。接着，这些被标上记号的蛋白质形成了一种被称为蛋白酶的结构，在这个结构中进行分解，并形成新的蛋白质。有几种蛋白质的存活时间不超过半小时，另一些则达好几周。但是，它们都以令人难以置信的疯狂方式存在。正如德迪夫所指出的：“分子里面的一切都以不可思议的高速运转着，我们简直无法想象。”

但是，如果让分子世界事物运转的速度慢下来，慢到足以仔细观察其相互作用的程度，事情似乎就不会那么令人不知所措了。你会发现一个细胞不过是数百万个物体——不同大小、不同形状的溶酶体、内吞体、核糖体、配位体、过氧化物酶体、蛋白质，它们与数百万个别的物体相互撞击，从而完成了再普

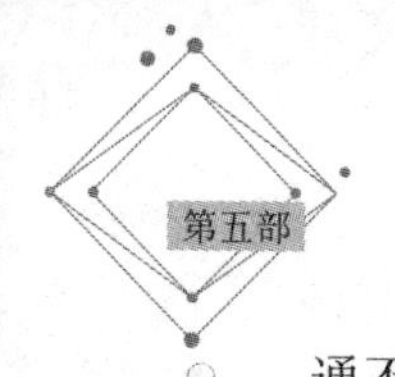

通不过的任务：从营养物里摄取能量、聚合成新的结构、排除废物、抵挡入侵者、接发信息、进行修补工作。一个细胞一般包含大约2万种不同的蛋白质，其中近2 000种中的每一种至少有5万个分子。“这意味着，”努兰说，“即使我们只统计那些每一种的数量在5万以上的分子，每一个细胞中所包含的蛋白质分子总数最少有1亿个。这是一个惊人的数字，我们从中可以了解一点我们体内生物化学活动的剧烈程度。”

这种活动所消耗的能量也是十分巨大的。你的心脏每小时必须输出约340升血液，每天则要输出8 000多升，每年输出300万升——这足以装满4个标准的奥林匹克游泳池——以使所有细胞获得新鲜的氧气。（这是指在休息的时候，如果做剧烈运动，这个数字还要增加至6倍。）氧气被线粒体吸收，它们是细胞的发电站。一个细胞里一般有大约1 000个这样的发电站，其具体数目根据细胞所做的事情及所需能量的不同而有很大差异。

你大概还记得，我们在前面提到，据认为，线粒体原先是被俘获的细菌，如今是我们细胞中的寄居者。它们保留了自己的基因指令，按照自己的时间表来分裂，操自己的语言。你也会记得，多亏它们的好心照料，我们才得以安康。为什么这么说？因为你摄入体内的几乎所有食物和氧气经过加工后都被输送给线粒体，然后由它们将其转换为一种名为三磷酸腺苷的分子，也就是ATP。

你可能没听说过ATP，但正是它使你的身体运转正常。ATP分子实质上就像一组小小的电池，它们在细胞内移动，为细胞活动提供全部能量，在此过程中你获益匪浅。在你生命的每一瞬间，你体内的每个细胞内通常具有10亿个ATP分子，2分钟以后它们的能量都会消耗殆尽，然后又会有10亿个新的ATP分子接替它们的位置。每天你产生和消耗的ATP重量大约是你体重的一半。摸一摸你温热的皮肤，那是你的ATP在工作。

当细胞不再被需要时，它们以堪称高贵的方式死去。它们拆下所有支撑它们的支柱和拱壁，不露声色地吞噬掉其组成部分。这一过程被称为凋亡或程序性细胞死亡。每天都有数十亿个细胞为你而死，又有数十亿个别的细胞为你清扫它们的遗体。细胞也可能暴死——比如当你被感染时——但在大多数情况下它们是按照指令死去的。事实上，如果它们没有收到继续活着的指令——如果没有收到另一个细胞发出的活动指令，细胞会自己杀死自己。细胞真是太需要安慰了。

在偶然情况下，细胞没有按指令死去，相反却开始拼命分裂和扩散，这种

情况我们称为癌症。癌细胞其实不过是迷途的细胞。细胞经常犯类似的错误，但是人类身体具有一种纠正这种错误的复杂机制，只在极其偶然的情况下，细胞的活动才会失去控制。平均来说，每10亿亿次细胞分裂中，人会得一次致命的疾病。癌症无论从任何意义上说都是运气不好的表现。

细胞的奇妙之处不在于事情偶尔会出问题，而在于它们在几十年的时间里使人体内的一切运转正常。为此，它们不停发送和监控来自全身各个部位的信息——嘈杂的信息：指令、质问、修正、救助、更新、分裂或死亡的通告。所有这些信息大多数是通过名叫激素的化学实体来传递的，如胰岛素、肾上腺素、甲状腺素、睾丸素，它们从遥远的部位传递信息，如甲状腺和内分泌腺。还有一些信息是从大脑或区域中心传输过来的。这个过程叫作“发出旁分泌信号”。最后，细胞直接和它的左邻右舍进行交流，以确保它们行动一致。

细胞最引人注目的特点是，它们总是以一种疯狂的速度处于漫无目的的运动和无休无止的撞击状态中，而驱使它们这么做的无非是吸引和排斥的基本法则。细胞的任何运动都无理性可言。所有的运动都平静地、重复地、可靠地发生着，因此我们甚至很少能意识到。然而，这一切不仅很好地维持着细胞内的秩序，而且使得有机体保持在一种完美的和谐状态中。几万亿几万亿个反射性的化学反应，以我们才刚刚开始知道的方式，加起来形成能行动、有思想、有主见的你——或者形成一个不大有思想而又依然结构有序的金龟子。千万不要忘记，每个生物都是一个原子工程奇迹。

有一些我们认为是很原始的生物有着某种层面的细胞组织，使得我们自己的细胞组织看上去马虎潦草，平淡无奇。将海绵的细胞分解开。比如通过过滤器过滤，然后把它们倒进溶液中，它们会很快重新聚合，再次形成海绵。你可以反复做这种实验，它们总会顽固地重新聚合在一起。这是因为，就像你和我，以及所有别的生物那样，它们有一种不可抗拒的冲动：继续活下去。

而这一切都是因为存在一种非常古怪、坚定不移、我们所知甚少的分子。这种分子本身没有生命，它们中的绝大多数根本不做任何事情。它的名字叫DNA。在开始了解它对于科学和我们自身所具有的极端重要性之前，我们有必要先回到大约160年前维多利亚时代的英国，即博物学家查尔斯·达尔文所生活的时期。当时，达尔文提出了一种“有史以来最好的理论”——可是在随后的15年里却被锁在抽屉里。个中原因，我们得花费一些笔墨才能解释清楚。

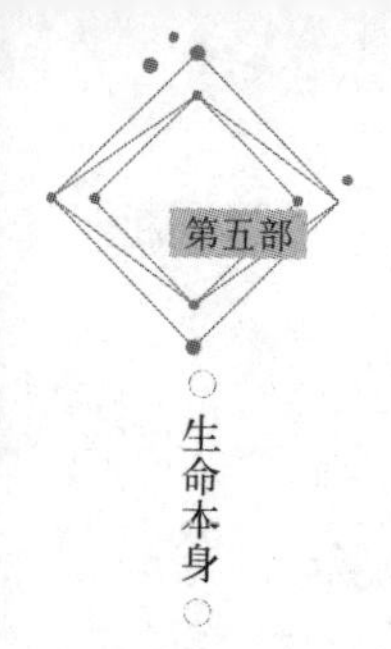

第二十五章
达尔文的非凡见解

1859年夏秋之交，英国一家著名杂志《季度评论》的编辑威特惠尔·艾尔文收到了博物学家查尔斯·达尔文一本新书的样本。艾尔文饶有兴致地读完了这本书，认为它有一些价值，可是又担心它的主题过于狭窄，不足以吸引广大读者的目光。他要求达尔文写一本有关鸽子的书。“每个人都对鸽子感兴趣。”他热情地建议说。

艾尔文的热情建议没有被采纳，1859年11月底，《物种起源由自然淘汰的作用而来，或优良的族类在生存竞争中保存》正式出版了，每本定价为15先令。第一版上市的第一天就卖出了1250本，自那以后就一直未曾绝版过，而且由它所引发的争议也一直从未停息过——对于一个喜欢蚯蚓到了无以复加的程度，要不是出于一时冲动环游了世界，终其一生很可能只是一个默默无闻的乡村牧师的人来说，这实在是一件非常了不起的事。

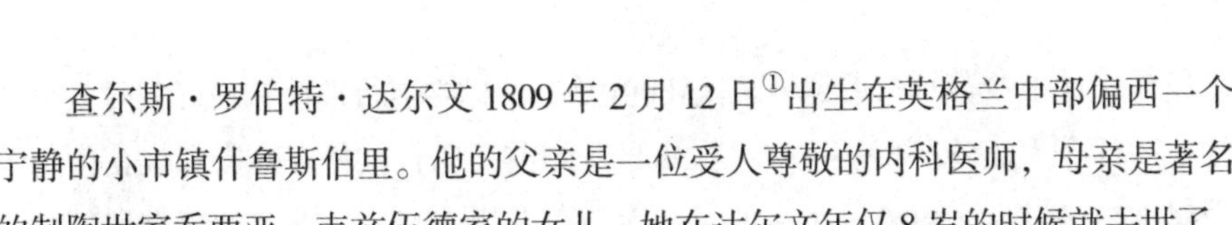

查尔斯·罗伯特·达尔文 1809 年 2 月 12 日①出生在英格兰中部偏西一个宁静的小市镇什鲁斯伯里。他的父亲是一位受人尊敬的内科医师，母亲是著名的制陶世家乔西亚·韦兹伍德家的女儿，她在达尔文年仅 8 岁的时候就去世了。

达尔文从小生活条件优越，可是学习成绩平平，这使得他丧偶的父亲痛苦不已。“你除了打猎枪、玩狗、捉老鼠，什么都不挂在心上。你会给你自己和整个家族丢脸的。”他父亲有一次曾经这样写道。凡是回顾查尔斯幼年生活的时候，几乎总是要引用他父亲的这句话。尽管达尔文感兴趣的是博物学，可是在父亲的坚持下，他还是勉强到爱丁堡大学学医。然而，他一见到血就犯晕，一见到病人痛苦就神经高度紧张。有一次，他亲眼目睹了一个小孩的手术，小孩声嘶力竭的惨状——那时还未发明麻醉药——给他的精神造成了永远也无法抹去的创痛。他试着转学法律，但很快发现这门学科极其枯燥，实在令他难以忍受。最后，他并不十分顺利地从剑桥大学获得了一个神学学位。

乡村牧师的生涯似乎正在前面等着他，就在这时，一个更具诱惑力的机会不期而至。海军探测船“贝格尔号”船长罗伯特·菲茨罗伊邀请达尔文一同去远航——菲茨罗伊的身份决定了他得跟有教养的人交往——实际上是作为船长的餐桌伙伴同行。菲茨罗伊十分古怪，他挑选达尔文是因为他喜欢达尔文的鼻子的形状（他认为这是有个性的体现）。达尔文并不是菲茨罗伊的首选，但最终还是得到他的认可，因为更中意的人选跑掉了。以今天的观点来看，两个人最显著的共同点莫过于他们都非常年轻。在他们出发时，菲茨罗伊年仅 23 岁，达尔文只有 22 岁。

菲茨罗伊的主要任务是绘制沿海水域图，可是他的爱好——实际上是一种狂热——是要为《圣经》中所描述的上帝创造人的文字寻找实证。达尔文曾经接受过神学训练，这是菲茨罗伊决定让他一同前往的主要原因。可是达尔文后来不但表现出自由主义的观点，而且并非全心全意地奉行基督教教义，这成了他们之间不断冲突的根源。

达尔文在“贝格尔号”上从 1831 年一直待到 1836 年。显而易见，这对于他来说，既是一次增长阅历的大好机会，也是一次充满艰辛和困苦的旅行。他和菲茨罗伊船长一起挤在一个小舱里，这很可能不是一件容易的事，因为菲茨罗伊经常大发脾气，接着又恨得咬牙切齿，他们经常争吵不休。达尔文后来回

① 那是历史上一个吉利的日子：亚伯拉罕·林肯同一天出生在美国肯塔基州。

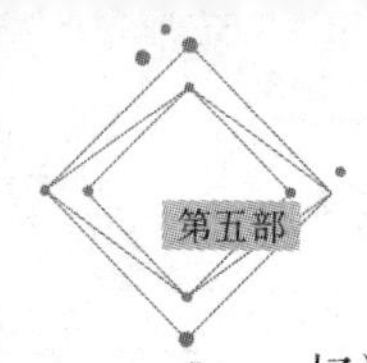

忆说，这种争吵有时几乎到了“疯狂的边缘”。远洋航行即使在最好的时候也往往是一件令人烦闷的事——“贝格尔号”的前任船长就是在孤寂与忧伤中用子弹对准头颅结束了自己的生命的——而菲茨罗伊来自一个著名的患有抑郁症的家族。10年前，他的叔叔卡斯尔雷子爵在担任英国财政大臣期间用刀割断了自己的喉咙。（1885年，菲茨罗伊也以同样的方式自杀身亡。）即使在情绪稳定的时候，菲茨罗伊也是不可理喻的。他们的远航刚刚结束，菲茨罗伊就和一个他爱慕已久的年轻女子结了婚，这使达尔文吃惊不小，因为在他们长达5年的朝夕相处的过程中，菲茨罗伊竟然一次也没有表露过他的这种爱慕之情，他甚至连她的名字也从未提到过。

不过，在其他所有方面，“贝格尔号”航行是一次成功之旅。达尔文在远洋航行中所锻炼出来的冒险精神贯穿了他的一生，而在此期间他所收集的大量标本足以供他研究一辈子，并且以此确立了他的声望。他发现了许多十分珍贵的大型古代化石，其中包括迄今为止最为完好的大地懒属；在智利，他经历了一次险些让他丧命的地震；他还发现了一种新的海豚（他非常恭敬地将它命名为菲茨罗伊海豚）；他对整个安第斯山脉做了详尽而有用的地质考察，并且提出了一种有关珊瑚礁成因的新理论。他在这一备受世人推崇的理论中提出，珊瑚礁不可能形成于100万年以内——特别要指出的是，这是他第一次表露出他后来一贯坚持的观点，即地球上生命的演进过程是极其古老的。1836年，在离开家乡5年零两天之后，达尔文重新回到了家乡。此时他已27岁，从此他再未离开过英格兰。

在远洋考察期间，达尔文并没有提出进化论（抑或任何理论）。进化作为一个概念到19世纪30年代已经存在了几十年，达尔文的祖父伊拉兹马斯在一首水平不高、名为《自然的神殿》的诗中，曾对进化理论发出由衷的赞美，当时达尔文还没有出生。直到年轻的达尔文回到英格兰并读到托马斯·马尔萨斯的《人口论》（认为呈算术级增长的食物供给永远也满足不了呈几何级增长的人口）之后，进化论的观念才开始在他的心中萌生。他意识到，生命是一个持续不断的竞争的过程，自然选择决定了某些物种繁荣，某些物种衰败。说得具体一些，达尔文观察到，所有的生物都在为了争夺资源而相互竞争，那些天生具有优势的生物才会繁荣昌盛，并且将这种优势遗传给他们的后代。通过这种方式，物种持续不断地得到改进。

这似乎是一种再简单不过的看法——这的确也是一个十分简单的看法，但是它解释了太多的问题，而达尔文准备将他的一生奉献给这种理论。在阅读《物种起源》时，T.H. 赫胥黎曾喊道："我怎么这么愚蠢，竟然没有想到这一点！"从那以后，这种感叹声就一直不绝于耳。

有趣的是，在他的所有著作中，达尔文并没有使用"适者生存"这个词（虽然他确实对这个词由衷地赞赏）。它是1864年由赫伯特·斯宾塞在他的《生物学原理》一书里创造的，那是在《物种起源》发表5年以后。达尔文也没有使用"进化"这个词（那时这个词已经用得很广泛，有极大的诱惑力），而是代之以"后代渐变"。直到《物种起源》第六次印刷的时候，他才开始使用这个词。尤其重要的是，他的结论也绝不是他在加拉帕戈斯群岛期间注意到那里的地雀的嘴多种多样，受到启发才得出来的。通常的说法是（至少在我们许多人的记忆里通常是这样的），当达尔文一个岛一个岛旅行时，他注意到每个岛上的地雀都非常适宜利用当地的资源—— 一个岛上的地雀的嘴又短又坚固，适宜啄开坚果；到了下一个岛屿，地雀的嘴也许又长又尖，适宜从岩缝中啄出食物——正是这种现象使得他开始想到，也许这些鸟并不是生来就是这样，而是在某种程度上自己变成了这样。

事实上，确实是鸟类创造了它们自己，不过注意到这一点的并不是达尔文。在随"贝格尔号"远航时，达尔文是一个初出校园的学生，不是训练有素的博物学家，因此他并没有注意到加拉帕戈斯的鸟类全都属于同一类型。是达尔文的朋友——鸟类学家约翰·古尔德意识到，达尔文发现的不过是具有不同本事的地雀。不幸的是，由于没有经验，达尔文并没有注意到这些鸟分别来自加拉帕戈斯群岛的哪一个岛屿（他在观察乌龟时犯了同样的错误）。调整这种混乱状态让他花费了好多年的时间。

由于如此这般的种种疏忽，同时也因为需要将"贝格尔号"带回的成箱成箱的标本加以分门别类，直到1842年，在回到英国之后的第5年，达尔文才最终草拟出他的新理论的雏形。两年后，他将他的新理论进一步扩充成230页的"概要"。接着，他做出了一桩让人诧异的事：他将他的笔记扔到一边，用了15年的时间忙于别的事情。他成了10个孩子的父亲，他花了将近8年的时间撰写一部关于藤壶的详尽的著作。（"我比以往任何人都讨厌藤壶。"在这项工作结束以后，他叹息着说。这是可以理解的。）他得了一种怪病，经常无精打采，头晕眼花，"心神不定"，他自己说。他时常感到恶心，心律失调，偏头痛，极度疲劳，浑身打战，眼冒金星，呼吸短促，"头晕目眩"，他因此情绪极度低落，这

是不足为怪的。

他得病的原因，至今没有定论。人们有许多猜测，但最无根据而又最有可能的是他患了一种热带慢性病夏格氏病，他有可能是在南美洲被寄生虫锥体虫叮咬而感染这种疾病的。一种比较符合实际的说法是一种心理疾病。无论是哪种病，痛苦不言而喻。他常常只能连续工作不超过 20 分钟，有时甚至更短。

在他余生的多数时间里，达尔文尝试了一系列越来越绝望的治疗方法——洗冷水浴呀，泡醋呀，电疗呀，最后一种害得他不停地遭受小小的电击。他几乎成了一个隐士，很少离开他在肯特的家。搬家以后的第一个举措是在书房的窗外立了一面镜子，这样他可以提前发现来访之客，必要的话还可以回避。

达尔文没有把他的理论公之于世，因为他太清楚这将会对社会产生怎样的震撼了。在 1844 年，在达尔文把手稿锁进抽屉里的那一年，有一本名为《自然创造史的遗迹》的著作激起了思想界的勃然大怒，因为它提出人类可能是从比较低等的灵长类动物进化而来的，在此过程中没有得到创世神灵的帮助。作者事先估计到会掀起轩然大波，便十分小心地将自己的身份隐匿起来。这个秘密保守了 40 年之久，连他最亲近的朋友也不知道。有的人猜测作者可能是达尔文，有的人怀疑是阿尔伯特亲王。实际上，作者是一位成功而又不事张扬的苏格兰出版商，他的名字叫罗伯特·钱伯斯，他不愿意暴露自己有其实际的以及个人的考虑：他经营的是一家专门出版《圣经》的著名公司。《遗迹》不仅受到国内外宗教人士的抨击，也饱受众多学术界人士的批判。《爱丁堡评论》用了将近整整一期的篇幅——长达 85 页——将它批得体无完肤。连进化论的拥护者 T.H. 赫胥黎也对这本书进行了猛烈的抨击，可是他一点儿也没有意识到，该书的作者是他的一位朋友。①

达尔文的手稿也许到死也不会发表，可是一件意想不到的事情令他深感吃惊。1858 年夏初，达尔文收到了一个来自远东的包裹，里面有一位名为阿尔弗雷德·拉塞尔·华莱士的年轻博物学家写的一封措辞友好的信，以及他的一篇名为《变种与原种永远分离的趋势》的论文草稿。该文提出了自然选择的理论，与达尔文未发表的手稿内容不谋而合，有一些语句甚至与达尔文的如出一辙。

---

① 达尔文是仅有的几位猜测正确的人之一。达尔文碰巧在《自然创造史的遗迹》第六版样书到达的那一天拜访钱伯斯。尽管两人似乎并没有谈起此书，但是钱伯斯检查样书时的专注神情无意间泄露了他内心的秘密。

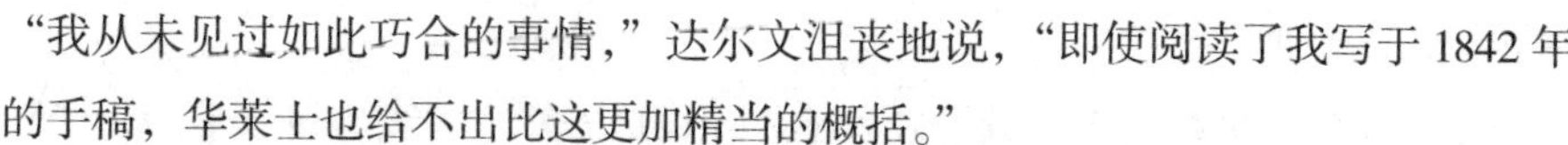

“我从未见过如此巧合的事情，”达尔文沮丧地说，“即使阅读了我写于1842年的手稿，华莱士也给不出比这更加精当的概括。”

华莱士并不像有时候认为的那样，是不期而然地闯入了达尔文的生活中的。他们两个人已有书信往来，华莱士还曾不止一次大度地把他认为有点意思的标本寄给达尔文。在两人通信的过程中，达尔文曾委婉地告诉华莱士，他早已把物种起源作为自己独占的研究领域。“到今年夏天，我已经20年（！）没有打开过我的第一部手稿了，里面论述了物种和变种是怎样彼此不同的。”早些时候，在给华莱士的信里，他曾这样写道，“我现在正准备出版我的著作。”他接着说，不过实际上他并没有打算这样做。

然而，华莱士没有领会达尔文的意思——无论如何，他当然不可能知道他的理论与达尔文已经研究了20年的学说竟会惊人一致。

达尔文被置于一种左右为难的境地。如果他抢先发表自己的作品以确保自己的优先权，他就会占了一位远在千山万水之外的无辜的仰慕者的便宜；如果他退让一步，就如发扬绅士风度所必须做的那样，他就会失去他自己独立研究所得的理论的发现权。华莱士自己也承认，他的理论是灵光一现的产物，而达尔文的理论则是十几年仔细研究、周密思考的结果。因此，这是绝对不公正的。

好像是为了增加他的痛苦似的，达尔文那和他同名的小儿子查尔斯感染了猩红热，病情极为严重。6月28日，病况危急到了顶点，小查尔斯去世了。尽管悲痛至极，达尔文还是抽时间给他的朋友查尔斯·莱尔和约瑟夫·胡克匆匆写了一封信，提出愿意给华莱士让路，但说要是这么做，那就意味着他所有的工作“都将付诸东流，无论那成果有多大意义”。莱尔和胡克找到了一种两全其美的方法。他们将达尔文和华莱士观点的概要同时提交给林奈学会的一次会议，当时该学会正在为恢复自己作为科学权威的地位而努力。1858年7月1日，达尔文和华莱士的理论被公之于世。达尔文本人并没有参加会议。开会的那一天，他和他的妻子正在安葬他们的小儿子。

达尔文–华莱士的论文是那晚提交的7篇论文中的一篇——其他6篇文章中，有一篇是研究安哥拉的植物区系的——列席会议的听众大约有30名。即使他们意识到自己正经历那个世纪科学领域最激动人心的时刻，他们也没有表现出来。接下来并没有讨论，在社会上也没有激起多大反响。达尔文后来高兴地注意到，只有一个人在文章中提到了这两篇论文，他是都柏林一位名叫豪夫顿的教授。他的结论是：“在这两篇文章中，凡是新的内容都是荒谬的，凡是旧的

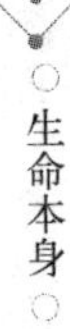

内容都是正确的。”

华莱士当时仍在远东，过了好久他才知道这一切，他表现得很平静，似乎对能够被列入进化论的发现者之列而感到十分高兴。他此后甚至一直将这个理论称为“达尔文主义”。

还有一个人对达尔文最先发现进化论的资格构成了大得多的威胁，这人名叫帕特里克·马修，是苏格兰的一名园艺师。令人吃惊的是，他事实上远在达尔文开始“贝格尔号”之旅的同一年就提出了自然选择理论。不幸的是，他是在一本名为《海军用木和森林栽培》的书里提出这些观点的，不仅达尔文没有读到，全世界都没有注意到。当他看见达尔文被所有人推崇为进化论的发现者，而这一理论事实上是他最早提出的时候，他马上采取行动，给《园艺家年鉴》写了一封信。达尔文毫不犹豫地表示了歉意，不过他同时也声明说：“我想任何人都不会感到吃惊，无论是我，还是任何别的博物学家，都没有听说过马修先生的观点，因为他的话讲得很简单，又是出现在一本关于《海军用木和森林栽培》的作品的附录里。”

华莱士在以后大约50年里仍然是一名博物学家和思想家，而且偶尔还干得不错，但渐渐对科学失去了兴趣，将自己的研究转向了降魂术以及宇宙中存在别的生命的可能性等方面。因此，达尔文主要是因为别人放弃而独自拥有了进化论的发明权。

达尔文终其一生都为自己的观点而感到苦恼。他称自己是“魔鬼的牧师”，说披露进化论使他觉得就像“招认自己是一名杀人犯”。除此之外，他还深深地伤害了他虔诚的爱妻。尽管这样，他还是立即着手将他的手稿扩充成一本书。一开始他给这本书取名为《物种起源和自然选择的多样性概论》，这个书名过于冗长和含混，出版该书的约翰·莫瑞决定只印500册。但是在拿到手稿以后，再加上使书名稍具吸引力，莫瑞决定将初版的印数增加到1 250册。

《物种起源》在商业上立刻取得成功，但却没有激起多大反响。达尔文的理论面临两个很棘手的困难：一方面，要过很多年以后，它才最终得到开尔文勋爵的承认；另一方面，化石方面所提供的证据也少得可怜。有一些善于思考的批评家提出这样的疑问：达尔文的理论中如此明确地强调的物种的过渡形态在哪里呢？如果物种是持续不断地进化的，那么在化石中一定存在不少进化过程

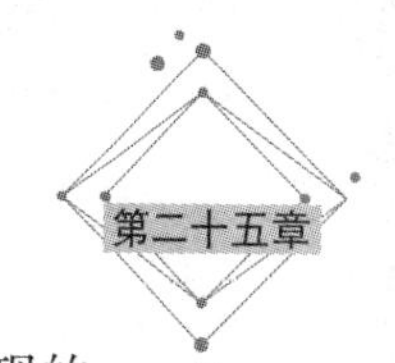

中的中间形态，但是事实上却没有。[①]其实，当时（及以后很多年）已发现的化石表明，一直到著名的寒武纪大爆发之前，地球上根本没有任何生命。

而在没有任何证据的情况下，达尔文却坚持认为早期的海洋里一定存在着丰富多彩的生命形式，只是我们还没有找到它们而已。这是因为，不论出于何种原因，它们并没有保存下来。达尔文认为这是唯一合理的解释。“这种情形现阶段肯定无法解释清楚，但可以尽量被看作是与现存看法相对立的合理观点。”他很直率地承认，但是拒绝考虑其他可能性。为了解释，他推论说——富有创见，却是不正确的——也许前寒武纪的海水太清澈了，不能沉淀下任何物质，因此也就没有将化石保存下来。

即使是达尔文最好的朋友，也对他的某些过于武断的结论感到不安，亚当·塞奇威克是达尔文在剑桥大学的老师，1887年曾带他到威尔士做地质考察，他说达尔文的书给他的“痛苦多于快乐”。杰出的瑞典古生物学家路易斯·阿加西斯拒绝接受达尔文的观点，认为这纯属臆想。连莱尔也不胜郁闷地得出结论说：“达尔文走得太远了。”

T.H. 赫胥黎不喜欢达尔文所主张的进化要经历漫长的地质时间的观点，因为他是一个突变论者，也就是说他相信进化是突然而非逐渐发生的。突变论者（这个词来自拉丁语“跳跃”）无法相信复杂的器官会慢慢地分阶段出现。十分之一的翅膀，或者二分之一的眼睛，试问这样的器官究竟有什么用处？在他们看来，这种器官只有以已经完成的形式出现才有意义。

赫胥黎所主张的这种突变论是十分极端的，有点儿令人吃惊，因为它很容易使人联想起由英国神学家威廉·佩利于1802年首先提出的一个极为保守的宗教观念，这种观念被称为“特创论”。佩利认为，如果你在地上发现了一块怀表，即使你以前从未见过这样的东西，你也会立刻意识到它是由某个有才干的人制造的。他相信大自然也是如此，它的复杂性就是精心设计的证明。这种观念在19世纪影响极大，也令达尔文感到不安。“直到今天，我一想到眼睛心里就直打冷战。”在给朋友的一封信里，达尔文这样写道。他在《物种起源》中承认，自然选择能以渐进的方式产生这样一种器官，“坦率地说，似乎是个极其荒唐的观念”。

---

① 巧合的是，1861年，就在争论最为激烈的时候，一个这样的证据出现了。工人们在巴伐利亚发现了几根古代始祖鸟的骨头，这是一种介于鸟和恐龙之间的动物。它有羽毛，但也有牙齿。这一发现令人印象深刻，同时也很有帮助，其特征被广泛地加以讨论，但是一个单独的发现几乎很难得出肯定的结论。

即便如此，达尔文不仅依然坚持所有的变化都是渐进的，而且几乎《物种起源》的每次重版，他都要将他所认为的进化过程所需的时间长度增加一些，这导致了他的支持者的强烈反感，支持他理论的人越来越少。“最后，”根据科学家兼历史学家杰弗里·施瓦兹的说法，“达尔文在博物学和地质学家同行那里仅有的支持也丧失殆尽了。”

具有讽刺意味的是，达尔文将他的书取名为《物种起源》，可是对物种是怎样起源的，他却不能做出解释。达尔文的理论暗示了一种使得一个物种怎样变得更强、更好或更快—— 一句话，更适应——的机制，但却没有说明新的物种是怎样诞生的。苏格兰工程师弗莱明·詹金思考了这个问题，指出达尔文的论点中的一个严重缺陷。达尔文认为某一代物种中出现的有利的特性都会传给下一代，从而使该物种更加强健。

詹金指出上一代中的有利的特性在遗传给下一代时，不会在随后的几代中占主导地位，而实际上在混合的过程中被冲淡了。如果你往威士忌中倒进一杯水，你不会使威士忌变得更浓，而是将其稀释；如果你再往已稀释的威士忌中倒进一杯水，威士忌会变得更淡。同样，上一代父母遗传给下一代的有利特性在随后的不断繁殖中会被逐渐削弱，直到最后完全消失。因此从动态的观点来看，达尔文的理论显然是站不住脚的，它只能解释静态的事物。在进化过程中，特异现象时有发生，但是它们很快就会消失，因为生物体总是倾向于使一切都回归于平常。如果自然选择要起作用的话，就得需要某种尚未发现的替代机制。

达尔文和其他所有人都不知道的是，关于这个问题，远在1 200公里外的欧洲中部的一个不起眼的角落，一个名为格列高利·孟德尔的离群索居的修道士将会提供一个答案。

孟德尔1822年出生于奥地利帝国一个偏僻小镇（现属捷克共和国）的一个贫苦农民家庭。中学课本曾将他描述为一个单纯的乡下修道士，有比较敏锐的观察力，他的很多发现在很大程度上都带有偶然的成分——他在修道院的菜园里种植豌豆的时候发现了一些很有意思的遗传特点。事实上，孟德尔是一个训练有素的科学家——他曾经在奥尔慕茨哲学研究所和维也纳大学攻读过物理学和数学——他对他所研究的一切进行了非常科学的整理和归纳。不仅如此，从1843年起，他所供职的修道院成了一个非常有名的学术中心。修道院有个拥有2万册藏书的图书馆，具有严谨的科学研究的传统。

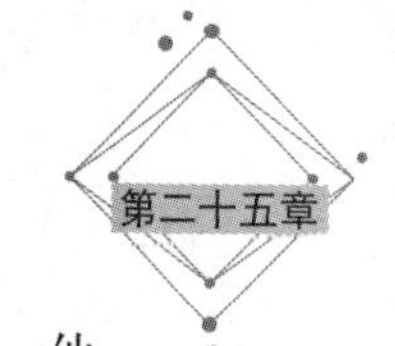

在着手进行他的实验之前，孟德尔花了两年时间培育研究所需的标本。他选择了7种不同的豌豆，在确保它们繁殖纯种之后，他在两个全职助手的帮助下开始反复种植这些豌豆并将其中的3万株进行杂交。这是一项极为细致的工作。为了防止意外受粉，他们必须不厌其烦地记录豌豆种子、豆荚、叶子、茎和花在生长过程中，以及在外表方面极细微的差别。对于他所做之事的意义，孟德尔知道得很清楚。

他从未用过“基因”这个词——这个词1913年才第一次出现于英国的一本医学词典——尽管发明了“显性的”和“隐性的”这样的概念。他的建树在于他发现每一颗种子都包含两个“因子”或他所谓的“要素”——一个是显性的，另一个是隐性的，这些因子一旦相互组合，就会产生可以预期的遗传形式。

他把这种结果转换成了精确的数学公式。孟德尔总共用了8年的时间从事这项研究，接着又在花卉、玉米和其他植物上进行了类似的实验，以检验他的结论的正确性。甚至还不如说，孟德尔的研究方法过于科学，以至于当他1865年在布尔诺博物学学会2月和3月的月度会议中宣读他的论文时，大约40个听众很有礼貌地听了他的演讲，可是他们显然无动于衷，即使对他们中的不少人来说，植物的培育实际上是他们极感兴趣的一件事。

孟德尔的报告出版以后，他迫不及待地给瑞士伟大的植物学家卡尔·威廉·冯·耐格里寄了一份。从某种意义上说，耐格里的支持对孟德尔理论的前途有着至关重要的作用。不幸的是，耐格里没有意识到孟德尔的发现的重要性，他建议孟德尔培育山柳属科植物。孟德尔按照他所说的去做了，但很快发现山柳属植物并不具备研究遗传性所必不可缺的特点。很明显，耐格里并未认真阅读他的论文，甚至可能根本没有读。灰心丧气的孟德尔从此放弃了遗传性研究，在他的余生中转而种植良种蔬菜，从事蜜蜂、老鼠、太阳黑子之类别的研究。最后他被推选为修道院院长。

孟德尔的发现并未像有时候被认为的那样完全被大家疏忽。他的研究成果被光荣地收入《大英百科全书》中——当时是一部记录科学思想的著作，其重要性远远超过它在今天的地位，并且在德国的威廉·奥伯斯·福克所撰写的一篇重要论文里被一再引用。实际上，由于孟德尔的观点一直未曾沉没在科学思想的汪洋大海之中，因此，当世界具备了接受它们的条件时，它们就很容易地被人们重新发现。

达尔文和孟德尔一起为20世纪的全部生命科学奠定了基础，不过他们两个

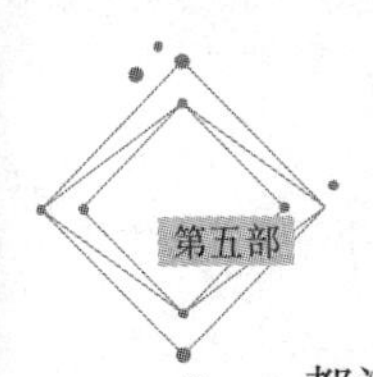

都没有意识到这一点。达尔文发现所有的生物都是相互关联的，并且说到底都“源自一个共同的祖先”；而孟德尔的工作则从机制上为这一切是怎么发生的提供了解释。他们两个人本来可以相互帮助。孟德尔拥有一本德文版的《物种起源》，据说他读过这本书，因此他一定意识到他的工作适用于达尔文的理论，但是他似乎并没有想办法和达尔文联系过。而达尔文这一方呢？人们知道他研究过福克的非常有影响的论文，里面一再提到孟德尔的著作，但是他并没有将它们和自己的研究联系起来。

在一般人的眼中，人是由猿进化而来的观点是达尔文学说的重要特点，实际上根本不是，这一观点只是在达尔文的学说中顺便提了提。即便那样，大家不需要有太多想象力就能从达尔文的理论中明白关于人类发展的这一层意思，而这很快就成了人们热烈讨论的一个话题。

1860 年 6 月 30 日，星期六，在牛津郡英国科学促进协会的一次会议上，一决雌雄的时刻到来了。赫胥黎应《自然创造史的遗迹》一书的作者罗伯特·钱伯斯之邀出席了那次会议，不过当时赫胥黎并不知道钱伯斯与那部富有争议的著作的关系。就像往常一样，达尔文并没有出席。会议是在牛津动物学博物馆举行的。1 000 余人挤进了会场，还有几百人无法进入。大家都意识到一个重大事件即将发生，虽然他们不得不先聆听纽约大学约翰·威廉·德雷珀长达两个小时的令人昏昏欲睡的开场白，他演说的题目是《论欧洲的智力发展兼论达尔文先生的观点》。

最后，牛津教区主教塞缪尔·威尔伯福斯站起来发言。前一天晚上，理查德·欧文曾到威尔伯福斯家做客。理查德·欧文是一位狂热的反达尔文主义者，他和威尔伯福斯通了个气（反正大家是这么认为的）。正像许多引起轰动的事件一样，人们对这件事的经过众说不一，莫衷一是。不过最为流行的版本是，衣冠楚楚、仪态威严的威尔伯福斯转向赫胥黎，冷笑着问他是否敢于宣称他是通过他的祖母或祖父的任何一方由猿进化而来的。威尔伯福斯本来想说一句俏皮话，可是却被曲解为咄咄逼人的挑衅。根据赫胥黎自己说，他转向他的邻座悄声说：“上帝让他落到我手里了。”然后意味深长地站起身来。

然而，据其他人回忆，赫胥黎当时气得浑身发抖。他称无论如何，他都宁愿与猿猴沾亲，而不愿与一个在严肃的科学殿堂里利用其名声发表娓娓动听但离题甚远的废话的人带故。这样一句尖锐的反驳中带有强烈火药味的回答，不

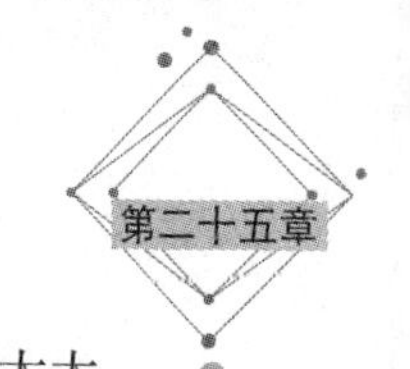

仅极大地刺伤了威尔伯福斯，并且使全场一片哗然。一位名叫布瑞斯特的太太当场昏厥过去；罗伯特·菲茨罗伊——25 年前达尔文在“贝格尔号”船上的同伴在大厅里四处徘徊，手里高举着一本《圣经》，大声喊道：“《圣经》,《圣经》！”（他是刚刚成立的气象局局长，准备提交一篇有关暴风雨的论文。）有趣的是，双方事后都声称彻底击垮了对方。

在 1871 年完成的《人类的由来》一书中，达尔文最终明确阐明了人与猿的亲缘关系，这一结论非常大胆，因为当时还没有任何化石记录支持这样的观点。那时已经发现的早期人类化石只有在德国发现的著名的尼安德特人骸骨，以及几块不完整的颌骨，许多有影响的权威甚至对它们是否是古人类的化石表示怀疑。《人类的由来》总体来说是一部比《物种起源》更容易引起争议的著作，但当它问世时，人们已经不那么容易激动，书中观点所引发的讨论也远不如以前那么激烈。

然而，达尔文将自己晚年的大部分时间用于其他学科的研究，其中绝大部分学科只略为触及自然选择问题。他花费了不少时间收集鸟类粪便，用以研究种子是怎样从一个大陆传到另一个大陆的，又用了几年时间研究蚯蚓的行为。他曾为蚯蚓弹钢琴，不过并不是为了愉悦它们，而是为了研究声音和震动对它们的影响。他第一个发现蚯蚓对于肥沃土壤起着至关重要的作用。“在世界历史上，很难找到很多动物比蚯蚓起到的作用更重要。”在那本实际上比《物种起源》传播更广的著作《腐殖土的产生与蚯蚓的作用》（1881 年）中，他曾这样写道。他的其他著作还有《不列颠与外国兰花经由昆虫授粉的各种手段》(1862 年),《人类与动物的情感表达》(1872 年)——该书上市第一天就卖了差不多 5 300 本,《植物界异花受精和自花受精的效果》（1876 年）——该书的主题与孟德尔的著作十分接近，见解却远不如孟德尔的那么深刻，以及《植物运动的力量》。最后，他还花费许多精力对近亲繁殖的结果进行了研究——这一领域的研究纯粹出于他的个人兴趣。由于达尔文的妻子是他表妹，他怀疑出现在他孩子身上的某些生理和精神方面的问题，一定是由于近亲结婚所致。

达尔文一生赢得了许多殊荣，但都不是因为《物种起源》和《人类的由来》那两本书。皇家学会授予他科普利奖章，是因为他在地质学、动物学和植物学方面所做的贡献，不是因为他的进化论。林奈学会在授予他荣誉称号时，也将他理论中的激进观点排除在外。尽管他死后被埋在威斯敏斯特大教堂——牛顿的身旁，但是他生前从未被授予爵位。达尔文死于 1882 年 4 月下旬。两年后孟德尔也去世了。

直到20世纪30—40年代，随着一种被称为“现代综合系统学”的理论的傲然登场（该理论将达尔文和孟德尔及其他一些人的思想进行了综合归纳），达尔文的理论才开始真正为众多的人所接受。而对于孟德尔来说，他生前也是默默无闻，死后不久却哀荣备至。1900年，三位欧洲的科学家几乎同时分别重新发现了孟德尔的理论。其中一个是名为雨果·德弗里斯的荷兰科学家，他将孟德尔的成果据为己有，结果被他的一位对手捅了马蜂窝，事情闹得沸沸扬扬。真相大白之后，人们才意识到荣誉应该归于一位被遗忘的修道士。

世界已经做好了准备，但还不够充分，开始明白我们是怎么来到这个世界上的，我们是怎么在互相竞争中形成的。直到20世纪初期，甚至是以后的一段时间里，即使是世界最优秀的科学家也不能明白无误地告诉你婴儿是从哪里来的，这实在是一件十分令人惊讶的事。

而这些人，你大概回忆得起来，就是那些认为科学已经快要发展到尽头了的人。

第二十六章
生命的物质

如果你父母双方没有在恰当的时间结合——可能要精确到秒，更有可能要精确到纳秒——你就不会在这里；而如果你父母的父母没有在恰当的时间以恰当的方式结合，你也不会在这里；如果你父母的父母的父母，以及你父母的父母的父母的父母，以此类推下去，没有以同样的方式结合，显而易见，你也肯定不会在这里。

时光越是倒流，使你得以降生在这里的人的数量越多。仅仅上溯到 8 代以前，也就是查尔斯·达尔文和亚伯拉罕·林肯出生的时间，这个数目已经超过 250 人，他们双方的结合决定了你的存在。继续往前推，一直到莎士比亚和“五月花号”清教徒生活的时间，你有不少于 16 384 个祖先，是他们彼此的基因交换与组合，最终奇迹般地成就了你。

在 20 代以前，这个祖先数目已增加到了 1 048 576 个。在此基础上再往前推 5 代，成就你的祖先数不会少于 33 554 432 个。而在 30 代以前，你的祖先的总数——记住，这些数目不包括堂亲、表亲以及其他更远的亲戚，而只是父

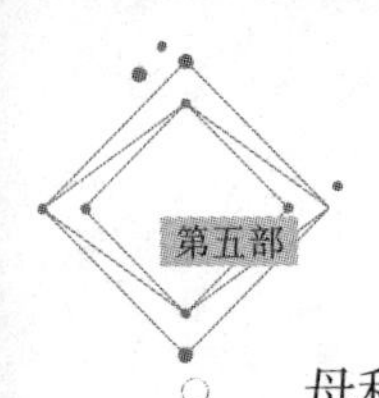

母和父母的父母一直到你这一线——已超过10亿（确切地说是1 073 741 824）。而在64代之前，也就是古罗马时期，决定你存在的祖先数将增到约10亿亿，这个数目是曾经在地球上生存过的人的总数的几千倍。

很明显，我们的统计出了一些差错。对于这个问题，正确的解释是——你也许对此感兴趣，你的这一线并不那么纯粹。如果根本没有一定程度上的亲戚的联姻——这种情况实际上是大量存在的，尽管出于遗传的原因小心翼翼地隔一代——你就不会在这里。你这一条线上有几百万个祖先经常会出现这样的情况，你母亲这一边的一个远亲和你父亲这一边的一个远亲结为夫妻。实际上，如果你现在的伴侣是你同一民族、同一国家的人，你们很可能就有着某种血缘关系。如果你在公共汽车上、在公园里、在咖啡屋中，或者在任何一个拥挤的地方环视四周，你所看到的大多数人很可能是你的亲戚。如果有人自吹是莎士比亚或征服者威廉的后代，你可以马上回答他说："我也是！"无论从字面意义还是从本质来讲，我们都是一家人。

我们也令人惊讶地相似。把你的基因和别的任何一个人做对比，它们平均有大约99.9%是相同的，就是它们使得我们都属人类。这千分之一的小小基因差异——用英国遗传学家，最近获得诺贝尔奖的约翰·萨尔斯顿的话说，"每1 000个核苷酸基中的约1个"就是赋予我们个性的基础。近年来人类基因组结构的研究备受重视。其实根本没有单一的人类基因组这种东西。每一个人的基因组都不相同，否则我们就会完全一样。正是我们的基因组不断重组——每个基因组大体上相同，而又不完全相同——使得我们成为现在这样，既是许多个体，又是一个物种。

但是究竟什么是基因组？什么又是基因？嗯，让我们再从细胞开始吧。细胞内部是一个细胞核，细胞核内就是染色体——一共有46条复杂的物质，其中23条来自你的母亲，23条来自你的父亲。你体内的每一个细胞——它们中的99.9999%——携带同样数量的染色体，只有极少数例外（这些例外是红细胞、一些免疫系统细胞、卵子和精子细胞；由于不同的组织系统原因，它们不携带完整的基因孢）。染色体包含着一组完整的生成和维持你生命所必需的指令，它们由一长串一长串小而神奇的化学物质——脱氧核糖核酸（俗称DNA）组成。DNA被称为"地球上最非同寻常的分子"。

DNA存在的原因只有一个——生成更多的DNA。你的身体内有很多DNA：将近2米长的DNA挤在差不多每个细胞里。每单位长度的DNA包括32亿个密码字母，足以产生 $10^{3\,480\,000\,000}$ 种组合，用克里斯蒂安·德迪夫的话说，“无论如何可以确保独一无二的地位”。这个概率很大——1的后面加上30多亿个零，“光是印刷这些数字，就要用5 000本一般大小的书。”德迪夫解释说。端详镜子中的你自己，想一想这样一个事实，你含有1亿亿个细胞，几乎每一个细胞又都包含约2米长的挤成一团的DNA，你就会意识到你身上有多少这种东西。如果将你身上所有的DNA连成一条细线，它的长度不是地球到月球距离的一个或两个来回，而是好几个来回。根据一种统计，你身上的DNA总长度达2000万公里。

一句话，你的身体喜欢制造DNA，没有它你就不能生存。然而DNA本身并没有生命。分子也没有生命，但DNA可以说是尤其没有生命。用遗传学家理查德·莱旺顿的话来说，它是“生命世界中最非电抗性的化学惰性分子”。这就是人们在谋杀案调查中能从干涸已久的血迹或精液中，以及能从古代尼安德特人骨骼中提取出DNA的原因。这也解释了为什么科学家花了如此长的一段时间才破译出这样一种看似无关紧要的——一句话，没有生命的——神秘物质，在生命本身中却占据十分重要的地位。

作为一种已知的实体，DNA存在的时间之长超乎你的想象。可是，直到1869年,DNA才由一位任职于德国蒂宾根大学的瑞士科学家约翰·弗里德里希·米歇尔发现。在通过显微镜研究外科手术绷带上的脓液时，米歇尔发现了一种他不认识的物质，他给它取名为核素，因为它寄居在细胞核里。当时米歇尔只注意到它的存在，但核素显然在他的心中留下了深刻印象。23年后，在给他叔叔的一封信中，米歇尔提出，这种分子可能是隐藏在遗传背后的原动力。这是一个极具洞察力的观点，但是这个观点远远超前于当时的科学认识，因此根本没有引起人们的注意。

在以后的半个世纪的大部分时间里，人们普遍认为，这种物质——现在被称为脱氧核糖核酸或DNA——在遗传中所扮演的充其量是一个微不足道的角色。它太简单了，主要由4个被称为核苷酸的基本物质组成。这就好比一个只有4个字母的字母表。你怎么可能用这区区4个字母编写生命的故事？（答案在很大程度上类同于你用莫尔斯电码的点和划——将它们串联起来——去写一封内容复杂的电报。）就大家所知，DNA根本不做任何事情，它只是静静地待在细胞核中。它可能以某种方式约束染色体，也可能根据指令增加一点酸度，或者完

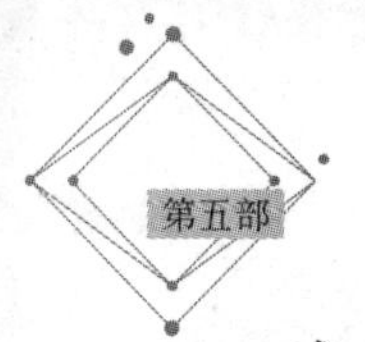

成一些不得而知的其他微不足道的任务。据认为，复杂的东西必须存在于蛋白质之中。

然而，如果将 DNA 的作用忽略不计，会引发两个问题。首先，DNA 数量是如此之多，几乎每个细胞核里都有将近 2 米长的 DNA，显然它在细胞中起着某种非同小可的作用。最重要的是，它在实验中频频露面，犹如一起神秘的凶杀案中的嫌疑人。尤其是在与肺炎球菌和噬菌体（感染性细菌病毒）有关的两项研究中，DNA 所扮演的重要角色说明它的作用远远被低估了。实验表明，DNA 在制造蛋白质这样对生命至关重要的物质方面起着某种作用，不过人们也很清楚，蛋白质是在细胞核外生成的，与据推断对它们的聚合施加影响的 DNA 相距甚远。

过去，没有人能够弄明白 DNA 是怎样将信息传递给蛋白质的。我们现在知道，是 RNA，也就是核糖核酸在这两者中间起到了一种翻译作用。DNA 和蛋白质操的不是同一种语言，这是生物学里一件引人注目的奇事。在将近 40 亿年的时间里，它们在生命世界中扮演了至关重要的双簧角色，然而它们各自操的是彼此不能相容的密码，就好比一个说的是西班牙语，另一个说的是印地语。要想相互交流，它们就得有一个中介，而这个中介就是 RNA。在一种核糖体的化学物质的帮助下，RNA 将细胞里的 DNA 信息以蛋白质所能理解的形式翻译出来并以此作为蛋白质行动的指令。

然而，在 20 世纪初重新开始我们的故事的时候，我们还要走好长的一段路，才能理解这一点以及与遗传扑朔迷离的现象相关的几乎任何事情。

很明显，有必要进行某种极富灵感的绝妙实验。幸运的是，这时出现了一位足以承担此任的勤勉而又才华横溢的年轻人。他的名字叫托马斯·亨特·摩尔根。1904 年，也就是人们及时重新发现孟德尔的豌豆实验仅仅 4 年之后，他开始致力于染色体的研究，而这时距基因这个词的第一次出现，还要等上近 10 年的时间。

染色体于 1888 年被偶然发现，之所以这样命名，是因为它们很容易被染上颜色，因此在显微镜下很容易被看到。到了世纪之交，人们明显感觉到它们在传递某些特性中起到了一定作用，但是没有人知道它们是怎样起作用的，甚至有人对它们是否真正起作用也表示怀疑。

摩尔根选择了一种被称为黑腹果蝇的小昆虫作为实验对象。这种昆虫通常被称为果蝇（或醋蝇、香蕉蝇、垃圾蝇）。这种果蝇纤弱，无色，在日常生活

中很常见，似乎总是频频地迫不及待地一头撞进我们的饮料中。作为实验样品，这种果蝇有着某些无可比拟的优点：它们所占的空间极小；几乎不需要消耗食物；在牛奶瓶中就可以轻而易举地培育出数百万只；从虫卵到成虫只需要 10 天左右的时间；只有 4 对染色体，用它们做实验非常方便。

在纽约哥伦比亚大学谢摩尔宏楼的一个小实验室里（后来得了个“果蝇室”的名字），摩尔根和他的同伴小心翼翼地培育和杂交了数百万只果蝇（有一个生物学家说有数十亿只，这也许有点夸张）。它们中的每一个都得用镊子夹住，然后在珠宝商的放大镜下观察它们在遗传方面任何微小的变化。为了生成突变体，在长达 6 年的时间里，他们想尽了种种办法：将这些果蝇用 X 射线照射，在明亮的光线或黑暗中加以培育，在烤箱里轻轻烘烤，用离心机猛烈地摇晃——但是所有这些办法都不奏效。摩尔根几乎准备放弃他们所有的努力了。突然，一种奇特的变体重复不断地出现了——有一只果蝇的眼睛是白色的，而一般情况下果蝇的眼睛是红色的。有了这一突破，摩尔根和他的助手再接再厉，培育出了有用的突变个体，从而能在其后代中跟踪一个特性。这样，他们就研究出了特定的特点和某种特定的染色体之间的相互关系，进而在某种程度上令人满意地证明了染色体在遗传过程中的关键作用。

不过，在下一个生物学的复杂层面上，问题依然存在着，这就是有些神秘的基因及构成它们的 DNA 非常难于分解和研究。直到 1933 年底，摩尔根获得诺贝尔奖时，许多研究人员对基因的存在都依旧表示怀疑。正如摩尔根当时所指出的那样，“基因是什么——它们是真实存在还是纯属想象”，人们很难达成一致意见。一种在细胞活动中具有如此至关重要的作用的东西，科学家们对于它的真实性总是迟迟不愿意承认，这也许是令人惊讶的。在《生物学：生命科学》——一本可读性极强的十分珍贵的大学课本中，华莱士、金和桑德指出，对于思考、记忆这样的精神活动，我们今天大体上处于同样的情况。毫无疑问，我们知道我们拥有它们，但是我们不知道它们取何种具体的存在形式，如果有的话。在很长时间里基因也是如此。对于与摩尔根同时代的人来说，你可以从你身上取下一个基因拿去做研究，这种想法非常荒谬，如同今天有人认为科学家可获取一束思想并在显微镜下加以检验一样。

当时可以肯定的是，某种与染色体相关的东西支配着细胞的繁殖。1944 年，在位于曼哈顿的洛克菲勒研究所里，一个由才华横溢而生性羞怯的加拿大科学家奥斯瓦尔德·埃弗雷领导的研究小组经过 15 年的努力，终于在一次极其棘手

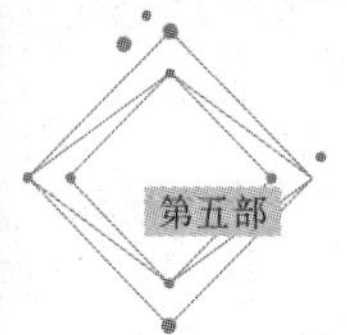

的实验中获得了成功。他们在实验中将一株不致病的细菌和不同性质的DNA混合培养，使这株细菌具有了永久性传染能力，从而成功地证明DNA根本不是一种惰性分子，而几乎肯定是遗传过程中极为活跃的信息载体。奥地利出生的生化学家埃尔文·查迦夫后来严肃地指出，埃弗雷的发现值得获两次诺贝尔奖。

不幸的是，埃弗雷遭到研究所里的一个同事的反对，这人名叫阿尔弗雷德·米尔斯基，是一个生性顽固、令人讨厌的狂热的蛋白质研究学者，他利用他手中的权力竭尽全力地贬低埃弗雷的工作——据说，他甚至极力劝说斯德哥尔摩的卡罗林斯卡学院不要授予埃弗雷诺贝尔奖。埃弗雷当时已经66岁，身心疲惫的他忍受不了工作的压力和喋喋不休的争论，辞去了工作，从此再也没有进行过研究工作。然而，别的地方的研究完全证明了埃弗雷的结论。没过多久便展开了一场搞清DNA结构的竞赛。

如果你在20世纪50年代初打一次赌，谁将在这一场破译DNA结构的竞赛中拔得头筹，你几乎肯定会把赌注押在美国首屈一指的化学家加州理工学院刘易斯·鲍林的身上。在分子结构的研究方面，鲍林是无与伦比的天才，他也是X射线晶体学领域的先驱之一，正是这项技术在破译DNA核心的研究中起了至关重要的作用。鲍林一生成就斐然，他两次获得诺贝尔奖（1954年获化学奖，1962年获和平奖），可是在DNA研究方面，由于他错误地认定其结构是三螺旋，而不是双螺旋，他的研究从未走上正轨，因而胜利的桂冠最终戴到了四位英国科学家的头上。这四位科学家不是一个小组，经常互不理睬，而且在很大程度上是这一领域的新手。

他们四位中最像传统科学家的是莫利斯·威尔金斯，他在第二次世界大战期间的许多时间里待在密室中帮助设计原子弹。同一时期，他们中的另外两个，罗萨林·富兰克林和弗朗西斯·克里克任职于英国政府，研究采矿，后者负责爆破，前者负责采煤。

这四位科学家中，最不平常的是詹姆斯·沃森，他是一个堪称天才的美国人。他小时候是风靡一时的电台节目《儿童智力竞赛》的成员（可以说，他至少在某种程度上从J.D.塞林格的《弗兰妮与祖伊》中的格拉斯家族成员身上及其他一些著作中受到了启发）。他15岁就进了芝加哥大学，22岁获得博士学位，在当时剑桥大学著名的卡文迪许实验室工作。1951年，他刚刚23岁，长着一头乱蓬蓬的头发，从照片上看犹如被框外什么强大的磁铁拉拽着似的。

克里克年长 12 岁，当时还没有获得博士学位。他的头发不那么蓬乱，但要稍稍硬一些。根据沃森的描述，他是一位爱说大话，吵吵闹闹，喜欢争论，急于要求别人赞成一个观点，三天两头被呼来唤去的人。他们两人都没有接受过正规的生物化学方面的训练。

他们的设想是，如果你能确定 DNA 的分子形状，你就能明白——后来证明是正确的——它是怎样完成它所做的一切的。他们似乎希望，他们要尽可能少费力气，只要干绝对必要的工作就能达到目的。正如沃森在他的自传《双螺旋》中兴高采烈地（也许带有某种自我夸耀的色彩）表述的那样："我希望不学任何化学知识就能解决基因方面的问题。"实际上他们并没有被安排做 DNA 方面的研究工作，有一段时间还被勒令中止他们私自开展的工作。为了瞒天过海，沃森谎称是在进行晶体学方面的研究，而克里克则称在完成一篇用 X 射线衍射大型分子的论文。

在关于破译 DNA 之谜的普遍说法中，克里克和沃森几乎赢得了全部荣誉，但是他们的关键突破是建立在他们的竞争对手的研究成果之上的，用历史学家莉萨·贾丁委婉的话来说，那些成果是他们"偶然"获得的。至少在开始阶段，伦敦大学国王学院的威尔金斯和富兰克林两位学者已经远远走在他们前面。

威尔金斯出生于新西兰，是一位离群索居的人，几乎到了从不露面的程度。1962 年，他因破译 DNA 结构而与克里克和沃森共同获得了诺贝尔奖。可是，1998 年美国公共广播公司（PBS）一个有关 DNA 结构破译的纪录片中对他的功劳只字不提。

在这几个人当中，富兰克林是最富神秘色彩的一位。在沃森的《双螺旋》一书中，他用近乎苛刻的言辞将富兰克林描绘成一个不可理喻，守口如瓶，不善于合作，故意不想有女人味——这点似乎尤其令他难受——的女人。他认为她"不是没有魅力，要是在衣着方面稍微花点心思的话，她其实是蛮漂亮的"。但是富兰克林在这方面令所有人失望了，她甚至不用口红，对此，沃森表示大惑不解。而她的衣着"完全是一副英国青年女才子的派头"。[①]

然而，在破译 DNA 结构的研究方面，富兰克林却通过 X 射线晶体衍射获得

① 1968 年，哈佛大学出版社终止了《双螺旋》一书的出版，原因是克里克和威尔金斯抱怨它对人物的描述过于锋芒毕露。对于这一点，科学史家莉萨·贾丁将其描述为"无故地伤害感情"。上述描述是沃森将其语调软化后的引语。

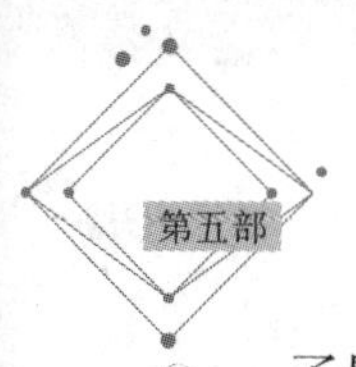

了最好的图像。这项技术是由刘易斯·鲍林完善的，曾成功地运用于晶体原子图的研究（它因此而得名为“晶体学”），但DNA分子是更加难以捉摸的对象。是富兰克林从这个过程中取得了好的成果，而令沃森愤愤不已的是，富兰克林拒绝与别人一起分享她的研究成果。

富兰克林没有热心地和别人一起分享她的成果，这也不能完全怪她。在20世纪50年代的国王学院，女性研究人员被一种先入为主的偏见压得抬不起头来。那种偏见令现代有感情的人（实际上是任何有感情的人）受不了。不管她们的职位多高，成果多显著，她们都不会被允许进入学院的高级休息室，她们甚至不得不在一个简陋的房间里就餐，连沃森也承认，那是个“既昏暗又狭窄”的地方。尤其是，她经常承受着巨大的压力——有时还不断受到骚扰，逼她将自己的研究成果与三个男人分享。那三个男人急于知道她的成果，但很少表现出相应的可爱品质，比如尊重——连克里克事后也承认：“我想我们老是对她——怎么说呢？傲慢无礼。”他们中有两人来自国王学院互为竞争对手的研究所，而另一个也在某种程度上公开站在他们一边。因此，富兰克林将她的成果锁在抽屉里，也就不足为怪了。

威尔金斯和富兰克林彼此合不来，沃森和克里克似乎利用这一点来为自己的利益服务。虽然克里克和沃森不要脸地侵犯威尔金斯的领域，威尔金斯却越来越站到了他们一边——这一点也不完全奇怪，因为富兰克林自己的行为变得很古怪。尽管富兰克林的研究表明，DNA结构毫无疑问是螺旋形的，可是她坚持对大家说不是这样。令威尔金斯感到震惊和难堪的是，1952年夏，富兰克林在国王学院物理系附近张贴了一张布告，以嘲讽的口吻说：“我们非常遗憾地宣布，DNA螺旋于1952年7月18日，星期五，与世长辞……希望M.H.F.威尔金斯博士为已故的双螺旋致悼词。”

最后的结果是，1953年1月，威尔金斯将富兰克林的DNA结构的X射线衍射照片出示给沃森，他这样做“显然没有向富兰克林打招呼，也没有得到她的许可”。这件事对沃森的意义无论怎样高估都不会过分。多年以后，沃森承认这是“具有决定意义的一件事……它极大地鼓舞了我们”。由于掌握了DNA分子的基本形状和其他一些重要数据，沃森和克里克加快了他们工作的步伐，一切似乎都顺理成章了。有一次，鲍林前往英国参加会议，他本来有可能在会议期间碰到沃森，并从他那里学到一些东西，以纠正自己所犯下的错误，正是这种错误使他在DNA结构研究方面走错了方向。当时是麦卡锡主义猖獗的时代，像

他这样的自由主义者是不允许到国外去的，结果鲍林被扣在纽约艾德瓦德机场，护照也被没收。相比之下，克里克和沃森倒是方便和幸运得多，因为鲍林的儿子也在卡文迪许实验室工作，天真无邪的他将有关他父亲研究的成功和失败的情形及时通报给了他们。

沃森和克里克仍然面临随时被人超过的可能性，便拼命投入该问题的研究工作。当时已经知道，DNA 含有 4 种化学成分——腺嘌呤、鸟嘌呤、胞嘧啶和胸腺嘧啶——这 4 种成分总是以特殊的配对方式排列。沃森和克里克将卡纸板剪成分子形状进行摆弄，终于搞清了它们是如何拼合在一起的。在此基础上，他们搭建起一个 DNA 双螺旋模型——这也许是当代科学史上最著名的模型——它由螺栓将金属片装配成一个螺旋形而成。他们邀请威尔金斯、富兰克林以及其他所有的人前来观看，任何行内人马上明白他们已经解决了问题。毫无疑问，这是一件了不起的侦探工作，不管有没有替富兰克林的形象做了宣传。

1953 年 4 月 25 日，《自然》杂志刊登了一篇沃森和克里克写的 900 字的文章，名为《DNA 的一种结构》。在同一期杂志中，还刊登了两篇分别由威尔金斯和富兰克林撰写的文章。那是一个充满大事的年代——埃德蒙·希拉里正准备攀登珠穆朗玛峰；伊丽莎白二世即将加冕为英国女王——因此，发现生命之谜的意义在很大程度上被忽视了。它只是在《新闻纪事报》上被略为提及，在别的地方却没有引起重视。

罗萨林·富兰克林没有分享诺贝尔奖。1958 年，诺贝尔奖颁发 4 年之前，她因卵巢癌而去世，年仅 37 岁。她得这种癌症几乎肯定是在工作时长期接触 X 光射线所致，这本来是可以避免的。在 2002 年出版的一本颇受好评的富兰克林的传记里，布伦达·马克多斯说，富兰克林很少穿防辐射服，并且常常漫不经心地走到 X 光前。奥斯瓦尔德·埃弗雷也没有获得诺贝尔奖，而且在很大程度上被后人所忽视。他死前至少有一点是令他满意的，这就是他看到自己的发现被证明是正确的。他死于 1955 年。

沃森和克里克的发现实际上到了 20 世纪 80 年代才最终得到确认。正如克里克在他的一本书中所说的："我们的 DNA 模型从被认为似乎是有道理的，到似乎是非常有道理的……再到最终被证明是完全正确的，用了 25 年的时间。"

即便如此，随着对 DNA 的结构的了解，人们在遗传学方面的研究进展神速。1968 年，《科学》杂志居然发表一篇题为《生物学即分子生物学》的文章，

认为——这似乎是不大可能的，但确实是这么看的——遗传学的研究已经接近终点了。

实际上，这当然仅仅是开始。即使到了今天，我们对于 DNA 仍有许多未解之谜。比如说，为什么这么多 DNA 似乎不做任何事情。你的 DNA 的 97%是由大量没有任何意义的垃圾（Junk）或生化学家喜欢称的非编码 DNA 构成的。每一段里你发现只有部分区段在起着掌控和组织的作用。这是一些行为古怪、难以捉摸的基因。

基因不过就是制造蛋白质的指令。它们在完成这一工作时尽职尽责。在这个意义上，它们就像钢琴的键，每一个键只能弹奏出一个音符，仅此而已，这显然有点儿单调。然而，将所有的基因组合在一起，就像你将所有的键组合在一起一样，你就能（继续这个比喻）弹奏出一曲伟大的生命交响乐，这就是人类基因组。

基因组换一种通俗的说法就是一种身体指令的手册。从这个角度来看，可以将染色体想象为一本书的章节，而基因则是制造蛋白质的个别指令。指令中所写的单词被称为密码子，单词中的一个个字母被称为碱基。碱基——基因字母表中的字母——由前面我们提到的腺嘌呤、鸟嘌呤、胞嘧啶和胸腺嘧啶 4 种核苷酸组成。尽管它们的作用极为重要，这些物质却不是什么稀奇的东西组成的。例如，鸟嘌呤就是因为在鸟粪层中大量存在而得名。

正如人人所知道的那样，DNA 分子的形状像一个螺旋状楼梯或扭曲的绳梯：著名的双螺旋结构。这种结构的支柱是一种被称为脱氧核糖的糖组成的，整个双螺旋是一个核酸——因此取名为“脱氧核糖核酸”。横档（或梯级）由两个碱基跨越中间的空间相连而成。它们只以两种方式配对，腺嘌呤总是与胸腺嘧啶配对，鸟嘌呤总是与胞嘧啶配对。当你在梯子上上下走动时，这些字母所排列的顺序就组成了 DNA 的密码，记录这些密码一直是“人类基因组工程”所要做的工作。

DNA 的绝妙之处在于它的复制方式。当需要产生一个新的 DNA 分子时，两条单链从中间裂开，就像夹克上的拉链一样，每条单链的一半脱离而去，形成新的组合。由于一条单链上的每一个核苷酸与另一个特定的核苷酸匹配在一起，每条单链成为创造一条与之匹配的新链的模板。如果你只有你自己 DNA 的一条单链，通过必要的组合，你就很容易重建另一条与之匹配的单链。如果一条单链的第一级是由鸟嘌呤构成的，你就会知道与之配对的另一条单链的第一级一

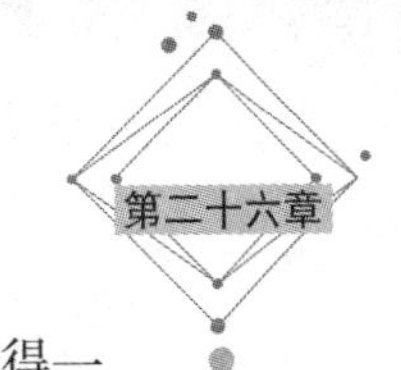

定是胞嘧啶。要是你沿着所有核苷酸配对组成的阶梯往下走，最后你将获得一个新的分子的密码。这就是大自然中所发生的事，只不过这一切是以极快的速度完成的——仅仅几秒钟时间，快得令人不可思议。

在大多数情况下，我们的DNA都以极其精确的方式进行复制，但是，在非常偶然的情况下——每100万次大约出现1次，某个字母（碱基）进入了错误的位置。这种情况被称为单一核苷酸多样性（SNP）也就是生化学家所说的Snip。通常情况下，这些Snip被埋没在非编码DNA链中，并不会对身体产生显著的影响。但是偶尔它们也会发生作用，有可能使你容易感染某种疾病，但也同样可能产生某种小小的有利作用——比如更具保护性的肤色，或是增加生活在海拔较高的地区的人的红细胞。这种不太显著的变化不断累积，最终对人与人和人种与人种之间的差异产生了影响。

在DNA的复制过程中，精确性与差异性必须保持平衡。差异性太大，生物将丧失功能，但差异性太小又会降低其适应性。类似的平衡也必须存在于一种生物的稳定性和创新性之中。对于生活在海拔较高的地方的某个人或某群人，增加红细胞可以使他们活动和呼吸顺畅，因为更多的红细胞能够携带更多的氧气。但是增加的红细胞也会增加血液的浓度。用坦普尔大学人类学家查尔斯·威茨的话来说，太多的红细胞使得血液“像石油”。这对心脏来说是一个沉重的负担。因此那些生活在高海拔地区的人在肺活量增加的同时，也增加了心脏患病的可能性。达尔文的自然选择理论正是以这样的方式保护着我们，这也有助于理解为什么我们都如此相似。进化不会使你变得过于独特，你无论如何不会成为新的物种。

你和我的千分之一的基因差异是由我们的Snip决定的。如果将你的DNA与第三个人相比，有99.9%也是一致的，但是你们的Snip在很大程度上会在不同的位置。如果与更多的人相比，你们更多的Snip会在更多的不同的位置。对于你的32亿个碱基中的每个碱基，地球上某个地方某个人或某群人，他或他们在那个位置上的密码会是不同的。因此，不仅“那个”人类基因组这种说法是错误的，在某种意义上我们甚至根本就没有“一个”人类基因组。我们有60亿个基因组，尽管我们99.9%全都是一样的。但是，同样可以说，正如戴维·考克斯所指出的，“你可以说所有的人没有任何共同之处，这种说法也没错”。

但是，我们仍然不得不解释，为什么DNA中的绝大部分都没有任何明显的目的。答案乍一看上去有些令人失望，但是生命的目的似乎确实就是使DNA得

以永久存在。我们DNA的97%通常被称为垃圾（Junk），它们在很大程度上由字母块组成，用马特·里德利的话说，它们“存在的原因极其单纯和明了，就是它们善于复制自己”。[①]换句话说，你的DNA中的绝大多数并不为你服务，而是服务自己：你是为它效力的机器，而不是相反。你会回忆起，生命只想活着，而根本就在DNA身上。

即使DNA包含制造基因的指令——科学家们所说的为基因编制密码，其目的也并不一定是维持有机体功能的正常运转。我们体内有一种最为常见的基因——一种被称为反转录酶的蛋白质，据知它在人体内根本不起任何好作用。它所做的一件事就是使诸如艾滋病病毒的反转录酶病毒神不知鬼不觉地溜进人体系统中。

换句话说，我们的身体花了很多能量来制造一种蛋白质，这种蛋白质没有任何益处，有时反而会给我们带来致命的一击。我们的身体不得不这样做，因为基因发出了指令。我们是它们横行霸道的地方。据我们所知，总共有近一半的人类基因——任何生物体内基因已知的最大比例——除了复制它们自己，根本不做任何事情。

从某种意义上讲，所有的生物都是其基因的奴隶。这就解释了为什么鲑鱼、蜘蛛以及其他数不清的生物在交配的同时也走向了死亡。繁殖后代、传递基因的欲望是自然界最强有力的冲动。正如舍温·B.努兰所说：“帝国分崩离析，本我破壳而出，雄伟的交响乐笔下生成，这一切的背后是一种要求得到满足的本能。”从进化论的观点看，性本质上就是鼓励我们将基因传承给后代的一种机能。

科学家们好不容易接受了这样一个令人惊讶的事实，即我们DNA的绝大多数不做任何事情。紧接着，更让人意想不到的研究成果开始问世了。先是在德国，接着在瑞士，研究人员做了一系列奇怪的实验，其结果让人瞠目结舌。他们将控制老鼠眼睛发育的基因植入到果蝇的幼虫中。他们本来以为会产生某种

---

① 垃圾（Junk）DNA其实有个用处。有一部分在DNA指纹鉴定中派得上用场。它的这种用途是英国莱斯特大学的科学家亚历克·查弗里偶然发现的。1986年，查弗里正在研究与一种遗传性病症有关的基因链上的基因标志，突然有一位警察来找他，问他能否查出某个嫌疑人是否杀死两人的凶犯。他意识到他的技术能够在破案中得到很好的运用——这很快得到了验证。一个有着很怪异名字的年轻面包师科林·皮奇福克被证实是真正的凶手并被判处了无期徒刑。

有趣而怪异的东西，结果老鼠眼睛的基因使得果蝇不仅长出了一只老鼠的眼睛，同时还长出了一只果蝇的眼睛。这两类动物在长达 5 亿年的时间里分别拥有不同的祖先，但是它们却可以像姐妹一样交换基因。

同样的事情无处不在。研究人员将人类 DNA 植入果蝇某些细胞中，果蝇最终接纳了它，好像它是自己的基因似的。事实证明，60%以上的人类基因本质上与果蝇是一样的。至少 90%以上的人类基因在某种程度上与老鼠基因相互关联。（我们甚至拥有同样的可以长出尾巴的基因，要是它们活跃起来的话。）研究人员在一个又一个的领域中发现，他们不管用什么生物做实验——无论是线虫还是人类——他们所研究的基因基本上是一样的。生命似乎就出于同一张蓝图。

科学研究进一步揭示了一组掌控基因的存在，每一种控制着人体某一部分的发育。这种基因被称为变异同源基因（希腊语“相似”的意思）或同源基因。同源基因回答了长期以来困扰人们的问题：数以十亿计的胚胎细胞都来源于一个受精卵，并且携带完全相同的 DNA，它们怎么知道去往哪个方向，该做些什么——其中某一个变成了肝脏细胞，另一个变成了伸缩性神经元，又有一个变成了血泡，还有一个变成了拍动的羽翼上的光点。原来是同源基因对它们发出了指令。它们对于所有的生物都以同样的方式发出指令。

有趣的是，基因的数量及其组合方式并不一定反映携带它的生物的复杂程度，甚至总的来说不反映。我们有 46 条染色体，但是有些蕨类植物的染色体多达 600 多对。肺鱼，所有动物中一种进化最不完善的鱼类，其染色体数是我们的 40 倍。即便是普通的水螈，其基因数也是我们的 5 倍。

显然，问题的关键并不在于你有多少基因，而在于你怎样对待它们。人类基因数近来成了人们热烈讨论的一个话题，这是一件好事情。直到不久以前，许多人以为人类至少有 10 万个基因，也许还更多，但是人类基因工程的第一批研究结果使得这个数字大大缩水。研究表明，人类只有 3.5 万至 4 万个基因——与草的基因数相同。这个结果既令人吃惊，又不免有些令人失望。

你大概已经注意到，基因已经非常频繁地和人类的众多病症扯在一起。欣喜若狂的科学家一次又一次地宣称他们已经发现了导致肥胖症、精神分裂症、同性恋倾向、犯罪行为、暴力、酗酒乃至商场扒窃和流浪的基因。这种基因决定论的最高潮（或最低潮）就是发表于 1980 年《科学》月刊的一篇论文，该文十分肯定地宣称妇女的基因构成先天注定了她们在数学方面能力低下。事实上，

我们现在知道，有关你的任何方面都不是那么简单的。

在一个重要意义上，这显然是一件憾事，因为如果你具有个别决定身高、糖尿病或谢顶倾向或其他任何明显特征的基因，你就可以很容易地——反正相对容易地——将它们加以隔离并根治。不幸的是，3.5 万个基因如果独立工作远远不足以制造出一个令人满意的复杂人体。很明显，基因必须彼此协同工作。有一些身心失调的病症，比如血友病、帕金森综合征、亨廷顿舞蹈症以及囊性纤维变性——是由个别机能不良的基因引起的，但是一般来说，远在它们变得足以对物种或人类造成永久性的麻烦之前，依照自然选择的规律，它们就被淘汰掉了。令人欣慰的是，我们的命运在很大程度上——即便是我们眼睛的颜色——不是由个别基因决定的，而是各种各样的基因通力协作的结果。因此，对于为什么我们总是很难了解它们彼此是怎样形成一个整体的，以及为什么我们不能在短期内培育出我们所预先设计的婴儿，也就不难理解了。

实际上，我们对近年来的研究结果了解得越多，我们不明了的事情也就越多。实验证明，即便是意念也会对基因的工作方式产生影响。比如，一个男人的胡须长得多快，某种程度上取决于他在多大程度上想到了与性有关的事情（因为想到与性有关的事情会产生大量睾丸素）。20 世纪 90 年代初，科学家甚至做了更为深入的研究。他们发现，通过破坏胚胎阶段的老鼠的某种关键性基因，这些老鼠出生后不仅很健康，甚至有时比基因未受破坏的兄弟姐妹更健康。结果证明当某种重要的基因被破坏以后，其他的基因会进来填补空缺。对于作为生物的我们来说，这是一个再好不过的消息，但是对于我们了解细胞是怎样工作的却不太有利，因为它使我们才刚刚开始了解的问题又增加了一层复杂性。

很大程度上正是这种极其复杂的因素，使得破译人类基因组的工作几乎马上被看成一个起点。基因组，正如麻省理工学院的埃里克·兰德所指出的那样，就像是人体部位的排列表：它告诉我们，我们是由什么构成的，但是却没有说它们是怎样工作的。我们现在所需要的是一个操作手册——怎样使它运转起来的指令。这对于我们来说，还是遥不可及的一件事。

因此，当务之急是破解人类蛋白组——一个非常新的概念，仅仅在 10 年前，甚至连蛋白组这个词也不存在。蛋白组是储藏制造蛋白质信息的资料馆。“不幸的是，”《科学美国人》2002 年春季刊认为，“蛋白组比基因组复杂得多。”

这话说得比较婉转。你可能记得，蛋白质是所有生命系统的役马：每个细

胞中都有多达以亿计的蛋白质分子在一刻不停地工作。它们的活动如此之多，令人无法捉摸。更糟糕的是，蛋白质的行为方式和功能不仅像基因那样取决于它们的化学性质，而且取决于它们的形状。若要具有正常功能，一个蛋白质分子必须具备以恰当的方式组合在一起的化学成分，之后还必须折叠成一种非常特别的形状。这里所使用的“折叠”这个词实际上是一种容易引起混淆的概念，仿佛是几何学意义上的齐整的意思，其实并不是这样的。蛋白质卷成的和盘折成的形状又随意又复杂，与其说它们像折叠好的毛巾，倒不如说它们像乱作一团的衣架。

除此以外，蛋白质还是生物世界的登徒子（请允许我使用一个信手拈来的古词）。根据一时的兴起及新陈代谢的状况，它们会随心所欲地磷硫酸化、糖基化、乙酰化、泛素化、硫酸盐化，以及其他许多种不同的变化。往往，似乎并不需要花费太大力气就会使它们发生变化。饮一杯酒，正如《科学美国人》所说的那样，你就会极大地改变你整个系统内的蛋白质的数量和种类。对于瘾君子来说，这倒是令人高兴的一件事，但是对那些试图搞清楚这一切是怎么发生的遗传学家来说，却根本没有帮助。

一切可能从一开始就似乎难以想象的复杂，一切在某种程度上也确实难以想象的复杂，但是，所有这一切又都有一条简单的底线，因为生命的运作方式说到底都是一样的。所有赋予细胞生命的细微而灵巧的化学过程——核苷酸的协调一致：从 DNA 到 RNA 的信息传递——在整个自然界只演变过一次，而且至今保持得十分完好。正如已故的法国遗传学家雅奎斯·莫诺半开玩笑地所指出的那样：“大肠杆菌如此，大象也是如此，只是更加如此。”

一切生物都是从原先同一蓝图发展起来的产物。作为人类我们不过是发展得更加充分而已——我们每一个人都是一本保存 38 亿年之久的发霉记录本，内容涵盖了反反复复的调整、改造、变更和修补。令人惊讶的是，我们甚至与水果、蔬菜十分接近。发生在一根香蕉里的化学反应，和发生在你身上的化学反应约有 50%在本质上是一样的。

这句话怎么多说也不会过分：所有生命都是一家。这句话现在是，恐怕将来也将永远证明是世间最为深邃的真情告白。

第六部　通向我们的路

我们是猿的后裔！天哪，真希望这不是真的。果真这样的话，让我们祈祷不要让大家知道。

——沃斯特主教的妻子对达尔文进化论的感言

第二十七章
冰河时代

我做了一个梦，
实际上也不完全是
　一个梦。
耀眼的太阳熄灭了，
而星星仍在无尽的虚空中
　四处流浪……

——拜伦《黑暗》

1815年，在印度尼西亚松巴哇岛，一座名为坦博拉的漂亮而又长期休眠的火山突然大规模喷发，喷涌而出的熔岩以及相伴而来的海啸夺走了10万人的生命。如今活着的人谁也没有见过如此威力巨大的火山喷发。坦博拉火山喷发规模要比任何活着的人经历过的大得多。这是近1万年内最猛烈的一次火山喷发——其规模是1980年美国圣海伦斯火山喷发的150倍，其能量相当于6万颗

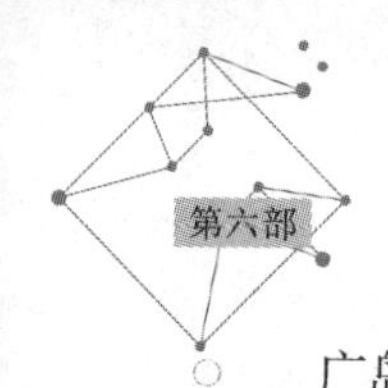

广岛原子弹。

那个年代消息传播的速度非常慢。在坦博拉火山喷发后7个月，伦敦《泰晤士报》才刊登了一篇简短报道——实际上是一封商人来信。而火山喷发所产生的影响，这时候人们早已经感觉到了。150立方公里的烟尘遍布整个大气层，使阳光变得朦胧，地球的气温下降。日落时分，阳光出奇的暗淡，此情此景，被高兴透顶的英国画家J.M.W. 特纳捕捉下来。可是在大多数时间里，人们只能生活在令人窒息的可怕的黑暗中。这种死一般的昏暗景象给了诗人拜伦以灵感，于是他写下了本章开头所引的那几行诗。

春天停止了她的脚步，夏天也不再温暖，1816年成了“没有夏天”的一年。到处庄稼歉收。在爱尔兰，饥荒及斑疹伤寒的肆虐致使65 000人死亡。在美国新英格兰地区，那年被人们称为“19世纪冻死年”。霜冻一直持续到6月，种到地里的种子根本不会发芽。由于缺少饲料，牲畜大批死亡，或者被提前宰杀。无论从哪个角度来看，1816年都是可怕的一年——这几乎可以肯定是现代农场主所遭受的一场最为严重的灾难。然而从全球来看，气温仅仅下降了不足1摄氏度。科学家们将从中了解到，地球上大自然的恒温系统是如此的脆弱。

19世纪已经不算是一个很冷的时期。在此前的200年时间里，正如我们现在所知道的，欧洲和北美洲经历了一个小冰河时代，这使得各种各样的冰上活动成为可能——人们每年都要在泰晤士河上举办冰雪节，或者沿荷兰的运河举办溜冰比赛——所有这些对于现在的人来说已经不太可能。换句话说，那是一个人们对寒冷习以为常的时代。因此，我们也就不难理解，为什么19世纪的地质学家迟迟没有认识到：比起以往任何时代，他们所处的是一个相对温和的世界；他们身边的大片土地是威力无比的冰川和足以使任何冰雪节销声匿迹的寒冷所形成的。

他们知道过去发生了某种非同寻常的事情。欧洲大陆到处都可见令他们百思不得其解的反常现象——北极驯鹿的尸骨出现在温暖的法国南部，巨大的岩石矗立在它们不该出现的地方。这往往导致他们提出一些看似大胆，但显然又不怎么能站得住脚的推论。一个名为德·吕克的法国博物学家试图解释为什么巨大的花岗岩出现在了侏罗山海拔较高的石灰岩层面，认为也许是山洞里的压缩空气把它们掀到了那里，就像橡皮子弹从玩具枪里被弹出一样。这样解释一块被移动了很长距离的大石头显然是站不住脚的，但是在19世纪，人们更在意的是这样的解释本身是否能自圆其说，对于它是否与岩石运动的实际情况相符，

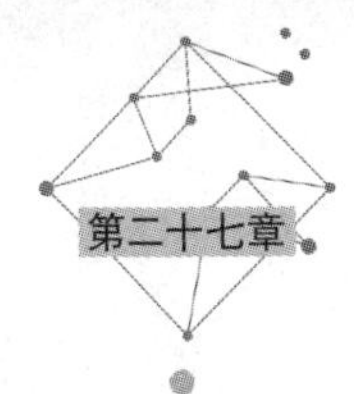

那倒是还在其次的。

英国伟大的地质学家阿瑟·哈莱姆曾说，如果18世纪地质学之父詹姆斯·赫顿曾亲自到瑞士去考察的话，他一定会立刻明白那里被切割得七零八落的山谷、被磨得平整光滑的条痕、岩石堆集的滨线以及随处可见的各种线索的重要意义。所有这一切都表明这里曾有冰盖滑过。令人遗憾的是，赫顿并不是一个旅行家。但是，即便是凭借他所掌握的二手资料，他也不假思索地表示反对，那些巨大的石块是由洪水冲到1 000米高的山坡上的——他指出，世界上没有任何水能使岩石漂浮起来——他成了赞成大规模冰川作用的第一人。可惜他的观点没有引起广泛注意；有将近半个世纪的时间，大多数博物学家依然坚持认为，岩石上的痕迹也许不过是过路的大车碾轧出来的，甚至可能是靴子的平头钉刮擦出来的。

相反，当地那些没有受科学界正统学说影响的农民知道得更多。瑞士博物学家让·德·夏庞蒂埃讲述了这样一个故事：1834年，他和一位瑞士伐木工人行走在一条乡间小道上，他们随便聊起路边那些随处可见的大石块。伐木工人非常直率地告诉他，这些岩石来自离那里很远的格里姆瑟尔地区。“当我问他这些岩石是怎样来到他所在的地区时，他毫不犹豫地回答说：‘格里姆瑟尔冰川沿着山谷把它们带到了这里，因为那次冰川曾一度延伸到了伯尔尼镇。’”

夏庞蒂埃不禁大喜过望，因为他本人早已得出这样的看法。可是，当他在一次科学集会上提出这一观点时，却遭到人们的冷遇。夏庞蒂埃最好的朋友，一位名叫路易斯·阿加西斯的瑞士博物学家起初对这一观点持怀疑态度，之后又慢慢地接受，最后是全力支持这个理论。

阿加西斯曾在巴黎师从居维叶，当时担任瑞士纳沙泰尔州立学院自然史教授。他的另一位名叫卡尔·希姆帕尔的朋友是一位植物学家。事实上，正是希姆帕尔于1837年首先创造出了冰河时代（德语：Eizeitt）这个词。他认为，有许多证据表明，厚厚的冰盖不仅覆盖了瑞士阿尔卑斯山，而且覆盖了欧洲、亚洲和北美洲的大片地区。这是一个极其激进的观点。他把他的笔记借给了阿加西斯——后来他为此懊悔不已，因为阿加西斯越来越多地从那些希姆帕尔觉得属于自己的理论中获得了荣誉。夏庞蒂埃最后也成了他老朋友的死对头。亚历山大·冯·洪堡也是阿加西斯的朋友。他曾经这样论述科学发现的三个阶段：首先，人们拒绝承认它是正确的；然后，人们拒绝承认它的重要性；最后，人们把功劳归于别人。当洪堡这样论述的时候，至少在一定程度上，他心里是有阿加西斯的影子的。

话虽如此，阿加西斯还是致力于这一领域。为了了解冰川作用力，他哪里都去——钻进极其危险的裂缝深处，爬上极为陡峭的阿尔卑斯山峰，而且往往好像不知道，他和他的队员所攀登的是人类以前从未登临过的山峰。可是，几乎无论阿加西斯到哪里，人们对他的理论总是将信将疑。洪堡要求他停止这种对冰川的近乎狂热的考察，重新回到他所擅长的鱼类化石研究上来，可是阿加西斯是个一根筋的人。

在英国，支持阿加西斯理论的人更是少得可怜，因为那里的大多数博物学家从未见过冰川，往往无从理解冰川巨大的作用力。“难道岩石层面刮擦和磨光的痕迹仅仅归因于冰川作用吗？”在一次会议上，罗德里克·莫奇生以一种嘲讽的口吻问道，他显然想当然地认为那些岩石表面覆盖着一种又轻又滑的冰霜。直到临终的时候，他都对那些把什么都归因于冰川作用的“冰川狂”地质学家们表示出强烈的不信任感。地质学会的领导人、剑桥大学教授威廉·霍普金斯对此持同样的观点。他说“冰川可以移动岩石的观点从机械力学的角度来看实在荒唐”，根本不值得引起地质学会的注意。

阿加西斯并没有气馁，他不知疲倦地多方奔走，四处游说，宣传他的理论。1840年，他在格拉斯哥英国科学促进协会的一次会议上宣读了他的一篇论文，却遭到伟大的查尔斯·莱尔的当众批评。次年，爱丁堡地质学会通过了一项决议，承认阿加西斯的理论中也许有某些合理的成分，但可以肯定的是，它根本不适用于苏格兰地区。

莱尔最终改变了立场。他的顿悟出现在某一天，他突然意识到，在他苏格兰住所附近的一堆冰碛石——由一长串岩石组成，他已经数百次从旁边经过——之所以矗立在那里，唯一说得通的解释就是冰川把它们搬到了那里。但是，即便他内心已有所转变，莱尔也没有勇气，不敢公开支持冰川时代理论。对于阿加西斯来说，那是一段极为难熬的时期。他的婚姻破裂了，希姆帕尔强烈谴责他剽窃了自己的研究成果，夏庞蒂埃不同他说话，而莱尔这位在世的最伟大的地质学家尽管支持他的理论，可是用的都是不冷不热、游移不定的语调。

1846年，阿加西斯到美国做系列演说，并在那儿赢得了他渴望已久的荣誉。哈佛大学聘请他为教授，并且为他建立了一个堪称一流的比较动物学博物馆。他在新英格兰地区定居下来，这毫无疑问是有帮助的，因为那里漫长的冬季使得人们对关于漫长的寒冷时期的理论抱有某种同情。6年以后，阿加西斯对格陵兰做了第一次科学考察。这也很有帮助。他们发现，几乎整个岛上覆盖着一

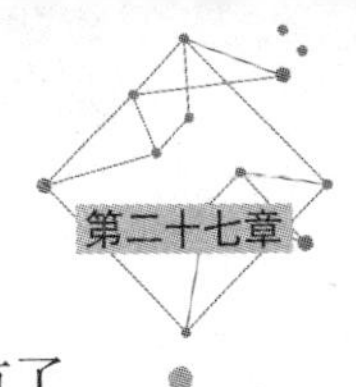

层冰盖，就像阿加西斯理论中设想的古代冰盖那样。他的理论终于开始拥有了真正的支持者。阿加西斯的理论有一个致命的弱点，就是他不能解释导致冰河时代出现的原因。不过，援军就要从一个意想不到的地方出现了。

19 世纪 60 年代，英国的一些报纸和学术杂志开始收到格拉斯哥安德森大学（现在的斯特拉恩克莱德大学）的詹姆斯·克罗尔所写的有关流体静力学、电力学以及其他学科的文章，其中有一篇文章认为，地球轨道的变化很可能是导致冰川期出现的原因。该文于 1864 年发表于《哲学杂志》，立刻被推崇为代表最高水平的学术论文。可是，当人们了解到该文的作者克罗尔并不是该大学的研究人员，而只是一名普通职员的时候，他们于惊讶之余，也许还有一丝尴尬。

克罗尔 1821 年出生于一个贫寒的家庭，他的正规教育在 13 岁时就已结束，之后他做过许多工作——木匠、保险推销员、禁酒旅店管理员，然后他来到格拉斯哥安德森大学当了一名门房。他说服他的弟弟帮助他打理了许多事务，因此，静悄悄的晚上他经常在大学的图书馆里自学物理、数学、天文学、流体静力学，以及其他一些新兴的学科。慢慢地，他开始撰写一系列论文，尤以地球运动及其对气候的影响为重点。

是克罗尔第一次提出，地球轨道从椭圆形（也就是说，略呈卵形）到接近圆形，然后再回到椭圆形的周期性变化，可能是导致冰川时代产生和消退的原因。在他之前，从未有人从天文学的角度对地球的天气变化做过解释。多亏克罗尔富有说服力的理论，英国人开始接受关于地球上的有些地区在以前某个时期处于冰川控制的观点。克罗尔的杰出才能得到人们的普遍认可，他在苏格兰地质勘查局谋得了一个职位，还获得了许多荣誉：伦敦皇家学会及纽约科学学会吸纳他为会员，圣安德鲁斯大学授予他荣誉学位，等等。

遗憾的是，就在阿加西斯的理论终于在欧洲开始为人们所接受的时候，他却马不停蹄地在美洲一些人类从未涉足过的地方做野外考察。在他所到之处，包括赤道附近，他不断发现冰川的痕迹。最后，他确信冰川曾经覆盖过整个地球，毁灭了当时上帝已经创造的所有的生命。阿加西斯所引用的证据没有一个能够支持这种观点。尽管如此，在他所移居的美国，他的地位越来越高，几乎被看成了神，以至于 1873 年当他去世时，哈佛大学认为有必要增补三位教授才能弥补他所留下的空缺。

然而，阿加西斯的理论很快不再流行了。这种情况有时候是会发生的。在他去世后不到 10 年，接替他的哈佛大学地质系主任这样写道：“所谓的冰河时

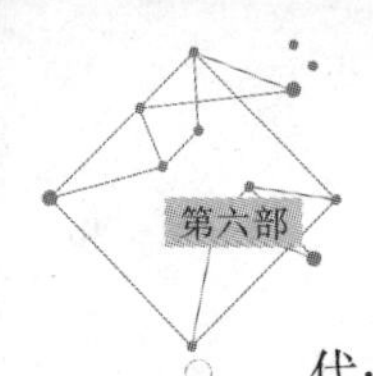

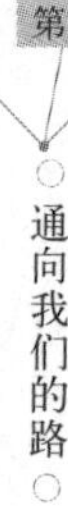

代……几年前在研究冰川的地质学家中还很吃香，现在会被人们毫不犹豫地抛弃。”

在一定程度上，问题在于克罗尔的计算认为，最后一次冰川期出现在8万年前，但是地质学证据越来越表明，地球在比8万年近得多的一段时期内曾经历过某种严重的摄动。不对造成一个冰川时代的原因做出合理的解释，整个理论就没法站住脚。要不是一位名叫米卢廷·米兰柯维契的塞尔维亚学者的出现，这个问题本来会存在一段时间。米兰柯维契根本没有研究天体运动的背景——他是一个训练有素的机械工程师——但他在20世纪初突然对这一问题产生了兴趣。他发现，克罗尔的理论的问题并不是它不正确，而是它太简单了。

地球在空间运动时，不仅轨道的长度和形状会有所变化，而且朝向太阳的角度——它的倾斜度、俯仰角和摆动，也会有规律地发生变化，所有这些都影响了照射到地面任何一点的阳光的时长和强度。尤其是，地球在漫长的时间内要经历三种位置变化，即所谓的黄赤交角、岁差和偏心率。米兰柯维契觉得，这些周期性的复杂变化与冰川期的产生和消退也许存在某种关系。困难在于，这种周期性变化的时间跨度相差过大——有的大约2万年，有的4万年，还有的10万年，差不多每个周期的差别都长达几千年——这就意味着，要想确定它们在漫长的时间段里的交叉点，必须经过几乎是无休止的精心演算。最主要的是，米兰柯维契必须计算出，100万年来，随着上述三种因素的不断变化，阳光在每一季节照射地球上每一纬度的角度和持续时间。

令人高兴的是，这样一项繁复庞杂的工作恰好适合于米兰柯维契的脾性。在接下来的20年时间里，即使在度假的时候，米兰柯维契也凭借铅笔和计算尺，从不间断地计算着他的周期表——这样一项工作现在用一台计算机一两天内就可以完成。计算都得在业余时间里进行，可是到了1914年，米兰柯维契突然有了许多空余的时间。第一次世界大战爆发了，他因为是塞尔维亚部队的后备役军人而被捕。在随后4年的大部分时间里他被软禁在布达佩斯，管理不严，只需每周向警察报到一次，其余时间都在匈牙利科学院的图书馆里辛勤工作。他也许是历史上最快乐的一名战俘。

辛勤劳作的结晶是发表于1930年的著作：《数学气候学与气候变化的天文学原理》。米兰柯维契没错，冰川期和行星的摄动确实有关，虽然同大多数人一样，他认为严寒冬天逐渐加剧导致了漫长的寒冷时期。是生于俄罗斯的德国气象学家瓦尔德米尔·柯本——我们的构造学朋友阿尔弗雷德·魏格纳的岳父——

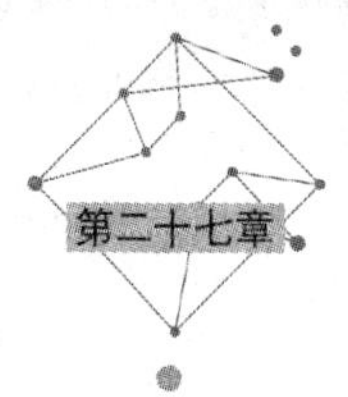

发现这个过程要比那更复杂，更可怕。

柯本认为，产生冰川期的原因是凉快的夏季，而不是严寒的冬季。如果在某一地区夏季非常凉快，射来的阳光就会被地表反射，这样就加剧了寒冷的程度，使得更多的雪降下来，结果往往使地表的冰雪永久化。随着积雪累积成冰盖，整个地区就会更加寒冷，以致冰雪越积越多了。正如冰川学家格文·舒尔茨所说的那样："冰盖的产生并不取决于下了多少的雪，而是取决于有多少未融化的雪——不管多么少。"冰川期被认为开始于某个季节反常的夏天，未融化的雪反射了热量，加剧了寒冷的效果。麦克菲说："这是一个不断自我扩大的过程，而冰盖一旦形成，它就开始移动。"这样，就有了移动的冰川，也就进入了一个冰川时代。

20 世纪 50 年代，由于检测年代技术的不完善，科学家们并没有能把当时所掌握的有关冰川期的数据与米兰柯维契精确计算出来的周期进行对比。因此，米兰柯维契及其计算结果越来越不吃香。直到 1958 年去世时，米兰柯维契都未能证明其周期的正确性。到了这个时候，用一部记述该时期的史书里的话来说："你很难找到一位地质学家或气象学家认为那个模型不仅仅是一个古董。"直到 20 世纪 70 年代，随着用于确定古代海底沉淀物的年代的钾氩测年方法的改善，米兰柯维契的理论才最终得以确证。

单是米兰柯维契周期并不足以解释冰川期的周期。许多别的因素也必须纳入考虑的范畴——尤其是大陆的分布情况，特别是极地陆块的存在，但是对于所有这一切我们了解得并不完备。然而，一直有一种说法，如果你将北美大陆、欧亚大陆和格陵兰往北移 500 公里，我们就势必永远处于冰川期。看上去我们非常幸运，赶上了所有的好天气。对于一个冰川期内被称为间冰期的一段气候相对暖和的时期，我们对其周期尤其缺乏了解。说来也许有些令人沮丧，整个人类文明史——农业的发展，城镇的建立，数学、文学、科学和所有其他一切的兴起——都发生在一段不大寻常的好天气时期。上几次间冰期只持续了 8 000 年的时间，而我们这一次已过去了 1 万年。

事实上我们依然处在一个冰川期，只不过这是一个范围已经缩小的冰川期——虽然缩小的程度不像许多人认为的那么大。在上一次冰川期的高峰期，也就是在大约 2 万年前，地球陆地表面约 30%被冰雪覆盖。即便是现在，依然有 10%的陆地覆盖着冰雪，更有 14%的地区是永久冻土带。四分之三的地球淡水结成冰，南北两极有冰盖——这种情况自地球诞生以来是极不寻常的。世界

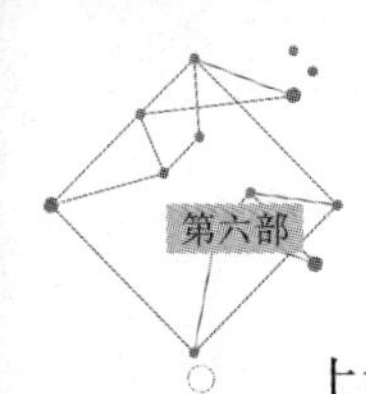

上许多地区冬天会下雪，像新西兰这样温润的地区也覆盖着永久性的冰盖，这一切对于我们来说是司空见惯的，可是在地球以往的历史中却极为罕见。

直到相当近的一个时期前，地球表面的温度在绝大多数时候都比较高，哪里也没有永久性的冰川。当前的冰川期——实际上是冰河时代——开始于大约 4 000 万年前，从极其严酷变得不大严酷。我们就生活在一个为数不多的不大严酷的时期。新的冰川期总是会抹掉以前的冰川期所留下的痕迹，因此时间越是往前推移，展现在你面前的图景就越是不完整。但是，在过去 250 万年左右的时间里，我们似乎已经历了至少 17 个严酷的冰河时代——在这段时期，正是非洲直立人及随后的现代人生活的时期。人们常说，造成当前冰川期的两个嫌疑犯是喜马拉雅山的隆起和巴拿马地峡的形成。前者干扰了气流的畅通，后者打乱了洋流的走向。在过去 4 500 万年的时间中，曾经是一个岛屿的印度漂移了 2 000 公里与亚洲大陆相撞，其结果不仅使喜马拉雅山上升，并且在它的后面形成了广袤的青藏高原。据认为，高原的海拔增高不仅使气候变得更加寒冷，而且改变了风向，使风吹向北方，吹向北美，使得那里更容易长时期处在严寒的控制之下。接着，从大约 500 万年前开始，巴拿马地区从海底隆起，将南北美洲连在一起，这样就影响了太平洋和大西洋之间的暖流的流向，改变了至少半个世界的降雨量的分布情况。其结果之一是造成了非洲的干旱，使得那里的类人猿纷纷从树上来到地上，到正在形成的大草原寻找新的生活方式。

无论如何，随着海洋和大陆变成目前的分布情况，我们似乎还将经历一个漫长的冰河时代。根据约翰·麦克菲的观点，我们还将经历大约 50 个冰河时代，每一个冰河时代持续 10 万年左右，之后我们才能有希望迎来一个极其漫长的解冻期。

在 5 000 万年前，地球上并没有很有规律的冰川期，可是一旦它们在地球上出现，其规模和持续时间都是十分惊人的。第一次大范围的冰川期出现在大约 22 亿年前，之后就是长达 10 亿年左右的温暖期。在这之后出现的冰川期比第一次来得更大——事实上，它是如此之大，以至于如今有些科学家提到那个时代时，都用上了覆冰纪或超级冰川期这样的字眼。这种状况更经常被称为“雪球世界”。

然而，“雪球”很难说明那一时期环境恶劣的程度。那种理论认为，由于阳光的照射量减少了约 6%，产生（或保留）温室气体的能力降低，地球实际上难

以保持其热量。地球变成了如同南极那样的冰天雪地，气温降低了45摄氏度。整个地球表面都被冻得严严实实，高纬度地区的海洋结冰厚达800米，热带地区的也有几十米厚。

这里存在一个严重问题：从地质学角度来看，整个地球，包括赤道地区在内，都被冰雪所覆盖；可是从生物学角度来看，却又确定无误地表明在某些地方一定存在着未曾冰冻的水域。首先，藻青菌存活了下来，还进行了光合作用。进行光合作用需要阳光，可是要是你透过冰块看，你会发现光线很快变得越来越暗，几米之外就根本看不见光线了。对于这个问题，可能有两种解释：一是有一小部分水域确实未曾冰冻，也许是因为当地某个地方很热；一是某些结构的冰块是半透明的——这种现象有时在大自然中确实存在。

如果地球确实被冻结过，那它又是怎样重新变得温暖起来的呢？这是一个很难于回答的问题。由于反射的热量太多，一个处于冰冻状态的星球会永远保持这种状态。挽救这种局面的力量似乎来自地球内部的岩浆。我们在这里也许要再次感谢地壳的构造。我们认为，是火山救了我们。火山的喷发突破了冰川的封锁，喷涌而出的热量和气体使地表的冰雪融化，使得大气层重新得以改变。非常有意思的是，这一次高度寒冷的时期是以寒武纪大爆发——生命发展史上的春天——为结束的标志的。当然，这样一个春天并非总是风和日丽，因为随着地球变暖，它经历了有史以来最狂暴的天气，强烈的飓风掀起摩天大楼高的巨浪，到处下着不可思议的瓢泼大雨。

这一时期，多毛虫、蛤蜊，以及其他附着于深海喷气孔的生命无疑继续存在，仿佛什么事也没有。而地球上所有其他生命很可能到了完全灭绝的边缘。这一时期距我们今天十分遥远，而我们目前对它的了解是极其匮乏的。

与覆冰纪大爆发时代相比，最近几次冰川期的规模似乎要小得多，但以今天地球上的任何标准来衡量，它还是极其巨大的。覆盖欧洲和北美洲的威斯康星冰盖在某些地方厚达3公里，并且还以每年120米的速度不断前进。即使在其边缘地段，冰盖也差不多有800米厚。这是一个多么壮观的景象啊！想象一下，你站在一堵那么高的冰墙脚下，墙的后面是几百万平方公里的地方，除了几座刺向青天的冰峰，全都是一望无际的冰盖。整块整块的陆地在巨大的冰盖的压力下沉降，即使在冰川退却12 000年后的今天，这些陆地还没有上升到原来的位置。在冰盖缓慢移动的过程中，不仅使巨大的石块和冰碛石堆改变了位置，而且还扔下整块整块的陆地——诸如长岛、科德角、楠塔基特岛等等。阿

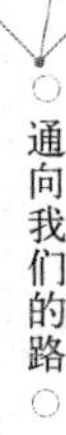

加西斯以前的地质学家难以理解冰盖所具有的足以使地球表面发生变化的巨大的威力，这是不足为怪的。

如果冰盖卷土重来，我们没有任何武器可以改变它们的方向。1964 年，在阿拉斯加威廉王子湾，北美最大的冰川地区发生该大陆有记录以来最强烈的地震，其强度达里氏 9.2 级。在发生断层的地方，地表上升了 6 米。这次地震是如此的强烈，连得克萨斯州的池塘水都溅到了岸上。但是，这次前所未有的震动对于威廉王子湾的冰川产生了什么样的影响呢？根本没有，冰川抵消了地震，继续其前进的步伐。

在很长一段时期内，我们认为地球是渐渐地进入和脱离冰川期的，其周期在数十万年以上。但是，现在我们知道实际情形并不是这样。通过对格陵兰岛冰核的测量，我们有了一份 10 多万年以来地球气候变化的详细记录。结果并不令人乐观。记录表明地球在最近一段历史时期根本不是人们以前所认为的那样，是一个风调雨顺的安身之处，相反，它的气候总是在温暖和严寒之间剧烈地摇摆不停。

大约 12 000 年以前，地球快要结束最近的一次大规模的冰川期，气候开始变暖，而且暖得很快。可是，接着它又突然一下子回到长达 1 000 年左右的酷寒期。那个时期在科学史上被称作新仙女木期。（这一名称来自一种名为仙女木的北极植物，是冰川消退后第一批重新生长起来的植物之一。科学史上还有一段被称为老仙女木期，不过其特征并不那么显著。）在这个千年酷寒期快结束的时候，平均气温再次突然攀升，20 年内上升了 4 摄氏度之多。这听起来或许并不那么可怕，但足以在短短的 20 年内使斯堪的纳维亚半岛的气候变成地中海地区的气候。在局部地区，这种变化更加惊人。格陵兰的冰核显示，那里的气温在 10 年内改变了 8 摄氏度之多。气温的变化改变了那里的降水形式，也改变了那里的生长环境。这种情形在人烟稀少的过去就已经足以令人不安，而在今天，其后果简直无法想象。

最令人不安的是，我们不知道——根本不知道——是什么自然现象使得地球的温度发生如此快速的变化。就像伊丽莎白·考柏特在《纽约客》上撰文所指出的那样："没有已知的任何外部力量——甚至没有任何假设的外部力量——使得地球温度发生如冰核所显示的那样剧烈、那样经常的变化。这当中似乎存在一个，"她继续写道，"范围很广而又十分可怕的反馈循环。"这很可能和海洋

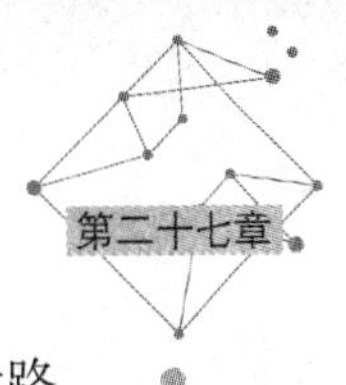

及洋流的正常循环被打乱有关，但是要彻底了解这一切，我们还有很长一段路要走。

有一种理论认为，在新仙女木初期，大量流入海洋的冰雪融水降低了北半球海水的盐分浓度，以及密度，使得墨西哥湾暖流折转向南，就像一个司机为了避免撞车而改变方向一样。由于缺少了墨西哥湾暖流所带来的热量，北半球纬度较高地区的气候重新回到严寒的状况。但是这不能解释为什么 1 000 年以后，当地球重新变暖时，墨西哥湾暖流却没有像以往那样转向。相反，我们进入了一个异常平稳的被称为全新世的时期，也就是我们现在所生活的时期。

没有理由认为这一段稳定的气候会持续很长时间。事实上，某些气象学方面的权威认为，我们的气候正在变得比以前更加糟糕。人们很自然地以为全球性的气候变暖会对地球重新回到冰川状态起一种阻碍作用。然而，正如考柏特所指出的那样，当你遇到不可预测的气候波动时，“你最不愿意做的事就是主动对它进行大范围的监测”。有人甚至认为，气温的上升很可能会促使冰川期的到来。这种观点乍一看上去似乎不大明白，实际上很有道理。气温稍稍上升会使蒸发速度加快，云层加厚，从而使得纬度较高地区的积雪持续不断地增加。事实上，全球气温的上升可能会使北美洲和欧洲北部局部地区变得更加寒冷。这是有道理的，虽然是矛盾的。

气候是多种变量的产物——二氧化硫含量的上升和下降，大陆的漂移，太阳的活动，米兰柯维契周期的变更——因此，要理解过去的事情就像预言将来的事情那样困难。许多事情我们完全无法理解。举一个例子，南极洲漂移到南极地区以后，至少有 2 000 万年的时间，那里就一直不曾有过冰川，而是为植被所覆盖着。这一切在今天听上去简直就像天方夜谭。

更不可思议的是一些已知的晚期恐龙的栖息场所。英国地质学家斯蒂芬·特鲁里发现，北极周围 10 纬度范围内的森林是包括霸王龙在内的这类大动物的老家。“这简直令人费解。”他写道，“因为在这样的高纬度地区，一年中有 3 个月的时间处于黑暗中。”更有甚者，现在有证据显示，那些高纬度地区的冬天也十分寒冷。氧同位素研究表明，在阿拉斯加的费尔班克斯地区，白垩纪晚期的气候和现在是一样的。那么，霸王龙在那里做什么呢？它要么季节性地长距离迁徙，要么一年中有很长一段时间在冰雪交加的黑暗中度过。在澳大利亚——那时的位置比现在离南极更近——要撤到气候比较暖和的地方是不可能的。恐龙又是怎样在这样的环境中设法生存下来的呢？对此我们只能猜猜而已。

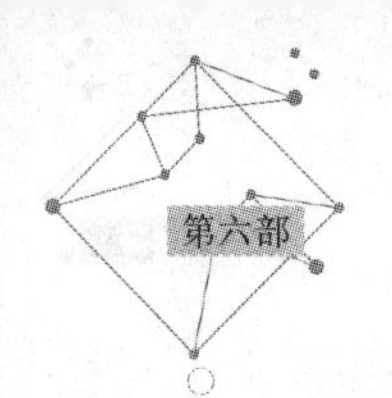

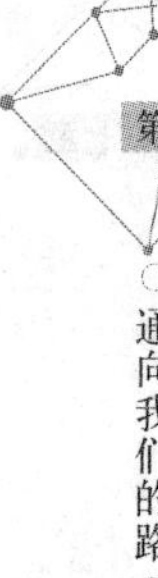

有一点必须记住，要是由于无论什么原因再次开始形成冰盖，这一次有多得多的水可以利用。五大湖、哈得孙湾，以及加拿大无数的湖泊，它们那时还不存在，没有为上一个冰川期提供原料，它们是上一个冰川期的产物。

另一方面，在我们历史的下一阶段，将会看到大量冰盖融化而不是大量冰盖形成。如果所有的冰盖都融化，海平面将上升 60 米——有 20 层楼那么高，全世界所有沿海城市都会被淹没。更加可能的是，至少在短期内，南极洲西部的冰盖会塌陷。在过去 50 年的时间内，南极洲周围水域的温度上升了 2.5 摄氏度，冰盖塌陷已经大大加剧。这一地区的地质构造特点使得大规模的塌陷更有可能发生。一旦这种情况出现，全球海平面将平均上升——而且速度很快——4.5—6 米。

一个明显的事实是，我们不知道未来年代的气候是严寒还是酷热。只有一点是肯定的：我们生活在刀刃上。

顺便提一句，从长远来看，冰川期对于地球绝不是一件坏事。冰川磨碎岩石，留下新的肥沃的土壤；它们开凿出淡水湖泊，为数以百计的生物种类提供丰富的养分；它们推动了动植物的迁移，使得地球充满生机。正如提姆·弗兰纳里所说："要想确定某一块陆地上的人类的命运，你只需问问那块大陆这样一个问题：'你有过一个像样的冰川期吗？'"记住这一点，我们接着该看一看，有一种类人猿是怎样应对这种变化的。

第二十八章
神秘的两足动物

就在1887年圣诞节前，一位有着非荷兰名字的年轻荷兰医生马里·尤金·弗朗索瓦·托马斯·杜布瓦来到荷属东印度群岛的苏门答腊岛，他此行的目的是寻找地球上最早的人类的遗骨。①

他的这一举动有几点非同寻常之处。首先，在此之前，从未有人专门去寻找过古人类遗骸。迄今为止所发现的一切都纯属偶然，而杜布瓦的背景决定了他似乎也不是使这一过程变得具有全球性影响的理想人选。他是一个训练有素的解剖学家，对于古生物学却是一个门外汉。也没有任何特别的理由认为荷属东印度群岛存在早期人类的化石。从逻辑上说，若要发现古代人类的遗迹，应该到地域辽阔，很久以前就有人类活动的大陆，而不是空间相对狭小的群岛。驱使杜布瓦来到东印度群岛的，一是他的直觉，一是这里可以找到工作，还有就是苏门答腊有许多洞穴，之前的大多数重要的人科动物化石都是在这样的环

① 尽管是荷兰人，但杜布瓦出生于比利时法语区边缘地带的小镇埃吉斯顿。

境里发现的。然而，最令人想不到的是他居然找到了他要寻找的东西。这简直是个奇迹。

在杜布瓦想出他关于寻找联结猿和人类的缺环的计划的时候，已经发现的人类化石少得可怜：5块不完整的尼安德特人骸骨，一小块来源不明的颌骨，以及6块冰川期的人类骸骨，后者是铁路工人刚刚在法国莱埃济附近的克罗马农悬崖的一个洞穴里发现的。尼安德特人骸骨中最完整的一块后来被放在伦敦的一个架子上，没有引起人们的注意。它能被保存下来可以说是一个奇迹，因为它是1848年工人们在直布罗陀附近的一个采石场爆破岩石时发现的。不幸的是当时还没有人识货。有人在直布罗陀科学学会的一次会议上对它做了轻描淡写的介绍，之后它就被送往伦敦亨特博物馆，除了偶尔有人轻轻擦去上面的灰尘以外，有半个多世纪无人碰过。直到1907年，才有人对它做了第一次正式描述。这人名叫威廉·索拉斯，是一位地质学家，“在解剖学方面只是勉强合格”。

因此，德国的尼安德特山谷倒成了第一批早期人类化石的发现地和命名地——不过这倒歪打正着，因为尼安德特这个词在古希腊语里面恰好是“新人”的意思。1856年，在那里，工人们又在杜塞尔河沿岸峭壁的另一个采石场发现了一些怪模怪样的骨头。他们把这些骨头交给当地学校的一名教师，因为他们知道他对自然界所有的事物都感兴趣。很值得称道的是，这位名为约多·卡尔·弗尔洛特的教师意识到他可能已发现了某种新的人类。不过这种人类是什么，他们有什么特点，这些问题人们还需要争论一段时期。

有许多人拒绝承认尼安德特人骸骨是古人类的化石。波恩大学一位颇具影响力的教授奥古斯特·梅耶认为，这些骸骨不过是一名蒙古哥萨克士兵死后留下的。他1814年在德国作战中受了伤，最后爬到洞穴中死去。听到这种说法，英国的T.H. 赫胥黎不无嘲讽地说，那位士兵真是了不得，尽管已经受了重伤，还爬到将近20米高的悬崖，然后脱去身上的衣服，扔掉所有的私人物品，最后封上洞口，将自己埋在半米多深的土里。另一个人类学家对尼安德特人的大眉脊做了深入研究，认为这是由于前臂骨折而又没有痊愈而长时间皱着眉头的结果。（在迫不及待地否定有关早期人类的观点的同时，权威人士经常对极不可能的事倒是不假思索地加以接受。就在杜布瓦出发去苏门答腊前后，有人在佩里格发现了一副骸骨，它被很有把握地宣布为爱斯基摩人的化石。至于一个古代的爱斯基摩人在法国西南部干什么，一直没有一个像样的解释。实际上这是一个早期的克罗马农人。）

正是在这样的背景之下，杜布瓦开始了他寻找古人类化石的工作。不过他并非亲自动手挖掘，而是使用荷兰当局借来的50名犯人。他们先是在苏门答腊工作了一年，之后又转战爪哇。1891年，正是在那里，杜布瓦——应该说是他的挖掘队，因为杜布瓦本人很少去现场——发现了一小块古人类头盖骨化石，这块化石现在被称为特里尼尔头盖骨化石。尽管这只是一块不完整的头盖骨化石，可是它足以显示化石的主人并没有明显的人类特征，但是有着比任何类人猿大许多的大脑。杜布瓦称他为直立人（*Anthropithecus erectus*）（后来因技术原因改称为直立猿人），并且宣称这是联结猿和人类之间的缺环。没过多久，大家就称他为爪哇人。今天我们称他为直立人（*Homo erectus*）。

第二年，杜布瓦的工人们发现了一根几乎完整的大腿骨，令人吃惊的是，这块骨头看上去与现代人的特点十分相似。事实上，许多人类学家认为他就是现代人，与爪哇人没有任何关系。即使是一根直立人的骨头，它也与已经发现的其他化石不同。杜布瓦据此推论——后来证明是正确的——类人猿是直立行走的。仅仅根据一小块头盖骨和一颗牙齿，杜布瓦竟然还制作成了一个完整的头骨模型，而且后来证明，他的制作也是非常精确的。

1895年，杜布瓦回到欧洲，希望赢得一片喝彩声。实际上他遇到的反应几乎恰恰相反。大多数科学家既不赞同他的结论，也不喜欢他摆出的那副傲慢的态度。他们认为，那块头盖骨是猿猴的，很可能是长臂猿的，根本不是什么早期人类的。他于1897年请斯特拉斯堡大学一位有名望的解剖学家古斯塔夫·施瓦尔布制作了一个头盖骨模型，希望支持自己的观点。施瓦尔布据此写了一篇论文，令杜布瓦大吃一惊的是，这篇论文所受到的支持和关注程度远远超过了杜布瓦所写的任何东西。接着，施瓦尔布还做了一系列巡回演讲，受到热烈的赞赏，好像那块化石是他挖到的。杜布瓦既惊又恨，之后他接受了一个平凡的职位，在阿姆斯特丹大学默默无闻地当一名地质学教授。在随后的20年里，他不再允许任何人碰他的宝贝化石。1940年，杜布瓦郁郁而终。

与此同时，在地球的另一端，南非约翰内斯堡的威特沃特斯兰德大学的澳大利亚裔解剖学负责人雷蒙德·达特于1924年收到了一个非常完整的小孩头骨，带有完好的面部、下颌以及所谓的颅腔——一个天然的大脑模型——它是在卡拉哈里沙漠边缘一个名叫塔翁的地方的石灰岩采石场发现的。达特马上发现，这不是杜布瓦发现的爪哇人那样的直立人，而是与猿更为接近的远古猿人。他

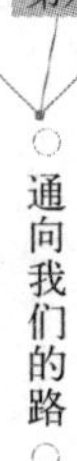

推断其生存时间距今有200万年左右，并将其命名为南方古猿非洲种，或者说“非洲南方猿人”。在发表于《自然》杂志的报告中，达特称塔翁化石与人类“有惊人的相似之处”，并且建议需要为他的发现建立一个崭新的科：人属猿科（“人猿科”）。

达特在权威那里所受到的冷遇比杜布瓦有过之而无不及，几乎有关达特理论的一切——实际上，好像几乎有关达特的一切——都令他们很不高兴。首先，他自己搞分析，没有要求比较世故的专家提供帮助，证明他是目中无人。连他为化石取的名字，南方古猿（*Australopithecus*）——将希腊语和拉丁语词根组合在一起，也显示出他的学术能力的欠缺。最为要命的是，他的观点与约定俗成的理论大相径庭。大家一致认为，人和猿至少在1 500万年前就在亚洲分道扬镳。如果人类是从非洲出现的，看在老天爷的面子上，我们岂不成了尼格罗人种（黑人种）？！这就好比今天某个上班族声称，他在美国密苏里州，发现了人类祖先的化石一样。这明显与已有的知识搭不上边。

达特唯一有名望的支持者是出生于苏格兰的罗伯特·布罗姆，一个非常聪明，可是性情有些古怪的医生和古生物学家。比如，布罗姆有个习惯，天气暖和在野外考察的时候身上一丝不挂，而天气是经常很暖和的。而且据知，他曾在一些贫穷而又格外听话的病人身上做可疑的解剖实验。那些病人死后——这种情况也时有发生，他会把他们的尸体埋在自己的后花园里，日后再挖出来研究。

布罗姆是一个颇有造诣的古生物学家，又居住在南非，因此有机会亲自审视塔翁头骨。他立刻意识到它确实具有达特所认为的那种重要意义，并不遗余力地为达特辩护，可是毫无效果。在以后的50年里，人们一致的看法是塔翁男孩只不过是猿，仅此而已。大多数教科书甚至都没有提到它。达特用5年时间撰写了一篇论文，却找不到发表的地方。最后他彻底放弃了寻求发表的努力（虽然他还在继续寻找化石）。这块头骨——今天被认为是人类学最珍贵的东西之一——在达特一位同事的办公桌上被当作镇纸用了好多年。

1924年，当达特公布他的发现的时候，人们已知的古人类只有4种：海德堡人、罗得西亚人、尼安德特人，以及杜布瓦的爪哇人——但是很快，这一切就将发生根本性改观。

先是在中国，一位名叫步达生的加拿大业余考古爱好者开始在一处名为龙骨山的地方进行挖掘工作。这座小山在当地无人不知，因为人们在那里发现了

古化石。不幸的是，当地人并没有把这些化石保存下来供科学研究用，却把它们磨成粉当成了一种药材。我们不知道有多少无价的直立人化石被当地人当作制作中药的材料。当步达生来到那里的时候，那个地方已经被挖得不成样子，但是他还是发现了一颗臼齿化石。据此他很英明地得出结论，他发现了一种新的化石人类型——北京中国猿人，很快被称为北京人。

在步达生的敦促下，人们进行了更坚定的挖掘工作，并且发现了许多别的化石。不幸的是，1941 年珍珠港事件爆发后的第二天，这些东西全丢失了。当时，一支美国海军陆战队打算带着这批化石撤离中国，他们遭到日本兵的拦截，并且被关押。日本兵检查他们的箱子，结果除了骨头什么也没有发现。日本人将其扔在路边，这是它们最后一次被人看到。

与此同时，在杜布瓦发现爪哇人的老地方，由拉尔夫·冯·孔尼华为首的一支考察队在昂栋地区的梭罗河上发现了另一组早期人类的化石，后来以其发现地而命名为梭罗人。孔尼华的发现本来会成绩更加赫然，但他犯了一个策略性错误，而且发现时已为时过晚。他曾向当地人许诺，每发现一片人类化石，他就付给他们一角钱。令他毛骨悚然的是，他发现，为了得到尽可能多的钱，他们把挖掘到的大块化石敲成了小片。

随后几年，随着越来越多的化石被发现和确认，一系列新的命名也相继出现：奥瑞纳人、特兰斯瓦尔南方古猿、巨齿傍人、鲍氏东非人，以及几十种其他的类型。所有这些几乎都延伸出一个新的属或是新的种。到 20 世纪 50 年代，被命名的人种动物名称已达 100 种以上。唯恐天下不乱，许多名称又随着古人类学家对分类的提炼、修正和争吵不休而被冠以一连串别的名称。梭罗人就曾分别被称作人属梭罗人、亚洲原始人、尼安德特梭罗亚种、智人梭罗亚种、直立人直立亚种——最后被简单地称为直立人。

1960 年，为了清理杂乱无章的人科动物的名称，芝加哥大学的克拉克·豪威尔根据恩斯特·迈尔以及此前 10 年间人们提出的建议，提出减少为两大属——南方古猿属和人属——他还对许多种属进行了合理化归类。爪哇人和北京人都属于直立人。这种归类法有一段时间在人科动物界十分流行，但是没有

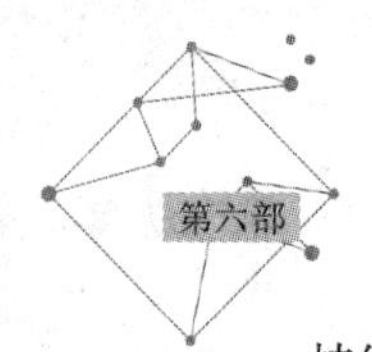

持续很久。[①]

在大约10年的相对平静之后，古人类学又迎来了一个发现层出不穷，直到今天也势头不减的时期。20世纪60年代发现的能人被有些人认为是弥补了猿和人类之间的一段空白，可是另外有一些人认为它根本不是另外一个种类。接着（在众多的其他类中）相继出现了匠人、路易斯·利氏人、鲁道夫人、小颅人、前人，而南方古猿也出现了众多的种类：阿法南猿、*A.walkeri*、始祖种南猿、沃克氏南猿、湖泊种南猿等等。到目前为止，有文献记录的人科动物种类总共有近20种，可是究竟是哪20种，没有任何两个专家的看法是一致的。

有的专家继续按照豪威尔于1960年提出的两大属人科动物来进行研究，但是有的将某些南方古猿单独列属，并冠以傍人属的名称，还有的又增加了一个年代更早的地猿。有的人将*praegens*归于南方古猿，有的人将其归入新的古人种。但是大多数人根本不承认*praegens*是一个单独的种。没有任何一个众望所归的权威来统一大家的意见，一个名称为大家所接受的唯一途径是所有人都不持异议，可是这往往很难得以实现。

令人意外的是，更大的问题还在于证据的缺乏。自从人类起源以来，有几十亿人，或类人动物曾经生活过，每一个都把一点儿不同的基因遗传给整个人类。在数量如此巨大的人类当中，我们对于史前人类的了解凭借的仅仅是5 000人左右的往往还是支离破碎的遗骸。当我问纽约美国自然博物馆馆员伊恩·塔特萨尔，全世界已发现的有关人科动物和早期人类的化石总量是多少时，这位留着一脸大胡子，待人亲切和善的馆员说："如果你不怕弄得一团糟，你可以把它们通通装在一辆小卡车的后部。"

如果这些人类化石能够按时间和空间分布得比较均匀的话，即使缺乏，事情也不至于如此糟糕。实际情况当然并非如此。它们东一块西一块地出现，往往令人备尝可望而不可即之苦。直立人在地球存在了100万年以上的时间，他们居住的范围从欧洲的大西洋沿岸一直到中国的太平洋沿岸，然而如果你将所

---

① 人类被归入人亚科家族中，其成员传统上被称为人科动物，包括所有比黑猩猩更接近我们的动物（灭绝的也在其内）。而猿与人科动物汇成人猿超科家族。许多权威认为黑猩猩、大猩猩和猩猩也应归入这个家族，而人类和黑猩猩同属于一个被称为人科的亚科。根据这一说法，所有传统上被称为人科的动物变成了人猿超科（利基和其他一些人坚持这种说法）。人猿超科是猿类总科的称谓，其中包括我们。

发现的每一个直立人复活，他们还装不满一辆校车。能人的化石就更加少得可怜：只有两副不完整的骨骼和几根孤零零的肢骨。某些和我们自己的文明一样短暂的事物，仅仅根据化石记录，几乎肯定是无从知晓的。

为了说明这一点，塔特萨尔这样说道："在欧洲，你在格鲁吉亚发现了大约170万年前的人科动物头骨；接着，在大陆另一端的西班牙发现了一块与之差不多相隔100万年的化石；然后，又在德国发现了一块与之相隔30万年的海德堡人化石。它们彼此之间几乎没有任何相似之处。"他微笑了一下，继续说道，"就是根据这样支离破碎的东西，你想要归纳出整个人类的历史。这是很难办到的。我们确实对许多古代物种彼此之间的关系了解甚少——这些物种中哪些最终进化成了人类，哪些在进化过程中灭绝了，我们实在不知其详。有些也许根本不应该视为单独的种类。"

记录方面的不完整性使得每一次新的发现看上去都十分突兀，与所有别的化石大相径庭。假如数万块化石是按年代顺序均匀地分布的话，其相互之间的细微差异就会一览无余。正如化石记录所显示的，所有新的种类并不是突然之间就出现的。越是接近分界点的地方，其相似之处就会愈加明显。因此，要想把晚期智人和早期直立人区分开来是十分困难的，有时甚至是不可能的，因为他们彼此之间太相像了。类似的问题在区分支离破碎的化石时经常出现——比如，一块骨头究竟是一个女性南方古猿鲍氏种的，还是一个男性能人的，这很难确定。

有关古人类化石的研究是如此具有不确定性，科学家不得不根据附近所发现的其他物证做出假设，这种假设也许不过是大胆的猜测。正如艾伦·沃克和帕特·希普曼所客观描述的那样，如果你把附近经常与化石一起发现的工具联系起来，你会不得不做出这样的结论：早期手工工具大多是羚羊的杰作。

也许最令人困惑的，莫过于支离破碎的能人化石中所出现的矛盾现象。单独放置，能人化石并没有任何意义。但是，如果把它们依次摆放在一起，就会发现男性和女性在进化的速度和方向方面存在着明显的不同——随着时间的推移，男性与猿的区别越来越明显，越来越具有人的特征，女性在相同的时期却似乎在由人类向更具有猿的特点的方向转变。一些权威认为根本没有理由将能人单独归类。塔特萨尔和他的同事杰弗里·施瓦兹认为，它只能归入"废物篓种"——互不关联的化石"可以被随手扔进"的那个种类。即便是那些将能人看作是独立种类的人也不能确定，它究竟是与我们同属一属，还是属于另外一

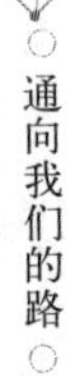

种已经消失得无影无踪的旁支。

最后，在这一切中也许是最重要的，是人性的因素。科学家总是很自然地倾向于将他们的发现以最有利于确立他们声誉的方式加以阐释。很少有哪位古生物学家在发现一批骨头时会宣布他的发现没有什么了不起的。正如约翰·里德在他的著作《缺失的环节》中含蓄地表达的那样："发现者在首次解释新证据的时候，往往都会说这证实了自己事先的想法，这是很有意思的。"

所有这些都肯定为日后的争论留出了很大的空间，也没有任何人比古人类学家更喜欢争论的了。"在所有科学家中，古人类学家也许是把自尊发挥到极致的一类人。"最近出版的《爪哇人》一书的作者们这样说道。该书一个值得一提的特点，就是用了大量篇幅，毫不掩饰地对他人的缺点进行攻击，尤其是作者本人的亲密前同事唐纳德·约翰森。下面就是其中的一小段：

> 我们在研究所共事的时候，他（约翰森）不幸染上了一种喜怒无常、大声呵斥人的习惯，有时还伴以随手扔书本或手边任何东西的剧烈动作。

因此，请牢牢记住，有关史前人类史，你很难说还有什么问题不会在某人某地引起争议。我们最有把握的只有这么一点，那就是我们自认为知道我们是谁，我们从什么地方来，其大略情况如下：

作为生物，我们在99.99999%的历史时期和非洲黑猩猩有着共同的家谱。有关史前的非洲黑猩猩，我们几乎一无所知，可是不管它们的情况是怎样的，都和我们的祖先别无二致。接着，大约700万年前，某种具有决定意义的事情发生了。一群新的动物走出非洲热带森林，开始在广阔的大草原上四处走动。

非洲南方古猿（australopithecines）出现了。在以后的500多万年里，他们成为世界占据主导地位的人科动物。（*austral* 源于拉丁语，是"南方"的意思，这里与澳大利亚无任何关系。）非洲南方古猿形成了几个分支，有的较为纤细，像雷蒙德·达特发现的塔翁男孩，有的较为粗壮，但是他们全都能直立行走。这些种属有的存在了足足100多万年，有的只存在了几十万年。但是有一点必须明确，即便是生存年代最短的种类，他们的历史也是我们的好多倍。

最有名的人科动物遗骸是1974年由唐纳德·约翰森带领的考古小组在埃塞俄比亚的哈达尔发现的几块318万年前的南方古猿化石。它的编号是A.L.（意

思是“阿法地区”）288–1。后来，人们根据披头士乐队一首动听的歌曲《在钻石天空下的露西》给她取了一个更为亲切的名字：露西。约翰森从未怀疑她的重要性。他说：“她是我们最早的祖先，猿和人类之间的缺环。”

露西身材短小——只有1米高，她会行走，尽管她是否能很好地行走还没有定论。她明显是一位攀缘高手，其他方面的情况就无从考证了。她的头盖骨几乎完全不在了，因此很难有把握确定她的脑容量大小，不过残留的头盖骨碎片表明她的大脑并不大。在提到露西的骨骼时，有很多书上说其中40%是完整的，有的说接近50%是完整的，美国自然博物馆出版的书中则说三分之二是完整的，而BBC电视系列节目《猿人》的解说词甚至说是“一副完整的骨骼”，可是电视镜头里所显示的图像根本不是如此。

一个人有206块骨头，但其中不少是重复的。如果你有一块左股骨标本，你不去找右股骨也能知道它的大小。除去所有这些重复的部分，你所剩余的骨头总数为120块——所谓的半骨骼。可是，即便以这样的方式来计算，即便是把最小的碎片也算作是一块完整的骨头，露西被发现的骨头也只占半骨骼的28%（只占一副完整的骨骼的约20%）。

在《骨头的学问》一书中，艾伦·沃克记述道，有一次他问约翰森，他是怎样得出40%的结论的。约翰森微笑着回答说，他没有将手和脚的106块骨头计算在内——你或许会认为，手和脚的骨头约占人类骨骼总数的一半还多，而且还是十分重要的一半，因为露西之所以是露西，毕竟是因为她是借助手和脚来应对一个不断变化的世界的。无论如何，对于露西，我们的猜测远远多于了解。事实上，连她是不是一位女性我们也不知道，她的性别也仅仅是根据她身材较小而推论出来的。

在发现露西后两年，在坦桑尼亚的莱托里，玛丽·利基发现了被认为是来自同一家族的两个人科动物的一串脚印。这些脚印是两个南方古猿在一次火山喷发后在泥泞的火山灰中行走时留下的。火山灰后来变硬，保存了他们行走23米多远的脚印。

纽约美国自然博物馆有一个非常吸引人的仿真模型，记录了他们经过时的情形。真人大小的模型再现了一个男人和一个女人肩并肩地行走在古代非洲平原，他们浑身上下毛茸茸的，高矮和黑猩猩差不多，但是他们的面部表情以及行走的姿势表明他们已经是人类。模型最打动人心的地方是那个男人用左臂搂住女人的肩膀护卫着她，这样一个温柔而动人的动作显示了他们之间亲密无间的关系。

这个场景是如此逼真，以至使人很容易忽略围绕这些脚印所展现的一切都是出自想象。这两个人几乎所有的外部特征——头发的长短、面部器官（他们的鼻子究竟更像人类，还是更像大猩猩？）表情、肤色、女人胸部的大小和形状——都纯然是想象的结果。我们甚至不能肯定他们就是一对夫妇。那个女人也许实际上是个小孩。我们也不能确定他们就一定是南方古猿。他们之所以被假定为南方古猿，是因为我们不知道还有别的候选对象。

我曾经被告知，他们之所以摆出那样的姿势，是因为在制作他们的过程中女性模型老是要翻倒。但是，伊恩·塔特萨尔笑着坚持说，这种说法并不符合实际。“显然我们并不知道男人是否用他的胳膊护卫着女人，但是通过测量他们的步伐，我们确实可以断定他们是肩并肩地行走的。他们离得那么近——近得足以相互触摸。那是一个十分开阔的地带，因此他们很可能觉得很危险，这就是为什么我们把他们的表情塑造成略带一丝担忧的样子。”

我问塔特萨尔在制作这个模型的过程中，他在征得别人认可时是否遇到过麻烦。他不假思索地说：“在进行再创作时总免不了会遇到这样的问题。你也许不能相信，在确定细节的问题上，比如尼安德特人是否有眉毛，人们也不知进行了多少讨论。莱托里塑像的情况也完全一样。我们根本不知道他们究竟长什么样，但是我们可以揣摩他们的高矮、姿势，并就他们可能具有的外表做出合理推断。如果我重新制作这个模型，我想我会使他们稍微更像猿人一些。他们不是人类，而是两足猿人。”

直到不久以前，人们都认为，我们是露西和莱托里动物的后代，但是今天许多权威就不那么肯定。尽管某些身体特征（例如牙齿）表明南方古猿和我们之间是有一些联系，可是南方古猿的解剖结构所显示的其他方面就不尽如此。塔特萨尔和施瓦兹在《灭绝的人类》一书中指出，人类股骨的上半部分与猿十分接近，与南方古猿却相去甚远。因此，如果说露西是猿和现代人类之间的直接家系，那就意味着，我们在大约100万年时间里有着和南方古猿一样的股骨，而在我们接着发展到下一阶段时，我们又回到猿的股骨。他们以为，事实上露西不但不是我们的祖先，而且她很可能还不大会直立行走。

“露西以及她的同类并不能像现代人类那样行走。”塔特萨尔坚持说，“只有当这些人科动物在两棵树上的栖息地之间来回穿梭时，他们才不得不用两足来

行走。由于他们骨骼的结构特点，他们是‘被迫’这么做的。”约翰森不赞同这一说法，他写道：“鉴于露西的臀部和她的骨盆肌肉的生长特点，她爬起树来和现代人类一样困难。”

2001—2002 年间，发现了 4 块奇异的新化石，事情变得更加扑朔迷离。这 4 块化石，一块发现于肯尼亚的图尔卡纳湖，它是由米芙·利基（她的家族以寻找化石闻名）发现的，后来被称为扁脸肯尼亚人。他生活的时期与露西大体相同，他的出现增加了这样一种可能性，即他是我们的祖先，而露西仅仅属于一个已经灭绝的分支。2001 年还发现了地猿始祖种家族祖先亚种，其生活时间在 580 万年前到 520 万年前；以及原初人土根种，其生活时间可能在 600 万年前。后者成为已发现的最早的人科动物——但是这一纪录只保持了很短的时间。2002 年夏天，一支法国考古队在乍得德乍腊沙漠（一个从未发现过古代化石的地区）发现了一种距今 700 万年前的人科动物，他们给它取名为撒海尔人乍得种（一些人认为这不是人类，而是早期的类人猿，因此应该被称作荒漠草原猿）。所有这些动物的年代都非常久远，非常原始，但是他们都会直立行走。他们这样做的时间，比以前想象的还要久远。

两足直立行走是一种需要技能而又风险很大的变化。这意味着必须改变骨盆构造，使其承受身体的全部重量。为了保持足够的支撑力量，女性的生殖道必须变得相对狭窄。这种变化导致三种结果，其中两种在很短时间内就会出现，另一种则要更长时间才会显现出来。首先，这意味着母亲生产时的痛苦加剧，而且大大增加了母亲和婴儿死亡的危险性。其次，婴儿的头部要想顺利通过狭窄的生殖道，就必须在脑仍然比较小的时候降生——因此，新生婴儿仍需要得到父母的呵护。这意味着抚养他们需要很长的时间，这又意味着男人和女人之间的关系要很牢固。

即使在今天，当你已经成为这个星球的智力发达的主人时，这一切依然是个大问题。而对于矮小而又容易受到伤害的南方古猿来说，婴儿降生时的脑大约有一个柑橘那么大[①]，危险性肯定很大。

---

① 诚然，脑的绝对大小并不能说明一切——有时甚至不能说明很多。大象和鲸的脑都比我们大，但是和它们相比你显然聪明许多。脑的大小只是一个相对重要的数据，一个常常可以忽略不计的数据。正如古尔德所指出的那样，南方古猿非洲种的脑只有 450 立方厘米，比大猩猩的要小。而一个典型的南方古猿非洲种体重小于 45 千克，女性则更轻，而大猩猩的体重则大都重达 270 多千克。

因此，露西和她的同类从树上来到地上，而后又走出非洲丛林，这是为什么？他们很可能别无选择。巴拿马地峡的慢慢上升阻断了太平洋的海水流进大西洋，改变了流向北极的暖流的方向，使得北纬地区出现了异常寒冷的冰川期。在非洲，季节性干燥和寒冷气候的出现逐渐使得森林变成了草原。"与其说露西和她的同类离开了森林，"约翰·格里宾写道，"不如说是森林离开了他们。"

但是，走向开阔的草原，早期人科动物显然更容易暴露自己。直立行走的人科动物看得更清楚，但也被看得更清楚。即使是现在，作为一个物种，我们在野外还会感到不安全。我们叫得出名字的大型动物差不多都比我们的身体要强壮，动作要快，牙齿要锋利。面对攻击，现代人类只有两种优势。我们有发育良好的大脑，可以想出对付的办法；我们有灵巧的双手，可以投掷或挥舞具有杀伤力的东西。我们是唯一能远距离杀伤敌人的动物，因而弥补了体质上的弱势。

一切因素似乎都有利于大脑的迅速进化，但那种情况似乎并没有发生。在300多万年的时间里，露西和她的南方古猿同伴们几乎没有发生任何变化。他们的脑容量并没有增大，也没有任何迹象表明他们使用过一种哪怕最为简单的工具。更为奇怪的是，我们现在知道，与他们一起生存了将近100万年的其他早期人科动物曾经使用过工具，而南方古猿却从未利用他们周围的这些有用的技术。

在300万年前到200万年前之间的某一时期，估计有多达6个人科动物群共同生活在非洲大陆。然而，只有其中一种命中注定要延续下去，即人属。他们大约起源于200万年前的某一时间。没有人十分了解南方古猿和人属之间存在何种关系，唯一所能知道的就是他们与南方古猿一起生活了约100万年的时间。然后，100多万年前，所有的南方古猿，不论是粗壮型还是纤细型的，全都神秘地，或者可能是突然地消失了。没有人知道这是什么原因。"也许，"马特·里得雷说，"我们把他们吃了。"

一般认为，人属始自能人，一种我们几乎一无所知的动物，最后进化成我们智人（字面意思是"会动脑的人"）。之间还有6种别的人属，取决于你采用哪种意见：匠人、尼安德特人、鲁道夫人、海德堡人、直立人和先驱人。

能人（"有技能的人"）是由路易斯·利基和他的同事于1964年命名的。之所以取这样的名字，是因为那是第一种会使用工具——尽管是非常简单的工具——的人科动物。那是一种相当原始的动物，看上去更像猿，而不像人类，但是大脑的绝对量大约比露西大50%，按比例也小不了多少，称得上是

那一时期的爱因斯坦。没有任何原因足以说明为什么200万年前人科动物的大脑突然开始增大。在很长一段时期里，人们都认为大脑的发育和直立行走直接相关——走出森林的古人类不得不制定较为复杂的计划，这促进了大脑的进化——因此，当一再发现有那么多笨蛋两足动物之后，意识到这两者之间并没有任何明显的联系，真的有点儿令人感到意外。

“为什么人类脑量开始增大，对此我们实在没有完全令人信服的证据来进行解释。”塔特萨尔说。巨大的脑子是高耗能的器官。它只占人类身体总质量的2%，却消耗了20%的能量。它对用作能量的东西还有些挑剔。如果你从不吃油腻的东西，你的大脑不会产生怨言，因为它对此不感兴趣。相反，它对葡萄糖却喜爱有加，而且多多益善，即使这意味着苛待其他器官。正如盖伊·布朗所描述的那样：“贪食的大脑经常使身体处于枯竭的危险之中，但它也不敢让大脑挨饿，因为那样会迅速走向死亡。”你大脑越大，吃得就越多；吃得越多，危险性就越大。

塔特萨尔认为，脑量的增大也许仅仅是进化过程的一个偶然。他相信史蒂芬·杰·古尔德的说法，如果你将生命的进化过程回放一遍——即便你仅仅从人科动物出现的相对较短的时间开始，现代人类或任何和他们相似的生物，能够一直存在到今天的可能性“实在很小”。

“人们最不易于接受的观点之一，”他说，“就是我们不是万物的顶点。我们生活在这儿，一切都并非必然。部分出于人类的自负，我们往往将进化理解为实际上是安排好来产生人类的一个过程。直到20世纪70年代以前，连人类学家都持这样的观点。”事实上，直到1991年，在C.罗瑞·布里斯所著的流传很广的教科书《进化的阶段》里，他依然顽固坚持这样一种线性进化观念。他只承认一个进化的终点，那就是南方古猿粗壮种的灭绝。所有其他的种群代表了一个直线进化的过程——每一种群都接过了前辈的接力棒，再把它传给年轻的后来者。无论如何，现在似乎可以肯定的是，这些早期的种群许多走了小路岔道，已经灭绝了。

我们真够幸运，其中有一个种属成功了——一群会使用工具的人科动物似乎突然出现，与难以捉摸和颇有争议的能人同时存在，这就是直立人，尤金·杜布瓦发现于1891年的一种爪哇人属。根据你引用的资料的不同，他存在的时间最远约在180万年前，最近约在2万年前。

根据《爪哇人》作者们的观点，直立人是一条分界线：在他之前的一切种

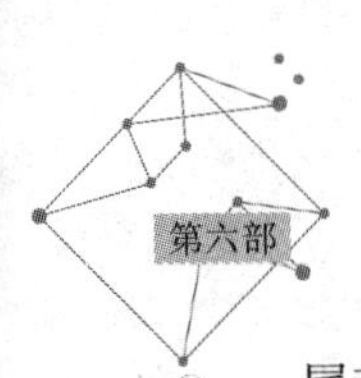

属都具有猿的特征，在他之后一切都具有人类的特征。直立人第一个学会狩猎，第一个使用火，第一个制造复杂的工具，第一个留下宿营的证据，第一个懂得照顾弱小。与以前所有的种属相比，直立人无论从外表还是行为上都更像人类，其成员四肢较长，身体颇瘦，非常强壮，比现代人强壮得多，有足够的精力和智力成功地在广阔的地域范围内迁移。在其他人科动物的眼里，直立人肯定显得个儿大、有力气、敏捷和有才干。他们的大脑是当时世界上最发达的。

根据宾夕法尼亚州立大学世界最权威的学者之一艾伦·沃克的说法，直立人是“那个时代的速龙”。如果你正面盯着他看，直立人表面上显得像人类，但是“你不会愿意和他交流，你会成为他的捕食对象”。根据沃克的说法，他有着成年人般的身躯，婴儿般的大脑。

尽管直立人被发现已近一个世纪之久，但人们对他的了解仍然只能建立在零零碎碎的化石上——甚至还拼不成一副完整的骸骨。直到 20 世纪 80 年代，在非洲的一次非同寻常的发现以后，其作为现代人的先驱者的重要性——或者至少说，其可能具有的重要性——才得以被完全认识。偏僻的肯尼亚图尔卡纳湖区（以前的鲁道夫湖区）现在已是世界上发现早期人类化石最多的地区之一，但是在以前相当长一段时期内，没有任何人想到去那里寻找化石。仅仅是因为有一次飞机偏离航线而飞过了湖区上空，使得理查德·利基意识到这可能是一个比原先想象的更有收获的地方。一个考察队被派遣到了这一地区，可是一开始什么也没有找到。接着，有一天下午晚些时候，利基手下最著名的化石发掘者卡莫亚·基穆在离开湖区一段距离的一座小山上发现了一小片人科动物的眉脊化石。这样一个地方原本不大可能有大的收获，可是出于对基穆直觉的尊重，大家还是开挖了起来。令人吃惊的是，他们居然挖掘出一副几乎完整无缺的直立人骸骨。这是一个年龄在 9 —12 岁的男孩骸骨，死于 154 万年前。塔特萨尔认为，这副骸骨具备了“所有现代人类的身体结构”。在某种意义上，这是史无前例的发现。“图尔卡纳男孩显然是我们中的一员”。

基穆在图尔卡纳湖区还发现了编号为 KNM–ER1800 的一副 170 万年前的女性骸骨。它第一次给科学家提供了有关直立人的线索，使得他们认识到直立人比以前想象的要有趣和复杂得多。这个女人的骨骼有些变形，上面布满斑斑点点，表明她得过一种被称为维生素 A 过多症的慢性病。这种病只有吃食肉动物的肝脏才会得。这第一次向我们表明直立人是肉食人属。更令人惊叹的是，她骨骼上的斑点数量表明，她患病已达几周甚至几个月而没有死去。有人曾经照

料过她。这是人科动物进化过程中所发现的温柔之情的第一个迹象。

研究还发现，直立人的头骨中还包含（或者说根据有的人的看法，可能包含）白洛嘉脑回，大脑左前区一个与言语有关的区域。黑猩猩没有这样的特征。艾伦·沃克认为，无论从大小还是复杂程度来看，直立人的脑回都不足以使他们学会说话，因此他们也许能和现代黑猩猩一样进行一些交流。以理查德·利基为代表的其他一些人却确信他们能够说话。

在一段时期内，直立人似乎是地球上唯一的人属。他们特别敢于冒险，似乎以极快的速度迁移到世界各地。完全根据发现的化石来看，直立人中的一部分大约在他们离开非洲的同一时期，甚至是稍早一段时间，就已到达爪哇。一些科学家据此认为，也许现代人类是从亚洲而不是非洲起源的——这种说法且不说是脱离实际的，也是不可思议的，因为在非洲大陆之外，没有任何地方发现过比直立人更早的古代人种。可以说，除非亚洲的人科动物是自发出现的。但无论如何，亚洲起源只会将直立人的迁移方向颠倒过来，你依然不得不解释爪哇人是怎样迅速跑到非洲去的。

直立人为什么距在非洲首次出现不久就已在亚洲现身，关于这一点，还有几种解释似乎也不无道理。首先，测定早期人类化石年代的时候有很大的误差，如果非洲化石的实际年代比测定的结果早，如果爪哇人化石比测定的年代晚，或者两种可能同时并存，那么非洲直立人就有足够的时间迁移到亚洲。年代更久远的非洲直立人完全有可能还未被发现。而且，爪哇人的年代有可能根本不正确。

现在疑问出现了。一些权威不认为图尔卡纳化石是直立人。问题在于，图尔卡纳骸骨尽管相当完整，可是其他直立人的骸骨却残缺不全。正如塔特萨尔和杰弗里·施瓦兹在《灭绝的人类》一书中所描述的那样，大多数图尔卡纳骸骨“不能和与它相近的任何种类的化石相比较，因为其他种类的化石根本没有被发现”。他们认为，除去生活在同一时期这一点，图尔卡纳骸骨与任何亚洲直立人根本没有任何相似之处，绝不应该被视为同类。一些权威坚持把图尔卡纳种属，以及其他同一时期的任何种属称作匠人。塔特萨尔和施瓦兹认为这还不够。他们相信正是这种匠人“或匠人的一种近亲”从非洲迁移到了亚洲，并进化成直立人，而后就灭绝了。

可以肯定的是，大约 100 多万年前的某个时候，一些新的比较现代的直立人离开非洲，勇敢地走向地球上的许多地方。他们迁移的速度可能非常迅速，

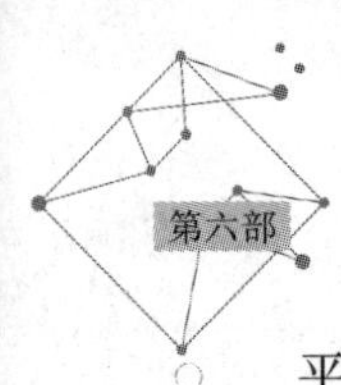

平均每年增加40公里，一路上跋山涉水，穿越沙漠，还克服了其他数不清的障碍，他们逐渐适应了不同的气候，不同的食物来源。有一点至今仍是一个谜——他们是怎样穿越红海西部地区的。这一地区现在以气候干燥而著称，而在那时气候更加干燥。很有意思而又具有讽刺意味的是，促使他们离开非洲的环境变化使得他们的迁移变得更加困难。尽管如此，他们还是跨越一切障碍，在其他大陆生息繁衍下来。

这一点，在我看来，恐怕就是所有一致意见的终点。人类历史发展进程接下来的一个阶段是一个长时间争论不休的问题。这一点我们将在下一章里看到。

但是，在我们接着往下讲之前，让我们记住，所有这些发生在过去500多万年的一系列的进化，从遥远的、至今仍充满谜团的南方古猿到完全意义上的现代人类，造就了一种动物，其基因的构成仍然有98.4%与现在的黑猩猩一样。一匹斑马和一匹马，或者一只海豚和一只鼠海豚之间的区别，比起你和黑猩猩，这个被你的远古祖先在他们开始接管世界时远远抛到后面的毛茸茸的动物的区别还要大。

第二十九章

永不安分的类人猿

大约150万年前的某个时候，人科动物世界某一位不知名的天才做了一件意想不到的事。他（或者很可能是她）捡起一块石头，用来小心翼翼地改变另一块石头的形状，结果制作成了一把泪珠状手斧，尽管它非常简陋，却是世界上第一件先进的工具。

它优越于当时存在的其他工具，其他人很快群起而效之，纷纷制作了他们自己的手斧。最后，整个人科动物世界似乎就不干别的事了。“他们制作了几千把这样的手斧，”伊恩·塔特萨尔说，“在非洲有些地方，实际上你无论走到哪里，都会踩着这样的斧子。那是很怪的，因为制作那些斧子很花工夫。他们制作斧子，仿佛纯粹是因为好玩。”

在他明亮的工作室里，塔特萨尔从架子上取下一个巨大的模型递给了我。那东西大约有半米长，最宽的地方有20厘米。它的形状像矛头，但有踏脚石大小。这是一个用玻璃纤维制成的模型，只有约150克重，可是原物却重达11千克，是在坦桑尼亚发现的。“作为一件工具，它完全没有用，”塔特萨尔说，“得

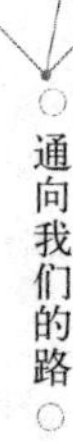

有两个人才能把它抬起来，即使在当时，要想用它来击打任何东西，都是很费力的一件事。”

“那它有什么用呢？”

塔特萨尔微微耸了耸肩，显然为它的神秘性感到很得意：“不知道，它也许具有某种象征意义，我们只能猜猜而已。”

那些手斧后来被称为阿舍利工具，以19世纪第一批样本的发现地——法国北部亚眠郊外的圣阿舍利命名，以区别于更古老，同时也更简单的奥杜威工具。后者最初发现于坦桑尼亚的奥杜威峡谷，故名。在以前的教科书里，奥杜威石器通常被描绘为钝钝的、圆圆的、手能握住的石块。实际上，今天古人类学家认为，奥杜威石器是从更大块的石头上敲下来的，当时可以用来切割东西。

问题在于，当早期现代人类——最终进化成我们的人类——大约在10多万年前开始离开非洲时，阿舍利工具是最佳的随身携带品。这些早期的智人也非常喜爱阿舍利工具。他们携带这些工具出远门，有时他们甚至携带着不成形的石块，以便在日后把它们制作成工具。一句话，他们非常痴迷于这种工具制作。不过，尽管在非洲、欧洲、西亚和中亚都发现了阿舍利工具，但在远东却几乎从未发现。这真是一个谜。

20世纪40年代，一个名为哈莱姆·莫维士的哈佛大学古生物学家画了一条被称为“莫氏线”的曲线，将使用阿舍利工具的地区和不使用该工具的地区分为两个部分。这条线沿东南方向跨越欧洲、中东，一直到现在的加尔各答和孟加拉国。在这条线以外，包括整个东南亚、中国在内的广大地区，只发现了年代更久也更简单的奥杜威工具。我们知道，智人到达的地方远远超过这一地区，因此为什么他们携带的这样一种先进的宝贝石器，在快到远东时却扔掉了？

“这个问题困扰了我很长一段时间，”堪培拉澳大利亚国立大学的艾伦·桑恩回忆说，“整个现代人类学建立在这样的观点之上：人类分两批走出非洲——第一批是直立人，后来他们变成了爪哇人、北京人等等。另一批是较晚的更为先进的智人，他们取代了直立人。然而，若要接受这种观点，你就必须相信，智人将比较现代的工具携带了这么长的距离，却不知何故把它们丢弃了。无论如何，起码说这是非常令人费解的。”

后来的发现证实，别的令人费解的事情还有很多，其中最令人费解的发现之一来自澳大利亚内陆地区，艾伦·桑恩的家乡。1968年，一个名为吉姆·鲍

勒的地质学家来到新南威尔士一个荒无人烟的地方，在一个名为蒙戈的干涸已久的湖底搜寻，突然，某种意想不到的东西出现在他的视线中。在月牙状的沙脊中，突现一块人类的化石。当时人们认为，人类存在于澳大利亚不会超过8 000年，但是蒙戈湖已经干涸了大约1.2万年，什么人会到这么一个荒凉的地方呢？

放射性碳年代测定法结果表明，在这块化石骨头的主人生活的时期，蒙戈湖还非常适宜于人类居住，湖面有20公里长，湖水满满的，里面有不少鱼，四周都是一簇簇的木麻黄树。令所有人吃惊的是，那块化石距今竟然有2.3万年。在其附近发现的别的化石，甚至达6万年之久。这太出人意料，似乎是完全不可能的。自从人科动物第一次在地球上出现以来，澳大利亚就一直是一块孤立的陆地。任何人来到这里必须走海路，而且必须有相当的数量才能繁衍生息下来，因为他们先要越过100公里宽的水域，根本不知道他们前面就有一片陆地。从澳大利亚北部海岸——这里可能是他们的登陆点——上岸以后，这些蒙戈人接着又向内陆前行了3 000多公里来到内地。澳大利亚国家科学协会会议记录中的一份报告说，这表明“人类第一次到达的时间远远早于6万年以前”。

他们是怎么到达那里的？他们为什么要去那里？这些问题至今是个谜。大多数人类学文献里说，没有证据显示6万年前人类已经会说话，更不用说进行某种协作，建造横渡海洋到一个岛屿上去开拓新天地的船只的能力。

“对于史前人类的迁移情况，我们不知道的东西太多了。”当我在堪培拉遇到艾伦·桑恩时，他告诉我说，“你知道吗，19世纪当人类学家首次到达巴布亚新几内亚的时候，他们发现人们在该地区内陆高地上的一些地球上最难到达的地方种植甘薯。甘薯原产于南美，它是怎样传到巴布亚新几内亚的？我们不知道。一点儿也不知道。但是可以肯定的是，人们信心十足地迁移的时间肯定比以前所认为的要长得多，他们几乎肯定不但彼此分享基因，还彼此分享信息。”

和以往一样，问题在于化石记录。“世界上哪怕是稍稍适宜于长期保存人类遗骸的地方也并不多，”桑恩说，他是一位目光敏锐的人，留着灰白色的山羊胡，一脸专注而又温和的神情，“要不是在东非的哈达尔和奥杜威发现了大批化石，我们知道的会少得可怜。看看别的地方，我们知道的确实少得可怜。整个印度只发现了一块大约30万年前的古人类化石。在伊拉克和越南之间——其间相距5 000公里——只发现了两块化石：一块在印度，一块是在乌兹别克斯坦发现的尼安德特人化石。”他笑了笑，“没有多少该死的东西可以研究的。结果，

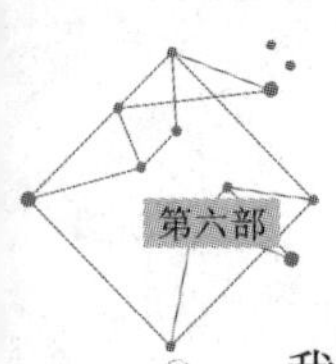

我们只有几个地方有比较多的人类化石，比如东非大裂谷和这里的澳大利亚的蒙戈。而在这两个地区之间，几乎是一无所获，因此古生物学家很难将这些零零星星的东西串联起来，这也就不足为奇了。”

解释人类迁移的传统理论——现在仍为该领域内大多数人所接受的那种理论——认为人类迁移至欧亚大陆出现过两次浪潮。第一次是直立人，他们以不可思议的速度走出非洲——几乎是他们一成为人种就已开始了——这次迁移开始于大约200万年前。他们在不同地区定居下来，这些早期的直立人后来进化成一些有自己特色的人科动物——在亚洲成了爪哇人和北京人；在欧洲先是进化成海德堡人，最后是尼安德特人。

接着，大约在10万多年前，一个更为灵巧的种属——我们现在活着的每个人的祖先——出现在非洲平原上，并且开始向外迁移，出现了第二次浪潮。根据这一理论，在他们所到之处，这些新的智人取代了他们较为愚钝、不大灵活的祖先。但是他们究竟是怎样做到这一点的，学术界一直争论不休。没有任何屠杀的迹象，因此大多数专家认为，后来者是在竞争中淘汰了先到者，尽管其他因素也可能起了作用。“也许我们让他们感染了天花，”塔特萨尔说，“真的说不准。有一点可以肯定的是，现在我们在这里，而他们不在了。”

这些最早的现代人的情况不甚分明。很有意思的是，我们对自己的了解，少于对人科动物几乎任何别的分支的了解。塔特萨尔说，真怪，“人类进化过程中最近的一次重大事件——我们自己这个种的出现——也许是最扑朔迷离的”，甚至没有人能够确定现代人化石最早是在哪里发现的。有许多书里认为是在南非克莱西斯河口发现的大约12万年前的化石，但并不是每个人都承认他们就是真正意义上的现代人类。在塔特萨尔和施瓦兹看来，“代表我们这个种的是他们中的一些，还是他们的全部，还有待更进一步的确定”。

智人最先出现在地中海东部，即在今天以色列所在的地区，这点已经无可争辩，他们大约开始出现在10万年前——但是即便在那里，他们也被（特林考斯和希普曼）描述为“零散的，难以分类和所知甚少的”。尼安德特人已经在这一地区定居下来，并且使用了一种被称为莫斯特的工具，这种工具后来现代人显然认为值得加以借鉴。非洲北部从未发现过尼安德特人化石，但是他们的工具在那里随处可以找到。一定有人把它们带到了那里：现代人是唯一可能的候选者。我们还知道，在中东地区，尼安德特人与现代人以某种方式共存了数万年。“我们不知道他们是共居一处，还是彼此为邻。”塔特萨尔说。但是现代人非常

乐于继续使用尼安德特人的工具——但这很难证明谁占绝对的优势。同样奇怪的是，中东地区发现的阿舍利工具是100万年以前的，但是这种工具出现于欧洲却仅仅在30万年前。问题又来了，为什么那些有能力制造这种工具的人却没有随身携带它们呢？

在很长一段时期里，人们认为，被称为欧洲现代人的克罗马农人在向欧洲大陆推进的过程中，将他们之前的尼安德特人驱赶到西海岸，尼安德特人要么跳海，要么灭绝，除此之外别无选择。事实上，我们现在知道，克罗马农人从东部向欧洲内陆挺进时，遥远的西部也有克罗马农人。"那时欧洲是一个空无人烟的地方，"塔特萨尔说，"即使在他们来往穿梭的时候，他们也很难狭路相逢。"克罗马农人到达欧洲的疑点之一是，当时欧洲正好处在古气象学所谓的波特利尔间冰期，欧洲气候突然从相对温暖转向另一个漫长的寒冷时期。无论是什么原因驱使克罗马农人到欧洲，反正不是冰川气候。

无论如何，认为尼安德特人在新来的竞争者克罗马农人面前彻底垮了台，至少有点儿有悖于考古发现所提供的证据。尼安德特人十分坚忍顽强，在长达几万年的时间里，他们生活在现代人当中只有极少数极地科学家和探险家才经历过的环境中。在冰川期气候最恶劣的时候，暴雪加上飓风级的大风成了家常便饭。温度经常降到零下45摄氏度，英格兰南部的冰谷中有北极熊走动。尼安德特人在气候最为恶劣的一段时期里自然向后退却。即便如此，他们依然不得不经历至少和今天的西伯利亚冬天一样可怕的气候。毫无疑问，他们经历了磨难——尼安德特人能够活过30岁就已是十分幸运，但作为一种物种，他们具有很强的适应性和不屈不挠的性格。他们生存了至少10万年，也许是20万年，其范围从直布罗陀一直到乌兹别克斯坦。对于任何物种来说，这都是十分成功的。

他们究竟是谁，长得像什么样，至今依然莫衷一是，谜团一片。直到20世纪中叶，人类学界普遍流行的观点是，尼安德特人举止笨拙，身体弯曲，拖着脚行走，与猿人没有多大区别——他们是穴居人中的佼佼者。只是一个令人痛苦的偶然事件，才使得科学家对这一观点进行了重新审视。1947年，一位名为卡尔·阿拉姆卡尔的法裔阿尔及利亚古生物学家在撒哈拉地区野外考察时，中午烈日炎炎，他躲在他的轻型飞机的机翼下休息。他坐在那里的时候，一只轮胎由于天气太热而爆裂，飞机突然倾斜，他的上身被重重地击了一下。后来他去巴黎对他的颈部做了一次X光检查，结果发现他脊椎的排列与身体微屈、举止笨拙的尼安德特人完全一样。要么从生理学角度讲他类同于原始人，要么就

是我们对尼安德特人样子的认识存在着偏差。答案自然是后者。尼安德特人的脊椎完全不同于类人猿。这完全改变了我们对尼安德特人的看法——但是这种认识似乎只是昙花一现。

时至今日，仍有不少人认为尼安德特人缺少智能，与更灵巧、脑量更大的后来者智人不可同日而语。下面就是最近出版的一本书中一个典型的论点："现代人以更舒适的穿着，更先进的取火方式，更好的住所，战胜了这种优势（尼安德特人的强壮体格），而尼安德特人处境尴尬，庞大的身躯需要更多的食物维持生存。"换句话说，使得他们成功生存了10万年的优势突然之间成了难以克服的不利条件。

尤其重要的是，有个问题几乎从来没有人解决过，那就是尼安德特人的脑比现代人明显要大——据测算，尼安德特人的脑量是1.8升，而现代人是1.4升。这种差别比现代智人和晚期直立人——我们乐于认为他们算不上是人类——的差别要大。提出的理由是，尽管我们的大脑要小些，但是不知怎的更加管用。我注意到，在有关人类进化方面，别处从未有过如此惊人的论点。我相信我说的是实话。

因此，你也许会问，既然尼安德特人是如此强壮，又具有如此强的适应性和较大的脑量，那么他们为什么没有生活到今天呢？有一种回答（不过还有很大争议）是，他们也许还在。艾伦·桑恩是一种被称为"多地区起源"假说的最主要的倡导者之一，这种理论主张人类进化是一个持续的过程——由南方古猿进化到能人和海德堡人，再进化到尼安德特人，因此现代智人是从较古老的人属进化而来的。根据这种观点，直立人并不是一个独立的种属，而只是一个过渡阶段。因此，现代中国人是远古中国直立人的后裔，现代欧洲人则是远古欧洲直立人的后裔，如此等等。"在我看来，根本就没有直立人，"桑恩说，"我认为这个概念已经过时。在我看来，直立人只不过是人类的早期阶段，我认为只有一个人类种属离开了非洲，那就是智人。"

反对"多地区起源"假说的人马上拒绝接受这种理论，其理由就是这种学说是建立在远古世界——非洲、中国、欧洲、极其偏远的印度尼西亚群岛，以及他们出现的任何地方——的人科动物是以一种并行不悖的方式进化的基础之上的，而这是不大可能的。一些人还认为这种学说助长了种族主义论调，而这正是人类学界长期以来所努力加以摒弃的。20世纪60年代初，一个名为卡尔顿·库恩的宾夕法尼亚大学著名人类学家认为，一些现代民族有着不同的起源，

言外之意我们当中的一些人源自比别人更优异的族群，这是以前一种看法的回光返照，令人觉得不大舒服，那种看法认为非洲“丛林人”（确切地说是萨马拉桑人）、澳大利亚土著居民这样一些少数民族比别的民族更为原始。

不管卡尔顿·库恩自己是怎么想的，在很多人看来，他的这种说法言外之意就是一些民族生来就是优等民族，有些人可以构成完全不同的种族。这种今天听上去令人十分反感的观点，直到不久以前还在许多体面的场合广为宣传。我手头就有一本时代－生活出版社1961年出版的很流行的书《人类的史诗》，它是根据《生活》杂志的一系列文章编撰而成的。在书里你可以读到这样的评论：“罗得西亚人……生活在近2.5万年前，可能是非洲黑人的祖先。他的脑量比较接近于智人。”换句话说，非洲黑人的祖先与智人仅仅是比较“接近”。

卡尔顿·库恩坚决（这一点我确信无疑）否认他的理论有任何种族主义倾向。他认为，存在于不同的文化和地区之间的反反复复的交流，说明了人类进化的同源性。“没有理由认定人类只沿着一个方向进化，”他说，“人类在世界各地流动，几乎可以肯定，在交汇的地方，通过异种交配，分享了基因。新来的人并没有代替土著居民，而是融入他们中间，最后变成一体。”他打了一个比喻，当库克和麦哲伦这样的探险家第一次遇到偏远地区的居民时，“他们并没有遇到不同的种族，而只是遇到了某些身体特点有所不同的同类”。

桑恩坚持认为，在人类化石上你所能观察到的也是一个均衡而不断的变迁。“有一副发现于希腊佩特拉朗纳的很著名的骸骨，大约生活于30万年前，就是一件在传统主义者中间一直富有争议的事，因为他似乎同时具有直立人和智人的某些特征。怎么说呢？我们要说的是，这正是你会期望在物种身上看到的：他们是在进化，不是在替代。”

有一样东西会有助于解决问题，那就是有关异种交配的证据，不过根据化石是根本难以证明或否定的。1999年，葡萄牙考古学家发现了一副死于2.45万年前的4岁小孩的骸骨。这副骸骨从总体上看是一个现代人，但又具有远古人类，也许是尼安德特人的某些特征：腿骨非常强壮，牙齿明显突兀，而且（尽管并不是每个人都赞同这一点）在颅骨后部有一个被称为枕外隆凸点上凹的锯齿状凹痕，这是尼安德特人独有的特征。圣路易斯的华盛顿大学的埃里克·特林考斯，一位研究尼安德特人最权威的学者，称这个小孩是一个杂种，是现代人和尼安德特人异种交配的证据。不过，另外一些人则为小孩身上尼安德特人和现代人的特征混合得不够而感到困惑。正如一个批评家所指出的那样：“如果

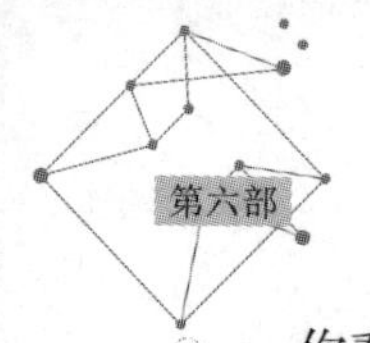

你看一头骡子，不会正面看上去像一头驴，后面看上去像一匹马。”

伊恩·塔特萨尔认为小男孩只不过是“一个较为强壮的现代人小孩”。他承认在尼安德特人和现代人之间也许确实存在过不少所谓的“杂种”，但是不认为能成功地生育后代。[①]“在生物学范畴里，我没有听说过有任何两个生物不同而又仍然属于同一个种属的。”他说。

由于化石记录提供的帮助不大，科学家们越来越转向基因研究，特别是那个被称为线粒体DNA的部分。线粒体DNA发现于1964年，但到了20世纪80年代，加利福尼亚大学伯克利分校的一些科学家发现线粒体DNA具备两大特点，可方便地充当分子钟的角色：首先它只在母系一条线上遗传，因此它不会依附在新的一代的父系DNA螺旋上。其次，它比普通DNA核酸的突变率快20倍，使得它的基因模式更容易被测定和跟踪。通过对突变率的跟踪，可以知道人的基因史以及各基因组之间的相互关系。

1987年，由艾伦·威尔逊领导的伯克利分校的科学家小组通过对147个人的线粒体DNA的研究，最终得出结论，从解剖学的角度来看，现代人类在过去的14万年里出现于非洲，“当今所有的人都是那群人的后代”。对于“多地区起源”论者来说，这是个沉重的打击。但是，接下来人们又对研究所得的数据做了进一步的审查。令人们最感惊讶的是——惊讶得几乎令人难以置信，通常研究中所谓的“非洲人”实际上是非洲－美洲人，他们的基因在过去几百年中显然在很大程度上已经融合。而且，对假定的突变率也很快产生了怀疑。

到了1992年，这一研究在很大程度上已经被否定，但是基因分析技术继续得以改进。1997年，慕尼黑大学的科学家从原始尼安德特人的胳膊骨骼中提取DNA并进行了研究，这一次，极具说服力的证据出现了。慕尼黑研究人员发现，尼安德特人的DNA与地球上现已发现的任何DNA都不相同，这很明显地意味着尼安德特人与现代人类的基因没有任何联系。这是对“多地区起源”假说一次真正意义上的沉重打击。

接着，2000年底，《自然》杂志和其他一些报刊报道了一组瑞典科学家对于

---

① 有一种可能是尼安德特人与克罗马农人有不同数量的染色体，那是相近但并非同一种的动物交配时经常出现的复杂情况。例如，在驯养动物中，马有64对染色体，而驴子只有62对。将这两种动物进行交配，就会生出一个有63对对生殖无用的染色体的后代，简而言之，一头没有繁殖能力的骡子。

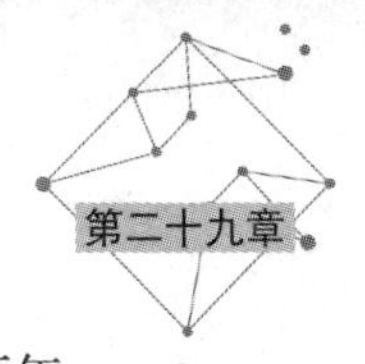

53个人的线粒体DNA所做的研究。他们认为，所有现代人类都在过去10万年间出现于非洲，并且来自一个不超过1万人的种群。稍后，怀特海德研究所暨麻省理工学院基因研究中心主任埃里克·兰德宣布，现代欧洲人，也许还有一些更远地方的人，是“至迟于2.5万年前离开他们家乡的区区数百个非洲人”的后裔。

正如我们在本书中其他地方所提到的那样，现代人类的基因差异性极小——亦如一位权威所指出的那样，“一群55个黑猩猩组成的族群，其基因的差异性比整个人类还要大”，这就说明了原因。因为我们是最近从一小群祖先繁衍下来的，既没有足够的时间，也没有足够多的个体来形成基因的多样性。这似乎又是对“多地区起源”假说的猛烈冲击。“今后，”宾夕法尼亚州立大学的研究人员告诉《华盛顿邮报》说，“人们不会再过多在意‘多地区起源’理论，因为支持它的证据几乎没有。”

但是，在发生这一切的过程中，人们没有想到新南威尔士州西部的古蒙戈人在某种程度上具有提供大家意想不到的信息的无限本事。2001年初，澳大利亚国立大学的桑恩和他的同事们宣布，他们从一个最古老的蒙戈人标本——生活于6.2万年前——中提取了DNA，研究表明，这种DNA“有着与众不同的基因特点”。

根据这些发现，蒙戈人在解剖结构上是现代人——就像你和我，却具有一种已经灭绝了的基因系列。他的线粒体DNA在活着的人身上再也找不到，而要是他像所有别的现代人那样是在不太遥远的过去离开非洲的人类的后裔，那是应该找得到的。

“这再一次使一切都颠倒过来。”桑恩显然很开心。

接着，别的更古怪的异常情况出现了。牛津大学生物人类学研究所的人类遗传学家罗莎琳德·哈丁在研究现代人类球蛋白基因时发现了两个变异体，这种变异体在亚洲人和澳大利亚土著身上很常见，而在非洲人身上却几乎不存在。她确信这种不同的基因产生于20万年前，但不是出现在非洲，而是在东亚——远在现代智人到达这一地区之前。对此所能做出的唯一合理的解释是，现在的亚洲人的祖先中包括古代人科动物——爪哇人等。有趣的是，同样的变异基因——姑且说成是爪哇人基因——出现在了牛津郡的现代人中。

我感到有些困惑，因此我去研究所拜见了哈丁女士。研究所设在牛津班伯里德路一所古老的砖砌别墅里。哈丁个子不高，性情开朗，出生于澳大利亚布

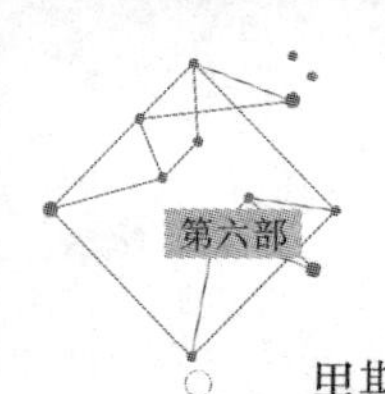

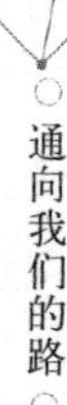

里斯班。她既办事认真，又不乏幽默，这是不大多见的。

我问她牛津郡的人为什么会出现这种本不该具有的球蛋白基因。"我不知道，"她不假思索地微笑着回答说，"基因记录总的来说支持'走出非洲'的假说。"她带着比较严肃的神色接着说，"但是你接着发现了这些特例，对此大多数遗传学家不愿意提及。即使我们能弄明白这一切，我们还需要收集大量的信息，但是我们还没有做到，我们才刚刚开始。"她只是说，情况显然很复杂，不愿意就亚洲古人类的基因出现在牛津郡发表意见。"现阶段我们只能说，这非常不符合常规，但是我们确实不知道为什么会这样。"

我们会见的时间是在2002年初，牛津大学另一位名为布莱恩·塞克斯的科学家不久前刚刚出版了一本非常受欢迎的书《夏娃的七个女儿》。他在书中借用了线粒体DNA的研究成果，宣称他可以将几乎所有在世的欧洲人的祖先追溯到七个女人——也就是夏娃的七个女儿。她们生活在4.5万年前到1万年前，也就是科学上所说的旧石器时代。塞克斯给这七个女人都取了名字——乌尔苏拉、齐尼亚、杰斯敏等等，并且拟就了一个详细的个人家史（"乌尔苏拉是她母亲的第二个孩子，第一个孩子在两岁时被一只豹子叼走了……"）。

当我同哈丁说起这本书时，她先是爽朗而又不失分寸地笑了笑，似乎对该怎样回答这个问题有些拿不定主意。"这个……对于他将深奥的学科普及化所做的努力，我认为你应该给他一些表扬。"她说，若有所思地停顿下来，"有万分之一的可能性，他是正确的。"她大声笑了笑，接着沉思着说，"任何单个的基因实际上不能说明任何确切的东西。如果你顺着一段线粒体DNA往上推移，它可能把你带到某个地方——乌尔苏拉、杰斯敏，或别的任何人。但是，如果你选择任何另外一段线粒体DNA，再按同样的方式往上推移，它可能把你带到一个完全不同的地方。"

我想，这有点像沿着随便哪条道路走出伦敦，最后你发现来到了苏格兰最北端的约翰角，因此你就得出结论说所有的伦敦人都来自苏格兰北部。他们有可能来自那里，但是他们也有可能来自数以百计的别的地方。在这个意义上，按照哈丁的说法，每一个基因都是一条不同的公路，我们只不过刚刚开始绘制它们的路线图。"哪一个基因也不能反映全局。"她说。

那么，基因研究是不是就不可信了呢？

"噢，一般来说，你可以在相当程度上相信这类研究。你不能相信的是人们牵强附会得出的那些结论。"

她认为："'走出非洲'也许95%是正确的。"但是她补充说，"我认为，双方都坚持非此即彼的观点，这是违背科学精神的。最后证明，事情很可能不是像双方认为的那么简单。已经开始有证据显示，在世界不同的地方曾经有过多次不同方向的古人类的迁移和扩散，所有这些都融入了整个人类的基因库当中。要想对之加以分门别类绝不是一件容易的事。"

就在这个时候，还出现了不少对提取远古DNA提出质疑的报道。一位学者在《自然》杂志发表文章说，有一位古生物学家的同事问那位古生物学家一个古人颅骨是否上了漆，他用舌头舔了舔骸骨的顶部，然后说是上了漆的。"在此过程中，"《自然》杂志的文章写道，"有大量的现代人DNA会转到这个颅骨上。"这使得骸骨无法再用来进行研究。我就这件事咨询哈丁。"哎呀，几乎可以肯定它已经被污染了，"她说，"只要摸一下骨头，它就会被污染。向它哈一口气，它也会被污染。我的实验室里的水也会污染它。我们周围都是陌生的DNA。要想得到一个可靠的清洁的标本，你必须在消过毒的条件下将它们挖掘出来，并且在当场就做实验。要想不污染标本，世上没有比这更困难的事了。"

那么，所有的这类结论都应该受到质疑吗？我问。哈丁严肃地点点头。"当然。"她说。

如果你想立即知道我们为什么对人类起源了解得这样少，我可以带你去一个地方。这个地方位于肯尼亚昂加山的边缘，内罗毕西南部。要是你往东驶出内罗毕市，沿通向乌干达的快速干道前行，爬上一个高坡就看到一个无比壮丽的景象，只见面前是望不到边的淡绿色的非洲平原。

这就是绵延达4 800公里的东非大裂谷。非洲就从这条板块裂缝漂离亚洲。这里距内罗毕约65公里，靠近谷底干枯的地带是一个被称为奥洛戛萨里的古老地方，这里一度濒临一个巨大的湖泊。1919年，在湖泊早已干涸之后，一个名为J.W.格里高利的地质学家来到这一地区寻找矿石。他穿越一个开阔地带时，突然发现地上散落着一些黝黑的古怪石头，上面有明显的人工打磨的痕迹。他发现了伊恩·塔特萨尔曾经跟我说起过的阿舍利工具最重要的制造点之一。

2002年秋，一个偶然的机会，我来到了这个神奇的地方。当时我在肯尼亚完全是为了另一个目的，考察美国援外合作署的一些援助项目，但主人知道我为了写作本书正在搜集有关人类起源的一些资料，便将访问奥洛戛萨里列入了考察的日程中。

在地质学家格里高利发现这个地方之后，有 20 多年的时间没有人光顾奥洛戛萨里。之后，由著名的路易斯·利基和玛丽·利基夫妇组成的考古队来到这一地区开始挖掘，这一工作直到今天仍未完成。利基夫妇所发现的是一个约 4 万平方米的地方，从约 120 万年前到 20 万年前，在大约 100 万年时间里，那里曾有无数的石器被制作。今天，制作石器的地方用了铁皮大棚来遮风挡雨，并且用铁丝网拦起来，以防心怀叵测的来访者偷盗。除此以外，石器依然保存在制作者扔下它们的地方，同时也是利基夫妇发现它们的地方。

吉拉尼·安哥里，肯尼亚国家博物馆一位干练的小伙子，被指派担任我的向导。他告诉我说，原始人类制作手斧的石英石和黑曜石在谷底根本找不到。“他们不得不把石头从那里搬过来。”他边说边点头示意对面不远处云雾缭绕的两座大山：奥洛戛萨里山和奥尔埃斯库特山。两座山都在大约 10 公里以外——要用手臂抱着把石头搬到这里，实在是一段不近的距离。

当然，远古的奥洛戛萨里人为什么要找这样的麻烦，我们当然不得而知。他们不但大老远地把笨重的石头搬运到湖滨，而且也许更令人不可思议的是他们在这个地方的组织工作。利基夫妇的挖掘表明，这里有制作手斧的区域，还有把手斧磨快的区域。一句话，从某种意义上说，奥洛戛萨里是一个工厂，一个在 100 万年时间里没有停过业的工厂。

各种各样的复制品表明，手斧是一种相当精巧，同时制作起来又要花费大量劳动力的工具——即使技术熟练的人制作一把手斧，也要花费几个小时的时间——然而，奇怪的是，对于手斧估计要派的用场，如切呀，砍呀，刮呀等等，并不十分适用。因此我们认为，在 100 万年时间里——在远比我们现代人类存在的时间还要长的时间里，在更不会连续协同工作的情况下——相当数量的早期人类来到这样一个特定的地点，制作了数量众多的工具，似乎实在有些不可思议。

而这些人究竟是谁？我们实在无从知道。我们假定他们是直立人，因为不知道还有其他更合适的人。这就是说，在他们的鼎盛时期——在他们的脑袋里——奥洛戛萨里的工人们可能已经具有类似于现代人婴儿的大脑，但是却没有实物证据支持这样的结论。尽管已进行了 60 余年的挖掘，奥洛戛萨里及其周围地区从未发现过人类化石。不管他们花费了多少时间在那里制作石器，在他们临死时，他们去了别的地方。

“所有这些都是一个谜。”吉拉尼·安哥里笑容可掬地对我说。

奥洛戛萨里人大约在20万年前消失，当时湖泊已经干涸，大裂谷地区开始变得像今天这样炎热和艰苦。到了这个时候，奥洛戛萨里人作为一个种属存在的日子已经屈指可数。世界就要出现其第一个真正的主宰人种——智人。事情再也不会像从前的样子了。

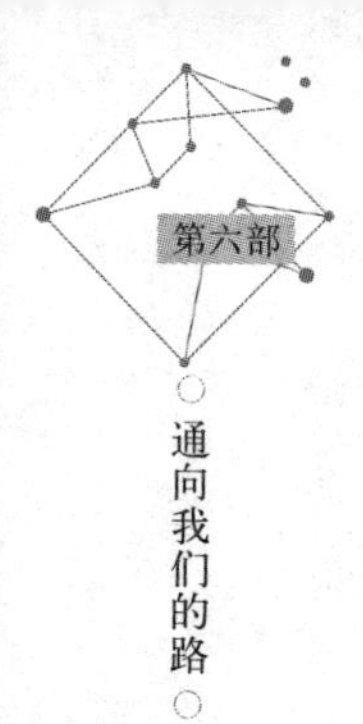

第三十章

一个星球，一次实验

17 世纪 80 年代初，差不多就在埃德蒙·哈雷和他的朋友克里斯托弗·雷恩及罗伯特·胡克坐在伦敦的一家咖啡屋里随便打赌的时候——他们的这一赌注最终导致了艾萨克·牛顿的《原理》、亨利·卡文迪许关于地球的重量以及本书前面所提及的其他不少令人鼓舞和赞叹不已的成果的出现——在印度洋上距离马达加斯加东海岸约 1300 公里的毛里求斯，一件人们不愿意看到的重大事件正在发生。

在那里，有个不知道姓名的船员，抑或是他喂养的宠物，正在捕杀最后一批渡渡鸟。这种鸟因其不能飞翔而著名，它们呆头呆脑，容易上当，也缺少快速奔跑的能力，因此它们成了来海滩度假的闲得无聊的年轻人富有诱惑力的捕猎目标。数百万年与世隔绝的安宁生活，使得它们对人类不可理喻的残忍行为缺少准备。

对于最后一只渡渡鸟消失时的情况，以及它灭绝的年份，我们并不是很清楚。因此，牛顿《原理》的问世和渡渡鸟灭绝究竟谁先谁后，我们无从考证，

但是我们可以肯定两件事几乎发生在同一时间。我承认，你很难找得到同样的两件事来说明人类本性中的善与恶——同一种生物，一方面能够解开宇宙最深奥的秘密，另一方面却在无缘无故地灭绝一种对我们不构成任何威胁，甚至对我们对它们所做的一切都浑然无知的生灵。事实上，渡渡鸟是如此缺乏洞察力，据说，要是你想找附近的所有渡渡鸟，你只要抓住其中的一只，并且让它叫个不停，所有其他的同类就会摇摇摆摆地走过来，看看究竟发生了什么事。

对于可怜的渡渡鸟的摧残并没有到此为止。在最后一只渡渡鸟死后大约 70 年，也就是 1755 年，牛津阿什莫利恩博物馆的馆长发现该馆的渡渡鸟标本发了霉，就命令手下的人将它扔到火里烧掉。这真是一个令人吃惊的决定，因为那可是世上仅有的——不论是标本还是活物——一只渡渡鸟了。一个碰巧路过的员工被吓坏了，他试图将那只鸟从火中救出来，可是最终只救出了它的头和一部分腿。

这样做的结果，以及由于别的背离常识的举动，我们现在几乎不能完全确定一只活着的渡渡鸟长什么样。我们所拥有的信息比大多数人想象的要少得多——正如 19 世纪博物学家 H.R. 斯特里克兰不无愠怒地描绘的那样，“几个不懂科学的海员”写的几段简单的描述，“三四幅油画，以及几块散落的骨头碎片”，就是有关渡渡鸟的全部资料。依照斯特里克兰的说法，我们所掌握的有关一些古代海兽和庞大的蜥脚类动物的资料比渡渡鸟还要具体得多。而后者一直生存到现代，它们对我们别无所求，只要求我们远离它们，以便活下去。

综合起来，我们所知道的有关渡渡鸟的情况是这样的：它生活于毛里求斯，体态丰满，但味道并不鲜美，是鸠鸽家庭中个儿最大的成员。不过，它的个儿究竟有多大，我们不知道，因为它的体重从未有过精确的记录。根据斯特里克兰所提到的“骨头碎片”以及阿什莫利恩的残缺标本，我们可以大致推测出它的身高约 80 厘米，从嘴部到臀部的距离差不多也是这么长。由于不能飞翔，它只得将鸟巢筑在地上，因此它的蛋和幼鸟极易被外来的人带到该岛的猪、狗和猴子捕猎。它大约消失于 1683 年，到了 1693 年很可能就完全灭绝了。除此以外，我们几乎对它一无所知，只知道我们再也见不到它了。我们不知道它的繁殖习性、饮食特点以及它分布的地区、安静时和惊恐时会发生什么样的叫声。我们连一只渡渡鸟蛋也没有保存下来。

我们与活着的渡渡鸟相伴的时间从头到尾不过 70 年。这是一段令人吃惊的短暂时间——尽管我们必须说，到我们历史的这个时候，我们在不可逆转地

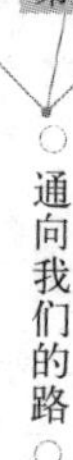

灭绝其他物种方面已经干了数千年。没有人十分清楚人类的破坏性究竟有多大，但是一个无可回避的事实是，在过去的5万年左右时间里，不论我们走到哪里，那里的动物就容易灭绝，而且往往数量大得惊人。

在2万年前到1万年前，在现代人类到达美洲大陆之后，在那里有30种大型动物——有的确实非常大——简直是一下子消失了。在整个北美洲和南美洲，在那些手持燧石尖矛，彼此协调配合的猎人的捕杀下，有将近四分之三的大型动物遭遇了灭顶之灾。即便在欧洲和亚洲，那里的动物经过长期进化而对人类存有高度的戒心，也有三分之一到一半的大型动物灭绝。而在澳大利亚，由于那里的动物还没有来得及形成对人类保持警惕的习性，就有不少于95%的大型动物一去不复返。

由于早期狩猎的人类相对较少，而动物的数量却十分庞大——据说仅在西伯利亚北部的冻原上就发现了多达1 000万只猛犸的尸体—— 一些权威认为，大型动物的大规模灭绝一定还有别的原因，可能与气候变化或某些传染病流行有关。正如美国自然博物馆的罗斯·麦克费所指出的那样：“人们并不需要过于频繁地捕杀危险动物——有那么多的猛犸排供你食用。”有的人认为也许与动物极易被捕获有关。“在澳大利亚和美洲，”提姆·弗兰纳里说，“动物很可能并不十分清楚应该跑得远远的。”

在那些消失的动物中，有一些确实引人注目，如果它们依然生活在我们周围的话，得对它们稍加管束才是。请想象一下这样的景象，地懒正在往楼上的窗户里瞅，乌龟几乎和小型菲亚特汽车一样大，6米长的蜥蜴在西澳大利亚州公路旁的沙漠里晒太阳。唉，它们都一去不复返了，我们人类生活在一个很贫乏的星球上。今天，全世界只有4种大型（重达1吨，甚至更重）陆地动物存活了下来：大象、犀牛、河马和长颈鹿。可是，在过去的数千万年的时间里，地球上的生命从来不像今天那样贫乏和温顺。

问题是，大型动物在石器时代和近代的灭绝，是不是同一次灭绝事件的组成部分——简而言之，人类的出现对其他生命来说是不是一个坏消息？可悲的是，很可能就是。根据芝加哥大学古生物学家戴维·诺普的观点，在整个生物史上，地球上的物种灭绝速度一直是平均每4年有一个物种灭绝。理查德·利基和罗杰·卢因在《第六次大灭绝》一书中说，现在，人类所造成的物种灭绝数量可能高达那个速度的12万倍。

20世纪90年代中期，澳大利亚博物学家、现任阿德莱德南澳大利亚博物馆馆长提姆·弗兰纳里，开始对我们对许多已经灭绝的物种，包括最近灭绝的物种所知甚少而感到吃惊。“不论在什么地方，你都可以发现记录资料存在很多空白——不是残缺不全，比如关于渡渡鸟，就是根本没有记录。”2002年初，他在墨尔本这样告诉我。

弗兰纳里聘请了他的朋友彼得·斯科顿，一位澳大利亚画家，一起对世界上的主要收藏标本进行了比较认真的考证，以发现什么东西消失了，什么东西遗漏了，什么东西我们一无所知。他们用了4年的时间，从旧毛皮、发出难闻气味的标本、古画、文字描述——总之是从他们找得到的一切东西中寻找资料。然后，斯科顿尽可能地照实物大小为每一种动物画了像，弗兰纳里则撰写文字介绍。其结果是一本名为《自然的缺环》的著作。这本书最完整地——必须说，最生动地——记载了最近300年里灭绝的动物种类。

有些动物，尽管资料还算比较多，但是有时好多年都没有人去进行多少研究，有时根本无人问津。施特莱发现的海牛，一种与海象相像、与人鱼有关的动物，就是最后一批灭绝的大型动物之一。它确实非常庞大——成年海牛可以长到近9米长，10吨重——但我们知道它，仅仅是由于1741年一支俄国探险队乘坐的船恰好在白令海峡的科曼多群岛失事。在这个遥远的雾气重重的地方，仍生活着相当数量的海牛。

幸运的是，这个探险队中有一位名叫乔治·施特莱的博物学家，他对这种动物着了迷。“他做了大量笔记，”弗兰纳里说，“他甚至测量了它胡须的长度。他唯一不愿描述的就是雄性海牛的生殖器——虽然不知出于何种原因，他对描述雌性海牛的生殖器却津津乐道。他甚至带回了一块海牛皮，因此我们对其皮毛的肌理有了更好的了解。但我们并不总是如此幸运。”

有一件事是施特莱力所不能及的，那就是拯救海牛本身。当时由于狩猎而已经濒临灭绝的海牛，在施特莱发现它们之后的27年的时间里就逐渐完全消失了。然而，还有许多其他的动物不能列入其中，因为我们对它们了解得太少。达令草地的跳鼠，查塔姆珍岛的天鹅，阿森松岛的不会飞的秧鸡，至少5种类型的大型海龟，以及别的很多动物，除了它们的名字，我们永远无法了解更多的信息。

弗兰纳里和斯科顿发现，许多动物的灭绝，并不是由于人的残忍或肆无忌惮，而仅仅是因为他们某种冠冕堂皇的愚蠢行为。1894年，在新西兰南、北岛

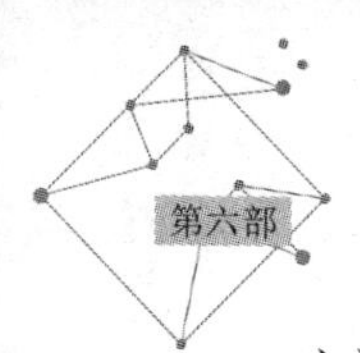

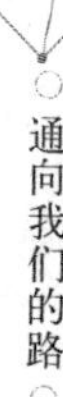

之间的波涛汹涌的海峡中，人们在一块名为斯蒂芬斯的孤零零的岩石上建了一座灯塔，灯塔看守人的小猫不断给它的主人叼来古怪的小鸟。忠于职守的他将其中的几只送到了惠灵顿博物馆。馆长大喜过望，因为这是一种遗留下来的不会飞的鹪鹩——这是有史以来发现过的唯一一种适于栖立而不会飞的鸟。馆长立即动身去那个小岛，但是等他到达那里的时候，小猫已经将所有的鸟杀死了。斯蒂芬斯岛上不会飞的鹪鹩现在只剩下博物馆里那 12 个标本。

关于鹪鹩，我们至少还有标本。可是，结果证明，物种灭绝以前我们不善照看物种，物种灭绝以后我们的照看能力也往往强不了多少。以可爱的卡罗来纳鹦鹉为例，那种身体呈翠绿色，头部是金黄色的小鸟，一度曾被认为是北美洲最引人注目、最好看的鸟类——正如你会注意到的，鹦鹉通常不会冒险去遥远的北方，在其鼎盛时期，它们的数量极大，只有旅鸽的数量比它们多。但是这种鸟儿曾被农场主视为害鸟，而它们又极易受到伤害，因为它们总是成群而飞，并且还有一种很独特的习惯，一听到枪声，它们会一哄而起（正如你会想到的那样），可是它们几乎马上又会重新飞回来，查看它们应声而落的同伴。

查尔斯·威尔逊·皮尔在他创作于 19 世纪初期的杰作《美国的鸟类》一书中，曾经描写了这样一个情景：有一次，他朝一棵鹦鹉栖息的树木接连开了几枪：

> 每一轮枪声过后，虽然它们纷纷落地，然而幸存者的爱心似乎反而增长。因为，它们沿着那个地方飞了几圈之后，又重新飞落在离我不远的地方，显然以一种同情和关切的目光向下看着它们被杀的同伴，使我再也下不了手。

到了 20 世纪 20 年代，这种鸟被滥捕滥杀，只有为数不多的依然存活着被关在笼子里。最后一只名为印加的卡罗来纳鹦鹉，1918 年死于辛辛那提动物园（不到 4 年前，最后一只旅鸽死于同一家动物园），它被郑重其事地制作成了标本。现在你去哪里看望可怜的印加呢？谁也不知道，因为动物园把那个标本弄丢了。

上述故事中最令人费解和吃惊之处在于，作为一个热爱鸟类的人，皮尔居然毫不迟疑地打死了数量众多的鹦鹉。他这样做没有任何原因，仅仅是出于兴趣。很长一段时间以来，那些对世界上的生物有着最强烈兴趣的人，往往就是

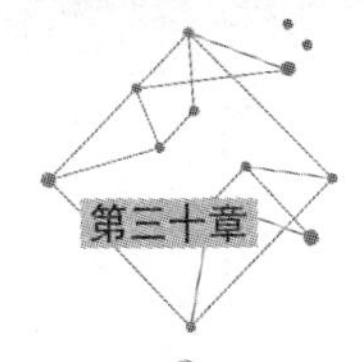

最可能造成它们灭亡的人。这是一个令人震惊的事实。

在这方面最典型的一个例子（无论从哪种意义上讲）就是莱昂内尔·沃尔特·罗思柴尔德，即罗思柴尔德男爵二世。作为一个极其富有的银行家家族的后裔，罗思柴尔德是一个性情怪僻、离群索居的人。他的一生（1868—1937）都是在白金汉郡特林镇他们家厢房的育儿室里度过的，使用的家具也都是他从小就一直使用的——甚至他睡的床也是他小时候睡的幼儿床，尽管他的体重最后重达 135 千克。

他感兴趣的是博物学，并且成了一个狂热的标本收藏家。他派遣了大批训练有素的人员——一次多达 400 人——到地球的每个角落，他们翻山越岭，披荆斩棘，为的就是寻找新的标本——尤其是飞禽的标本。他们将收集而来的标本装箱或打包寄到罗思柴尔德在特林镇的庄园。收到这些标本以后，罗思柴尔德和他的一帮助手开始分门别类进行详尽的登记和研究。在此基础之上，他出版了一系列的书籍、文集和论文——总计达 1 200 多卷。罗思柴尔德的博物学车间加工了 200 多万件标本，为科学资料库增添了 5 000 多个新品种。

不可思议的是，在 19 世纪，无论从规模还是从投资方面来讲，罗思柴尔德的标本收集都不是最大的。这顶桂冠几乎肯定属于比他稍早而又同样十分富裕的英国收藏家休·康明。康明非常痴迷于标本收集，为此专门定造了一艘大型远洋船，并且雇用了全职的船员到世界各地收集标本——鸟类、植物，各种动物，尤其是贝壳。他们搜集了数量众多的藤壶，后来转送给达尔文，作为他正在从事的有关生殖方面研究的基础。

不过，罗思柴尔德确实是那个时代最具有科学头脑的收集者，同时也是最可悲的杀戮者，因为到了 19 世纪 90 年代，他开始对夏威夷产生兴趣，那里也许是地球上最具吸引力而又是最容易遭受破坏的地方。数百万年的与世隔绝使得 8 800 种独特的动植物在夏威夷进化。尤其使罗思柴尔德感兴趣的是那里五颜六色的珍稀鸟类，这些鸟类数量往往都不多，活动的范围也十分狭窄。

对于夏威夷的许多鸟类来说，它们的可悲之处不仅在于它们特点鲜明，惹人喜爱，非常稀少——它们危险地集这些特点于一身，而且令人伤心的是，它们往往还十分容易捕捉。大管舌鸟——蜜旋木雀中的一种无害的鸟儿，经常怯生生地栖息在寇阿相思树树荫中，可是只要有人模仿它的叫声，它就会立即飞下来以示欢迎。这个种类的最后一只鸟于 1896 年被罗思柴尔德手下最得力的助手哈里·帕尔默杀害，从此销声匿迹。在此之前 5 年，它的表亲，一种极其稀

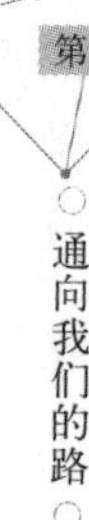

少，只见过一只的小管舌鸟已经消失：它被一枪打死，成了罗思柴尔德的收藏品。在10年左右时间里，在罗思柴尔德的天罗地网下，至少有9种夏威夷鸟类消失，甚至可能更多。

几乎不惜一切代价热衷于捉鸟的人绝不仅仅是罗思柴尔德一个人，别的人实际上更残忍。1907年，当一位名叫阿朗森·布赖恩的著名收藏家得知他打死了最后三只黑监督吸蜜鸟，一种10年前刚刚在森林中发现的鸟类时，他说这个消息令他充满"愉悦"。

一句话，这是一个难以捉摸的时代——在那个时代，几乎每一种动物，只要它被认为稍微具有一点点攻击性，都要受到人类的残酷对待。1890年，纽约州为猎杀东部山区的狮子支付了100多笔赏金，尽管这种饱受骚扰的狮子很明显已处于灭绝的边缘。一直到20世纪40年代，美国的许多州还在持续不断地为猎杀几乎所有种类的肉食动物支付赏金。在西弗吉尼亚州，每年都要给那些捕杀有害生物最多的人授予大学奖学金——而"有害生物"实际上被理解为几乎所有不是农场喂养或被视为宠物的生物。

也许再没有比可爱的小黑胸虫森莺的命运更能形象地说明这个时代是难以理喻的了。这种鸟原产于美国南部，以发出特别悦耳的叫声著称。但是它的数量一直很少，到了20世纪30年代就完全消失，很多年都没有看到它了。接着，1939年，有两个狂热的鸟类爱好者仅仅在相隔两天的时间里，分别在两个相距很远的地点巧遇了几只幸存的虫森莺，他们不约而同地向这些鸟开了枪。

这种灭绝行为并不仅仅发生在美国。在澳大利亚，一直在悬赏捕杀塔斯马尼亚虎（确切的称谓是袋狼），一种长得像狗，背部有明显的老虎条纹的动物，直到过不多久它们中的最后一只于1939年悄无声息地死在霍巴特的一家私家动物园。今天，如果你去塔斯马尼亚博物馆兼美术馆要求看一眼最后一只这种动物——唯一生存到现代的大型肉食有袋动物——他们所能展示给你的仅仅是这种动物的照片和一段61秒钟长的老电影。最后一只存活下来的袋狼死了以后已经随每周清理一次的垃圾扔掉了。

我之所以提这一切，为的是说明，如果你在打算委派哪种生物去照料我们这个寂寞宇宙中的生命，监测它们正在去往何方，记录它们去过何处，你不会选择人类来担当这一项工作。

但是，无可改变的事实是：我们已经被选中了，不管是命中注定，还是天

意眷顾，抑或任何别的原因。就我们所知，我们是最优秀的。我们也许是最有智慧的，我们也许是万物之灵长，同时也是万物最可怕之噩梦，想到这一点真令人沮丧。

我们对于自己的照料工作是如此的漫不经心，无论它们活着的时候还是死了以后，究竟有多少种生物已经灭绝，或即将灭绝，或永远不会灭绝，在此过程中我们究竟扮演何种角色，我们都一无所知——真的是一无所知。1979 年，在《即将沉没的方舟》一书里，作者诺曼·迈尔斯认为人类活动每周导致地球上的两种物种灭绝。到了20世纪90年代初，他将这个数字提高到每周近600种。（这种灭绝包括各种生物——植物、昆虫等等，还有其他动物。）别的人将这个数字估计得更高——每周达 1 000 多种。另一方面，联合国发表于 1995 年的一个报告中指出，在过去 400 年中，已知的动物灭绝种数将近 500 种，植物 650 多种——并且指出这个统计"几乎可以肯定是低估了"，尤其对热带物种来说更是如此。不过也有为数不多的人认为，大多数灭绝的数据中有明显夸大的成分。

实际情况是，我们不知道。我们一点儿也不知道。我们不知道我们已经做的许多事是什么时候开始做的。我们不知道我们目前在做什么，也不知道我们目前的行动对将来有什么影响。我们知道的是，我们只拥有一个星球，只有一种生物具有改变她的命运的能力。正如爱德华·O. 威尔逊在他的著作《生命的多样性》中以无与伦比的简洁语言所表达的那样："一个星球，一次实验。"

如果说这本书有什么寓意的话，那就是我们来到这个地球上，实在是十分幸运——这里的"我们"，我指的是所有的生物。在这个宇宙中，获得任何一种生命都是一个奇迹。当然，作为人类，我们更是双倍的幸运。我们不仅享有存在的恩典，而且还享有独一无二的欣赏这种存在的能力，甚至还可以以多种多样的方式使其变得更加美好。这样一种技巧，我们才刚刚开始掌握。

在不太长的一段时间里，我们已经达到了一个优越的位置。从行为科学的意义上说——也就是能够说话，从事艺术，组织复杂而又丰富多彩的活动——现代人类存在的时间只占地球历史的万分之一，实在短得可怜。但是，即便是存在如此短暂的时间，也需要一连串差不多永无休止的好运。

我们确实还处于起始阶段。当然，问题的关键是确保我们一路走好，并且永无尽头。而这一切，几乎可以肯定的就是，仅仅有好运相伴是远远不够的。